Der Erkenntniswert von Fehlfunktionen

Bertold Schweitzer

Der Erkenntniswert von Fehlfunktionen

Die Analyse von Ausfällen, Defekten und Störungen als wissenschaftliche Strategie

J.B. METZLER

Bertold Schweitzer
Institut für Philosophie
Universität Osnabrück
Osnabrück, Deutschland

ISBN 978-3-476-04950-6 ISBN 978-3-476-04951-3 (eBook)
https://doi.org/10.1007/978-3-476-04951-3

Die Deutsche Nationalbibliothek verzeichnet diese Publikation in der Deutschen Nationalbibliografie; detaillierte bibliografische Daten sind im Internet über http://dnb.d-nb.de abrufbar.

J.B. Metzler

Einbandgestaltung: Finken & Bumiller, Stuttgart (Foto: patpitchaya/shutterstock)

J.B. Metzler ist ein Imprint der eingetragenen Gesellschaft Springer-Verlag GmbH, DE und ist ein Teil von Springer Nature.
Die Anschrift der Gesellschaft ist: Heidelberger Platz 3, 14197 Berlin, Germany

Inhaltsverzeichnis

Einleitung

1

1.1 Fehler als Erkenntnisinstrument

Aus den Fehlfunktionen oder dem Versagen eines Gegenstandes kann man einiges – unter Umständen sogar besonders viel – über den Gegenstand erfahren. Oder plakativ formuliert: Wie etwas funktioniert, merkt man am ehesten, wenn es nicht funktioniert.

Diese These des „Erkenntniswertes von Fehlfunktionen" bildet den Ausgangspunkt der vorliegenden Untersuchung. Motiviert wird sie durch die Beobachtung, dass in vielen Bereichen der Wissenschaft und der Technik, aber auch des Alltags *Fehler* verschiedenster Art in charakteristischer Weise *zum Gewinn von Erkenntnis* genutzt werden. Fehlfunktionen, Versagen, Störungen, Ausfallerscheinungen, Abweichungen und ähnliche Erscheinungen scheinen dabei Ausgangspunkt und Kernstück einer besonderen Familie von Methoden zu bilden, die trotz unterschiedlicher Gegenstände gemeinsame Züge aufweist.

Bei dieser Methode geht es nicht primär darum, Fehler zu *vermeiden,* sie zu *erklären* oder zu *verstehen.* Es handelt sich auch nicht um das wohl am nachdrücklichsten von Karl Popper vertretene Prinzip des individuellen und wissenschaftlichen Lernens durch Versuch und Irrtum – besser: *Versuch und Irrtumsbeseitigung.* Vielmehr geht es darum, *normale Gegenstände zu verstehen*, indem man deren Fehlfunktionen, Ausfälle und Störungen studiert: Beobachtungen an geschädigten, gestörten, nicht richtig funktionierenden oder abweichenden Gegenständen sollen Rückschlüsse auf gleichartige unbeschädigte, ungestörte, funktionierende, normale Gegenstände ermöglichen.

So kann man etwa das menschliche Sehvermögen durch die Untersuchung optischer Täuschungen besser kennenlernen, die Sprachproduktion durch Untersuchung von Sprach- und Sprechfehlern oder den Stoffwechsel, etwa von Bakterien, durch Experimente mit Mangelmutanten.

Allen diesen Vorgehensweisen ist gemeinsam, dass aus dem Versagen oder den Fehlfunktionen eines Gegenstandes Schlüsse auf sein normales Funktionieren oder seine normale Struktur gezogen werden. Zunächst aber sollen einige weitere

B. Schweitzer, *Der Erkenntniswert von Fehlfunktionen*,
https://doi.org/10.1007/978-3-476-04951-3_1

Beispiele vorgestellt werden, die diesen Erkenntnisgewinn aus Fehlern veranschaulichen.

In der *Verhaltensbiologie* schreibt Konrad Lorenz über den Attrappenversuch:

> Wie so oft in der Erforschung des Lebens gewinnen wir auch hier unsere Kenntnisse aus *Fehlleistungen, das heißt wir schließen aus der absichtlich im Versuch gestörten Funktion auf den normalen Ablauf.* (Lorenz 1943, S. 240)

> Die pathologische Störung ist [...], weit davon entfernt, ein Hemmnis für die Erforschung des von ihr betroffenen Systems zu bilden, sehr häufig der Schlüssel zum Verständnis seines Wirkungsgefüges. Die Geschichte der Medizin bietet viele Beispiele, und in der Physiologie ist die gezielte Erzeugung von Störungen eine der üblichen und lohnenden Methoden. (Lorenz 1977, S. 14)

Für die *Molekularbiologie* gilt nach Peter von Sengbusch:

> Einen Code kann man immer nur dann lösen, wenn der Gegner Fehler macht, und wenn man merkt, welches System diesen Fehlern zugrunde liegt. Von Fehlern dieser Art ist auch der genetische Code nicht frei. Wir kennen sie als Mutationen. (Sengbusch 1974, S. 204)

Aus der *Molekulargenetik* beschreibt Walter Gehring homöotische Mutationen, bei denen zum Beispiel am Insektenkopf Beine anstelle von Fühlern wachsen:

> Nun sind solche Fehler oder Abweichungen von der normalen Funktion schon immer ein ausgezeichneter Ausgangspunkt für den Wissenschaftler gewesen, um Regelmechanismen zu studieren. (Gehring 1984, S. 79)

Aus der *Sprachwissenschaft* berichtet John Lyons:

> Diese Abweichungen [*deviations*] von der grammatischen Norm sind wertvolle Daten für den Psychologen und können ihm, wenn sie richtig analysiert werden, einigen Einblick in den Aufbau und die Wirkungsweise der Mechanismen geben, die dem Gebrauch der Sprache zugrunde liegen. (Lyons 1971, S. 107)

Victoria Fromkin untersucht in der *Versprecherforschung*:

> die Weise, in der spontan erzeugte Versprecher [*speech errors*] (das heißt Äußerungen, die irgendwie von den beabsichtigten oder Ziel-Äußerungen abweichen) Einsichten in die Natur der Sprache und des Sprachverhaltens liefern und dazu dienen, mutmaßliche Hypothesen zu prüfen. (Fromkin 1973, S. 13)[1]

Die *kognitive Linguistik* geht, so Monika Schwarz,

> [...] von der Annahme aus, daß man aus den Störungen mentaler Prozesse Aufschluß über die funktionelle Struktur des Gesamtsystems erhalten kann. [...] Durch gezielte Untersuchungen von psychopathologischen Ausfallerscheinungen erhofft man sich Aufschluß über intakte Mechanismen. (Schwarz 1992, S. 187, 67)

Für die *Psychologie* wird behauptet:

[1] Alle Zitate aus fremdsprachigen Werken, die auf Deutsch wiedergegeben sind, wurden von B.S. übersetzt.

> In der Psychologie hatte die Erforschung von „Täuschungen“ seit jeher eine besondere Bedeutung. Vor allem in der Wahrnehmungsforschung wurden die „optischen Täuschungen“ zum zentralen Prüfstein von Theorien. [...] Dabei war der Nachweis der unzutreffenden Wahrnehmung der physikalischen Umwelt weniger ein Mißstand, den es zu erkennen, zu beklagen oder gegebenenfalls zu beheben galt, sondern eher eine Quelle der Erkenntnis, die zum besseren Verständnis von Wahrnehmungsprozessen beitragen kann. (Strack und Gonzales 1993, S. 291)

Und Hans Kilian meint für dasselbe Fach:

> Die Entdeckung eines Defektzustandes gab den Anstoß zu jenen Arbeiten, die die normale Funktionsweise des Systems „Selbst“ als die eines Subjektkernes von spezifischer Eigendynamik beschrieben. Dieser Sachverhalt ist so ähnlich wie der der Entdeckung der Vitamine, die ja nur durch das Auftreten von Vitaminmangelkrankheiten möglich wurde. (zit. in Weizsäcker 1977, S. 290)

Für *Neurologie* und *Neuropsychologie* wird behauptet:

> Kognitive Neuropsychologen glauben, daß dadurch, daß Patienten [...] untersucht werden [...,] grundlegende Einsichten in die Art und Weise, wie der menschliche Geist arbeitet, gewonnen werden können. Die Einsichten sollten dann ihrerseits auf ein besseres Verständnis der Probleme von hirnverletzten Patienten rückwirken und zur Entwicklung von besseren Therapien führen. (Ellis und Young 1996, S. 12)

Schließlich blickt der *Wahrnehmungspsychologe* Richard Gregory zurück:

> Ich habe zwanzig Jahre damit verbracht, optische Täuschungen und die einiger anderer Sinne zu studieren. Dies mag bizarr erscheinen – warum Täuschungen? Warum Fehler studieren, wenn Wahrheit das Ziel des Experimentators ist? Täuschungen sprachen mich an, weil sie messbare Abweichungen zwischen dem sind, was wir aufgrund wissenschaftlichen Wissens für wahr halten und dem, was wir als wahr sehen. Sinnestäuschungen erlauben uns auf einzigartige Weise, das, was wir glauben, zu vergleichen mit dem, was wir sehen. Dies trifft das Herz des Empirismus und erlaubt es, antike philosophische Fragen im Experiment anzupacken. (Gregory 1981, S. 3)

Bei allen diesen Ansätzen geht es also darum, *aus den Fehlern eines Gegenstandes* etwas über Struktur und Funktion des intakten, normalen Gegenstandes zu lernen. Zumeist wird aus dem Verhalten eines oder mehrerer fehlerhafter Exemplare der Gegenstandsklasse auf die Beschaffenheit normaler Exemplare der Klasse geschlossen.

Es drängen sich schon hier zwei Fragen auf, nämlich „Was sind eigentlich Fehlfunktionen?“ und „Welche Art von Erkenntnis ist hier gemeint?“ Beide sollen vorläufig beantwortet werden.

Auf die Frage, was eine *Fehlfunktion* ist, wird man zunächst antworten, eine Fehlfunktion könne nur dort vorliegen, wo eine Funktion oder Leistung vorliegt oder jedenfalls („normalerweise“) vorliegen könnte. Dies verlagert die Frage darauf, was eine *Leistung* oder *Funktion* ist, und welche Gegenstände Leistungen oder Funktionen hervorbringen können. In einem engeren Sinne kommen dafür zwei große Klassen von Gegenständen in Frage: *Lebewesen* und *Artefakte*, die hergestellt werden, damit sie bestimmte Zwecke erfüllen. *Artefakte* sind künstlich hergestellte oder gezielt unter bereits vorhandenen ausgewählte Gegenstände. Bei Artefakten ist die Bedeutung von Begriffen wie *Funktion, Leistung, Zweck, Aufgabe* in aller Regel unmittelbar einleuchtend. Deswegen wird auch die Verwendung von Begriffen wie *Fehlfunktion, Fehlleistung, Versagen, Scheitern* oder *Ausfall* als unproblematisch angesehen.

Lebewesen haben ebenfalls Merkmale, die als *nützlich, zweckmäßig, funktionell* oder *biologisch sinnvoll* bezeichnet werden. Man spricht auch hier von der *Leistung* oder der *Funktion,* beispielsweise eines Organs oder einer Verhaltensweise, und fragt, *wozu* ein Lebewesen ein bestimmtes Merkmal habe. Allerdings ist der Nutzen solcher Merkmale nicht so leicht zu erfassen wie bei Artefakten. Unter anderem wurde Nutzen für die Art, für die Gruppe oder für das Individuum in Betracht gezogen. Heute wird meist anerkannt, dass biologischer Nutzen oder biologische Zweckmäßigkeit letztlich im Fortpflanzungserfolg, genauer: in der Generhaltung und -weitergabe, mit anderen Worten in der Steigerung der Fitness besteht.

Zweckmäßigkeit wird traditionell mit dem Begriff *Teleologie* verbunden. Da in der heutigen Biologie jedoch die mit teleologischen Fragen, Erklärungen und Redeweisen verbundenen metaphysischen Anklänge lieber vermieden werden, wird generhaltende Zweckmäßigkeit heute bevorzugt als *Teleonomie* bezeichnet und biologisch zweckmäßige Merkmale als teleonom (vgl. Pittendrigh 1958; eine noch stärker differenzierende Analyse des Begriffsfeldes Teleologie/Teleonomie bietet Mayr 1974). Teleonomie ist nach dieser Auffassung generhaltende Zweckmäßigkeit aufgrund eines evolutiv entstandenen internen Programms – und nicht aufgrund eines planenden, entwerfenden, Zwecke setzenden Agenten.

Funktionen und Fehlfunktionen, Leistungen und Fehlleistungen gäbe es nach diesen Überlegungen nur bei teleonomen Systemen und bei Artefakten. Allerdings lässt sich der Begriff Fehlfunktion auch in zweierlei Hinsicht weiter fassen.

Erstens könnte man Fehlfunktion und Fehlleistung in einem weiteren Sinne auch als *Störung, Abweichung* oder *Unregelmäßigkeit* verstehen. Dann gäbe es Fehlfunktionen schon überall dort, wo Regelmäßigkeiten und gelegentliche Abweichungen von diesen Regelmäßigkeiten vorkommen. In diesem Sinne spricht man davon, dass ein Planet die Bahn eines anderen Planeten stört, und Astronomen verwenden Störungsrechnungen, unter anderem um aus den Störungen der Bahn eines Planeten auf Masse und Bahn eines unbekannten Himmelskörpers zu schließen; beispielsweise suchte nach man Gründen für Störungen der Uranusbahn und entdeckte so den bis dahin unbekannten Planeten Neptun. In ähnlicher Weise werden in Geologie und Meteorologie charakteristische Unregelmäßigkeiten als Störungen bezeichnet und ebenfalls zum Erkenntnisgewinn genutzt.

Zweitens lässt sich die Funktion eines Systems auch in einer erweiterten Bedeutung als Beitrag eines Systems zu den Abläufen in einem umfassenderen System und dessen Fähigkeiten deuten. Folgt man dieser Begriffsbestimmung, so kann man Fehlfunktionen und Fehlleistungen als Fehlen oder als Beeinträchtigung derartiger Beiträge auffassen. Ein Vorteil einer solchen Betrachtungsweise ist, dass sie Bestimmung einer Funktion vom Vorliegen evolutionsgeschichtlicher Informationen über das jeweilige System unabhängig macht. Ein Nachteil dieser Auffassung liegt darin, dass sie über die alltagssprachlichen Intuitionen bezüglich des Umfangs des Begriffs Funktion gelegentlich weit hinausgeht. Warum Definitionen dieses Typs dennoch, vor allem aus methodologischer Perspektive, Vorzüge aufweisen, wird in Abschn. 2.2 diskutiert werden.

Diese Überlegungen deuten darauf hin, dass *Fehlfunktion* kein scharf abgegrenzter Begriff ist. Dies muss jedoch nicht übermäßig problematisch sein, denn erstens kann die Verwendung eines Begriffs auch dann sinnvoll sein, wenn an seinem Rand Grenzfälle oder Grauzonen auftreten, solange die Menge eindeutiger Fälle des Zutreffens oder Nichtzutreffens groß genug ist. Und zweitens wird zu zeigen sein, dass es für den erkenntnisfördernden Beitrag einer als Fehlfunktion aufgefassten Erscheinung nicht in allen Fällen entscheidend ist, dass die unzweideutige Zuordnung gelingt.

Bei der *Erkenntnis*, die in den genannten Beispielen gewonnen wird, handelt es sich weniger um Alltags- oder Erfahrungserkenntnis, als vor allem um wissenschaftliche Erkenntnis, die durch systematische, unter Umständen langwierige oder stark arbeitsteilige Untersuchung *mehrerer*, möglichst reproduzierbarer, häufig auch verschiedenartiger Fehlfunktionen gewonnen wird. Auch technische Kenntnisse, wie sie beispielsweise ein Auto- oder Fernsehmechaniker beim Umgang mit Fehlfunktionen erwirbt, dürften nur durch systematischen, wenn auch möglicherweise impliziten Vergleich der verschiedenen möglichen Fehlfunktionen der Gegenstände erworben werden.

Umfassende, über punktuelle Einsichten hinausgehende Erkenntnis durch *einzelne* Fehlfunktionen dürfte vergleichsweise selten möglich sein. Zwar mag das „Verplappern" eines Verdächtigen, der damit Informationen preisgibt, die nur der Täter selbst wissen kann, unmittelbar zu seiner Überführung beitragen. Doch schon in einem Bereich wie der Versprecherforschung, wo ebenfalls gelegentlich die Auffassung vertreten wurde, man brauche nur nach dem einen, dem „perfekten" Versprecher zu suchen, um einen Sachverhalt, einen Zusammenhang, einen Mechanismus zweifelsfrei zu klären oder eine Hypothese sicher zu bewerten (vgl. Cutler 1988, S. 209), erscheint dies zweifelhaft, ist doch auch dieser eine Versprecher eingebettet in umfassendere Theorien und Annahmen.

Zum Vorgehen in der Forschung fällt weiterhin auf, dass es sowohl die Beobachtung und Registrierung spontan auftretender Fehlfunktionen als auch die experimentelle Herbeiführung von Fehlfunktionen durch mehr oder weniger gezielte Verfahren umfasst.

Fehlfunktionen treten anscheinend mindestens in folgenden drei Konstellationen auf: Erstens kann ein normaler Gegenstand oder ein normales Lebewesen bei normalen Umweltbedingungen spontane Fehlfunktionen aufweisen. Ein typisches Beispiel sind Versprecher in Alltagssituationen. Zweitens können bei im Übrigen normalen Gegenständen oder Lebewesen unter veränderten, ungewöhnlichen Umweltbedingungen Fehlfunktionen auftreten. Zum Beispiel wird bei optischen Täuschungen das menschliche Wahrnehmungssystem sowohl durch natürlich vorkommende, aber ungewöhnliche Situationen als auch durch artifizielle Konstellationen von Farben oder Formen in die Irre geführt, und bei manchen Tieren kommt es zur Fehlprägung, wenn sie zu bestimmter Zeit nach der Geburt unübliche Objekte, etwa einen Menschen, zu Gesicht bekommen. Drittens kann ein beschädigter Gegenstand oder ein krankes Lebewesen bei normalen oder auch ungewöhnlichen Umweltbedingungen Fehlfunktionen zeigen. Beispiele sind Fehlleistungen nach Hirnverletzungen oder Schlaganfällen oder Stoffwechselkrankheiten als Auswirkungen geschädigter Gene.

Darüber hinaus fällt bei den hier zitierten und vielen weiteren Beispielen auf, dass häufig die Rede davon ist, die Untersuchung von Fehlern sei *üblich,* werde *oft* eingesetzt, biete *Vorteile* bei der Erforschung oder gar, gewisse Erkenntnisse seien *nur* mit solchen Verfahren zu gewinnen. Das legt die Ausgangsvermutung nahe, dass es sich hier um einen im Großen und Ganzen recht erfolgreichen Komplex von Methoden handelt.

Allerdings wirkt die Methode anscheinend auf einige Beobachter recht paradox, vielleicht zu paradox, um ernstgenommen zu werden. Sogar Autoren, die das Verfahren selbst anwenden, sehen sich oft genötigt, zunächst einmal Bedenken gegen die Methode auszuräumen. So beginnen zwei sprachwissenschaftliche und eine wahrnehmungspsychologische Arbeit so:

> From time to time it has been argued that one can learn nothing of interest about an intact system when it is broken. The argument often runs like this: Given a radio, if you cut off the plug no sound will come out; you would consequently conclude that the plug was the source of the sound. Certainly the village idiot might draw such an inference [...] (and its corollary, which is that the functions of the cord, the speaker, the miscellaneous entrails, and the cabinet were purely cosmetic). [Allerdings gehe die wissenschaftliche Forschung *tatsächlich* nicht so naiv vor:] No more than any other field of research is the domain of human deficit studies a haven for village idiots. (Kean 1984, S. 130, 140)

> Eine der vielen Fragen, die beim Studium der Aphasien gestellt werden können, ist die nach der normalen menschlichen Sprachverarbeitung. Dies mag zunächst paradox erscheinen, denn weshalb sollte man sich mit den Störungen der Sprache befassen, wenn man etwas über die normale Sprache erfahren will? (Blanken 1988, S. 127)

> I have spent twenty years studying illusions of vision and some of the other senses. This may seem bizarre – why illusions? Why study error when truth is the aim of the experimenter? (Gregory 1981, S. 3)

Und es gibt sogar Stimmen, die sich ausdrücklich kritisch äußern. Richard Gregory etwa bemerkt:

> Brain functions are sometimes located by ablating or stimulating brain regions, and then noticing behavioural changes. [...] The question here for neurology is: can observed effects of ablation provide useful evidence for a conceptual model of brain function? Surely it can, but arguments from malfunction to normal function are fraught with difficulties even for quite simple machines. (Gregory 1981, S. 85)

In einer früheren Arbeit führt er das noch genauer aus:

> Suppose we ablated or stimulated various parts of a complex man-made device, say a television receiving set. And suppose we had no prior knowledge of the manner of function of

> the type of device or machine involved. Could we by these means discover its manner of working? [...] If a component is removed almost anything may happen: a radio set may emit piercing whistles or deep growls, a television set may produce curious patterns, a car engine may back-fire, or blow up or simply stop. [...] In a serial system the various identifiable elements of the output are not separately represented by discrete parts of the system. [...] The removal, or the activation, of a single stage in a series might have almost any effect on the output of a machine, and so presumably also for the brain. [...] The effects of removing or modifying, say, the line scan time-base of a television receiver would be incomprehensible if we did not know the engineering principles involved. Further, it seems unlikely that we should discover the necessary principles from scratch simply by pulling bits out of television sets, or stimulating bits with various voltages and wave forms. (Gregory 1961a, S. 320–322)

Nimmt man dies ernst, so scheint es also immerhin *nicht selbstverständlich* zu sein, dass man aus Fehlfunktionen ohne weiteres etwas lernen kann. Die Methode könnte auch an ernstzunehmenden Problemen, Schwierigkeiten und Unzulänglichkeiten kranken; sie könnte nur auf bestimmten Gebieten, nur unter bestimmten Voraussetzungen, bestimmten Grundannahmen funktionieren; sie könnte nur eine Heuristik darstellen, aber keine sicheren Ergebnisse garantieren; könnte bloß aufmerksam machen, nicht aber fertige Lösungen liefern. Die kritischen Stimmen liefern damit ein zusätzliches Motiv für eine klärende Untersuchung der Rolle von Fehlfunktionen beim Erkenntnisgewinn.

1.2 These, Zielsetzung und Fragestellung

Die bisher genannten Beobachtungen kann man in der schon eingangs geäußerten Vermutung zusammenfassen: Gerade aus den Fehlfunktionen oder dem Versagen eines Gegenstandes kann man oft einiges – unter Umständen sogar besonders viel – über den Gegenstand erkennen. Oder abgekürzt: Wie etwas funktioniert, merkt man am ehesten, wenn es nicht funktioniert. Aus wissenschaftstheoretisch-methodologischer Perspektive heraus ergibt sich daraus die Arbeitshypothese:

> *Es existiert eine Familie wissenschaftlicher Methoden, die sich wesentlich darauf stützen, anhand der Analyse der Fehler, die an den untersuchten Gegenständen auftreten, wissenschaftliche Erkenntnisse zu gewinnen. Diese Methoden werden in verschiedenen Bereichen der Wissenschaft erfolgreich eingesetzt; in einigen Fällen stellen sie einen besonders vorteilhaften Zugang zur Erkenntnis dar. Sie weisen zudem gewisse einheitliche Grundstrukturen auf und lassen sich deshalb sinnvoll unter dem Begriff „Fehler-Methodik" zusammenfassen.*

Vermutlich handelt es sich um eine weit verbreitete, vielleicht sogar eine universelle Methode. Aber sie wird nur gelegentlich diskutiert, weitergegeben, gelehrt. Ausführlichere, breitere, vergleichende, systematische Behandlungen existieren kaum. Und Methodologie und Wissenschaftstheorie haben sich ihrer anscheinend noch nie angenommen, sie ausgearbeitet, präzisiert oder kritisch geprüft.

Diese Arbeit will daher einen Beitrag zu dieser bisher fehlenden fachübergreifenden wissenschaftstheoretischen Untersuchung der Rolle von Fehlfunktionen beim Erkenntnisgewinn leisten. Sie beabsichtigt dabei eine *Bestandsaufnahme* der Verwendung von Fehlfunktionen im Forschungsprozess und eine *systematische Ausarbeitung* und *kritische Diskussion* der sich auf Fehlfunktionen stützenden Methoden.

Dabei gilt es, sowohl zustimmende wie kritische Betrachtungen aufzugreifen, zu analysieren und ihre Berechtigung zu klären. Insbesondere soll geklärt werden, welche Art und welchen Umfang von Erkenntnissen die sich auf Fehler stützenden Verfahren *allein* beizubringen vermögen oder inwieweit sie auf zusätzliche Informationen angewiesen sind, die nur aus anderen Quellen beigebracht werden können.

Die in These und Zielsetzung eröffnete Problematik wird in den folgenden Fragen präzisiert, die in der vorliegenden Arbeit beantwortet werden sollen:

- Wo sind Verfahren identifizierbar, die sich darauf stützen, anhand der Fehler, die an den untersuchten Gegenständen auftreten, Erkenntnisse zu gewinnen? In welchen Wissenschaftsbereichen, bei welchen Fragestellungen werden sie angewendet?
- Ermöglichen diese Methoden tatsächlich einen besonders vorteilhaften Zugang zur Erkenntnis?
- Wie erfolgreich ist diese Anwendung? Welches sind die Stärken und Schwächen der Methode? Was kann man mit ihnen erreichen, was nicht?
- Weisen diese Methoden gewisse einheitliche Grundstrukturen auf; kann man sie zu einer oder mehreren Familien zusammenfassen?
- In welchem Verhältnis stehen Fehler-Methoden zu den übrigen wissenschaftlichen Methoden? Welche Stelle nehmen sie in der Wissenschaftstheorie ein?
- Kann man eine zusammenfassende (deskriptive) Fehler-Methodik formulieren?
- Welche (wissenschafts-)logische Struktur haben die Fehler-Methoden? Kann man sie formalisieren?
- Kann man Fehler-Methoden weiterempfehlen? Kann man Fehler-Methoden kritisch prüfen? Lässt sich eine normative oder präskriptive Fehler-Methodik aufstellen?

1.3 Methodischer Ansatz

Diese Arbeit sucht einen metawissenschaftlichen, genauer wissenschaftstheoretischen Zugang zu bestimmten in den Einzelwissenschaften vorgefundenen oder auffindbaren Methoden, Strategien, Verfahren, Vorgehens- und Denkweisen – nämlich allen denjenigen, die Fehler zum Erkenntnisgewinn nutzen. Dabei lässt sich die Vorgehensweise *dieser Arbeit* wie folgt umschreiben:

Sie sieht sich als Teil einer analytischen und kritischen Wissenschaftstheorie. Sie bedient sich vor allem der Mittel der logischen Analyse und der rationalen Rekonstruktion sowie der kritischen Argumentation und, wo immer möglich, dem Rückgriff oder Verweis auf empirische Prüfung. Wegen der methodologischen Ausrichtung steht dabei, einer begrifflichen Differenzierung von Kamlah folgend, die *logische Analyse* im Vordergrund, und die so betriebene Wissenschaftstheorie beziehungsweise Methodologie hat sowohl *analytischen* als auch *normativen* Charakter:

> […] die kritische Wissenschaftstheorie der logischen Analyse [ist] zugleich *normativ* und *analytisch*. Sie analysiert die Einzelfälle möglichen Verhaltens und verallgemeinert dann zu *normativ* gültigen Regeln. Daneben gibt es eine mehr deskriptiv arbeitende Wissenschaftstheorie der *rationalen Rekonstruktion*. Die logische Analyse ist besonders wichtig für die Untersuchung von Methoden, die rationale Rekonstruktion für die Begriffsexplikation. Bei der Untersuchung von Aussagensystemen mischen sich beide Methoden der Metawissenschaft. (Kamlah 1980, S. 40 f.)

Das hier zugrunde gelegte Verständnis von Methodologie wird im zweiten Kapitel noch genauer diskutiert.

In dieser Arbeit muss, soweit nötig, zunächst eine *begriffliche Analyse* der verwendeten Grundbegriffe unternommen werden, vor allem des Begriffsfeldes *Fehlfunktion, Fehlleistung, Störung, Ausfall, Versagen* und deswegen auch der wichtigen Gegenbegriffe wie *Funktion, Leistung, Normalität.*

Notwendige Voraussetzung dafür, dass in einem Bereich wissenschaftlicher Forschung das Phänomen Fehler zum Erkenntnisgewinn benutzt werden kann, ist, dass an den Gegenständen überhaupt Fehler auftreten, beziehungsweise man den Gegenständen in irgendeiner Weise – und sei es probeweise oder fälschlicherweise – Fehler zuschreiben kann. *Begriffliche und empirische* Überlegungen müssen daher zeigen, für welche Gegenstände dies zutrifft beziehungsweise nicht zutrifft, wo Zweifelsfälle bestehen oder wo die Charakterisierung eines Phänomens als Fehler wesentlich von der Perspektive abhängt.

Den Schwerpunkt dieser Arbeit liegt jedoch bei der *empirisch-deskriptiven Analyse* des tatsächlichen Vorgehens in ausgewählten Feldern der wissenschaftlichen – vor allem naturwissenschaftlichen – Forschung. Diese empirisch-deskriptive Analyse geht von *Fallstudien* aus, bleibt dort aber nicht stehen, sondern setzt diese als Basis für eine anschließende vergleichende Analyse ein.

Die *Auswahl* der Fallstudien für die Zwecke dieser Untersuchung wird primär davon bestimmt beziehungsweise dadurch angeleitet, in welchen Wissenschaftsbereichen die folgenden Merkmale einzeln oder gemeinsam auftreten: (a) Fehler der untersuchten Gegenstände spielen erkennbar beim Erkenntnisgewinn eine Rolle; (b) dieser Erkenntnisgewinn wird innerhalb der jeweiligen Einzelwissenschaft thematisiert; (c) die Art des Vorgehens wird innerhalb der jeweiligen Einzelwissenschaft verallgemeinert, modelliert oder formalisiert; (d) die Art des Vorgehens wird mit dem Vorgehen in anderen Wissenschaften parallelisiert oder verglichen; (e) Fehler der untersuchten Gegenstände treten auf, sie werden aber nicht erkennbar für den Erkenntnisgewinn eingesetzt.

Fälle von (a) bis (d) scheinen gut als Fallbeispiele dienen zu können. Bei (e) könnte man versuchen, Gründe zu finden, warum Fehler nicht zum Erkenntnisgewinn herangezogen werden und möglicherweise aus der Perspektive dieser Arbeit empfehlen, die Fehler-Methodik mit zu berücksichtigen.

Diese Arbeit strebt eine exemplarische und dabei möglichst systematische und repräsentative Sammlung, Beschreibung, Dokumentation und Übersicht derjenigen wissenschaftlichen Vorgehensweisen an, die sich auf irgendeine Art und Weise des Phänomens *Fehler* bedienen, erhebt jedoch vorläufig keinen Anspruch auf vollständige Erfassung aller solcher wissenschaftlichen Verfahren.

Über die Beschreibung hinaus zielt diese Arbeit auf die Herausarbeitung der logischen oder wissenschaftslogischen Struktur der einzelwissenschaftlichen Fehlfunktions-Methoden ab; wo möglich soll sie den Versuch einer logischen Analyse, Formalisierung oder wenigstens Quasi-Formalisierung dieser Methoden unternehmen. Logische Analyse oder Formalisierung als begrenzte Verallgemeinerungen gelingen jedoch in der Regel nur oder jedenfalls besser im Wechselspiel mit vergleichenden Betrachtungen, die an weiteren Fällen immer wieder kritisch geprüft werden müssen.

Zentrales methodisches Instrument ist daher eine *vergleichende Methode,* die mit dem Ziel der Gewinnung allgemeiner empirischer Aussagen unter wissenschaftstheoretischen Gesichtspunkten angewendet wird.

Die *vergleichende oder komparative Methode* wird als eine von vier grundlegenden wissenschaftlichen Methoden angesehen – neben Fallstudien, statistischen und experimentellen Methoden. So charakterisiert Lijphart (1971, S. 682): „Comparative method is defined […] as one of the basic methods – the others being the experimental, statistical, and case study methods – of establishing general empirical propositions." Mahner und Bunge (1997, S. 77) dagegen behaupten „there is no such thing as the comparative method"; aus ihren Erläuterungen geht jedoch hervor, es gebe ihrer Auffassung nach zwar keinen Satz *allgemeiner* Regeln, um *beliebige* Dinge zu vergleichen, wohl aber Möglichkeiten geordneten Vorgehens.

Vergleichende Studien und Fallstudien werden auch als Sonderfälle von statistischen Methoden (mit kleiner Fallzahl n beziehungsweise mit $n = 1$) aufgefasst; und umgekehrt kann man dem Vergleich im weiteren Sinne Fallstudien und statistische Verfahren zurechnen. *Vergleich im engeren Sinne* ist dann ein Verfahren, bei dem zwei oder mehr geeignete Fälle nach theoretischen Ähnlichkeitsvorgaben ausgewählt und verglichen werden (vgl. Lijphart 1975, S. 164). Doch selbst Einzelfallstudien gewinnen vergleichenden Charakter, sobald Merkmale zu etwas Bekanntem oder einem Idealtyp in Kontrast gesetzt werden (vgl. Bradshaw und Wallace 1991).

Vergleich umfasst in jedem Fall die Identifikation von Untersuchungsobjekten und die Entwicklung theoretischer Konzepte, die auf alle untersuchten Einzelfälle anwendbar sind („concepts that can travel", Pennings et al. 2009, S. 35). Luhmann (1999, S. 38) meint, „[…] ein Vergleich ist eine dreistellige Operation […] Dreistellig deshalb, weil nicht nur das Verglichene unterschieden werden muß, sondern auch ein Vergleichsgesichtspunkt gewählt werden muß, der die Selbigkeit des Verschiedenen, also Ähnlichkeit trotz Differenz garantiert." Daher muss sich die Logik der vergleichenden Methode aus dem jeweiligen Zweck ergeben, das heißt, das Untersuchungsdesign muss vom jeweiligen Erkenntnisinteresse abhängig gemacht werden. So gesehen gibt es also mehr als eine komparative Methode.

Vergleiche bewegen sich im Spektrum zwischen *fallorientiert* (das würde hier heißen: betrachtet primär einzelne Wissenschaften und deren Vorgehen als Gesamtheit) und *variablenorientiert* (hier: herausragende Merkmale des Forschungsprozesses) (vgl. Ragin 1987, 1991). Variablenorientierung ist typisch für Studien mit großen Fallzahlen, wobei die Eigenarten der Einzelfälle nur eine untergeordnete Rolle spielen. Starke Fallorientierung geht dagegen oft auf Kosten der Vergleichbarkeit.

Die vergleichende Methode kann mehrere hierarchisch gestaffelte Ziele haben, die Beschreibung, Analyse und Verallgemeinerung umfassen. Oder man unterscheidet Beschreiben vs. Erklären und differenziert bei letzterem Fallanalyse und Verallgemeinerung. Die vergleichende Methode kann einerseits *explorativ* dazu dienen, Ähnlichkeiten und Abweichungen zu beschreiben. Diese explorativen, heuristischen, wenn auch nicht rigorosen Verfahren gehen wohl jeder Theoriebildung voran und helfen beim Entwickeln von Hypothesen (vgl. Lijphart 1975, S. 159). Im Extremfall stellt eine bloße „juxtaposition" lediglich Fälle gegenüber, überlässt es aber dem Betrachter, welche Dimensionen als relevant und plausibel erkannt werden. Vergleiche sollen aber hier vor allem *systematisch* eingesetzt werden, um anhand von mehreren Fallstudien allgemeine Vorstellungen zu entwickeln, zu überprüfen oder zu widerlegen.

Als Ergebnisse oder Ziele der vergleichenden Vorgehensweise kann man (grob unterteilt) *Typologien* oder *Modelle* anstreben (vgl. Dogan und Pelassy 1990, S. 184). Typologien oder Klassifizierungen ordnen den Gegenstandsbereich, während Modelle versuchen, ihn darüber hinaus zu erklären. Modelle beziehen sich dabei meist auf spezifizierte und ausgewählte Variablen eines Typs und stellen Hypothesen über Wirkungszusammenhänge zwischen ihnen auf: sie erklären eine innere Logik. Ein Aspekt von Modellen oder Erklärungen ist immer die Definition einer Klasse von Ereignissen, auf die die beabsichtigte Aussage verallgemeinerbar ist. In der Regel sind daher die Zielsetzungen von Typisierung und Erklärung schon von vorn herein ineinander verwoben. Formale und funktionale Erwägungen sind interdependent (vgl. Goodenough 1970, S. 129).

In dieser Arbeit soll vor allem eine *Typologie* der Fehler-Methodik zusammengestellt werden und darüber hinaus – unter besonderer Berücksichtigung der Fehler-Methodik – ein allgemeines *Modell* des Vorgehens in der wissenschaftlichen Forschung entwickelt werden. Außerdem sollen die vorfindbaren formalen Modelle zur Analyse komplexer Systeme – zum einen aus der naturwissenschaftlichen Systemanalyse, zum anderen aus gewissen Richtungen der Kausalitätstheorie – zum Vergleich herangezogen werden.

An einigen Punkten scheinen die deskriptiven Fallbeispiele unmittelbar gewisse *normative* Empfehlungen nahezulegen. Allerdings ist es in der Wissenschaftstheorie nach wie vor umstritten, inwieweit eine derartige Generierung von Empfehlungen akzeptabel ist. Daher muss diese Arbeit auch eine Selbstvergewisserung und kritische Diskussion bieten, welchen Status eine auf diese Weise abgeleitete normative Methodologie hat. Dazu zählt auch die Frage, inwieweit die zugrundeliegende „Meta-Induktion" in der Wissenschaftstheorie akzeptabel ist.

1.4 Stand der Forschung

1.4.1 Betrachtungen zum Erkenntnisgewinn aus Fehlfunktionen

Viele einzelne Passagen in empirischen wie in methodologischen Arbeiten aus verschiedensten *Einzelwissenschaften* liefern Bemerkungen zum Thema des Erkenntnisgewinns aus Fehlern. Einige solche Äußerungen wurden bereits eingangs zitiert;

andere werden anhand der jeweiligen Fallbeispiele diskutiert werden. Die große Mehrzahl dieser Äußerungen hat den Charakter punktueller Einsichten. Innerhalb einiger Einzelwissenschaften werden darüber hinaus methodische Fragen und Probleme des Erkenntnisgewinns aus Fehlfunktionen diskutiert, doch fachübergreifende Äußerungen beschränken sich auf das gelegentliche Konstatieren von Parallelen, auf die kaum weiter vertiefte Einsicht, dass auch andere Wissenschaften im Grunde ähnlich vorgehen wie die eigene. Kaum eine den Einzelwissenschaften zuzurechnende Arbeit nähert sich dem Thema in systematischer oder umfassender Form. Die wenigen Ausnahmen sind vor allem im Umkreis der Erforschung des menschlichen Gehirns aufzufinden, insbesondere in der Kognitiven Neuropsychologie, wo anscheinend die besondere Komplexität des Gegenstandes zusammen mit praktischen und moralischen Einschränkungen bei der Methodenwahl zu verstärkter Auseinandersetzung mit Stärken und Schwächen der verfügbaren Verfahren geführt hat (vgl. Shallice 1988; Caramazza 1984, 1986, 1988; Blanken 1988; Van Orden et al. 2001; und insbesondere zur (graphentheoretischen) Formalisierung neuropsychologischer Verfahren Glymour 1994; Bub 1994). Einige methodische Diskussionen sind zudem im Bereich der Versprecherforschung anzutreffen (Dittmann 1988; Leuninger 1988).

Vor allem für die *allgemeine Wissenschaftstheorie* und *allgemeine Methodologie* liegen aber bisher keine einschlägigen Arbeiten vor, die die Möglichkeiten eines Erkenntnisgewinns aus den Fehlern der untersuchten Gegenstände thematisieren. Weder in Monographien zur allgemeinen Wissenschaftstheorie (stellvertretend: Popper 1994; Stegmüller 1969–1973, Bd. 4; Kanitscheider 1981; Lakatos 1982; Oldroyd 1986; Lambert und Brittan 1991; Losee 2001; Chalmers 2006) noch in einschlägigen Lexika (vgl. Seiffert und Radnitzky 1989; Braun und Radermacher 1978; Speck 1980; Mittelstraß 1980–1996; Mittelstraß 2005–2018) wird diese Thematik angesprochen. (Wie eingangs betont, darf die hier untersuchte Idee eines Erkenntnisgewinns aus den Fehlern der untersuchten Gegenstände mit dem Popperschen Prinzip des Lernens oder des Erkenntnisgewinns aus *Versuch und Irrtum* – der in den genannten Werken selbstverständlich behandelt wird – nicht verwechselt werden!) Auch in Arbeiten zu den *Wissenschaftstheorien einzelner Wissenschaften* ist dieses Thema nicht nachweisbar. (Wissenschaftstheorien, die einzelne Wissenschaften in allgemeiner oder – intern oder extern – vergleichender Weise behandeln, sind ohnehin selten. Stellvertretend für die Biologie seien genannt: Mahner und Bunge 1997; Hull und Ruse 1998; Sober 2000.)

1.4.2 Bestimmungen des Begriffs *Fehler*

Mit den Phänomenen Fehler, Fehlleistung, Fehlfunktion, Ausfall, Versagen, Störung sind vielfältige wissenschaftliche und technische Bestrebungen, Zugänge, Interessen, Projekte und Forschungsrichtungen befasst. Das Spektrum reicht von Technik (Defekt, Störung, Ausfall, Unfall) über Biologie, Medizin und Psychologie (Krankheiten aller Art) bis zu Pädagogik (Lernfehler), Ökonomie (Marktversagen) und Sozialwissenschaften (Politikversagen, *failed states*). Entscheidend für die vorliegende

Fragestellung ist jedoch, dass die überwältigende Mehrzahl all dieser Ansätze und Arbeiten zwar nach Fehlern sucht, Fehler beschreibt, diagnostiziert, klassifiziert, statistisch erfasst und auch oft danach strebt, Fehlerursachen zu finden, Fehler zu korrigieren, zu beheben, zu vermeiden, sie zu umgehen, sich prophylaktisch gegen sie abzusichern (vgl. nur Bunge 1997, [457], der lediglich „identify", „diagnose" und „repair" nennt) – dass jedoch nur ein verschwindend geringer Anteil Überlegungen anstellt, wie man aus den Fehlern, die ein Gegenstand begeht oder die an ihm oder in Zusammenhang mit ihm auftreten, Erkenntnis(se) *über diesen Gegenstand* in seinem Normalzustand gewinnen könnte. Für einige Disziplinen oder Problemfelder liegen sogar speziell zum Thema *Fehler* Bibliographien, teilweise kommentiert, oder Zitatensammlungen vor (zur Versprecherforschung: Cutler 1982; Wiedenmann 1992; zur Fehlerlinguistik: Gutfleisch et al. 1979; Rattunde und Weller 1977; Spillner 1991; zu Technik und Unfallforschung: Ohrmann und Wehner 1989). Erstaunlicherweise wird aber selbst in diesem Kontext die Idee des Fehlers als methodisches Mittel zum Erkenntnisgewinn praktisch nicht aufgegriffen, nicht einmal als ein Nebenaspekt.

1.4.3 Analysen des Begriffs *Funktion*

Zum Gegenbegriff zu *Fehler, Fehlleistung, Fehlfunktion,* nämlich den Begriffen des *Richtigen,* der *Leistung* und vor allem *Funktion*, gibt es ebenfalls eine größere Zahl von Arbeiten.

Zu *Funktion,* vorwiegend zur Explikation des Begriffs, existiert umfangreiche Literatur im Bereich der Philosophien der Biologie, der Psychologie, der Kognition und des Geistes (vgl. nur Wright 1973; Cummins 1975; Millikan 1984; Ariew et al. 2002; weitere Literatur bei der Diskussion des Begriffe Fehler, Fehlleistung, Fehlfunktion und Funktion im zweiten Kapitel); zum Teil wird dabei auch auf den Begriff der Fehlfunktion (*malfunction*) eingegangen (vgl. nur Neander 1995a, b; Woolfolk 1999; Davies 2000), in keinem Falle wird dabei jedoch ein methodischer Wert von Fehlfunktionen thematisiert.

Der Logik funktionaler Erklärungen, auch als Funktionalanalyse bezeichnet, wird in der allgemeinen Wissenschaftstheorie behandelt (Hempel 1965; Nagel 1965; Stegmüller 1969–1973, Bd. 4; Essler et al. 2000; vgl. auch kritisch Holenstein 1983a). Das zentrale Problem besteht darin, ob und wie man funktionale Erklärungen in nicht-funktionale, nicht-teleologische, kausal-mechanistische Erklärungen umformulieren kann. Auch hier wird der Gegenbegriff der *Fehlfunktion* oder *Fehlleistung* jedoch nicht in systematischer Weise diskutiert.

Die Rolle funktionalen Sprachgebrauchs bei *Entdeckungen* in der Biologie ist mehrfach thematisiert worden (vgl. Mayr 1983, S. 328); auch in der Wissenschaftstheorie (vgl. Resnik 1995), doch auch hier ist der Begriff Fehlfunktion an keiner Stelle auffindbar.

Zusammenfassend lässt sich sagen: Alle bekannten Arbeiten beleuchten höchstens jeweils einen Teilaspekt; sie befassen sich entweder mit Methodenfragen *oder* mit dem Begriff Funktion *oder* mit dem Begriff des Fehlers. Die vorliegende Arbeit stellt den erstmaligen Versuch einer Synthese dieser Aspekte dar.

1.5 Gang der Untersuchung

Zum Abschluss dieser Einleitung soll der Gang der Untersuchung vorgestellt werden. Allerdings handelt es sich bei dieser linearen Abfolge um eine etwas idealisierte Darstellung: Um Begriffe klären zu können, muss man immer schon etwas über das Vorgehen in verschiedenen Einzelwissenschaften wissen, und um solche aufzufinden, in denen so geforscht wird, muss man (teilweise) schon die Begriffe und Konzepte kennen, an denen sich eine solche Suche orientieren kann. Dies ist nun aber kein (vitiöser) Zirkel, sondern eine („virtuose") Helix.

Im zweiten Kapitel „Methodologische und begriffliche Grundfragen" sollen die zentralen Begriffe geklärt und Definitionen und Abgrenzungen vorgenommen werden. Es muss vor allem dargelegt werden, wie die verschiedenen Erscheinungen, die man als Fehler oder mit ähnlichen Bezeichnungen anspricht, passend begrifflich gefasst und wie der Begriff Fehler angemessen definiert werden kann. Dies setzt seinerseits die Definition von Begriffen wie „richtig", „korrekt", „normal", „Funktion" voraus. Dazu werden die wichtigsten Aspekte der aktuellen philosophischen Debatte um den Begriff Funktion und seine Rolle in Erklärungen nachgezeichnet. Diese Debatte wird nach wie vor kontrovers geführt, aber das lässt auch Raum für die hier favorisierte pragmatische Auffassung beziehungsweise Arbeitsdefinition von Funktion und Fehlfunktion.

Im *dritten Kapitel*, das den empirisch-deskriptiven Teil dieser Arbeit bildet, sollen Befunde zu einzelnen charakteristischen Äußerungen, vor allem aber zu Fallbeispielen aus einer Reihe verschiedener empirischer Einzelwissenschaften gesichtet, verglichen, systematisiert, geprüft und kritisiert werden.

Zunächst wird geklärt, in welchen Wissensgebieten oder Wissenschaften und bei welchen Problemen Fehlfunktionen tatsächlich Erkenntniswert haben. Hier sollen relevante, informative und historisch wichtige Beispiele für Erkenntnisgewinne durch Fehlfunktionen gesammelt, dokumentiert und systematisch geordnet werden. Dadurch erhält man zum einen konkrete Beispiele für Analyse und Vergleich und kann zum anderen die Häufigkeit solcher erkenntnisfördernder Fehlfunktionen bestimmen. Dabei sollen Beispiele nicht vernachlässigt werden, bei denen Fehlfunktionen anscheinend *nichts* zur Erkenntnis beitragen (am besten natürlich solche, bei denen dies tatsächlich versucht worden ist), also die Methode versagt hat. Das wird helfen, die Grenzen des Verfahrens näher zu bestimmen.

Der deskriptive Teil der Arbeit wird sich vor allem mit folgenden Gebieten befassen:

Im Bereich der *Biologie* ist die Analyse von Fehlfunktionen weit verbreitet: Es werden Beispiele aus Sinnes- und Wahrnehmungsphysiologie (Farbensehen und optische Täuschungen), aus Genetik und Molekularbiologie, aus der Entwicklungsbiologie, aus der vergleichenden Verhaltensforschung und schließlich aus der Evolutionsbiologie vorgestellt und diskutiert.

Im Bereich der *Sprache* kommen Phänomene wie Versprecher, hyperkorrekte Formen, syntaktische und phonologische Fehlkonstruktionen, Fehlübersetzungen und andere vor. Hier wird vor allem die Versprecherforschung vorgestellt, die unter anderem eigenständige Sprachproduktionsmodelle aus der Analyse von Versprechern entwickelt hat.

Im Bereich der *Kognition* werden Fehlfunktionen im Denken (vgl. La Brecque 1980), bei Intuitionen und mentalen Modellen (vgl. McCloskey 1983), in Logik und Argumentationslehre (vgl. Pirie 1985), bei Erinnerung, Vorstellen, Gedächtnis, Lernen, Planen (vgl. Dörner 1989), bei der Begriffs- und Ideenbildung sowie in der kognitiven Entwicklung (vgl. Piaget 1967, 1973) betrachtet, die auch gelegentlich unter dem Sammeltitel „kognitive Täuschungen" zusammengefasst werden.

Zwischen Neuro- und Kognitionswissenschaften ist die *Kognitive Neuropsychologie* angesiedelt. Sie bedient sich nicht nur in besonders auffälliger Weise verschiedenster kognitiver Fehlfunktionen, Ausfälle und Defizite, um Schlüsse auf normale neuronale und kognitive Strukturen und Prozesse zu ziehen, sondern hat auch im Gegensatz zu fast allen anderen betrachteten Disziplinen dazu eine eigenständige Methodendiskussion entwickelt (vgl. u. a. Shallice 1988; Caramazza 1984, 1986, 1988; Blanken 1988; Bub 1994; Glymour 1994; Van Orden et al. 2001).

In der *Wissenschaftstheorie* lernt man über Hypothesen, Theorien und Methoden besonders viel, wenn sie *versagen*: Was eine Theorie behauptet oder bestreitet, wird gerade dann deutlich, wenn man die *Grenzen* ihrer Geltung oder ihrer Anwendbarkeit erkennt. Wissenschaftshistorisch hat oft das Versagen von Theorien auf Grundlagenprobleme aufmerksam gemacht und eine Weiterentwicklung eingeleitet. Hier wird eine Palette von Möglichkeiten diskutiert, wie man aufgrund von falschen Modellen bessere („wahrere") Theorien erreichen kann (vgl. Wimsatt 1987).

Schließlich sind auch in der *Erkenntnistheorie* immer wieder bestimmte Fehlleistungen der Erkenntnis beziehungsweise des menschlichen Erkenntnisapparates thematisiert und Argumente vorgebracht worden, die sich auf solche Fehlleistungen stützen. Klassisch sind Beschreibungen des halb im Wasser eingetauchten Ruders, das geknickt erscheint (Platon) oder des Phänomens, dass einem bei Gelbsucht alles gelb erscheine (Berkeley). Vielfach bietet hier der Mensch selbst die untersuchten Systeme, beziehungsweise kognitiven Teilsysteme oder Erkenntnisvermögen. Deswegen kommt bei Kognition und Erkenntnistheorie ein interessanter und erkenntnistheoretisch möglicherweise höchst fruchtbarer Fall des Rückbezugs, der Selbstanwendung ins Spiel.

Im *vierten Kapitel* schließt sich eine vergleichende Analyse der Fallbeispiele an, die zunächst eine Beschreibung der typischen Merkmale von Fehlfunktionen vornimmt, wie sie bei vielen oder allen Beispielen gemeinsam auftreten. Daran schließt sich der Versuch einer Parallelisierung, Systematisierung und Klassifizierung der unterschiedlichen Methoden an, aufgrund von Fehlfunktionen Erkenntnis zu erlangen, und es werden gemeinsame Annahmen und Vorgehensweisen diskutiert. Darauf aufbauend wird ein tentatives, elf Schritte umfassendes Modell wissenschaftlicher Forschung vorgestellt, das in der Lage ist, die typischen Erscheinungsformen einer Erkenntnis aus Fehlern angemessen zu integrieren.

Nach der Analyse der Ziele und Vorgehensweisen der mit Fehlfunktionen beschäftigten Forschungsrichtungen werden im *fünften Kapitel* Vergleiche mit anderen bezüglich der Ziele und Vorgehensweisen vergleichbaren etablierten Methoden des Erkenntnisgewinns in der empirischen Forschung angestellt. Dabei werden zentrale Elemente sowohl traditioneller Methodologien von John Stuart Mill und Claude Bernard als auch verschiedener zeitgenössischer Methodologien aus dem biomedizinischen Bereich – des „Zerlegens und Lokalisierens“ (vgl. Bechtel und Richardson 1993) und des „Vergleichenden Experimentierens“ (vgl. Schaffner 1993) –, der Methodenlehre von Systemtheorie und Kybernetik (vgl. Bischof 2016) sowie mehrere Ansätze der Kausalanalyse, des kausalen Schließens und kausalen Modellierens (vgl. Spirtes et al. 2000; Bub 1994; Glymour 1994; Pearl 2009) herausgearbeitet, zu den Strukturen des Erkenntnisgewinns aus Fehlfunktionen in Beziehung gesetzt und diskutiert werden.

Im *sechsten Kapitel* wird die Möglichkeit betrachtet, eine normative Methodologie des Umgangs mit Fehlfunktionen zum Zwecke des Erkenntnisgewinns zu entwickeln. Nachdem das Verhältnis von deskriptiver und normativer Methodologie näher bestimmt wurde, werden die normativen Aspekte der verschiedenen im vorigen Kapitel analysierten Entwürfe traditioneller wie moderner Methodologien diskutiert. Daran schließt sich die Diskussion derjenigen normativen Elemente an, die berechtigterweise aus den in dieser Arbeit erarbeiteten deskriptiven Einsichten gewonnen werden können. Im Idealfall sollte eine solche normative Methodologie in der Lage sein, der praktischen Wissenschaft Ratschläge, Empfehlungen, Vorschläge, Handlungsanweisungen zu geben; ihre Berechtigung wäre geknüpft an ihre Bewährung in der fortgesetzten – stellvertretenden – Prüfung durch die Erfolgsbilanzen der entsprechenden Forschungsprojekte.

Das *siebte* und letzte *Kapitel* umfasst eine abschließende Diskussion und ein Fazit dieser Arbeit und geht auf weitere Forschungsdesiderate ein.

2 Methodologische und begriffliche Grundfragen

Da in der Ausgangsthese der vorliegenden Untersuchung Fehlfunktionen als methodisches Werkzeug zum Gewinn wissenschaftlicher Erkenntnis aufgefasst werden, soll im ersten Teil dieses Kapitels der Stellenwert methodologischer Fragen in der gegenwärtigen Wissenschaftstheorie diskutiert werden. Dabei stehen die Probleme der Hypothesengenerierung, der Entdeckung und der Heuristik neben der Frage nach dem deskriptiven oder normativen Status der Wissenschaftstheorie im Mittelpunkt.

Die genauere Bestimmung der Begriffe *Fehlfunktion*, *Fehlleistung* und verwandter Begriffe setzt eine angemessene Explikation seiner Gegenbegriffe *Funktion* oder *Leistung* voraus. Im zweiten Teil dieses Kapitels werden daher die einschlägigen Versuche zur Definition von *Funktion* vorgestellt und diskutiert. Von den zwei wichtigsten Positionen möchte die erste nur solche Merkmale als Funktionen gelten lassen, die als Ergebnisse einer adaptiven Evolution entstanden sind oder – wie Artefakte – von solchen Funktionen abgeleitet werden können. Die andere bedeutende Position fasst den Begriff Funktion wesentlich weiter und bezeichnet all jene Merkmale als Funktionen, denen eine Rolle bei den Abläufen in einem übergeordneten System zugeschrieben werden kann.

2.1 Wissenschaftliche Methodologie und Wissenschaftstheorie

Der Begriff *Methodologie* wird vielfältig gebraucht: (a) als Bezeichnung für bestimmte, teilweise sehr spezielle *Methoden* und Techniken, (b) als mehr oder weniger begrenzte Sammlung von *Regeln* für wissenschaftliches Vorgehen, beispielsweise in einer bestimmten Disziplin, (c) als Gesamtheit metatheoretischer Regeln, (d) als *Theorie* einzelner Methoden, (e) als Theorie und Kritik der Aufstellung von Regeln und (f) im weitesten Sinne für jede Art von logischer, wissenschaftstheoretischer oder allgemein philosophischer Betrachtung über Wissenschaft (nach Geldsetzer 1971, verändert und erweitert).

B. Schweitzer, *Der Erkenntniswert von Fehlfunktionen*,
https://doi.org/10.1007/978-3-476-04951-3_2

Es erscheint zunächst zweckmäßig, zwischen *Methode* als einzelnem Verfahren oder Technik, *Methodik* als Sammlung von Regeln für einen bestimmten Bereich und *Methodologie* oder *Methodenlehre* als Theorie derartiger Sammlungen von Methoden, der Aufstellung von Normen und ihrer kritischen Reflexion zu unterscheiden (vgl. Geldsetzer 1971). Allerdings sind die Übergänge fließend: Schon ab einem geringen Grad von Breite oder Allgemeinheit wird eine Methode oft auch als Methodik bezeichnet. Zudem wird im heutigen Sprachgebrauch oft nicht zwischen Anwendung und Theorie unterschieden, also nicht zwischen Methode/Methodik und Methodologie, genauso wie Technik und Technologie häufig nicht unterschieden werden. Die hier vorgelegte Sammlung von Methoden, die sich auf Fehlfunktionen der untersuchten Gegenstände stützen, soll im Folgenden kurz als *Fehlfunktions-Methodik* bezeichnet werden.

Andere Autoren differenzieren zwischen *allgemeiner* Methodologie und *fachspezifischen* Methodologien. So unterscheidet Radnitzky einerseits eine „allgemeine Methodologie der wissenschaftlichen Forschung“, die auch als „allgemeine Wissenschaftstheorie“, „Wissenschaftstheorie im engeren Sinne“ oder „allgemeine Wissenschaftslogik“ bezeichnet wird und die für alle Arten von Forschungsvorhaben gelten soll (vgl. Radnitzky 1989). Er identifiziert diese im Wesentlichen mit Poppers Kritischem Rationalismus beziehungsweise Falsifikationismus und dessen Grundregel, dass grundsätzlich Kritik zur Fehlereliminierung dienen soll. Neben der allgemeinen Methodologie existieren „fachspezifische Methodologien“ oder „fachbezogene Wissenschaftslogiken“, die sich mit den fachspezifischen methodologischen Problemen der betreffenden Disziplinen – oder Gruppen von Disziplinen – befassen (vgl. Koertge 1988). Als Beispiele werden Theorien der physikalischen Messung, Methodologie der statistischen Verfahren, Hermeneutik als Methodologie, Technologie der Textinterpretation oder Methodologie der projektiven Diagnoseverfahren in der Tiefenpsychologie genannt. Radnitzky ist im Übrigen der Auffassung, Forschungstheorie könne *keine* fachspezifischen „Methodologien“ anbieten: Die Forschung sei in so hohem Maße auf Innovationen angewiesen, dass starre Methodologien häufig einen Hemmschuh darstellten (Radnitzky 1974).

2.1.1 Deskriptive und normative Aspekte

Eine weitere wichtige Unterscheidung besteht zwischen *deskriptiver* und *normativer* (oder: präskriptiver) Wissenschaftstheorie. *Deskriptive Wissenschaftstheorien oder Methodologien* sehen ihre Aufgabe lediglich darin zu beschreiben, wie wissenschaftliche Forschung vor sich geht und welchen eigenen Standards die Wissenschaftlerinnen und Wissenschaftler dabei folgen, ohne dabei aber selbst Wertungen über den beschriebenen Forschungsprozess und seine Ergebnisse oder Empfehlungen für künftige wissenschaftliche Forschung abzugeben. *Normative Methodologie* zu betreiben heißt dagegen auch, wissenschaftliche Ergebnisse zu kritisieren und zu *bewerten* und *Vorschriften* und *Empfehlungen* oder auch *Verbote* und *Warnungen* zum Vorgehen in der wissenschaftlichen Forschung zu geben.

Das Projekt deskriptiver Methodologie wird im Allgemeinen als unproblematisch angesehen, wogegen normative Ansätze sich vor die Schwierigkeit gestellt sehen, die Herkunft und Verbindlichkeit der Normen zu rechtfertigen, die sie der Wissenschaft vorzuschreiben gedenken. Dennoch dürfte es wenig kontrovers sein, der modernen analytischen Wissenschaftstheorie sowohl deskriptive als auch normativer Elemente zuzuschreiben: „Da [...] Wissenschaftstheorie [...] bei der deskriptiven Analyse ihren Anfang nimmt und bei der Normensetzung endet, ist sie durch das Prädikat *normativ-analytisch* nach meinem Dafürhalten recht gut charakterisiert im Gegensatz zur rein deskriptiven Wissenschaftswissenschaft und zur konstruktiven Wissenschaftstheorie“ (Kamlah 1980, S. 43).

Die *traditionellen Methodologien* (Wissenschaftstheorien, metawissenschaftliche Theorien) sind in ihrer Mehrzahl durch vier Merkmale gekennzeichnet: (a) Sie sind deutlich *normativ* orientiert, (b) sie suchen nach *zuverlässigen* Methoden und *verbindlichen* Anweisungen für wissenschaftliches Vorgehen, das (c) die *Sicherheit* der Ergebnisse garantiert, und (d) sie sind gleichermaßen an der *Entdeckung* wie an der *Rechtfertigung* von Theorien interessiert. Bedeutende Beiträge zur Methodologie stammen von Leibniz, Descartes, Hume, Kant und John Stuart Mill. Später ist die Methodologie auch von (Natur-)Wissenschaftlern weiterentwickelt worden, etwa von Maxwell, Boltzmann, Helmholtz, Hertz, Duhem, Poincaré und Peirce.

Im 20. Jahrhundert verschob sich der Schwerpunkt zunächst hin zur Frage der Rechtfertigung von Theorien: so bei Reichenbach (vgl. Reichenbach 1951, S. 231) und Popper (vgl. Popper 1994, S. 6). Die Frage nach der Entdeckung, nach Methoden, Verfahren oder Strategien zur Aufstellung neuer wissenschaftlicher Theorien wurde als vernachlässigbar angesehen und als Gegenstand der Psychologie, nicht der Wissenschaftstheorie aufgefasst.

Schon bei Popper, viel stärker aber später bei Autoren wie Kuhn und Lakatos, wurde auch der normative Charakter der Wissenschaftstheorie abgeschwächt, aufgeweicht oder ganz in Frage gestellt. Es wurde bezweifelt, dass Wissenschaftstheorie überhaupt den Einzelwissenschaften Verfahren vorschreiben und ihre Ergebnisse bewerten könne. Wissenschaftstheorie hat nach dieser Auffassung rein deskriptiven Charakter: Sie beschreibt, wie Wissenschaftler früher und heute vorgehen, enthält sich aber der Wertung (vgl. Losee 2001, Kap. 19).

Karl Popper stellt zwar allgemeine Standards und Bewertungskriterien für die Wissenschaftlichkeit von Theorien auf und versteht seine Wissenschaftstheorie insofern als normativ (vgl. Popper und Lorenz 1985, S. 59; vgl. auch Oldroyd 1986, S. 310). Er fasst die Standards aber nicht als absolut auf, sondern im Wesentlichen als Festsetzungen (vgl. Popper 1994, S. 12 f.). Diese Haltung liegt begründet in der Einsicht in die Unmöglichkeit von Letztbegründungen, also auch der Letztbegründung von Normen (vgl. Albert 1982). Die wissenschaftlichen Normen nehmen daher bei Popper den Charakter von Konventionen an (vgl. Laudan 1990, S. 83 ff.).

Bei Thomas S. Kuhn und Imre Lakatos werden wissenschaftliche Standards als Bewertungskriterien angesehen, die nur noch innerhalb einzelner Forschergemeinschaften, Paradigmen oder Forschungsprogramme gelten. Kuhn erkennt zwar an, dass es innerhalb eines Paradigmas oder einer Forschungstradition durchaus anerkannte

Standards gibt, betont aber, dass von Zeit zu Zeit wissenschaftliche Revolutionen vorkommen, bei denen ein Paradigmenwechsel stattfindet, und dass es keinerlei Möglichkeit gibt, Paradigmen oder deren jeweilige Methoden miteinander sinnvoll zu vergleichen, weil übergeordnete Bewertungskriterien fehlen (vgl. Kuhn 1967). Lakatos unterscheidet zwar noch progressive und degenerierende Forschungsprogramme und empfiehlt, *progressive*, also auch neue Phänomene erfolgreich einbeziehende Forschungsprogramme weiterzuführen, *degenerierende*, also angesichts neuer Beobachtungen nur noch mühsam und nur mit schlecht motivierten Hilfsannahmen aufrechtzuerhaltende Programme dagegen aufzugeben. Er weist aber darauf hin, dass eine Entscheidung über den progressiven oder degenerierenden Charakter eines Forschungsprogramms sehr problematisch sein kann, und dass man dies unter Umständen nicht zu einem gegebenen Zeitpunkt entscheiden könne, sondern die Entwicklung möglicherweise über sehr lange Zeiträume abwarten müsse (vgl. Lakatos 1982).

Diese im Ansatz schon relativistische Haltung gipfelt im methodologischen Anarchismus Paul Feyerabends und seiner Anhänger mit der Parole „Anything goes!" (vgl. Feyerabend 1976). Auch wenn die dort propagierte völlige Freiheit bezüglich der Wahl von Methoden übertrieben wirkt, so scheint doch zuzutreffen, dass jede Disziplin, jede Zeit, fast jedes Problem jeweils eigene Methoden braucht und sich schafft, demnach also ein gewisser methodischer oder methodologischer Opportunismus herrscht.

Seit Kuhn und Feyerabend jedenfalls wird jede Art normativer Wissenschaftstheorie problematisch und rechtfertigungsbedürftig. Allerdings drehen sich die Auseinandersetzungen auch in der Folge primär um die Frage der Rechtfertigung von Theorien, weniger um die Frage nach ihrer Entdeckung.

2.1.2 Normative Methodologie heute

Erst im letzten Drittel des 20. Jahrhunderts wendet sich die Wissenschaftstheorie wieder verstärkt Theorien der Entdeckung, aber auch normativen Überlegungen zu. So halten Bechtel und Richardson trotz allem die „Hoffnung auf eine normative Theorie der wissenschaftlichen Entdeckung oder der wissenschaftlichen Rationalität" aufrecht (Bechtel und Richardson 1993, S. 10). Sie grenzen sich dabei sowohl von einem normativen Absolutismus als auch von einem historischen Relativismus ab: Weder kann man von absoluten Normen für wissenschaftliche Forschung ausgehen, deren Anwendung sicheres Wissen garantiert, noch ist die Auswahl von Methoden völlig beliebig oder stellt jede tatsächlich in irgendeinem Bereich ausgeübte Forschungspraxis auch schon eine beherzigenswerte Norm dar (vgl. Bechtel und Richardson 1993, S. 10).

Wissenschaftstheorie nimmt hier den schon erwähnten sowohl deskriptiven als auch normativen Charakter an. Wissenschaft ist zwar grundsätzlich fehlbar, und keine ihrer Methoden kann als absolut sicher und unrevidierbar gelten, womöglich sogar vor aller und unabhängig von aller Erfahrung. Dennoch hat die Wissenschaft eindrucksvolle Erfolge bei Voraussagen und Erklärungen aufzuweisen, und diese Erfolge stützen indirekt auch die verwendeten Methoden.

Heute treten die Ansätze einer normativen Methodologie weit bescheidener auf als früher. Sie umfassen im Wesentlichen *Grundforderungen* bezüglich der Wissenschaftlichkeit und darüber hinaus lediglich *Empfehlungen* mehr oder weniger bindenden Charakters.

Einige Methoden und Bewertungskriterien sind dabei allgemeiner und grundlegender als andere: So wird man es für unerlässlich halten, dass wissenschaftliche Theorien Forderungen nach intersubjektiver Verständlichkeit, nach Zirkelfreiheit, nach innerer Widerspruchsfreiheit und nach rationaler Kritisierbarkeit genügen. Derartige Kriterien *definieren* geradezu, welche Ansätze als wissenschaftlich gelten können.

Andere Forderungen, wie die nach Prüfbarkeit, äußerer Widerspruchsfreiheit (also Verträglichkeit mit anderen, bereits anerkannten Theorien) oder Testerfolg sind ebenfalls wichtig; man wird aber, jedenfalls in besonders begründeten Ausnahmefällen, auch Theorien akzeptieren, die eine oder mehrere dieser Forderungen nicht (oder noch nicht) erfüllen.

Weitere Forderungen beschreiben zwar erwünschte, aber weder einzeln noch in der Summe notwendige Eigenschaften von Theorien, etwa Einfachheit, Eleganz, Allgemeinheit, Breite, Tiefe, Anwendbarkeit und andere. Sie haben weniger den Charakter von Geboten und Verboten, sondern eher den von Empfehlungen, Ratschlägen oder auch Warnungen.

2.1.3 Heuristik als Verfahren der Entdeckung

Während im Zusammenhang mit der Bewertung und Rechtfertigung von Theorien sowohl harte als auch weiche, sowohl zentrale als auch periphere Forderungen genannt werden, scheint es kaum harte, zentrale Regeln für die *Entdeckung* von Theorien zu geben. Sie haben vielmehr durchgehend den Charakter von Vorschlägen und Empfehlungen; am häufigsten trifft man auf die Begriffe *Strategien* und *Heuristiken.*

Der Begriff Heuristik wird nicht einheitlich verwendet, jedoch lassen sich drei relevante Verwendungen unterscheiden:

Im ersten, engsten Sinne wird *Heuristik* als *Methode, Technik oder Verfahren,* als Anleitung, Regel, Prozedur oder Rezept zum Entdecken, Erfinden und Problemlösen verstanden. Da es nicht nur ein solches Verfahren gibt, unterscheidet man verschiedene *Heuristiken.* Diese Art von Heuristik wird als „Verfahrensheuristik" bezeichnet (Wolters 1986, S. 140), und auch „Logiken der Entdeckung" werden als „step-by-step procedures for systematically generating new truths in mathematics and the natural sciences" definiert (Nickles 1998, S. 99). Dabei können diese Verfahren im Gegensatz zu Algorithmen jedoch kein Ergebnis oder erfolgreiches Ende der Suche garantieren. *Heuristik* im Sinne von Verfahrensheuristik wird außer für wissenschaftliche auch als Bezeichnung für von Menschen, Tieren und sogar deren Subsystemen, wie Sinnesorganen, angewendete alltägliche Such- und Lösungsverfahren verwendet (vgl. Gigerenzer et al. 1999).

Ein zweiter Sinn von Heuristik umfasst auch *heuristische Prinzipien, Ideen* und *Hintergrundannahmen*, die nicht ohne weiteres als Anleitung oder Verfahren formulierbar sind. Zu diesem Komplex kann man auch Leitmotive, Maximen, Themata und Topoi, Metagesetze, Einschränkungen und Auswahlkriterien bis hin zu Paradigmen, Weltmodellen, Metaphysiken und Philosophien zählen. Hier seien nur drei Beispiele genannt:

Gerald Holton hat Prinzipien (Ideen, Grundannahmen, Kategorien, Forderungen) analysiert, die bei der Theorienkonstruktion – etwa bei der Physik Einsteins – eine wichtige Rolle spielen. Für diese Prinzipien hat er die Bezeichnung *Themata* eingeführt. Er definiert:

> A *thematic position* or *methodological thema* is a guiding theme in the pursuit of scientific work, such as the preference for seeking to express the laws of physics whenever possible in terms of constancies, or extrema (maxima or minima), or impotency („It is impossible that …"). (Holton 1973, S. 28)

Gereon Wolters hat dafür plädiert, heuristische Prinzipien als *Topoi* aufzufassen, als forschungsleitende Ideen, die jedoch nicht als starre Anleitungen oder Regelsysteme zu verstehen sind. Vielmehr wird das Urteilsvermögen des Forschers gefordert, die Topoi auf die jeweilige Forschungssituation zu beziehen: „Zu lernen sind … nur *Leitmotive, Topoi* der Forschung, *keine Algorithmen.*" (Wolters 1986, S. 140) Beispiele solcher forschungsleitender Topoi findet er bei Ernst Mach: Analogie, Prinzip der Kontinuität, Abstraktion und Paradoxie; hinzu kommen Wirklichkeitsprinzip und Ökonomieprinzip.

Heuristische Elemente sind auch in Modellen und Theorien anzutreffen, die Hintergrundannahmen für andere Untersuchungen bereitstellen. Unter anderem ist den Positionen des Evolutionismus, Realismus, Reduktionismus, Naturalismus oder teleologischen Auffassungen heuristischer Wert zugesprochen worden.

Zum Adaptationismus in der Biologie meint Ernst Mayr:

> The adaptationist question „What is the function of a given structure or organ?" has been for centuries the basis for every advance in physiology. If it had not been for the adaptationist program, we probably would still not yet know the functions of thymus, spleen, pituitary, and pineal. Harvey's question „Why are there valves in the veins?" was a major stepping stone in his discovery of the circulation of blood. (Mayr 1983, S. 328; s. a. Green 2014)

Über den Reduktionismus heißt es:

> [T]he method of attempting reductions is most fruitful, not only because we learn a great deal by its partial successes, by partial reductions, but also because we learn from our partial failures, from the new problems which our failures reveal. (Popper 1974, S. 281)

> A great deal is learned from epistemological reductions even when they are unsuccessful or incomplete, because much understanding is gained by the partial success, and valuable insight is gained from the partial failure. (Ayala 1987)

> It has been suggested that reductionism has a high heuristic value for research and has, in fact, been the most fruitful approach to experimental biology (as opposed to natural history) during the past 100 years. (Weber und Schmid 1995)

Selbst nachweislich *falschen* Modellen wird ausdrücklich ein heuristischer Wert attestiert – indem diese nämlich Hinweise geben können, wie ein besseres Modell auszusehen habe (Wimsatt 1987).

Freilich kann eine scharfe Unterteilung in Verfahren und Ideen kaum vorgenommen werden. Bisweilen ist eine Regel so vage oder so wenig zwischen verschiedenen Anwendungen übertragbar, dass sie nicht viel mehr als eine Grundidee liefert. Umgekehrt wird sich gelegentlich auch ein Prinzip oder eine Idee, ein Thema oder Topos in eine ausdrückliche Forschungsanweisung umformulieren lassen.

Drittens dient der Begriff *Heuristik* auch zur Bezeichnung einer *Theorie* der genannten Heuristiken, einer *Methodologie der wissenschaftlichen Entdeckung,* wofür man auch den Begriff *Heuristologie* einführen könnte. In diesem Sinne wird Heuristik definiert als „Erfindungskunst (*ars inveniendi*)", als „Lehre von den Verfahren, Probleme zu lösen, also für Sachverhalte empirischer und nicht-empirischer Wissenschaften Beweise oder Widerlegungen zu *finden*" (Lorenz 1984) oder als „Theorie der in den als verschiedenen Wissenschaften zur Anwendung gelangten heuristischen Prinzipien und Methoden" (Schepers 1974). Unkontrovers dürfte es sein, Heuristik in diesem Sinne als Teilgebiet der Wissenschaftstheorie aufzufassen. Und so wie es eine allgemeine und eine Anzahl spezieller Wissenschaftstheorien gibt (etwa Wissenschaftstheorien der Biologie), so dürfte auch eine solche Heuristik in einen allgemeinen Teil und verschiedene spezielle zerfallen.

Für diese Auffassung spricht, dass damit die prinzipielle Unsicherheit und Vorläufigkeit wissenschaftlicher Erkenntnis betont wird (vgl. Albert 1982); dagegen allerdings, dass sie die trotz allem erheblichen Unterschiede zwischen Entdeckung und kritischer Prüfung zu stark verwischt.

Um heuristische Empfehlungen, nicht um ausnahmslose Gebote geht es auch, wenn Wissenschaftstheoretiker mit Anlageberatern verglichen werden, die das Ziel des effizienten Einsatzes von Forschungsressourcen verfolgen (vgl. Radnitzky 1989). Viele solcher Empfehlungen sind darüber hinaus bereichs- oder situationsabhängig. Dann handelt es sich um bedingte Empfehlungen, um hypothetische Imperative. Radnitzky sieht solche hypothetischen Imperative sogar als *typische* methodologische Regeln an. Sie haben folgende allgemeine Form:

> Wenn Ihr Ziel Erkenntnisfortschritt ist (was wir voraussetzen, da Sie forschen wollen) und wenn Sie sich in einer Forschungssituation vom Typ *S* befinden (festzustellen, ob Sie sich wirklich in der besagten Problemsituation befinden, das ist Ihre Aufgabe), dann *empfiehlt* Ihnen die Methodologie *M*, gemäß Regel *R* zu verfahren. (Radnitzky 1989, S. 467)

Auch andere Typen bedingter Empfehlungen sind denkbar. Etwa: Wenn Sie risikoscheu sind, folgen Sie dem üblichen Vorgehen Ihrer Disziplin; sind Sie risikofreudig, wagen Sie sich auch an unkonventionelle, exotische Ansätze, mit der Chance auf großen Erfolg, aber auch völlige Erfolglosigkeit. Eine Empfehlung für Forschungsförderer könnte entsprechend lauten, eine gemischte Strategie oder Portfolio zu verwenden; zum Beispiel 80 Prozent „Normalos" und 20 Prozent „bunte Vögel" zu fördern.

Allerdings scheinen für die Methodologie relevante hypothetische Imperative noch recht wenig ausgearbeitet zu sein: In der philosophischen und wissenschaftstheoretischen Literatur zur Methodologie werden fast ausschließlich Fragen sehr allgemeiner Art behandelt; der Kritische Rationalismus und sein Verfahren der Falsifikation, Lakatos' Methodologie wissenschaftlicher Forschungsprogramme und andere stellen Methodologien allgemeinster und auf kein einzelnes Fach beschränkter Verfahren dar. In den Methodenlehren der einzelnen Wissenschaften dagegen finden sich hauptsächlich konkrete Anleitungen – zum Beispiel physikalische Messmethoden, der Trennungsgang in der chemischen Analyse, in der Biologie Anleitungen zum Isolieren von Zellorganellen oder von DNA oder zum Klonieren eines Gens.

Demgegenüber gibt es insgesamt sehr wenige ausgearbeitete Ratschläge auf mittlerer Ebene – also Forschungsstrategien (fachspezifisch oder nicht), Ratschläge zum Design von Experimenten, Heuristiken verschiedener Art. Einige Autoren, etwa Michael Polanyi, scheinen sogar anzunehmen, dass solches Wissen vorwiegend oder sogar ausschließlich implizit erworben und unbewusst angewendet wird („tacit knowledge") (Polanyi 1985). Wenn überhaupt, dann finden sich solche Anregungen auf mittlerer Ebene noch am ehesten im Zusammenhang mit den traditionellen induktiven Logiken von Francis Bacon und John Stuart Mill. Einige Anregungen könnte man darüber hinaus statistischen Anleitungen entnehmen.

Aber sind solche method(olog)ischen Arbeiten überhaupt nötig und sinnvoll? Auf diese Frage ist vor allem geantwortet worden, dass hausgemachte oder *do-it-yourself*-Methodologien in der Regel suboptimal seien und dass erst die explizite Darstellung, Begriffsklärung und Reflexion fundierte Kritik ermöglichten (vgl. Radnitzky 1989, S. 466; Kromka 1984, S. 16).

2.1.4 Möglichkeiten der Prüfung methodischer Regeln

Eine wichtige Frage zielt dahin, wie man methodische Regeln überhaupt prüfen und bewerten kann. Die grundlegenden Forderungen, die man an jede wissenschaftliche Theorie stellt, wie innere Widerspruchsfreiheit, Zirkelfreiheit und Kritisierbarkeit wird man selbstverständlich auch an eine Metatheorie stellen. Darüber hinaus scheint bei Metatheorien bestenfalls eine stellvertretende Prüfbarkeit möglich, nämlich anhand des Erfolges oder Misserfolges der mit Hilfe solcher Regeln erstellter oder geprüfter Theorien.

Man kann die Frage nach der Bewertung methodischer Regeln auch umformulieren in die Frage, wodurch sich eine Methode oder eine Heuristik als rational auszeichnet (zum Begriff der rationalen Heuristik vgl. Schweitzer 2003). Eine klassische Auffassung von Rationalität nennt Handlungen, Meinungen, Wünsche, Normen dann rational, wenn sie *wohlbegründet* sind. In diesem Sinne wären heuristische Normen oder Empfehlungen dann rational, wenn für sie gute Begründungen angegeben werden können, etwa warum, aus welchen Gründen, aufgrund welcher Mechanismen sie funktionieren. Bisher ist dies für die wenigsten heuristischen Normen geschehen. Dennoch stellt sich diese Auffassung als mögliches, wenn auch strenges Kriterium für die Beurteilung der Rationalität von Heuristiken dar. In diesem

Sinne etwa definieren Mahner und Bunge eine Methode („Technik“) als „wissenschaftlich“ (in einem strengen Sinne, der sich mit „rational“ identifizieren lässt) genau dann, wenn sie erstens intersubjektiv darstellbar ist, zweitens durch andere Methoden prüfbar ist und drittens gutbestätigte Theorien (wenigstens im Prinzip) erklären, wie und warum sie funktioniert (Rechtfertigung). Wenn nur eines oder zwei dieser Merkmale zutreffen, soll eine Technik als „semiwissenschaftlich“ gelten; wenn keines zutrifft, als „nichtwissenschaftlich“ (Mahner und Bunge 1997, S. 76).

Eine zweite Auffassung versteht Rationalität als *Zweck-Mittel-Rationalität*: Rational ist ein Mittel oder eine Handlung, wenn sie das geeignetste Mittel zur Erreichung eines gegebenen Zweckes ist. Dieser Rationalitätsbegriff ist für die Entscheidungs- und Spieltheorie und die Ökonomie zentral. Ein heuristisches Verfahren wäre demnach rational, wenn es – in einem bestimmten Forschungskontext – das geeignetste Mittel zur Entdeckung darstellt, genauer gesagt zur Entdeckung von Theorien, die sich in der nachfolgenden Prüfung auch tatsächlich bewähren. Auch dies ist ein einleuchtendes Kriterium für Rationalität, wenn auch weniger streng als die Begründbarkeitsforderung.

Den zu erwartenden Erfolg eines Verfahrens festzustellen ist allerdings nicht trivial. Man begegnet immer wieder dem Problem, Erfolg oder Misserfolg einer Theorie abschließend zu beurteilen. Daneben tritt zudem das Problem zu erkennen, mit welchen Methoden eine Theorie erstellt oder geprüft wurde. Meist muss man sich darauf beschränken, festzustellen, dass in einer *ähnlichen* Forschungssituation sich eine *ähnliche* Heuristik als erfolgreich gezeigt hat oder dass im Durchschnitt, im Allgemeinen, typischerweise eine bestimmte Heuristik sich als nützlich erweist. Dazu muss man historische Forschungskontexte, ihre Voraussetzungen, ihre Ergebnisse *und die dabei verwendeten Heuristiken* kennen, einordnen und auf künftige Forschung beziehen können. So meint Wolters, heuristische Prinzipien

> wurden (und werden) in einem dialektischen Prozeß historischer Analyse gewonnen, der etwa folgende Struktur hat: In irgendeinem Sinne gelungene Teile von Wissenschaft lassen sich auf die methodischen Bedingungen ihres Gelingens hin analysieren. Die dabei gewonnenen methodologischen Gesichtspunkte dienen nun ihrerseits als Normen für andere Teile von Wissenschaft, unterliegen dabei aber einer erneuten und kontinuierlichen Kontrolle ihrer Leistungsfähigkeit usw. (Wolters 1986, S. 137)

Die dritte Auffassung schließlich fordert für Rationalität nur ein Minimum, nämlich *Kritisierbarkeit* (vgl. Popper 1994, S. 18). Damit eine Heuristik als kritisierbar gelten kann, muss sie mindestens darstellbar und mitteilbar sein; darüber hinaus wird man fordern, dass sie auch tatsächlich ernsthafter Kritik ausgesetzt wurde und diese überstanden hat.

Damit sind drei verschieden starke Rationalitätskriterien herausgearbeitet worden, von denen Kritisierbarkeit als minimales, Erfolg als mittleres und Begründbarkeit als strengstes Kriterium gelten können.

Betrachtet man das Spektrum methodologischer Ansätze in ihrer Bedeutung für die vorliegende Untersuchung, so lässt sich eine Eingrenzung derjenigen Aspekte der Methodologie vornehmen, die sich für eine nähere Beschäftigung besonders eignen:

Dazu zählen Methoden, bei denen ein Bezug zu Fehlfunktionen erkennbar ist, und Methoden, die als Aufgabe Analyse und Erklärung komplexer Systeme ansehen, vor allem auf Gebieten wie Biologie, Medizin, Psychologie, Linguistik oder Sozialwissenschaften. Vor allem sind diejenigen Methoden interessant, die mechanistische Erklärungen solcher Systeme ermöglichen sollen, also Erklärungen des Systemverhaltens aus den Bestandteilen, deren Beschaffenheit und deren Zusammenwirken.

Weiter sind Methoden „mittlerer Reichweite" von Bedeutung, die Design und Auswertung von Experimenten und Beobachtungen thematisieren, also weder so allgemein sind wie beispielsweise der Poppersche Falsifikationismus noch so speziell wie Messvorschriften in der Physik, Trennungsgänge in der Chemie, Methoden zur DNA-Isolierung oder Bestimmung von Tieren und Pflanzen in der Biologie. Schließlich sind – soweit auffindbar – Empfehlungen und Vorschriften, Gebote und Verbote, hypothetische Imperative und andere normative methodologische Sätze, die mögliche Methoden im Zusammenhang mit Fehlfunktionen bewerten, von besonderem Interesse.

Zu erwarten ist, dass aus den im Folgenden identifizierten Methoden des Erkenntnisgewinns aus Fehlfunktionen vor allem Vorschläge und Empfehlungen, weniger dagegen strikte Gebote oder Verbote abgeleitet werden können, die sowohl bei der Entdeckung als auch der Bewertung von Theorien eine Rolle spielen können. Diese Vorschläge sollen dargestellt und kritisch betrachtet werden, um zu prüfen, in wie weit sie als rationale Heuristik akzeptierbar sind.

2.2 Die Begriffsfamilien *Fehler* und *Funktion*

Wie aus den in der Einleitung vorgestellten Zitaten hervorgeht, werden die einschlägigen zum Erkenntnisgewinn genutzten Phänomene mit den Ausdrücken *Fehler, Fehlleistung, Fehlfunktion, gestörte Funktion, Abweichung (von der normalen Funktion), (pathologische) Störung, Ausfall(erscheinung), Täuschung, Defizit, Mangel* oder *Defekt(zustand)* bezeichnet. Die am ehesten mit allen anderen austauschbaren Ausdrücke dürften *Fehler* und *Fehlfunktion* sein.

Ansätze zu Definitionen oder semantischen Analysen der Begriffsfamilie *Fehler* sind recht selten. Ein Beispiel, bei dem jedoch zunächst *Funktion* definiert wird, ist Mahner und Bunge (1997, S. 155). Für den Bereich technischer Normen sind Definitionen einschlägiger Begriffe in VDI/VDE (2000) zusammengestellt worden.

Auch bei den Wissenschaften, die sich mit Fehlern befassen, sind die Charakterisierungen eher informell und rudimentär; meist wird der Begriff nur exemplarisch, durch Beispiele, eingeführt.

Für den Gegenbegriff zu *Fehler, Fehlfunktion, Fehlleistung*, nämlich *Funktion* stellt sich die Situation günstiger dar. Hier liegen sowohl semantische Analysen als auch Definitionen vor; allerdings gibt es sehr unterschiedliche Auffassungen und sogar grundsätzlich unterschiedliche Definitionsversuche, um die in den letzten Jahrzehnten eine heftige Debatte entbrannt ist.

2.2.1 Bedeutungs- und Wortfeldanalyse

Zu den Begriffen Funktion, Leistung, auch Ziel und Zweck im Zusammenhang mit der Untersuchung der Logik funktionaler Erklärungen beziehungsweise Logik der Funktionalanalyse liegt eine semantische Analyse, Bedeutungsanalyse beziehungsweise Wortfeldanalyse vor (vgl. Holenstein 1983a). Bei deren methodischem Vorgehen „rekurriert man auf andere Ausdrücke, auf solche, in deren Kontext sie gebraucht werden, und auf solche, denen sie *prima facie* gleichen und gegen die sie sich in bestimmten Kontexten austauschen lassen. Aus den Bedingungen für die Kombination und für den Austausch mit solchen anderen Ausdrücken ergibt sich ein Bedeutungsprofil. Das Resultat ist, was man in der Sprachwissenschaft eine Wortfeldanalyse nennt“ (Holenstein 1983a, 292).

Aufgrund einer solchen Analyse ist festzuhalten: „Ziele schreibt man Entitäten zu, die als selbstständig angesehen werden; Funktionen schreibt man nur Entitäten zu, die als nichtselbständig angesehen werden, die jedoch mit ihrer Funktion bezogen sind auf eine solche zielorientierte selbständige Entität“ (Holenstein 1983a, S. 292).

Welche Entitäten selbstständig und welche unselbstständig sind, ist weitgehend Ansichtssache. (Zum Beispiel wird man einem Sprecher als selbstständiger Person gewöhnlich ein Ziel zuschreiben, einer als unselbstständig angesehenen Person, zum Beispiel einem Regierungs- oder Unternehmenssprecher dagegen eher eine Funktion.) Es kann sogar dasselbe Ereignis zugleich als Funktion und als Ziel aufgefasst werden – je nach Gesichtspunkt (vgl. Holenstein 1983a, S. 299 f.).

Als funktional oder zielgerichtet im weitesten Sinn wird man gewöhnlich jedes Verhalten bezeichnen, das angepasst oder *adaptiv* ist. „Die Voraussetzung für eine Funktionszuschreibung, die Integration der funktionalen Entität in ein zielorientiertes System, ist (mindestens für den umgangssprachlichen Gebrauch von „Funktion“) so weit zu fassen, daß evolutionäre Adaptionsprozesse miteingeschlossen sind. *Voraussetzung einer Funktionszuschreibung ist ein System, das als feedbackkontrolliert oder programmiert oder adaptiv* (im Sinne der Evolutionstheorie) *aufgefaßt wird*“ (Holenstein 1983a, S. 310 f.). Eine Funktionszuschreibung muss immer auf ein solches System bezogen sein, sonst ist sie unsinnig.

Wenn Ziele und Intentionen als mindestens zweistellige Relationen beschrieben werden, dann müssen Zwecke und Funktionen als mindestens dreistellige Relationen wiedergegeben werden (vgl. Klaus und Buhr 1969, S. 1183; Holenstein 1983b, S. 302). So wird man zwar sagen: „Das System *S* hat das Ziel oder die Intention *Z*“, aber: „Das System *S* hat die Funktion oder den den Zweck *F* für ein Subjekt *S**“ beziehungsweise „*S* hat *F* bei Integration in ein umfassenderes System *S**“ (vgl. Holenstein 1983a, S. 302).

Es ließe sich zudem zwischen Funktion und Leistung unterscheiden. Wenn man bei Funktion eher an die Zweckmäßigkeit für ein umfassenderes System denkt, dann könnte Leistung demgegenüber (zugleich offener und enger) als Zweckmäßigkeit (Nutzen) für *andere* Einheiten (andere Systeme, Publika, Klienten, Leistungsempfänger) unterschieden werden. Eine andere Auffassung stellt Leistung eher in die Nähe von Ziel, oder zwischen Funktion und Ziel: Sagt man „Ein Mensch (oder eine Maschine) leistet etwas“

so klingt das autonomer als „... hat eine Funktion", wenn auch weniger autonom als „... hat ein Ziel". Wenn man *Funktion* und *Leistung* überhaupt unterscheidet, so verbindet man mit *Leistung* eher etwas, das ein ganzes System erbringt; mit *Funktion* eher einen Beitrag zum Funktionieren eines Ganzen, der von einem umschriebenen Teilsystem erbracht wird. Ob man etwas als Leistung oder Funktion bezeichnet, hängt demnach wesentlich davon ob, welches System man gerade betrachtet. Man spricht eher von einer Leistung oder Fehlleistung des optischen Apparats des Menschen insgesamt und demgegenüber einer Funktion oder Fehlfunktion zum Beispiel der Netzhaut als umgekehrt, obwohl auch dies keineswegs unsinnig klingt.

Da in der Biologie und Psychologie eher von Funktionen als von Leistungen gesprochen wird, soll hier diesem Sprachgebrauch gefolgt werden und daher der Begriff *Funktion* im Vordergrund stehen. Ein guter Test ist es, bei jedem Vorkommen des Wortes Funktion probeweise stattdessen Leistung einzusetzen und sich zu fragen, ob auch das sinnvoll klingt.

Wenn man das Begriffsfeld von *Funktion, Zweck, ...* betrachtet, so ist *Funktion* wohl von allen Ausdrücken der allgemeinste. Er kann am ehesten gegen alle anderen ausgetauscht werden, wird allerdings in manchen Sprachgemeinschaften ungern für Personen oder kulturelle Phänomene gebraucht (vgl. Holenstein 1983a, S. 303). Funktion gebraucht man für Organe und Maschinenteile, weniger dagegen für Handlungen und Instrumente von Menschen. (Man fragt eher nach der Funktion, weniger nach dem Zweck der Schilddrüse; aber man fragt nach dem Zweck, den ein Mensch mit einer Handlung oder einem Plan verfolgt.) Zweck und Ziel wurden lange Zeit kaum unterschieden; heute verwendet man Zweck im Alltag und in der Technik nur für Sachen und Vorgänge, nicht aber für Personen (noch weniger, als man das mit den Begriff Funktion tut). Wenn man einem Gesamtsystem Ziele zuschreibt, sagt man meist, ein Teilsystem habe eine Funktion; wenn man Intentionen zuschreibt, eher Zweck (zur Etymologie des Wortes „Zweck" vgl. Klaus und Buhr 1969, S. 1183).

Neben der soeben vorgestellten Wortfeldanalyse finden sich in der Literatur eine Reihe von miteinander konkurrierenden Vorschlägen der Begriffsexplikation oder theoretischen Definition des Begriffs *Funktion.* Zur Frage „Was ist eine Funktion?" gibt es mehrere Auffassungen, die man in drei Gruppen einteilen kann: Eine historische, ätiologische Auffassung, die auf die Evolutionsgeschichte eines Merkmals Bezug nimmt, und zwei ahistorische Sichtweisen, die Funktion mit dem Beitrag eines Teilsystems entweder zu den Zielen oder aber zu den Fähigkeiten oder Aktivitäten eines Gesamtsystems identifiziert (vgl. Amundson und Lauder 1994, S. 443).

2.2.2 Historische Explikationen des Begriffs *Funktion*

Die erste Auffassung definiert Funktionen über ihre evolutive Herkunft und setzt sie mit *selektierten Effekten* gleich. Die Funktion eines Merkmals ist demnach sein evolutionärer Zweck, der definiert wird als der Effekt, dessentwegen das Merkmal von der natürlichen Selektion bevorzugt wurde. Diese Sichtweise ist weit verbreitet und wird von vielen Autoren heute als Konsens angesehen (Neander 1991a, S. 168; vgl. auch Brandon 1990, S. 186).

Ein häufig angeführtes Beispiel lautet: Das Herz der Wirbeltiere hat die *Funktion*, Blut zu pumpen, weil unter den Vorfahren der heutigen Wirbeltiere diejenigen, deren Herzen in der Lage waren, Blut zu pumpen, Vorteile hatten, überlebten und sich fortpflanzten. Der Effekt – Blut pumpen – wurde selektiert, und deshalb bezeichnet man ihn als Funktion.

Funktionen werden dabei mit „selektierten Effekten" gleichgesetzt; deshalb bezeichnet man Funktionen in diesem Sinne auch als *selected effect functions* oder kurz SE-Funktionen. Diese Auffassung von Funktion nennt man auch die „ätiologische" (von griech. *aitia,* Ursache, Herkunft), weil die Funktion eines gegebenen Merkmals über seine Herkunft definiert wird, genauer: über die Geschichte der natürlichen Selektion, die die Vorfahren des Lebewesens durchliefen. Dieser ersten Auffassung liegt also eine *historische* Betrachtungsweise zugrunde.

Diese Auffassung von Funktion hat zuerst Wright (1973) in seinem Aufsatz „Functions" entwickelt, in dem er *Funktion* wie folgt definierte:

> Die Funktion von *X* ist *F* bedeutet
> (a) *X* ist vorhanden, weil es *F* ausführt,
> (b) *F* ist eine Folge (oder Ergebnis) des Vorhandenseins von *X*.
> (Wright 1973, S. 161, Variable umbenannt)

Ähnliche Vorstellungen finden sich angedeutet bei Williams (1996); Ayala (1970); aufgegriffen wurden sie von Sober (1984); Millikan (1989a, b); Neander (1991a, b) und anderen. Eine Übersicht über diese Entwicklung bieten Schaffner (1993) sowie Amundson und Lauder (1994, S. 444). Wrights Definition ist bewusst einfach und umfassend. So soll sie gleichermaßen für intentionale oder bewusste Auswahl als auch für natürliche Selektion gelten. Als Vorteil wird außerdem angeführt, dass die Angabe der Funktion eines Merkmals eine Rolle spielt bei der Erklärung, wie das Merkmal entstanden ist.

Beschränkt man sich auf den evolutionären Kontext und berücksichtigt nur natürliche Selektion als Grund für das Vorhandensein einer Entität, so entspricht Wrights Definition weitgehend derjenigen von Karen Neander, die den Begriff *proper function* (auch *genuine function, echte Funktion*; gelegentlich ungünstig als „Eigenfunktion" übersetzt) bevorzugt:

> „Es ist die/eine echte Funktion eines Teils (*X*) eines Organismus (*O*), das zu tun, was Teile des Typs *X* taten, um zu der Gesamtfitneß von *O*s Vorfahren beizutragen, und was verursachte, dass der Genotyp, dessen phänotypischer Ausdruck *X* ist, durch natürliche Selektion ausgewählt wurde." (Neander 1991a, S. 174)

Ruth Millikan definiert „proper function" sehr ähnlich (vgl. Millikan 1984, S. 17, 1989a, b). Auch Amundson und Lauder definieren in ähnlicher Weise, ziehen jedoch die Bezeichnung *selected effect function, SE function,* „Funktion als selektierter Effekt" vor (vgl. Amundson und Lauder 1994, S. 444).

Der ätiologische oder SE-Funktionsbegriff steht in engem Zusammenhang mit dem Begriff der *Adaptation* (vgl. Brandon 1981). Williams plädierte für die Unterscheidung von Adaptation und zufälligem Vorteil (vgl. Williams 1996). *Aptation* oder *Passung* sollen derzeitige Nützlichkeit beschreiben, sowohl selektierte Anpassungen als auch zufällige Nützlichkeiten (vgl. Gould und Vrba 1982). Der Begriff *Adaptation* oder *Anpassung* sollte dagegen für Merkmale reserviert bleiben, die aus der natürlichen Selektion stammen. Robert Brandon hat diese historische Definition von Adaptation als „the received view" bezeichnet (Brandon 1990, S. 186). Elliott Sober explizierte den Begriff so:

> *X* is an adaptation for task *F* in population *P* if and only if *X* became prevalent in *P* because there was selection for *X*, where the selective advantage of *X* was due to the fact that *X* helped perform task *F*. (Sober 1984, S. 208, Variable umbenannt)

Sobers „Aufgabe *F*" entspricht dabei genau der Funktion des Merkmals *X* nach ätiologischer Auffassung. Sowohl Sober als auch Williams, Brandon, Millikan und Neander bezeichnen sämtlich denjenigen Vorteil, der von *X* erzeugt wird, als die *Funktion* von *X* genau dann, wenn dieser Vorteil als Ursache für die Selektion von *X* rekonstruiert werden kann. Mit anderen Worten: „Ein Merkmal ist eine Adaptation" (im historischen Sinne) heißt genau dasselbe wie: „Das Merkmal hat eine Funktion" (ätiologisch oder SE-definiert). Die beiden Begriffe kann man demnach als austauschbar ansehen.

Darüber hinaus ist argumentiert worden, das ätiologische Konzept von Funktion sei das einzige, das (im Gegensatz zu den anderen Auffassungen) den normativen Aspekt des Begriffs Funktion, die sogenannte „normative" Rolle von Funktionszuschreibungen und das Problem pathologischer Fehlbildungen funktionaler Systeme angemessen erfasse (vgl. Wright 1973, S. 146, 151). Die Idee dahinter ist, dass man gewöhnlich auch kranken, fehlgebildeten, nicht funktionierenden Organen eine Funktion zuschreibt, zum Beispiel schreibt man einem kranken Herzen ebenso wie einem gesunden die Funktion zu, Blut zu pumpen; mit anderen Worten, man möchte vermeiden, sagen zu müssen, ein krankes Herz habe keine Funktion beziehungsweise habe nicht die Funktion, Blut zu pumpen. Millikan betont, auch dysfunktionalen Organen würde im Allgemeinen dieselbe Funktion zugeschrieben wie den entsprechenden normalen Organen. – „The problem is, how did the atypical members of the category get into the same function category as the things that actually perform the function?" (Millikan 1989b, S. 295; vgl. auch Neander 1991a, S. 180 f.)

Ätiologen würden darauf bestehen, dass das Herz „offensichtlich" von der natürlichen Selektion „für" die spezifischen Funktionen und Rollen „gebaut wurde", die es normalerweise bei den Mitgliedern eines bestimmten Taxons ausführt, und deswegen könne man bei normalen wie kranken Herzen von der „echten", „eigentlichen" oder „normalen" Funktion des Herzens reden.

2.2.3 Ahistorische, finale Explikationen des Begriffs *Funktion*

Die beiden anderen Positionen bestreiten dagegen, dass man für Funktionszuschreibungen die evolutionäre Geschichte eines Systems kennen muss; sie neigen also zu einem *ahistorischen* Standpunkt. Vertreter der einen Gruppe gehen davon aus, dass man bei den zu analysierenden Systemen in der Regel ein Ziel oder einen Zweck feststellen kann und definieren die Funktion eines Teilsystems als das, was dieses Teilsystem zum Ziel des Gesamtsystems beiträgt.

Hier wird die Funktion eines Merkmals mit gewissen zum jetzigen Zeitpunkt vorhandenen kausalen Eigenschaften gleichgesetzt. Das können Eigenschaften sein, die – eher kurzfristig – zu den jetzigen Bedürfnissen, Zwecken und Zielen eines Lebewesens beitragen (vgl. Boorse 1976) oder – eher langfristig – für das Überleben und die Fortpflanzung des Organismus von Bedeutung sind (vgl. Bigelow und Pargetter 1987). Diese Sichtweise, die man kurzgefasst als *ahistorisch, aber final* charakterisieren kann, findet sich schon 1628 bei William Harvey, dem Entdecker des großen Blutkreislaufs.

2.2.4 Ahistorische, nicht-finale Explikationen des Begriffs *Funktion*

Für Vertreter der zweiten Position spielen bei der Bestimmung einer Funktion weder im Rahmen einer Evolutionsgeschichte noch aktuell zuschreibbare Zwecke oder Ziele eine Rolle. Bei der Funktionszuschreibung gehe es vielmehr nur darum, was ein Teilsystem zu den Fähigkeiten oder Aktivitäten eines Gesamtsystems beiträgt.

Diese Auffassung wurde von Robert Cummins vorgeschlagen, vor allem mit der Absicht, eine für die Psychologie geeignete Definition anzubieten (vgl. Cummins 1975, 1983). Sie wurde in der Biologie – außer in der Funktionsmorphologie – zunächst wenig berücksichtigt, bevor sie von Neander unter der Bezeichnung „causal role function" aufgegriffen wurde (Neander 1991a, S. 181; vgl. auch Amundson und Lauder 1994; Rudwick 1964).

Cummins legte sein Augenmerk vor allem auf die „funktionale Analyse" oder „Funktionalanalyse", ein Verfahren, das er als eigene wissenschaftliche Strategie der Erklärung ansah. (Es sei angemerkt, dass die Cumminssche Funktionalanalyse nicht identisch mit bei Hempel, Nagel, Stegmüller und anderen behandelten „Funktionalanalyse" ist.) Bei der Funktionalanalyse versucht man, die Fähigkeit eines Systems zu erklären, indem man auf die Fähigkeiten der Komponenten oder Teilsysteme verweist. Neu bei Cummins war, dass Fähigkeiten eines Systems nicht (notwendig) als Ziele oder Zwecke des Systems aufgefasst wurden. Vielmehr nimmt Cummins an, dass Wissenschaftler bestimmte Fähigkeiten eines Systems auswählen, die sie einer Funktionalanalyse für wert halten und versuchen, Vorstellungen zu entwickeln, wie diese Fähigkeiten aus dem Zusammenwirken der Fähigkeiten der Teile entstehen. Die Funktionen, die jedem Merkmal (Komponente, Teilsystem) zugeschrieben werden, sind daher abhängig sowohl von der umfassenderen Fähigkeit, die zur Analyse ausgewählt wurde als auch von der jeweils vorgebrachten Erklärung.

Cummins definiert *Funktion* in einem gegebenen funktionalen System *s* wie folgt:

> *X* funktioniert als ein *F* in *s* (oder: die Funktion von *X* in *s* ist *F*) bezogen auf eine analytische Erklärung *A* der Fähigkeit von *s*, *G* zu tun genau dann, wenn *X* fähig ist, *F* in *s* zu tun

> und *A* geeignet und adäquat die Fähigkeit von *s* erklärt, *G* zu tun, indem sie [die Erklärung] sich, teilweise, auf die Fähigkeit von *X* beruft, in *s F* zu tun. (Cummins 1975, S. 762; Variable umbenannt)

Cummins' Funktionszuschreibungen sind also nicht abhängig von einer vorausgehenden Bestimmung der Zwecke oder Ziele, denen die zu analysierenden Funktionen dienen (wie bei der ätiologischen oder SE-Auffassung und der ahistorisch-finalen Auffassung).

Das kann jedoch zu Problemen führen: Die Menge der Fähigkeiten eines Systems und damit der möglichen Systemfunktionen ist oft sehr groß und muss für praktische Zwecke eingegrenzt werden. Das Wissen über Systemziele kann bei einer Eingrenzung helfen, steht aber nicht immer zur Verfügung. Kritiker haben eine Reihe von Funktionalanalysen vorgeführt, mit denen sie zu zeigen suchen, dass Cummins' Definition von Funktion nicht zwischen Funktionen, die die vortheoretische Intuition als solche anerkennt, und bloßen Effekten oder Folgen unterscheiden könne.

Daher sah sich Cummins veranlasst, Kriterien zu suchen, die in der Lage sein könnten, die Vielfalt möglicher Kandidaten für Funktionen einzugrenzen. Cummins schlägt als Ersatz folgende interne Kriterien vor, um den wissenschaftlichen Wert einer Funktionalanalyse zu bewerten: Eine wertvolle (und nicht triviale) Funktionalanalyse sei eine Analyse, die *in besonders hohem Maße* zu unserem Verständnis des analysierten Merkmals beiträgt. Insbesondere dann werde die wissenschaftliche Bedeutung einer solchen Analyse als hoch bewertet, wenn die Fähigkeiten der Teilsysteme im Vergleich mit der Gesamtfähigkeit des Systems *einfacher* und *von unterschiedlicher Art* sind. Eine Funktionalanalyse sei auch dann wertvoll, wenn sie ein hohes Maß an Komplexität und Organisation des Systems aufdecke.

Funktionalanalysen sehr einfacher Systeme seien nach diesen Kriterien meist zu trivial:

> As the role of organization becomes less and less significant, the [functional] analytical strategy becomes less and less appropriate, and talk of functions makes less and less sense. This may be philosophically disappointing, but there is no help for it. (Cummins 1975, S. 764)

Ähnliche Vorstellungen wie bei Cummins wurden auch in der Biologie im Umkreis der funktionellen Morphologie geäußert (vgl. Bock und Wahlert 1965). Die Frage nach der Funktion wird dort zunächst nur als Frage nach der Arbeitsweise, nach dem Zusammenwirken der Teile gestellt; die (Interaktion mit der) Außenwelt bleibt (zunächst) unberücksichtigt. Dem liegt die Vorstellung zugrunde, dass man Geschichte, Ziele, Anpassung, Evolution eines Systems nicht voraussetzen, sondern erst aus funktionalen Erkenntnissen erschließen sollte. Völlig ausgeklammert wird die Außenwelt allerdings nicht. Eine Organisationsebene über den Merkmalen („Formen") und Funktionen sehen Bock und von Wahlert „Merkmalskomplexe", die funktional zusammenwirken und so eine „biologische Rolle" ausführen – und diese hat nun (im Gegensatz zu einer Funktion) Beziehung zur Außenwelt. Diese Position ist insofern radikaler als die Cummins'sche, als dieser Funktionen nur solchen Fähigkeiten von

Komponenten zuschreibt, von denen man annehmen kann, dass sie zu einer Gesamtfähigkeit beitragen. Bock und von Wahlert dagegen schließen *alle* möglichen Fähigkeiten und Aktivitäten eines Merkmals mit ein; von denen einige genutzt, andere ungenutzt sein können. Bei Bock und von Wahlert werden sowohl genutzte als auch ungenutzte Fähigkeiten „Funktionen" genannt. Die Bezeichnung auch nichtgenutzter Fähigkeiten als Funktionen mag schwer akzeptierbar erscheinen, erklärt sich aber aus dem Interesse der Funktionsmorphologen für Erscheinungen der Präadaptation oder Exaptation, also für zunächst ungenutzte Fähigkeiten, die zu einem späteren Zeitpunkt in der Evolution, bei geeigneten Bedingungen, eine nützliche Rolle übernehmen können. Abgesehen von der Frage der ungenutzten Funktionen stimmen die Position von Cummins und die der Funktionsmorphologen überein.

Auch Martin Mahner und Mario Bunge vertreten einen Funktionsbegriff, der Absichten und Zwecke ausklammert (vgl. Mahner und Bunge 1997, S. 155). Sie unterscheiden dabei ebenso wie Bock und von Wahlert die *Funktion* eines Subsystems eines Biosystems von seiner biologischen *Rolle*, und dies wiederum von „Wert" und „Anpassung" (vgl. Woodger 1929; Bock und Wahlert 1965; Pirlot und Bernier 1973; Bernier und Pirlot 1977; Amundson und Lauder 1994). Für die vorliegende Untersuchung ist vor allem von Interesse, dass in diesem Zusammenhang auch der Begriff *Fehlfunktion* explizit definiert wird.

Die Funktion eines Subsystems eines Biosystems – beispielsweise eines Organs – wird als „was es tut", also sein Funktionieren, seine Funktionsweise, oder seine Aktivität bezeichnet. Die Funktion eines Subsystems ist definiert als die Menge der Vorgänge, die in dem Subsystem ablaufen:

> *b* sei ein Lebewesen und *a* ein Subsystem der Art *A* von *b*. $\pi(a)$ sei die Gesamtheit aller Vorgänge, die in *a* ablaufen. (i)~Dann ist jede Untermenge von $\pi(a)$, die irgendwelche biologischen Vorgänge [...] enthält (einschließlich Reproduktion, falls vorhanden) oder sie irgendwie beeinflusst, eine (ii) Die spezifischen biologischen Funktionen π_s von *a* sind diejenigen, die von *a*, aber von keinem anderen Subsystem von *b* erbracht werden [...] (Mahner und Bunge 1997, S. 155, Def. 4.8; vgl. auch 141 f.)

Im Gegensatz zu seiner Funktion wird die Tätigkeit eines Subsystems in Bezug auf das System, in das es eingebettet ist, als seine biologische *Rolle* bezeichnet. In Übereinstimmung mit der alltäglichen Auffassung wird vielfach vertreten, die Funktion (und Aktivität) des Säugerherzens sei in der Blutzirkulation, nicht aber – beispielsweise – in der Erzeugung von Geräuschen zu sehen (Klassisch: Hempel 1977). Mahner und Bunge entscheiden sich terminologisch gerade umgekehrt: Funktion und Aktivität sei den rhythmischen Kontraktionen, nicht aber der Blutzirkulation zuzuschreiben; in der Blutzirkulation sei vielmehr die *Rolle* des Herzens zu erblicken (Mahner und Bunge 1997, S. 156). Am Beispiel des Hirschgeweihs könne man sehen, dass es Organe gibt, die *keine* Funktion oder Aktivität haben, aber eine wichtige Rolle spielen. Der menschliche Appendix dagegen sei zwar nicht völlig funktionslos, spiele aber nur eine vernachlässigbare Rolle (nämlich als lymphatisches Organ). Es gebe also Merkmale ohne signifikante Funktion, aber mit signifikanter Rolle, und es gebe Merkmale, die weder eine signifikante Funktion, noch eine signifikante Rolle haben. Eine biologische Rolle sei eine relationale Eigenschaft, und daher nur verständlich in Relation zu einem Supersystem. Daher wird definiert:

> *b* sei ein Biosystem, *a* ein Subsystem von *b* und *e* ein Supersystem oder Teil der Umwelt von *a* oder *b*. Dann gilt: (i) Die biologische Rolle von *a* in *e* oder in Relation zu *e* ist die Menge der […] Interaktionen zwischen *a* und *e*. (ii) Die spezifische Rolle von *a* ist die Menge der […] Interaktionen, zwischen *a* und *e*, die nur *a*, aber kein anderes Subsystem von *b* ausführen kann. (Mahner und Bunge 1997, S. 157, Def. 4.9, vereinfacht)

Anzumerken ist, dass bei Bock und von Wahlert Rolle immer in einem ökologischen Sinne verstanden wird (Bock und Wahlert 1965); nach der soeben vorgestellten Definition gibt es dagegen auch intraorganismische Rollen (zum Beispiel mechanische oder physiologische Rollen). Einig sind sich Bock und von Wahlert sowie Mahner und Bunge, dass weder der Begriff der „Biofunktion" noch der „Biorolle" teleologische Konnotationen haben solle – im Gegensatz zu dem, was man herkömmlicherweise als „proper function" auffasst. Spezifische Funktion und spezifische Rolle hätten nichts damit zu tun, was man von einem Organ erwartet, seinem Zweck oder Ziel – und auch nicht mit Normalität oder Gesundheit (normale Funktion, normale Rolle). Die Definition von Funktion und Rolle könne man auch so umformulieren, dass statt auf tatsächliche Aktivitäten auf Fähigkeiten oder Dispositionen Bezug genommen wird – entsprechend dem Vorschlag von Cummins. Dann aber werde es schwierig, den Begriff des biologischen Werts zu definieren.

Die Definitionsansätze von Bock und von Wahlert sowie von Mahner und Bunge sind unabhängig von evolutionären Überlegungen, *Funktion* wird also hier als *ahistorischer* Begriff aufgefasst (vgl. Simpson 1953; Cummins 1975; Nagel 1977a, b; Prior 1985; Bigelow und Pargetter 1987; Amundson und Lauder 1994; Wouters 1995). „Ätiologen" dagegen bestehen darauf, dass man nur „Funktionen", die das Ergebnis von natürlicher Selektion und daher von Anpassung sind, als echte Funktionen (*genuine, proper functions*) bezeichnen solle. Wenn die Funktion oder Rolle eines Merkmals nicht das Ergebnis von Selektion ist, sei es ein bloßer Effekt, keine echte Funktion (vgl. Williams 1996; Ayala 1970; Wright 1973, 1976; Brandon 1981, 1990; Gould und Vrba 1982; Millikan 1989a, b; Neander 1991a; Griffiths 1996). Nach Mahner und Bunge dagegen ist es auch eine *Rolle* der Nase, eine Brille zu tragen. Sie bestehen darauf, dass man nur, indem man die ahistorischen Begriffe *Funktion, Rolle, Biowert* als Ausgangspunkt wähle, die Begriffe *Adaptation* und *Anpassung* verstehen könne.

An die Definition von Funktion und Rolle schließt sich die Definition von *Biowert* an: Die biologischen Funktionen und Rollen, besonders die spezifischen Funktionen und Rollen eines Subsystems eines Biosystems können wertvoll, nachteilig oder indifferent für das Lebewesen als Ganzes sein (vgl. Canfield 1964; Ayala 1970; Ruse 1973; Hull 1974; Woodfield 1976; Bunge 1979, 1989). Sie tragen also entweder zur Gesundheit, Vitalität, Leistung oder Überleben innerhalb der arteigenen Lebensgeschichte bei oder nicht, oder sie sind sogar nachteilig.

> Wenn *a* ein Merkmal […] eines Lebewesens *b* ist oder ein Teil seiner Umwelt, dann ist *a* *wertvoll* für *b* genau dann, wenn der Besitz von oder Zugang zu *a* die Fähigkeit von *b* stei-

gert, seine arteigene Lebensgeschichte durchzuführen. Sonst ist *a* entweder indifferent oder nachteilig für *b*. (Mahner und Bunge 1997, Def. 4.10)

Der Bezug auf die „arteigene Lebensgeschichte“ soll klarstellen, dass nicht nur Fragen des Überlebens, sondern auch der Fortpflanzung berücksichtigt werden. Biologischer Wert sei immer relational; es gebe keine intrinsischen oder absoluten biologischen Werte. Biologischer Wert wird als quantitativer Begriff aufgefasst; Mahner und Bunge verwenden das Intervall −1 bis +1, wobei 0 neutral ist.

Im Rahmen ihrer zuvor gegebenen Definitionen können nun auch die Begriffe *Aptation* oder *Passung* und daran anschließend *Nullaptation* und *Malaptation* definiert werden:

Ein Merkmal *a* eines Lebewesens *b* ist in Relation zu einem Teil der Umwelt *e* eine Aptation oder Passung genau dann, wenn der biologische Wert $V(a, b, e, t) > 0$; eine Nullaptation genau dann, wenn $V = 0$ und eine Fehlpassung oder Malaptation genau dann, wenn $V < 0$. (Mahner und Bunge 1997, Def. 4.11 bis 4.13, gekürzt)

Im Anschluss an die Definitionen von Funktion, von Rolle, von Passung oder Aptation und von Fehlpassung oder Malaptation ist es nun möglich, auch den Begriff *Fehlfunktion* (*malfunction*) zu definieren. Aus Konsistenzgründen böte sich hier eher der Begriff „Fehlrolle“ (*malrole*) an, Mahner und Bunge schlagen jedoch vor, dies aus sprachlichen Gründen zu vermeiden:

Ein Subsystem *a* eines Lebewesens hat/zeigt eine Fehlfunktion in Relation zu einem Umweltaspekt *e* genau dann, wenn die (spezifische) Funktion oder die (spezifische) Rolle von *a* oder beide eine Fehlpassung (*malaptation*) in Hinsicht auf *e* darstellen. (Mahner und Bunge 1997, Def. 4.14)

Fehlfunktion ist hier ein relativer Begriff: Was eine Fehlfunktion in *einer* Umwelt ist, muss in einer *anderen* keine sein. Manchmal scheint es allerdings zulässig, von einer Berücksichtigung der Umwelt abzusehen – zum Beispiel gibt es wohl keine Umwelt, in der ein nicht schlagendes Herz eine Passung darstellte. Anders stellt sich etwa das Fehlen von Flügeln dar, das in Lebensräumen wie sehr windigen Inseln durchaus vorteilhaft sein kann.

Gegen die „kausale-Rolle“-Auffassung von Funktion ist auch Kritik vorgebracht worden. Ein Kritikpunkt bemängelt, dass diese Auffassung – intuitionswidrig – Funktionszuschreibungen an unbelebte oder an biologisch uninteressante Systeme erlaube; mit anderen Worten, es gebe „entartete“ Cummins-Funktionen: die „Funktion“ von Wolken für die Regenerzeugung im Wasserkreislauf (Millikan 1989b, S. 294); die „Funktion“ geologischer Plattenbewegungen in tektonischen Systemen (Neander 1991a, S. 181); oder die „Funktion“ des Herzens, durch seine Masse etwas zum Gewicht eines Lebewesens beizutragen (Sober 1993, S. 86). Wenn man jedoch Cummins’ Relevanzkriterien berücksichtigt, sind diese Fälle gar nicht von Interesse: Die Teil-Fähigkeiten sind nicht einfacher oder anders als die Gesamt-Fähigkeit, und die Komplexität des Gesamtsystems ist nicht groß. In „echter“ Wissenschaft analysiert man solche Systeme nicht. Millikan und andere Ätiologen lenken dieses Argument sogar in ihre Richtung um und weisen darauf hin, die einzigen

Objekte in unserer Welt („im Gegensatz zu der, in der Begriffsanalytiker leben") mit interessanten Cummins-Funktionen seien diejenigen, die zugleich *proper functions* (echte Funktionen, SE-Funktionen) aufweisen (Millikan 1989b, S. 294). „In our world, all of the interesting causal role functions have a history of natural selection" (Amundson und Lauder 1994, S. 452).

Zusammenfassend lässt sich festhalten, dass die beiden wichtigsten hier diskutierten naturalistischen Funktions-Auffassungen – die ätiologische Auffassung, die Funktionen als selektierte Effekte bestimmt, und die Auffassung, die Funktionen als kausale Rollen sieht – jeweils Vorzüge und Nachteile aufweisen. Der ätiologische Funktionsbegriff ist – grob gesprochen – enger, der Begriff der Funktion als kausaler Rolle weiter als der übliche Funktionsbegriff der Alltagssprache.

Die ätiologische Auffassung hat den Vorteil, dass für ein Merkmal prinzipiell eindeutig geklärt werden kann, ob es sich um eine Funktion handelt oder nicht. Nachteilig ist, dass man für die Entscheidung, ob eine Funktion vorliegt, strenggenommen zunächst die Evolutionsgeschichte des entsprechenden Merkmals studieren müsste. Darüber hinaus könnte es – im Gegensatz zur Auffassung von Millikan – durchaus Erscheinungen geben, bei denen es sich im Sinne von Cummins' Relevanzkriterien um interessante Funktionen oder auch um forschungsfördernde Fehlfunktionen handelt, die aber von der ätiologischen Definition nicht erfasst werden.

Die Auffassung von Funktionen als kausalen Rollen erscheint wesentlich weiter, insbesondere wenn man Cummins' Relevanzkriterien nicht berücksichtigt. Das ist für Zwecke einer angemessenen Definition zwar möglicherweise nachteilig; ein eher weiter Begriff von Funktion (und damit Fehlfunktion) scheint aber für die Erfassung des gesamten Feldes, in dem Fehlfunktionen tatsächlich zum Erkenntnisgewinn beitragen, eher förderlich. Ein weit gefasster Funktionsbegriff legitimiert es unter anderem, auch dort von Funktion und Fehlfunktion zu sprechen, wo eine Vorgeschichte adaptiver Evolution oder (bewusste) Ziele fehlen oder unklar sind.

2.2.5 Der Funktionsbegriff zur Analyse von Fehlfunktionen

In der vorliegenden Untersuchung wird wegen der genannten Argumente die ätiologische Auffassung zwar als theoretisch überzeugend angesehen. Für die praktische Umsetzung und für die Eingrenzung der als Leistungen und Fehlleistungen mit Erkenntniswert in Betracht kommenden Phänomene erscheint jedoch die Auffassung von Funktion als kausaler Rolle deutlich attraktiver. Einerseits, weil sie weniger Erscheinungen von vornherein ausschließt als die ätiologische Auffassung, die ja für jede potenzielle Funktion den Nachweis oder zumindest eine plausible Geschichte ihrer evolutiven Entstehung verlangt. Zum anderen stellt die Cummins'sche Definition der Funktion als kausaler Rolle eine Beziehung der Funktionsdefinition mit den Verfahren der Erforschung von Zusammenhängen in komplexen Systemen her, die aus der Perspektive der vorliegenden Arbeit besonders interessant ist.

Die hier favorisierte weite Definition von Funktion als kausaler Rolle lässt sich auf Fehlleistung oder Fehlfunktion übertragen. Dabei soll nicht vorausgesetzt werden, dass es sich bei jeder Fehlfunktion auch um eine Fehlpassung handeln muss.

Das einfache Fehlen einer in anderen Fällen (zum Beispiel einem Normalfall, falls ein solcher identifizierbar ist) vorliegenden Funktion als kausaler Rolle oder jede Veränderung, die dazu führt, dass die Rolle nicht mehr oder in erkennbar verminderter oder gestörter Form abläuft, ist nach der hier favorisierten Explikation ausreichend, um eine Erscheinung als Fehlfunktion oder Fehlleistung einzuordnen.

Da die Menge der Funktionen als selektierte Effekte eine echte Untermenge der Menge der Funktionen als Passungen und diese eine echte Untermenge der Menge der Funktionen als kausale Rollen darstellen, ist auch die Menge der Fehlfunktionen, die im Fehlen oder der Störung einer selektierten Funktion bestehen, eine echte Untermenge der Menge der Fehlpassungen und diese eine echte Untermenge der Menge der Fehlfunktionen, die im Fehlen oder der Störung einer kausalen Rolle bestehen. Daraus folgt, dass jede überzeugende Bestimmung einer Erscheinung als Fehlfunktion im ätiologischen Sinne oder als Fehlpassung zugleich hinreichend ist, um diese Erscheinung als Fehlfunktion oder Fehlleistung im hier vertretenen Sinne aufzufassen.

Die hier getroffene Entscheidung, grundsätzlich eine weite Definition von Funktion und Fehlfunktion zugrunde zu legen, spricht jedoch weder einzelnen Disziplinen die Berechtigung ab, bei Bedarf von engeren Definitionen Gebrauch zu machen, noch führt sie dazu, dass bei der Besprechung der Fallbeispiele im folgenden Kapitel ätiologische Fehlfunktionen oder Fehlpassungen im Einzelfall als besonders prägnante Beispiele vernachlässigt würden.

Fallbeispiele 3

Die Hypothese des Erkenntniswertes von Fehlfunktionen soll in diesem dritten Kapitel anhand von Fallbeispielen aus verschiedenen empirischen Wissenschaften dokumentiert, verdeutlicht, aber auch kritisch diskutiert werden. Als Beispiele für einzelwissenschaftliches Vorgehen werden im Bereich der Biologie typische Vorgehensweisen aus der Wahrnehmungsforschung (mit Farbensehen und optischen Täuschungen), der Genetik, der Verhaltensforschung und der Evolutionsbiologie vorgestellt. Daran schließt sich eine Zusammenstellung kognitiver Täuschungen an. Weitere Fallbeispiele betrachten die Untersuchung sprachlicher Fehlleistungen durch die Versprecherforschung und die Analyse kognitiver und sprachlicher Störungen nach Hirnverletzungen, die von der Kognitiven Neuropsychologie betrieben wird. Die Betrachtung der Rolle falscher Modelle in der Wissenschaftstheorie sowie der Möglichkeiten, die die Analyse von Fehlfunktionen für die Erkenntnistheorie und deren Fragen bezüglich fundamentaler Probleme der menschlichen Erkenntnis bietet, schließen die Fallbeispiele ab.

3.1 Wahrnehmungsforschung

3.1.1 Farbensehen

Ein typisches Beispiel für einen Erkenntnisgewinn aus Fehlfunktionen betrifft die Farbwahrnehmung des Menschen: Wenn man nur die Leistungen unseres Farbsinnes betrachtet, so kann man sie durch viele verschiedene Modelle erklären. Erst die Fehlfunktionen helfen, die verschiedenen möglichen Modelle einzugrenzen.

Es gibt verschiedene Formen der Farbfehlsichtigkeit, nämlich Anopien (Farbblindheiten) und Anomalien (Farbschwächen). Gäbe es nur drei Formen der Farbblindheit, etwa Blindheit für langwellige Farben, für kurzwellige Farben und völlige Farbenblindheit, so könnte man zur Erklärung annehmen, dass es zwei Arten von Farbrezeptoren gibt, die einzeln oder aber gemeinsam ausfallen können. Tatsächlich gibt es aber wesentlich mehr Farbblindheiten (völlige Farbblindheit; Rot-, Grün-,

B. Schweitzer, *Der Erkenntniswert von Fehlfunktionen*,
https://doi.org/10.1007/978-3-476-04951-3_3

Blau-Blindheit plus einige von deren Kombinationen), so dass es naheliegt, mindestens drei Arten von Farbrezeptoren anzunehmen. Das entspricht auch den unabhängigen Befunden, dass sich jede Farbe als Mischung drei reiner Spektralfarben nachbilden lässt, und dass man spektroskopisch und biochemisch drei Arten von Sehfarbstoffen im Auge nachweisen kann. Aber nicht nur die Anzahl der Rezeptoren ist von Interesse, sondern auch die Art und Weise, wie sie zusammenarbeiten: ihre Meldungen könnten addiert, subtrahiert oder auf kompliziertere Weise miteinander verknüpft werden. Auch dafür kann man Modelle entwerfen, die dann anhand (der beobachteten Leistungen, aber auch) der Farbfehlsichtigkeiten geprüft (und verbessert) werden können. Ein Musterbeispiel für eine derartige Vorgehensweise stellt die „Modellrechnung zur Datenverarbeitung beim Farbensehen des Menschen" von (Hassenstein 1968) dar.

3.1.2 Optische Täuschungen

In der Wahrnehmungsforschung haben Fehlfunktionen schon lange eine bedeutende und anerkannte Stellung. Paradebeispiele sind die optischen Täuschungen und ihr Beitrag zu Erkenntnissen über die Vorgänge beim Sehen. So betont etwa Hermann von Helmholtz:

> Das Studium der sogenannten Sinnestäuschungen ist ein hervorragend wichtiger Theil der Physiologie der Sinne. Gerade solche Fälle, wo äußere Eindrücke der Wirklichkeit nicht entsprechende Vorstellungen in uns erregen, sind besonders lehrreich für die Auffindung der Gesetze der Vorgänge und Mittel, durch welche die normalen Wahrnehmungen zu Stande kommen. (Helmholtz 1903, S. 96)

Ähnlich John Frisby:

> Solche optischen Effekte mögen uns überraschen oder begeistern, aber können sie uns wirklich helfen, zu erklären, was normalerweise in unseren Köpfen vorgeht, wenn wir sehen? Wahrnehmungspsychologen würden diese Frage mit einem entschiedenen „Ja" beantworten. (Frisby 1983, S. 15)

Neben solchen Äußerungen, welche die Theorien*generierung* aufgrund von Daten über Fehlfunktionen betonen („Auffindung der Gesetze"), finden wir aber auch häufig solche, welche die theorien*testende* Rolle von Fehlfunktionen herausstellen:

> In der Psychologie hatte die Erforschung von „Täuschungen" seit jeher eine besondere Bedeutung. Vor allem in der Wahrnehmungsforschung wurden die „optischen Täuschungen" zum zentralen Prüfstein von Theorien. (Strack und Gonzales 1993, S. 291)

Grundsätzlich ist dies eines der Spannungsfelder, in denen sich Fehlerforschung bewegt: Manche sehen den Wert von Fehlfunktionen vor allem in der Theorien*generierung;* andere vorwiegend in der *Prüfung* und Bewertung bestehender Theorien. Fehlfunktionen sind dann wichtige, gar entscheidende Kriterien für die Adäquatheit von Theorien und Modellen. Auch von einer Stützung von Theorien durch erfolgreich erklärte Fehlfunktionen ist die Rede.

Ernst Mach untersucht ab etwa 1860 Helligkeitstäuschungen, unter anderem an Figuren wie der in Abb. 3.1 (a) dargestellten: Jede der einheitlich grauen Flächen wirkt an der Grenze zu einer benachbarten helleren dunkler, an der Grenze zu einer dunkleren heller (Mach 1868, S. 42 f.). Aufgrund solcher Effekte überlegt er:

> Wie müssten die Netzhautstellen sich zueinander verhalten, damit unsere optischen Erscheinungen so vorgehen, wie es wirklich der Fall ist? [...] Man wird sich dies nicht gut anders vorstellen können, als [...] dass ein Theil der Netzhaut seine Beleuchtung gegen die der übrigen Netzhaut abschätzt. [...] Demnach würde – psychologisch gesprochen – jede Netzhautstelle ihre Beleuchtung gegen die mittlere Beleuchtung der nächsten Umgebung abschätzen, oder – physikalisch gesprochen – in jeder Netzhautstelle würde ein Empfindungsvorgang ausgelöst, dessen Intensität bestimmt wäre durch das Verhältnis ihrer Beleuchtung zur mittlern Beleuchtung der Umgebung. – Der Rapport zwischen den Netzhautstellen müsste naturgemäß desto geringer angenommen werden, je weiter sie von einander entfernt sind. In der That erklären sich alle hier besprochenen Phänomene sehr gut, wenn man annimmt, dass die *einzelnen* Netzhautstellen schon ihr Licht gegen das mittlere Licht der Umgebung abschätzen. (Mach 1868, S. 48–50)

Mach schloss also aus den beobachteten Effekten, dass es Wechselwirkungen in Form gegenseitiger *Hemmung* (später: lateraler Inhibition) zwischen den *benachbarten* Einheiten geben muss, welche die einzelnen Bildpunkte verarbeiten. Das war lange vor den direkten Belegen für derartige Interaktionen zwischen Nervenzellen in der Netzhaut, wie sie heute etwa mit Mikroelektroden möglich sind (zur Entdeckung Machs vgl. auch Frisby 1983, S. 156 f.).

Zur Demonstration dieses Phänomens verwendet man auch gerne, nicht zuletzt in Lehrbüchern (etwa Czihak et al. 1981, S. 470 f.), das Hermann-Gitter (Abb. 3.1 (b)), das 1870 an Darstellungen von Chladni-Figuren entdeckt wurde. Hier erscheinen auf den Kreuzungen der weißen Streifen graue Flecken. Die heute meistdiskutierte Erklärung beruht auch hier auf dem Mechanismus der *lateralen Inhibition*: Es gibt Neuronen in der Netzhaut, die, durch Licht erregt, ihre Nachbarn

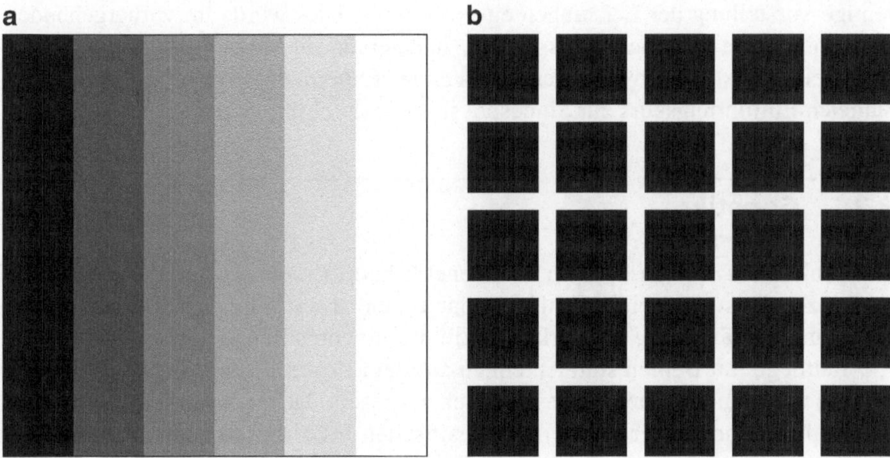

Abb. 3.1 (**a**) Mach-Streifen, (**b**) Hermann-Gitter

hemmen. (Wie erwähnt, kann man dies heute auch durch Mikroelektroden direkt messen.) Der Zweck dieses Mechanismus ist es, Kontraste zu erhöhen, indem eine „Zentrum-Peripherie-Analyse" durchgeführt wird: Ein beleuchtetes Zentrum wird gehemmt, wenn seine Peripherie ebenfalls beleuchtet, also wenig Kontrast vorhanden ist. Die beobachtete optische Täuschung ist danach eine *Nebenwirkung* dieses Mechanismus unter speziellen Bedingungen, da nämlich von allen weißen Bereichen der Figur die Kreuzungsstellen einen höheren Anteil an Weiß in ihrer Umgebung haben als alle anderen (Frisby 1983, S. 157; Zanker 1994, S. 298–301; kritisch Klein 1997).

Diese optische Täuschung hat sogar noch einen weiteren Erkenntniswert: Man sieht meist *keine* grauen Punkte an derjenigen Linienkreuzung, die man gerade fixiert. Man kann dies auch erreichen, wenn man sehr dünne Linien verwendet. Das liegt hoher Wahrscheinlichkeit daran, dass die Größe der rezeptiven Zentrum-Peripherie-Felder unterschiedlich ist – kleine Felder im Zentrum der Netzhaut, größere an deren Rändern. Der Hermann-Effekt ist dann am deutlichsten, wenn die Größe der Kreuzung recht genau zu der Größe der Off-Zentrum-Einheit passt. Aufgrund dieser Erklärung kann man die Beschäftigung mit dem Hermann-Gitter auch umdrehen, und anstatt sie für eine optische Täuschung zu halten, die nach Erklärung verlangt, diese Täuschung als Mittel betrachten, die Größe der rezeptiven Felder von Zentrum-Peripherie-Einheiten bei menschlichen Beobachtern zu messen, ohne dass man Mikroelektroden einsetzen muss. Man legt dazu Versuchspersonen Gitter mit verschieden breiten weißen Strichen vor, lässt sie zum Beispiel die Mitte des Bildes fixieren und stellt fest, an welchen Kreuzungen und damit ab welcher Winkelentfernung von der Sehachse der Effekt bemerkt wird. Wenn dies geschehen ist, kann man die Größe der Feldzentren an verschiedenen Stellen der Netzhaut schätzen (Frisby 1983, S. 157).

Fehlfunktionen wie die Phänomene im Zusammenhang mit lateraler Inhibition sind auch in der *Lehre* sehr hilfreich. Wie erwähnt, sind sie als Musterbeispiel, zur Veranschaulichung, zur Demonstration, zur Erklärung oft viel nützlicher als die alleinige Vorstellung der Leistungen eines Systems. Dies wurde im vorhergehenden Abschnitt schon mehrfach angesprochen, und gerade zur Messung der Größe rezeptiver Felder betont Frisby, dass er sie als *erstes* Experiment in dem von ihm veranstalteten Einführungskurs zur Sinnesphysiologie durchführen lässt.

3.2 Genetik

Fehlfunktionen spielen auch in der Genetik beim Erkenntnisgewinn eine große Rolle. Zunächst sind viele Fehlfunktionen äußerst auffällig und machen so auf unbekannte Phänomene aufmerksam. Ein prominentes Beispiel in der Genetik ist die Taufliege mit Beinen statt Antennen auf dem Kopf, die den Anstoß zur Erforschung der homöotischen Gene gab. Neben diesem Aufmerksamkeitswert haben die Fehlfunktionen aber auch einen spezifischen Erkenntniswert beim Aufstellen und Prüfen von Theorien. Besonders die *klassische* Genetik seit Anfang des 20.

Jahrhunderts stützt sich fast ausschließlich auf Verfahren, die Fehlfunktionen (zum Beispiel bei der Replikation) suchen, erzeugen, kombinieren und auswerten. Hier nennen wir die Fehlfunktionen *Mutationen*. Diese Methode war besonders erfolgreich, obwohl man in der ersten Hälfte des 20. Jahrhunderts den Mechanismus der zugrundeliegenden Defekte noch gar nicht kannte. Auch die heutige molekulare Genetik ist für viele Teilprobleme auf solche klassischen Verfahren angewiesen oder zieht sie wegen ihrer Einfachheit, Schnelligkeit oder Eleganz anderen vor. So gilt auch heute noch:

> One of the fundamental genetic strategies for identifying the components of a process, whether it be biosynthesis of histidine or mating ability of yeast, is to isolate mutants defective in the process and then figure out what the wild-type genes do. (Brenner et al. 1990, S. 482)

Wenigstens an einer Stelle ist sogar ausdrücklich von einer „Mutanten-Methodologie" die Rede:

> Much of the detailed information now available about the metabolism and activities of microorganisms has come from the study of mutant strains that have lost a specific cellular function. The rationale of the mutant methodology, as this set of procedures is sometimes called, is simple, direct, and powerful: a mutation alters or eliminates the functioning of a particular gene product; by observing the effect of genotypic change on the cell's phenotype, one can deduce the cellular function of the gene product. [There is a] use of the mutant methodology for determining the pathway of biosynthesis of metabolic intermediates [...], but the methodology can also address more subtle questions dealing with regulation and behavioral responses like chemotaxis [...]. (Stanier et al. 1987, S. 246)

3.2.1 Sind Mutationen Fehlfunktionen?

In der Genetik können wir zwei Arten von Fehlfunktionen unterscheiden: Im weiten Sinne kann man jede Mutation, also jede Veränderung der genetischen Information, wie sie etwa durch Fehler beim Verdoppeln der Erbsubstanz entsteht, als Fehlfunktion ansehen. Fehlfunktionen in einem engeren, auch dem Alltagsverständnis näheren Sinne sind diejenigen Mutationen, die mehr darstellen als eine bloße Veränderung, solche nämlich, die den *Verlust oder die Beeinträchtigung einer Funktion* und damit eine *Verminderung der Überlebens- und Fortpflanzungsfähigkeit, der Fitness* verursachen.

Beispiele für Fehlfunktionen in diesem engeren Sinne sind Mutationen, die Stoffwechselvorgänge blockieren oder stören (etwa die Verwertung von Zuckern oder die Synthese von Aminosäuren); Mutationen, die Missbildungen hervorrufen (etwa Beine statt Antennen am Kopf der Fruchtfliege), oder solche, die das Verhalten nachteilig verändern.

Solche Mutationen treten in verschiedenen Ausprägungsformen auf: Sie reichen von klaren Fehlfunktionen bis hin zum leichten Unterschied zur normalen Form, dazwischen gibt es fließende Übergänge. Das ist zwar auch auf anderen Gebieten so; die Genetik allerdings differenziert begrifflich in besonders aufschlussreicher

Weise, die sich sowohl für die Übertragung auf andere Gebiete als auch für eine allgemeinere Charakterisierung des Begriffs *Fehlfunktion* eignen könnte:

Ausfall- oder Nullmutationen, auch als *loss-of-function* oder amorphe Mutationen bezeichnet, sind solche, bei denen Funktionen oder Merkmale (völlig) verloren gehen. Typisch sind *Mangelmutationen* im Stoffwechsel – Archibald Garrod (1857–1936) spricht von „inborn errors of metabolism" (Garrod 1909) – oder genetisch bedingtes Fehlen ganzer Organe; viele solcher Mutationen sind letal.

Subvitale oder *semiletale* Mutationen sind solche, die weitgehende Beeinträchtigungen von Funktionen verursachen und unter bestimmten Umständen tödlich wirken.

Schwache oder *hypomorphe* Mutationen zeigen keinen völligen Ausfall, aber eine Beeinträchtigung von Funktionen oder eine Abschwächung von Aktivitäten.

Hypermorphe Mutationen zeigen gesteigerte Aktivitäten. Das kann ein im Vergleich zum Wildtyp beschleunigter Stoffumsatz sein oder ein leistungsfähigeres Organ, sei es ein kräftigerer Muskel oder ein Auge mit höherer Sehschärfe.

Gain-of-function-Mutationen, auch *neomorphe* Mutationen erzeugen veränderte, neuartige oder zusätzliche Funktionen oder Aktivitäten. Solche Mutationen treten häufig dann auf, wenn Regulationsgene betroffen sind.

Neutrale Mutationen sind solche, die zwar veränderte Merkmale aufweisen, aber keine erkennbaren Vor- oder Nachteile zeigen und deshalb die Fitness nicht beeinflussen.

Stille Mutationen sind schließlich solche, bei denen eine Veränderung der Erbsubstanz keinerlei Auswirkungen auf phänotypische Merkmale hat, etwa weil die genetische Information redundant ist oder weil gar keine informationstragende Stelle betroffen ist.

Die ersten drei Typen, Ausfallmutationen, semiletale und hypomorphe Mutationen, kann man problemlos als Fehlfunktionen ansprechen. Es handelt sich um Ausfälle, Defekte, Störungen, die mit einem verminderten Erfolg oder verringerter Fitness des betroffenen Organismus einhergehen. Die beiden nächsten Typen stellen dagegen, zumindest auf den ersten Blick, weniger Fehlfunktionen, sondern eher verbesserte Funktionen dar; insgesamt gilt das freilich nur, wenn sie sonst keine Nachteile für den Organismus und dessen Fitness bedingen. Praktisch unentscheidbar wird die Frage bei neutralen Mutationen, oder wenn sich Vorteile und Nachteile die Waage halten, etwa bei der Sichelzellanämie beim Menschen in Malariagebieten. (Ein mutiertes Hämoglobin führt hier zu sichelförmig deformierten und wenig haltbaren roten Blutkörperchen, das Blut kann nur schlecht Sauerstoff transportieren. Homozygot ist diese Mutation letal. Auch heterozygote Träger der Mutation sind vermindert leistungsfähig; allerdings sind sie zugleich gegen Malaria resistent. Aus diesem Grund hält sich das mutierte Allel in malariagefährdeten Regionen.) Die letzte Gruppe schließlich, die *stillen* Mutationen, sind nur im weiteren Sinne Fehlfunktionen, nämlich nur dann, wenn man die Erhaltung der in der Erbsubstanz enthaltenen Information als wichtigstes Ziel beim Kopiervorgang ansieht und daher *jede* Abweichung von dieser Information als Fehlfunktion auffassen will.

3.2.2 Erkenntnisgewinn aus Mutationen

Grundsätzlich sind Mutationen für die Forschung auf *zwei* Arten nützlich: Erstens führen viele von ihnen zu auffälligen Merkmalen, sogenannten *Markern*. Damit kann man Gene *verfolgen*, auch über Generationen und Kreuzungen hinweg, man kann Individuen, die sie tragen, identifizieren, und man kann die Kombination und Verteilung von Genen ersehen. Zweitens erzeugen viele Mutationen eine Veränderung (vor allem den Ausfall oder die Beeinträchtigung) einer Funktion, und damit kann man Hinweise auf den Aufbau eines Organismus, auf Zahl, Art und Verknüpfung seiner Funktionen erschließen. Als typisch für den Erkenntnisgewinn in der Genetik kann man die folgenden Fälle ansehen:

(a) *Entdeckung oder Nachweis der Existenz von Genen.* Die Existenz eines Gens ist zunächst nicht offensichtlich; in besonderer Weise gilt dies für die klassische Genetik. Solange ein Gen nicht mutiert ist, kann man es nicht erfassen. Es ist „untergetaucht in der Anonymität des gesamten Genoms“ (Bresch und Hausmann 1972, S. 7). Es tritt daher erst durch seine Mutation in Erscheinung und wird experimentell handhabbar. „The existence of genes was originally inferred (and is still inferred today) by observing precise mathematical ratios in the descendants of two genetically different parental individuals“ (Griffiths et al. 1993, S. 25).

Nachdem Gregor Mendel die nach ihm benannten Regeln der Vererbung entdeckt hatte (Mendel 1866), wurde das Gen zwar als Einheit der Vererbung gesehen, aber zunächst blieb es ein hypothetisches Konstrukt; bis etwa 1945 gab es keine vereinheitlichende Erklärung seiner Funktion(en). Gene waren zunächst nur über Mutationen zugänglich, die einen erkennbaren, abweichenden Phänotyp erzeugten. Solche abweichenden Phänotypen aber wurden intensiv verfolgt, beispielsweise von Morgan bei seinen Untersuchungen an *Drosophila*:

> Wie man dem Geheimnis des Gens auf die Spur kommen sollte, war zuerst eine sehr rätselhafte Frage. Morgan und seine Mitarbeiter entschieden sehr zu recht, daß das Studium veränderter Gene, das heißt das Studium von „Mutationen“, den ersten Schritt zur Lösung des Problems darstellen könne. [...] Dann aber trat in einer seiner Zuchtkulturen in einer normalen Population rotäugiger Fliegen ein einzelnes weißäugiges Männchen auf. Dieses einfache Ereignis, das Auftreten eines einzigen aberranten Individuums in einer Laboratoriumskultur, führte zu einer wahren Lawine von Untersuchungen. (Mayr 1984, S. 590, 602)

(b) *Wechselwirkungen zwischen Genen und Allelen.* Besonders aufschlussreich ist es, wenn man über verschiedene Mutanten verfügt und in der Lage ist, die Mutationen auf verschiedene Weisen zu kombinieren. Tatsächlich ist dies die Hauptbeschäftigung der klassischen Genetik: die Kreuzung von Organismen. Deshalb nennt man die klassische Genetik gelegentlich sogar „Kreuzungsgenetik“ (Bresch und Hausmann 1972, S. 59). Dass es stabile, übertragbare Einheiten der Vererbung gibt (die man später Gene nannte), hat schon Gregor Mendel um 1860 allein aus Kreuzungen erschlossen, und zwar gerade über die Erhaltung unvermischter Merkmale und aus der Tatsache, dass diese Merkmale auf verschiedene Weisen kombinierbar sind. Aufschlussreiche Wechselwirkungen kann man schon zwischen den verschiedenen Allelen (also Zustandsformen oder Varianten) eines Gens und ihren gemeinsamen Auswirkungen auf den Phänotyp beobachten, etwa ob die Gene im Verhältnis dominant/rezessiv, semidominant oder intermediär zueinander stehen. Dies erlaubt wieder gewisse Rückschlüsse, zum Beispiel wird ein rezessives Allel häufig eine Mutation mit Funktionsverlust anzeigen. Die Mendelschen Regeln der Vererbung gelten für viele Gene, jedenfalls näherungsweise; besonders erhellend sind aber wiederum die Abweichungen von diesen Regeln, die auf spezielle Mechanismen deuten. Zu solchen Erscheinungen zählen Genkopplung, Letalfaktoren, *meiotic drive*, elterliche Prägung auf Gen-Ebene und andere.

(c) *Anzahl der an einer Funktion beteiligten Gene.* Genetiker sondieren biologische Strukturen und Funktionen mit Hilfe genetischer Varianten, in der Regel abnormer Varianten. Wenn man an einem bestimmten phänotypischen Merkmal oder Prozess interessiert ist, beginnt man zunächst mit der Suche nach allen Arten von genetischen Varianten, die dieses Merkmal betreffen oder beeinträchtigen. Jede solche Variante ist ein Indiz für einen separaten Bestandteil des Merkmals. In der Entwicklungsbiologie ist zum Beispiel jedes mutierte Gen, das eine Abnormität in der Entwicklung verursacht, ein Indiz für eine Komponente im normalen Ablauf der Entwicklung. Allerdings kann ein Bestandteil von mehreren Varianten betroffen sein. Die Zahl der an einem bestimmten Merkmal beteiligten Gene erfährt man, wenn man mehrere Mutanten sucht, die ein bekanntes (komplexes) Merkmal nicht mehr erbringen, und wenn man die verschiedenen erhaltenen Mutanten miteinander kreuzt. Kommen bei einer Kreuzung zwei Partner zusammen, die in verschiedenen Genen defekt sind, wird jeder der beiden gerade den Defekt des Partners mit seiner intakten Kopie des Gens (Allel) ausgleichen können. Wenn dies nicht geschieht, so hat man Grund zur Annahme, dass beide im *selben* Gen defekt sind. Alle Mutationen, die sich nicht komplementieren, ordnet man in dieselbe Komplementationsgruppe ein. Im Allgemeinen entspricht die Anzahl der Komplementationsgruppen der Anzahl der Schritte, durch die eine komplexe Funktion erbracht wird, und zeigt damit die Anzahl der beteiligten Gene an. Dies wird auch als genetische Zergliederung (*genetic dissection*) bezeichnet. Griffiths betont, dieser Ansatz sei ungeheuer effektiv beim „Kartieren des Unbekannten," dessen „Unsichtbarkeit und Ausmaße" diejenigen oft nicht würdigten, die sich nie an derartiger Forschung versucht hätten, und stelle ein wahrhaft mächtiges Werkzeug dar (Griffiths et al. 1993, S. 16). Der allgemeine Befund sei sogar, dass genetische Varianten für praktisch jede biologische Struktur und jeden Prozess von Interesse gefunden werden könnten.

(d) *Reihenfolge in Funktionsketten.* Kreuzungen können darüber hinaus auch dazu dienen, die Reihenfolge nacheinander ablaufender Funktionen aufzuklären. Dazu kann man eine Erscheinung namens Epistasie nutzen (die man ihrerseits als Fehlfunktion auffassen könnte, denn es treten dabei Abweichung von den Mendelschen Regeln auf). Man versteht unter Epistasie die Überdeckung der Ausprägung eines Allels durch ein Allel eines *anderen* Gens (vgl. Strickberger 1976, S. 204; Lewin 1990, S. 809). Bei Dominanz handelt es sich um einen ähnlichen Effekt, dabei wird jedoch die Ausprägung eines Allels durch ein anderes Allel *desselben* Gens überdeckt. Historische Beispiele sind hier etwa die Aufklärung der Synthesewege für das Augenpigment bei *Drosophila* oder der Synthesewege verschiedener Aminosäuren (wie Arginin) bei Bakterien. Dieses Vorgehen ist häufig dann erfolgreich, wenn es sich um einfache, lineare, azyklische Vorgänge handelt. Es wird aber schwierig oder versagt, wenn die Funktionsketten verzweigt oder rückgekoppelt sind – für die Forschung problematisch – den häufigeren Fall darstellt. Trotzdem hat die Analyse von Fehlfunktionen auch zur Erforschung komplexerer biologischer Systeme wesentlich beigetragen. *Ein* Beispiel für ein erfolgreich aufgeklärtes derartiges komplexes System sind die Gärungsvorgänge bei der Hefe. Die methodischen Probleme bei deren Erforschung diskutieren Bechtel und Richardson (1993).

Eines der historisch bahnbrechenden und auch heute noch wichtigen Verfahren zur Aufklärung von Stoffwechselwegen und ihrer Genetik ist die Untersuchung von Mangelmutanten. Eine Mangelmutante (auch „auxotrophe Mutante") ist ein Organismus (beziehungsweise eine Klasse von Organismen), der durch eine Mutation die Fähigkeit zur Synthese einer lebenswichtigen Substanz (zum Beispiel eines Vitamins oder einer Aminosäure) verloren hat. Die Mutation erzeugt einen Defekt in der Kette von biochemischen Reaktionen, die normalerweise diese Synthese bewirken, eine sogenannte „genetische Blockierung". Eine Mangelmutante ist daher nur durch Zufuhr dieser Substanz (oder auch einer ihrer Vorläufer) lebensfähig. Diese Zusammenhänge haben zuerst G.W. Beadle und E.L. Tatum um 1940 erkannt, als sie Mangelmutanten des Brotschimmels *Neurospora crassa* isolierten und untersuchten (Beadle und Tatum 1941).

Unter den Mutationen, die man zuvor kannte, gab es zwar bereits einige, die man bestimmten biochemischen Defekten zuordnen konnte. Zum Beispiel untersuchten Beadle und Ephrussi um 1930–40 die Taufliege *Drosophila* und erkannten, dass deren rote Augenfarbe anscheinend schrittweise aufgebaut wird, da es verschiedene Mutationen gibt, die zu unterschiedlichen Augenfarben führen. Jeweils eine Blockierung in jedem der verschiedenen Schritte schien plausibel, man konnte aber damals die Wirkkette noch nicht vollständig klären. Beadle und Tatum versuchten dann einen Zugang auf anderem Wege. Dazu erinnert sich Beadle: „It suddenly occured to me that it ought to be possible to reverse the procedure we had been following and instead of attempting to work out the chemistry of known genetic differences we should be able to select mutants in which known chemical reactions were blocked" (zit. in Lewin 1990, S. 51). Sie wählten als Versuchsobjekt den Brotschimmel *Neurospora* und führten Mutagenese mit Röntgenstrahlen durch. Dann suchten sie nach Mutanten, die nicht mehr auf Minimalmedium wuchsen, also die Fähigkeit verloren hatten, einen lebenswichtigen Stoff zu synthetisieren, den die normalen Schimmelpilze (der sogenannte *Wildtyp*) herstellen können.

Welches nun die biochemischen Defekte der Mutanten waren, fanden sie heraus, indem sie dem Minimalmedium verschiedene Stoffe zufügten und feststellten, mit welchem Stoff die Mutanten wieder wachsen konnten. Unter den Mutanten von Beadle und Tatum waren drei, die auf die Aminosäure Arginin angewiesen waren. Eine Mutante wuchs nur mit Arginin, eine mit Arginin oder auch Citrullin und eine mit Arginin, Citrullin oder Ornithin im Medium. Daraus schlossen sie, dass der Syntheseweg von Arginin grundsätzlich in folgender Reihenfolge verläuft:

$$(\text{Unbekannte Vorläufer}) \rightarrow \text{Ornithin} \rightarrow \text{Citrullin} \rightarrow \text{Arginin}.$$

Für eine Mutante, bei welcher der letzte dieser Schritte blockiert ist, ist Arginin im Medium notwendig, und auch mit Ornithin oder Citrullin ist keine Argininsynthese möglich; wenn der mittlere Schritt blockiert ist, ermöglicht auch die Zugabe von Citrullin die Argininsynthese; und wenn der Defekt im ersten Schritt liegt, ist mit jeder der drei Substanzen die Argininversorgung möglich. Ein solcher Syntheseweg erschien auch mit den verfügbaren Kenntnissen über mögliche biochemische Reaktionen verträglich.

Jede Mutante, also die Veränderung eines Gens, war also offensichtlich in einem bestimmten Stoffwechselschritt defekt, einer bestimmten biochemischen Reaktion, die im Wildtyp von einem bestimmten Enzym ausgeführt wird. Beadle und Tatum bezeichneten dies als „the assumption that gene and enzyme specificities are of the same order“ (Beadle und Tatum 1941, S. 499 f.) und „A single gene may be considered to be concerned with the primary control of a single specific chemical reaction“ (Tatum und Beadle 1942, S. 240).

Diese Vorstellung wurde als „Ein-Gen-ein-Enzym-Hypothese“ bezeichnet (*one gene: one enzyme hypothesis*): Jeder Stoffwechselschritt wird von einem bestimmten Enzym katalysiert, das wiederum von einem bestimmten Gen erzeugt wird. Eine Mutation des Gen ändert die Eigenschaften des Enzyms. Dieser Grundsatz ist noch heute anerkannt, wenn auch mittlerweile mit kleineren Einschränkungen.

Beadle und Tatum haben also durch die Analyse von Fehlfunktionen – zusammen mit weiteren Techniken – nicht nur die Reihenfolge der Schritte bei der Argininsynthese plausibel machen können, sondern zugleich auch eine allgemeine Einsicht in molekularbiologische Zusammenhänge, nämlich die Ein-Gen-ein-Enzym-Hypothese, gewonnen.

(e) *Rettungsexperimente.* Die Genetik verfügt weiter über wirkungsvolle Verfahren, Defekte entweder gezielt zu heilen oder sogar auf ungezielte Weise zu beheben und erst in einem zweiten Schritt das heilende Agens zu bestimmen. Ein solches Verfahren bedient sich biochemischer Substanzen: Man versorgt verschiedene Mutanten (zum Beispiel Stoffwechselmutanten) eines Organismus in einer Testreihe mit verschiedenen Substanzen. Wenn man nun die Effekte einer Mutation mit einer bestimmten Substanz ausgleichen kann, so kann man annehmen, dass in einer Synthesekette die Mutation und damit der Defekt *vor* dem Stadium liegt, in dem die Substanz als Zwischenprodukt auftritt beziehungsweise auftreten sollte. Eine andere Möglichkeit setzt (intakte) Gene ein: Hier versucht man, eine Mutation durch Zufügen eines gleichartigen intakten Gens zu kompensieren. Dabei kann man sogar eine ganze Testreihe elegant in *ein einziges* Experiment verpacken, indem man eine Mischung *aller* intakten Gene eines Organismus, eine sogenannte *Genbank*, verwendet und durch geeignete Selektionsverfahren diejenigen Individuen auswählt, die *geheilt* sind (vgl. Hennig 1995, S. 654).

(f) *Gezielte Zerstörung von Genen.* Eine letzte Methode besteht darin, Gene, deren Funktion man nicht kennt und die man zum Beispiel durch DNA-Sequenzieren aufgefunden hat, *gezielt zu beschädigen,* um damit Hinweise auf deren Funktion zu erhalten. Dies wird salopp als „*wreck and check*“ oder als „*knock-out*-Verfahren“ bezeichnet. In der heutigen Genetik stellt man sogar systematisch und reihenweise *knock-out*-Organismen, zum Beispiel Mäuse, her (vgl. Capecchi 1994).

3.2.3 Fazit

Genetikern sind diese Methoden wohlvertraut – anscheinend so vertraut, dass methodologische Diskussionen für entbehrlich gehalten werden. Erlernt werden die Verfahren meist, indem man erfolgreiche experimentelle Verfahren anderer kopiert oder imitiert – als „Lehrling“ im Labor, nach Anregungen in der Literatur oder aufgrund der Einwände und Vorschläge von Gutachtern. Das Wissen um die Methoden wird so als implizites Wissen erworben. Nur gelegentlich werden auch einfache Parallelen gezogen, zum Beispiel: „In much the same way that a novice auto mechanic can learn a lot about how an internal combustion engine works by pulling out a spark plug lead, for example, the geneticist „tinkers“ with a living system“ (Griffiths et al. 1993, S. 16).

3.3 Verhaltensforschung

3.3.1 Einleitung

Die vergleichende Verhaltensforschung oder Ethologie, früher auch Tierpsychologie genannt, ist ein Teilgebiet der Biologie. Sie untersucht, beschreibt und erklärt das Verhalten von Tieren und Menschen (Standardwerke sind Lorenz 1978; Eibl-Eibesfeldt 1984, 1987). Besondere Aufmerksamkeit widmet sie angeborenen Verhaltensweisen, deren stammesgeschichtlicher Entwicklung und deren Anpassungswerten: „Sie forscht sowohl nach den unmittelbaren Ursachen, die einem Verhalten zugrunde liegen, als auch nach Selektionsbedingungen, die für seine Entstehung letztlich verantwortlich sind“ (Eibl-Eibesfeldt 1987, S. 30, s. a. S. 24). Die deskriptive Richtung der Verhaltensforschung beobachtet und beschreibt Verhaltensabläufe in natürlicher Umgebung (oder auch in Gefangenschaft; zu den dabei auftretenden Problemen vgl. Eibl-Eibesfeldt 1987), während die analytische oder experimentelle Verhaltensforschung im Versuch äußere oder innere Bedingungen des Verhaltens verändert. Äußere Bedingungen werden beispielsweise durch Aufzucht unter Erfahrungsentzug (sogenannte Kaspar-Hauser-Versuche) oder durch Attrappenversuche verändert; innere Bedingungen durch elektrische Reizung oder Inaktivierung (etwa chirurgische Zerstörung, medikamentöse Hemmung) von Gehirnteilen.

Die vergleichende Verhaltensforschung fragt dabei unter anderem, auf welche Reize Tiere reagieren, welche Mechanismen diesen Reaktionen zugrunde liegen, welche Anteile davon angeboren, erlernt oder durch ein Zusammenspiel angeborener und erlernter Komponenten entstanden sind und nach der Funktion, dem Anpassungswert, dem Selektionsvorteil eines Verhaltens.

Die „klassische“ Verhaltensforschung ist seit etwa 1940 von Lorenz, Tinbergen und anderen entwickelt worden und wird hier beschrieben. Sie wird in neuerer Zeit einerseits durch die Neuroethologie und die Erforschung hormoneller Einflüsse auf das Verhalten, andererseits durch die Verhaltensökologie ergänzt, die noch stärker als die klassische Verhaltensforschung evolutionsbiologisch ausgerichtet ist.

Fehlfunktionen, ihre Beobachtung und ihre Erzeugung spielen für die Verhaltensforschung eine wichtige Rolle. Einige typische Fehlfunktionen sind sogar allgemein bekannt geworden, wie Tiere, die uns Menschen absurd einfach erscheinende Muster („Attrappen") angreifen oder anbalzen, Gänseküken, die einen Menschen für ihre Mutter halten, oder Stare, die nach nicht vorhandenen Fliegen schnappen.

Konrad Lorenz hat den Wert von Fehlfunktionen für die Verhaltensforschung wiederholt betont. So schreibt er zum Attrappenversuch: „Wie so oft in der Erforschung des Lebens gewinnen wir auch hier unsere Kenntnisse aus Fehlleistungen, das heißt wir schließen aus der absichtlich im Versuch gestörten Funktion auf den normalen Ablauf" (Lorenz 1943, S. 240). Er weist zudem darauf hin, dass nicht nur die experimentelle Erzeugung, sondern schon die Beobachtung spontan auftretender Fehlfunktionen im Verhalten von großer Bedeutung ist, ja dass sie überhaupt den Ausgangspunkt für das Entstehen der Vergleichenden Verhaltensforschung darstellte. (Wenn das stimmt, wäre es ein schönes Beispiel dafür, dass nicht immer nur Theorien, sondern manchmal auch bloß spontane Beobachtungen am Anfang des Forschens stehen!)

> Die vergleichende Verhaltensforschung hat historisch ihren Anfang damit genommen, dass die *Fehlleistungen* angeborener Verhaltensweisen auf ihre physiologische Natur aufmerksam machten. Wenn man zum Beispiel den Ablauf einer angeborenen Verhaltensweise unter den normalen Bedingungen des Freilebens der betreffenden Tierart beobachtet, etwa, wie ein Wolf ein Stück Beute an einem sicheren Ort eingräbt, so erfährt man schlechterdings nichts über die Physiologie dieses Ablaufs. Wenn man dagegen sieht, wie ein junger Dackel seinen Knochen in eine Ecke der guten Stube trägt, dort erfolglos die Bewegungen des Grabens einer Grube vollführt, den Knochen an die Stelle der nicht gegrabenen Grube legt und anschließend die nicht vorhandene Erde sorgfältig mit der Nase über den Knochen schaufelt, so erfährt man damit die höchst bemerkenswerte Tatsache, dass diese Folge von Verhaltensweisen in ihrer Gänze angeboren ist und nicht von zusätzlichen Reizen gesteuert wird. (Lorenz 1977, S. 308; sehr ähnlich Lorenz 1978, S. 41 f.; vergleichbarer Bericht über junge Eichhörnchen, die Nüsse „vergraben" bei Eibl-Eibesfeldt 1987, S. 57)

Dies ist ein anschauliches Beispiel dafür, wie die Verhaltensforschung aus der Beobachtung einzelner komplexer Fehlfunktionen weitreichende Hypothesen gewinnt: Man findet hier die meisten Behauptungen der Verhaltensforschung an einem Platz versammelt, wenn auch einige Voraussetzungen oder Daten nicht explizit genannt sind. Man erkennt hier mindestens, dass im Verhalten des Knocheneingrabens an keiner Stelle, nicht einmal nach dem Abschluss der Handlung, eine Erfolgskontrolle stattfindet, und man sieht, dass das Verhalten des Hundes von keinerlei Einsicht in sein Tun begleitet wird. Unter den Außenreizen werden nur einige wenige berücksichtigt: so werden Stellen nahe an Wänden bevorzugt, aber etwa die Beschaffenheit des Bodens spielt keine Rolle. Außerdem liegt die Annahme nahe, dass dieses komplexe Verhalten nicht auf dem üblichen Wege, also durch Versuch und Bewertung des Erfolgs *erlernt* sein kann, denn der äußerliche Erfolg, die Bestätigung schon für Teilschritte fehlt ja gerade. Wenn man nun auch noch sicher ist, dass der junge Hund noch nie ein anderes Tier beim Vergraben von Nahrung beobachtet hat und daher kein fremdes Verhalten imitieren kann, dann erscheint auch die weitergehende Annahme berechtigt, das Verhalten als Ganzes sei angeboren.

Aufgrund solcher Fehlfunktionen behauptet Lorenz nun, dass viele, sowohl motorische als auch sensorische Anteile des Verhaltens weitgehend konstant und angeboren sind, und dass sie auf recht einfache, starre, mechanische Weise ablaufen. Außerdem postuliert er spontane interne Antriebe oder Motivationen („hydraulisches Modell").

Im Folgenden sollen derartige Ergebnisse der Verhaltensforschung zur Rolle von Erfahrung und angeborenen Strukturen, zur selektiven Wahrnehmung von Reizen sowie zu internen Faktoren des Verhaltens und zur Frage nach der Funktion von Merkmalen vorgestellt und der Beitrag von Fehlfunktionen bei der Gewinnung der Erkenntnisse diskutiert werden.

3.3.2 Starre Verhaltensweisen, Erbkoordinationen und Instinktbewegungen

Einige Bewegungsmuster sind nicht nur innerhalb einer Tierart einheitlich („formkonstant"), sondern auch zwischen den verschiedenen Arten je nach Nähe der Verwandtschaft abgestuft ähnlich. Dies bemerkten unabhängig voneinander um 1900 Charles Otis Whitman und Oskar Heinroth. Diese Idee hat Konrad Lorenz um 1940 wieder aufgegriffen:

> Es gibt allgemein verwendbare Erbkoordinationen, wie zum Beispiel die der Ortsveränderung, des Nagens, Kratzens, Hackens usw. und es gibt solche, die höchst speziell auf eine bestimmte Leistung zugeschnitten sind wie zum Beispiel [...] die Knüpfbewegung des Webervogels oder wie viele Bewegungen der Balz und der Begattung. (Lorenz 1977, S. 80)

Man kann aufgrund solcher Bewegungsmuster Stammbäume erstellen, die mit Stammbäumen aus anatomischen und biochemischen Merkmalen meist gut übereinstimmen. Wegen dieser Übereinstimmung rechnet man solche Bewegungsmuster zu den „homologisierbaren" Merkmalen, und Konrad Lorenz betont: „Die Entdeckung der Homologisierbarkeit von Bewegungsweisen ist der archimedische Punkt, von dem aus die Ethologie oder vergleichende Verhaltensforschung ihren Ursprung genommen hat" (Lorenz 1978, S. 3).

Die stammesgeschichtliche Verwandtschaft der Bewegungsmuster legt zudem die Vermutung nahe, dass es sich um angeborene Verhaltensweisen handelt. Man nennt sie daher auch *Erbkoordinationen* oder *Instinktbewegungen* (engl. *fixed action patterns* oder *fixed motor patterns*). Die Anpassung der formstarren Bewegungsmuster an wechselnde Umweltbedingungen geschieht nach Lorenz durch Orientierungsbewegungen, sogenannte Taxien.

Fehlfunktionen trugen möglicherweise schon zur Entdeckung der Formkonstanz bei, auf jeden Fall aber zur Erhärtung der Idee: sie sind mindestens gute Illustrationen, und immerhin zeigten sie Lorenz, dass es keinen untrüglichen Instinkt gibt, sondern dass Verhalten höchst mechanisch ablaufen kann (Lorenz 1978, S. 3). Die Idee der Formkonstanz unterstützten auch die etwa zur selben Zeit vorgenommenen Versuche der elektrischen Reizung des Gehirns, zum Beispiel bei Katzen, bei denen ebenfalls komplexe formkonstante Verhaltensweisen ausgelöst werden konnten (vgl. Leyhausen 1956).

Der Ablauf der Erbkoordinationen ist nach Lorenz weitgehend festgelegt, oft geradezu starr und mechanisch und zudem kaum belehrbar oder korrigierbar. Als Beleg werden besonders diejenigen Fehlfunktionen angeführt, die unter *anderen* als den normalen Bedingungen auftreten, beispielsweise wenn Insekten in offene Flammen fliegen und andere Fälle blinden und sinnlosen Ablaufens artkennzeichnender Bewegungen. „Erbkoordinationen laufen primär ohne Einsicht in den arterhaltenden [!] Sinn der Tätigkeit ab, was Fehlleistungen sehr deutlich zeigen" (Eibl-Eibesfeldt 1987, S. 50, vgl. auch S. 57).

Eibl-Eibesfeldt nennt als Beispiele für formkonstante, starre, unbelehrbare Verhaltensweisen auch Fälle des Kokon-Spinnens bei Spinnen und Faltern sowie der Balz bei Graugänsen und Fröschen. Diese Befunde sprechen auch gegen die Annahme eines untrüglichen und nicht mechanistisch erklärbaren Instinkts, die noch in der ersten Hälfte des 20. Jahrhunderts, etwa von McDougall oder Tolman, vertreten wurde (vgl. Lorenz 1978, S. 1–4). Zugleich spricht das Vorkommen komplexer, aber fehlgehender Verhaltensweisen auch dagegen, dass sie – wie der Behaviorismus behauptete – ausschließlich aus der Erfahrung stammen, also erlernt sind. Jedenfalls scheinen sie nicht dem „üblichen" Lernen, das Schritt für Schritt und unter Erfolgskontrolle verläuft, entstammen zu können. Viele Fehlfunktionen wirken eher, als lägen zunächst einzelne (angeborene) Bausteine des Verhaltens vor, die durch Erfahrung nur noch angepasst und integriert werden müssen. Und schließlich spricht das gelegentliche spontane Ablaufen von Erbkoordinationen auch gegen die Vorstellung, dass jedes Verhalten eine Reaktion auf einen äußeren Reiz darstellt.

Erbkoordinationen sind nach Lorenz ein Beispiel für „relativ Ganzheitsunabhängige Bausteine", die zu den am unabhängigsten und am wenigsten veränderlichen Teilen eines Systems zählen und an denen die Forschung, aber auch jede didaktische Darstellung am leichtesten ansetzen kann (Lorenz 1978, S. 55 f.). Es stellen sich aber auch eine Reihe von Fragen: Sind die „Erbkoordinationen" tatsächlich angeboren, und welche Rolle spielt dann die Erfahrung noch? Auf welche Reize reagieren die Erbkoordinationen, auf welche nicht, was ist außer Reizen wichtig, und wie kommt ein spontanes Ablaufen zustande?

Als Belege für die Existenz formkonstanter Bewegungsweisen kann man ansehen: Erstens, dass innerhalb der Art, zwischen den Individuen Formkonstanz besteht; zweitens, dass im Verlauf des Lebens eines Individuums kein Umlernen stattfindet; drittens, dass auch außerhalb des normalen Kontextes die Formkonstanz der Bewegungen bestehen bleibt, so bei Fehlfunktionen (vergleiche die beschriebenen Grabbewegungen eines Hundes auf dem Zimmerfußboden); viertens, dass Formen auch bei elektrischer Hirnreizung konstant bleiben; fünftens die abgestufte Ähnlichkeit zwischen Arten entsprechend der Nähe der Verwandtschaft und sechstens, ein indirekter Beleg, aufgrund von Hinweisen auf das Vorkommen zentraler Steuerung von Verhaltensweisen (von Holst). Auch Zippelius kommt in einer kritischen Bewertung der Arbeiten von Lorenz zu dem Schluss, „daß die Formkonstanz einer Erbkoordination als recht gut bestätigt angesehen werden kann. Als unbefriedigend muß dagegen ihre Abgrenzung als Teilelement komplexer Bewegungsabläufe gelten“ (Zippelius 1992, S. 89). Die von Lorenz behauptete weitgehende Selbstständigkeit von Erbkoordinationen sieht sie dagegen als empirisch bisher nicht bestätigt an (Zippelius 1992, S. 96).

Lorenz hielt es aufgrund dieser Belege bereits für sicher, dass Verhaltensweisen angeboren seien. Das mag plausibel sein, doch scheint es wünschenswert, die Tatsache des Angeborenseins möglichst direkt nachzuweisen und nur im Notfall auf die Hilfskriterien Universalität oder Konstanz zurückzugreifen. Ein klarer Nachweis müsste zeigen, dass ein fragliches Verhalten auf keinen Fall aus der (individuellen) Erfahrung stammen kann. Ein günstiges Verfahren dazu ist es, Tiere zu untersuchen, bei denen man ausschließen kann, dass sie eine bestimmte Erfahrung machen konnten – sogenannte *naive* Tiere: So kann man erstens Untersuchungen an Neugeborenen durchführen (die noch keine Zeit zur Erfahrung hatten), zweitens Tiere unter Erfahrungsentzug aufziehen (Isolationsexperimente, Kaspar-Hauser-Versuche) oder drittens Untersuchungen an Individuen mit defekten Sinnesorganen durchführen (zum Beispiel taubblinde Kinder). Bei der zweiten und dritten Art von Versuchen wird keine Gelegenheit zur Erfahrung gegeben, oder jedenfalls nicht zu den wichtigen optischen und akustischen Erfahrungen. Der erste und dritte, nicht aber der zweite Versuchstyp, sind auch beim Menschen moralisch akzeptabel und daher möglich.

Experimente mit Erfahrungsentzug werden auch Isolationsversuche oder Kaspar-Hauser-Versuche genannt, nach Kaspar Hauser, einem Jungen, der 1828 in Nürnberg gefunden wurde, zunächst nicht sprechen konnte und (nachdem man ihm das Sprechen beigebracht hatte) behauptete, in einem dunklen Raum ohne Kontakt mit Menschen aufgezogen worden zu sein. Kaspar-Hauser-Versuche im engeren Sinne („Kaspar-Hauser-Versuch 1. Ordnung“) (Siewing 1980, S. 610), also Aufzucht von Tieren unter weitgehendem Entzug jeder Erfahrung (also bei Dunkelheit, Stille und so weiter) sind drastisch, aber sehr aussagekräftig (Zippelius 1992, S. 80, versteht unter Kaspar-Hauser-Versuchen allerdings nur *soziale* Isolation). Man darf davon ausgehen, dass Lernen aus der Erfahrung hier nicht vorkommt, und alles Verhalten, das man beobachtet, daher angeboren ist. Allerdings hat man erkannt, dass ein weitgehender Erfahrungsentzug zu weitreichenden unspezifischen Schäden führen kann (etwa Blindheit), die spezifischere Untersuchungen unmöglich machen. Daher zieht man es heute vor, einem Tier nur diejenigen Erfahrungen vorzuenthalten, die für das zu untersuchende Verhalten relevant sind („Teil-Kaspar-Hauser-Versuch“). Wenn man beispielsweise wissen will, welche Anteile des Nestbauverhaltens einer Tierart angeboren sind, so untersucht man Tiere, die niemals feste Gegenstände kennengelernt haben und auch nur mit zerkleinerter Nahrung ernährt wurden.

Als Verhaltensweisen, die sicher angeboren sind, sieht man unter anderem an: Die Bewegungen von Hunden beim Vergraben von Knochen; Schwimmbewegungen von Kaulquappen (Kaulquappen, die chemisch gelähmt wurden, beherrschen nach Aufhebung der Lähmung die Schwimmbewegungen genauso gut wie gleich alte unbehandelte); Flugbewegungen von Tauben (Tauben, die man in engen Behältern aufzog, in denen sie ihre Flügel nicht bewegen konnten, beherrschten Flugbewegungen ebenso wie normale Tauben); Grabbewegungen bei Eichhörnchen (Eichhörnchen, die nie zuvor Nüsse gesehen hatten, sind in der Lage, sie erfolgreich zu vergraben). Auch der Umgang des Neuntöters mit Beute und die Gesänge vieler Vögel gelten aufgrund von Experimenten mit Erfahrungsentzug als angeboren (zu allen genannten Versuchen vgl. Eibl-Eibesfeldt 1987, S. 56–62).

Allerdings kann man mit solchen Versuchen nur *nachweisen*, dass das untersuchte Verhalten angeboren ist, wenn man sorgfältig jede relevante Erfahrung ausgeschlossen hat, und umso überzeugender, je komplexer und unwahrscheinlicher das beobachtete Verhalten ist, *ausschließen* kann man es auf diese Weise nicht. Das liegt daran, dass das Fehlen eines Verhaltens zweierlei Erklärungen zulässt: Entweder ist es nicht angeboren und muss erlernt werden , oder es ist im Wesentlichen angeboren, bei den Versuchsbedingungen fehlten aber die Anreize oder Möglichkeiten zur Ausreifung. Das *Fehlen* eines bestimmten Verhaltens legt also nur nahe, dass es erlernt ist, während das *Auftreten* eines Verhaltens bei sorgfältigem Ausschluss der entsprechenden Erfahrungsmöglichkeiten recht sicher anzeigt, dass es angeboren ist. Lorenz (1978, S. 49–54) und ihm folgend Eibl-Eibesfeldt (1987, S. 63–66) haben entsprechende methodische Regeln für die Verhaltensforschung formuliert:

1. Voraussetzung ist, dass man weiß, welche arterhaltende Leistung [die moderne Evolutionsbiologie würde sagen: Funktion oder Biofunktion] eine Verhaltensweise vollbringt.
2. Im Versuch darf nur die in Frage stehende Passung gestört werden.
3. Der Isolierungsversuch informiert nur darüber, was *nicht* gelernt zu werden braucht. (Dass ein Verhalten *nicht* beobachtet wird, beweist nicht, dass es nicht angeboren ist; es können auch unspezifische Bedingungen ungeeignet sein.)
4. In der Prüfsituation müssen alle normalerweise auslösenden Reize geboten werden.
5. Mit übertragbaren Ergebnissen darf man nur rechnen, wenn man erbgleiche Tierstämme verwendet.

Umgekehrt kann man belegen, dass ein Verhalten *erlernt* wird, falls ein Tier, das ohne eine bestimmte Erfahrung aufwächst, das fragliche Verhalten nicht zeigt, dieses Verhalten aber umgehend auftritt, sobald die nötige Erfahrung ermöglicht wird.

Spontane Fehlfunktionen machen also in der Verhaltensforschung – neben der überindividuellen Konstanz vieler Verhaltensweisen und den Ähnlichkeiten des Verhaltens zwischen verschiedenen Arten – darauf aufmerksam, dass viele Verhaltensweisen angeborene Anteile enthalten. In besonderem Maße gilt dies, wenn man findet, dass ein – in der vorliegenden Form fehlerhaftes – Verhalten nicht durch Erfahrung erworben sein kann. Auf diese Weise kann man bereits einige wichtige Schlüsse ziehen, doch gewinnt man noch zusätzliche Erkenntnisse, wenn man systematisch mit Erfahrungsentzug experimentiert. Dabei sind drei Erscheinungen besonders aufschlussreich: (a) Das Fehlen von Verhaltensweisen; (b) Fehlfunktionen, die auftreten, weil angeborene Muster wegen fehlender Erfahrung nicht gut ins Gesamtverhalten integriert werden (dies liefert zugleich Erkenntnisse über Starrheit und fehlende Einsicht) und (c) die trotz Erfahrungsentzug verschonten Leistungen.

3.3.3 Attrappenversuche und angeborene Auslösemechanismen

Bisher wurde das motorische Verhalten betrachtet. Eine weitere wichtige Frage der Verhaltensforschung ist die nach den Faktoren, die am Zustandekommen einer Reaktion beteiligt sind. Zum einen kommen dafür äußere Reize in Frage, zum anderen innere Faktoren wie Bereitschaft oder Motivation. Zunächst sollen äußere Reize besprochen werden:

Lorenz vermutete, dass die Erbkoordinationen durch spezifische Reize ausgelöst werden, die eine für das Verhalten passende Situation anzeigen. Als Mechanismus, der diese Reize aufnimmt und auswertet, postulierte er für jede Erbkoordination einen „Angeborenen Auslösemechanismus (AAM)". Dieser AAM soll erstens – wie die Erbkoordination – angeboren sein und soll zweitens nur auf einige wenige Reizmerkmale ansprechen, die ausreichen, um eine Situation eindeutig zu kennzeichnen – jedenfalls unter natürlichen Bedingungen. Lorenz nennt solche Reize *Schlüsselreize*.

Viele der auslösenden Reize sind sehr einfach. Dies wusste man aus der Beobachtung von Fehlfunktionen: Häufig zitierte Beispiele sind der Frosch, der zwischen toten Fliegen hungert (er reagiert nur auf bewegte Objekte), die taube Pute, die ihre Küken tothackt (sie reagiert nur auf deren Laute) oder Vogeleltern, die einen jungen Kuckuck aufziehen (obwohl er nur wenige Merkmale mit ihren eigenen Jungen gemeinsam hat). Zu weiteren natürlichen Attrappen vgl. Gould (1989, S. 37).

Nachdem dies aufgefallen war, konnte man genauer untersuchen, welche Merkmale für eine Reaktion notwendig sind. Als Mittel dazu wurden Attrappenversuche eingesetzt, bei denen man genau untersuchen kann, welche Reize oder Reizkombinationen eine Reaktion auslösen – einfacher gesagt: wann ein Tier auf eine Attrappe hereinfällt, wann es sich täuschen lässt und wann nicht (zur Bezeichnung „Attrappe" vgl. Lorenz 1943, S. 240). Vor allem optische und akustische Reize wurden bisher untersucht; auch hier gibt es wieder einige vielzitierte Beispiele:

> So löste D. Lack (1943) vollintensive Kampfhandlungen beim Rotkehlchen aus, indem er ein Büschel der roten Kehlfedern im Revier eines Männchens befestigte. Ein ausgestopfter Jungvogel ohne rote Federn wurde dagegen ignoriert. Das berechtigt zu dem Schluß, das Verhalten der Revierverteidigung werde beim Rotkehlchen allein schon durch die roten Brustfedern ausgelöst. Ähnliches fand Peiponen (1960) beim Blaukehlchen, bei dem die blauen Brustfedern der Auslöser sind. (Eibl-Eibesfeldt 1987, S. 162)

> Werden die schwarzen Schnäbel junger Zebrafinken rot übermalt, so daß sie den Schnäbeln der erwachsenen Tiere gleichen, werden die Jungvögel trotz intensiven Bettelns von den Eltern nicht mehr gefüttert. Auch in diesem Fall reagieren die Eltern aufgrund eines Merkmals, der Schnabelfärbung, ohne weitere Aspekte wie das Verhalten oder die übrigen Farbmerkmale der Jungvögel zu beachten. Nehmen sie die schwarzen Schnäbel der Jungvögel wahr, so füttern sie; fehlt dieses Merkmal, so erfolgt keine Reaktion der Eltern. (Zippelius 1992, S. 99, nach Angaben von Immelmann 1959)

Diese Beispiele zeigen, dass Tiere einerseits auf Attrappen reagieren, die nur Teile des natürlichen Objekts zeigen; andererseits, dass sie auf andere Attrappen nicht reagieren, bei denen nur ein Teil des natürlichen Objekts fehlt. Damit wären bestimmte Einzelmerkmale als hinreichend beziehungsweise als notwendig für eine Reaktion charakterisiert. Eine eindeutige Bestimmung eines Merkmals als Schlüsselreiz im Lorenzschen Sinne würde allerdings darüber hinaus erfordern, dass ein Merkmal unabhängig vom Kontext qualitativ und quantitativ die gleiche auslösende Wirkung behält – dies allerdings scheint bisher nur sehr selten gelungen zu sein (vgl. Zippelius 1992, S. 101).

Neben den einfachen Form- und Farbmerkmalen können auch Merkmalskombinationen als Schlüsselreize wirksam sein. Dabei gilt es zwei Fälle zu unterscheiden: im ersten Fall wirken die Merkmale nur dann als Auslöser, wenn alle Teile in der richtigen Anordnung vorhanden sind. Man bezeichnet dies als Beziehungs-, konfigurativen oder figuralen Schlüsselreiz.

> Wenn man zwecks Herausgliederung der einzelnen Merkmale abbauende Attrappenversuche anstellt, so stößt man nicht allzu selten auf sehr einfache Kombinationen von Merkmalen, die *nicht weiter zerlegbar sind*, sondern ihre Wirksamkeit nur behalten, solange diese Merkmale in einer bestimmten Beziehung zueinander geboten werden. Das Rot an der Kehle des Stichlings muß unterseits sein, die Augen des Muttertieres von *Haplochromis* müssen waagerecht und symmetrisch am Kopf angeordnet sein, um eine spezifische auslösende Wirkung zu entfalten. (Lorenz 1965, S. 140)

Im zweiten Fall wird eine Situation mit Hilfe mehrerer Schlüsselreize erkannt, deren Reizwirkung miteinander verrechnet, im einfachsten Falle etwa summiert wird. Lorenz meint, dass beim angeborenen Erkennen „der Organismus nicht etwa auf ein gestaltetes Gesamtbild der adäquaten Umweltsituation anspricht, sondern auf eine Summe von ganz bestimmten, die Situation skizzenhaft, „schematisch" kennzeichnenden Reizkombinationen" (Lorenz 1978, S. 122). Problematisch erscheint hier, dass Lorenz mit dem Begriff *Schlüsselreiz* unterschiedliche Sachverhalte beschreibt. Es ist daher vorgeschlagen worden, einfache Schlüsselreize, konfigurative Schlüsselreize und (unabhängige, summierbare) Schlüssel*komponenten* zu unterscheiden (Zippelius 1992, S. 14).

Als charakteristisch für Schlüsselkomponenten wird angesehen, dass ihre Wirkungen sich addieren und dass teilweise das Fehlen einer Komponente durch Verstärkung einer anderen ausgeglichen werden kann:

> Ein und dasselbe Verhalten kann also oft durch mehrere Schlüsselreize ausgelöst werden. Diese Reize, die auch getrennt geboten auslösend wirken, addieren sich in ihrer Wirksamkeit, wenn man sie kombiniert. (Eibl-Eibesfeldt 1987, S. 172)

Dieser Zusammenhang wird als *Reizsummenregel* bezeichnet. Wird in Attrappenversuchen der Auslösewert eines Reizes verringert, kann demnach durch Verstärkung eines anderen Schlüsselreizes der Gesamt-Auslösewert konstant gehalten werden. Dieses additive Zusammenwirken wird als typisch für ererbte Auslösesituationen angesehen und soll diese darüber hinaus von erlernten unterscheiden, bei denen die Gestaltwirkung des Objekts im Vordergrund steht (vgl. Vogel und Angermann 1967, S. 393). Konrad Lorenz formuliert die Faustregel:

> Wo eine Reaktion auf einfache Attrappen „hereinfällt", dort handelt es sich um ein Ansprechen angeborener Auslösemechanismen; wo sie nicht in dieser Weise täuschbar sind, um andressiertes Wiedererkennen der Gestalt. (Lorenz 1954, S. 29)

Dieses Kriterium hält Lorenz immerhin für ausreichend, um daraus zu schließen, dass auch der Mensch aufgrund angeborener Auslösemechanismen auf bestimmte auslösende Reizkonfigurationen anspricht (Lorenz 1943). Andererseits ist aber behauptet worden, es handele sich hier nicht um einen prinzipiellen Unterschied, sondern nur um deutlich verschiedene Komplexitätsgrade (Eibl-Eibesfeldt 1987, S. 181 f., 727, 181).

Bei Attrappenversuchen fand man außerdem, dass bestimmte Attrappen noch stärkere Reize darstellen als natürliche Schlüsselreize oder Auslöser:

> Höchst bemerkenswert ist die Entdeckung, daß man künstlich auslösende Reizsituationen herstellen kann, die das natürliche auslösende Objekt an Wirksamkeit übertreffen. (Eibl-Eibesfeldt 1987, S. 174)

Solche Attrappen bezeichnete man zunächst als *überoptimale*, heute meist als *übernormale* Attrappen. Zwei (wiederum vielzitierte) Beispiele:

- Austernfischer brüten auf flachem Grund, und falls Eier aus dem Nest rollen, schaffen die Eltern sie dorthin zurück, indem sie sie mit dem Schnabel einrollen. Wenn man den Vögeln aber Eier anbietet, die größer sind als ihre eigenen, ja so groß, dass sie sie gar nicht bebrüten können, so ziehen sie sie doch ihren eigenen Eiern vor.
- Küken der Silbermöwe picken nach dem Schnabel ihrer Eltern und betteln so nach Futter. Sie picken aber noch häufiger nach einem dünnen Stab mit drei weißen Binden als nach einer naturgetreuen Kopfattrappe aus Gips (obwohl der Kopf der Silbermöwe gar nicht geringelt ist und für uns Menschen ganz unähnlich aussieht).

Auch beim Menschen meint man, solche verstärkten Reaktionen auf übernormale Attrappen nachweisen zu können. Als Schlüsselreiz für das Verhalten der Brutpflege wird das sogenannte *Kindchenschema* angesehen, als dessen Komponenten unter anderem ein runder, im Verhältnis zum Körper großer Kopf, große Augen und kurze Gliedmaßen beschrieben werden (Lorenz 1943, S. 274–277; Eibl-Eibesfeldt 1973, S. 58 f.). Dass auch viele Tierjunge von Menschen als niedlich empfunden werden, liegt nach dieser Vorstellung daran, dass sie in vielen Merkmalen dem Kindchenschema entsprechen und daher auch bei ihnen die menschlichen Auslösemechanismen für Brutpflege aktiv werden. Als besonders attraktiv – in der Werbung, bei Puppen, Stofftieren und Comicfiguren – erweisen sich nun oft Darstellungen von Gesichtern, in denen man eine Übertreibung der Merkmale des Kindchenschemas erkennen kann: besonders runder Kopf und übertrieben große Augen. Solche Darstellungen werden daher als übernormale Attrappen interpretiert. Für die Comicfigur *Mickey Mouse* lässt sich sogar über die Jahre hinweg eine Entwicklung in Richtung einer verstärkten Verwendung von Merkmalen der Kindchenschemas feststellen (Gould 1989, S. 99–111; mit ausführlicher Diskussion von Lorenz 1950). Schließlich wird auch von manchen Parasiten behauptet, sie nutzten die Möglichkeit der übernormalen Attrappen aus. So wirke beispielsweise der Schnabel des Kuckuck-Jungen als übernormaler Reiz auf die Wirtseltern, es zu füttern (Eibl-Eibesfeldt 1987, S. 175).

Eine wichtige Frage ist schließlich, inwieweit die Auslösemechanismen tatsächlich angeboren sind. Auch hier sind Experimente mit unerfahrenen Tieren, also mit Neugeborenen oder mit isoliert Aufgezogenen entscheidend. Noch prägnanter als bloßer Erfahrungs*entzug* erscheinen für bestimmte Fragestellungen die Auswirkungen des Vermittelns einer der normalen *entgegengesetzten* Erfahrung. So picken Hühnerküken am liebsten nach Objekten (oder Bildern von Objekten), die an der Oberseite heller sind als an der Unterseite. Dieses Verhalten wird als Passung interpretiert, denn dieser Eindruck entspricht dem von Körnern bei üblicher Beleuchtung von oben. Die Küken verhalten sich auch dann so, wenn sie keine Erfahrungen mit Körnern sammeln konnten – und sogar dann, wenn man sie in von unten beleuchteten Käfigen aufzieht, wo auch Körner *unten* heller erscheinen als oben. Aufgrund dieses Verhaltens der Küken wird hier ein angeborener Auslösemechanismus angenommen (Eibl-Eibesfeldt 1987, S. 123).

3.3.4 Leerlaufhandlungen und innere Motivation

In Konrad Lorenz' Theorie werden die Erbkoordinationen von spezifischen Reizen ausgelöst. Über eine reine Reiz-Reaktions-Theorie hinaus nimmt er jedoch neben den Reizen zusätzlich innere Antriebe oder Motivationen an, die ebenfalls spezifisch für jede Erbkoordination sein sollen. Drei Gründe dürften ihn dazu bewogen haben: Erstens betonte er, dass Tiere ständig aktiv sind. Er nahm an, dass sie dabei je nach vorherrschender Motivation nach bestimmten reizauslösenden Situationen suchen; diese Suche bezeichnete er als Appetenzverhalten. Zweitens war er überzeugt, dass eine neurophysiologische Basis für diese Erregung gefunden sei, nämlich Nervenzellen, die ununterbrochen spontan aktiv sind und Erregung produzieren. Er berief sich dabei auf die Ergebnisse E. von Holsts, der gezeigt hatte, dass die Flossenbewegungen bei manchen Fischen durch automatisch arbeitende Nervenzellen im Rückenmark – also an relativ zentraler Stelle – gesteuert werden. Drittens meinte er, Belege dafür zu haben, dass eine spezifische Erregung aufgestaut werden kann, wenn die zugehörige Handlung längere Zeit nicht ausgeführt wurde, und dass ein solcher Erregungsstau dazu führt, dass die zugehörige Handlung schon bei geringerer Stärke des Reizes ausgeführt wird.

Lorenz' Argument für den dritten Punkt ist die Beobachtung charakteristischer Fehlfunktionen. So berichtet er:

> Wenn man dem Versuchstier kampfauslösende Reize durch mehrere Tage vorenthält, so steigt seine Erregbarkeit nicht nur auf das vorherige „normale" Maß an, sondern noch weit

> darüber hinaus. Das Tier spricht nun auf völlig inadäquate, die biologisch „richtige" Umweltsituation durchaus nicht kennzeichnende Reizkonfigurationen mit Kampfbewegungen an. (Lorenz 1978,S. 95)

Dieser Erregungsstau kann, so Lorenz, so weit gehen, dass gar kein Reiz mehr zur Auslösung erforderlich ist:

> Diese Schwellenwerterniedrigung auslösender Reize kann bei bestimmten, normalerweise häufig gebrauchten instinktmäßigen Bewegungsweisen so weit gehen, daß sie nach längerer „Stauung" ohne nachweisbaren äußeren Reiz auf „Leerlauf" ablaufen, wobei die gesamte Bewegungsfolge dem normalen Ablauf mit wahrhaft photographischer Treue entspricht, ohne aber natürlich seinen arterhaltenden [!] Sinn zu erfüllen. (Lorenz 1965, Bd. 2, S. 210 – dies verdeutlicht zugleich noch einmal die Formkonstanz von Erbkoordinationen auch außerhalb ihres gewöhnlichen Kontexts)

So berichtet er vom „Fliegenfangen" seines zahmen, gefütterten Stars im (fliegenfreien) Wohnzimmer (Lorenz 1978, S. 102; vgl. Eibl-Eibesfeldt 1987, S. 111) und von komplizierten Nestbaubewegungen von Webervögeln, die im Käfig ohne Grashalme oder sogar ohne jedes Ersatzobjekt ablaufen (Lorenz 1978, S. 103; Siewing 1980, S. 596). Umgekehrt nennt er auch Beispiele dafür, dass ein wiederholtes Ausführen einer Handlung zu einem „Ansteigen des Schwellenwertes der auslösenden Reize" führt; dies wird als „aktivitätsspezifische Ermüdung" bezeichnet (Lorenz 1978, S. 95).

Aufgrund solcher Beobachtungen hat Lorenz ein Modell erstellt, bei dem die inneren Antriebe oder Motivationen ständig „aufgeladen" werden. Dieses Modell wurde auch als „hydraulisches" Modell bezeichnet und durch einen ständig aufgefüllten und periodisch geleerten Wassertank veranschaulicht. Durch das Ausführen einer Handlung soll die ständig zunehmende Motivation abgebaut werden. Bei höherer Motivation soll die Reaktion schon bei schwächeren Reizen, im Extremfall ohne jeden Reiz erfolgen; bei schwächerer Motivation erst bei stärkeren Reizen, im Extremfall trotz starker Reize gar nicht mehr. Wenn ein Reiz häufig geboten und die entsprechenden Handlungen häufig ausgeführt wurde, soll demnach jede weitere Handlung stärkere Reize erfordern, es soll zu spezifischer Ermüdung oder gar zum Ausbleiben der Reaktion kommen. Wenn ein Reiz dagegen selten oder gar nicht geboten wird und daher die Handlung selten oder nie ablaufen kann, soll die Reaktion schon bei geringeren Reizstärken oder gar ganz ohne Reiz ablaufen (Schwellenwerterniedrigung und Leerlaufhandlung) (Eibl-Eibesfeldt 1987, S. 111).

3.3.5 Prägung, Fehlprägung und Lerndispositionen

Unabhängig von der Lorenzschen Instinkttheorie haben seine Beobachtungen an Gänsen gezeigt, dass auch das Lernen „programmiert" ist, dass es Lerndispositionen gibt. Auch hier war es eine Fehlfunktion – nämlich die des Gänsekindes Martina, das Konrad Lorenz als Mutter betrachtete, weil er das Lebewesen war, das sie im passenden Zeitraum kurz nach dem Ausschlüpfen zu Gesicht bekam – die zeigte, dass es so etwas wie Prägung gibt, nämlich ein sehr schnelles, unwiderrufliches Lernen in einem sehr kurzen Zeitfenster.

Als weitere Beispiele für Prägung werden genannt: Festlegung auf mögliche Geschlechtspartner (unter anderem bei Gänsen); beim Menschen: Sprechenlernen, Urvertrauen, Prägung auf Gruppenzugehörigkeit (die vor allem in der Pubertät stattfinden soll) und (als „negative Prägung“) die Festlegung, dass Geschwister und andere Kinder, die zusammen aufwachsen, einander nicht als mögliche Geschlechtspartner ansehen (Eibl-Eibesfeldt 1973, S. 65–67; ein systemtheoretisches Modell der Prägung entwirft Bischof 1995, S. 179–182). Der Beitrag der Fehlfunktionen besteht hier vor allem darin, dass man ohne Fehlfunktionen das durch Prägung erworbene Wissen nicht von angeborenem unterscheiden könnte.

3.3.6 Übersprungshandlungen und die Integration des Verhaltens

Darüber wie die Erbkoordinationen im Verhalten eines Lebewesens zusammenwirken, wie sie integriert werden, gibt es verschiedene Theorien (eine Übersicht und Diskussion einiger einflussreicher Varianten bietet Zippelius 1992, Kap. 4). Hier soll nur ein Aspekt aufgegriffen werden: die sogenannte Übersprungshandlung. Als Übersprungshandlung werden bestimmte Verhaltensweisen bezeichnet, wie die kämpfender Lachmöwenmännchen, die plötzlich und gleichzeitig ihren Kampf unterbrechen und Bewegungen des Grasabrupfens machen, ohne tatsächlich Gras zu rupfen. Solches Verhalten ist nicht zufällig, sondern arttypisch. Dennoch meint Tinbergen schon ähnlich wie Immelmann: Das Übersprungsverhalten „ist ‚unerwartet‘ in dem Sinne, daß es in der Situation, in der es auftritt, nicht die normale biologische Funktion erfüllt, für die es im Laufe der Stammesgeschichte entwickelt wurde“ (Immelmann 1983, S. 53). Auch aus kritischer Sicht wird das Phänomen derartiger Übersprungshandlungen nicht bestritten (Zippelius 1992, S. 262). Bezüglich ihrer Deutung wird jedoch die Frage gestellt, ob es sich dabei überhaupt um Fehlfunktionen handelt (Argumente für die Auffassung als Fehlfunktionen finden sich bei Zippelius 1992, S. 261, 249; Argumente dagegen ebd., 26). Als alternative Möglichkeit wird in Betracht gezogen, dass, die sogenannten Übersprungshandlungen vielmehr anderen Zwecken dienen, etwa als Signale zwischen Artgenossen. Diese Erklärungsansätze verweisen in erster Linie darauf, dass es zu Übersprungshandlungen kommt, wenn Verhaltensweisen miteinander in Konflikt geraten, zum Beispiel Angriff und Flucht.

3.3.7 Fehlfunktionen und der Zweck von Merkmalen

Die Verhaltensforschung interessiert sich auch für die Evolution des Verhaltens und stellt deswegen – wie die gesamte Biologie – nicht nur die Frage „Wie?“ oder „Wie funktioniert das?“, sondern auch die Frage „Wozu?“ oder „Wozu ist jenes Merkmal gut?“. Auf eine solche Frage gibt es eine kurze, aber missverständliche und eine vollständige Antwort: Wenn man fragt „Wozu hat die Katze spitze krumme einziehbare Krallen?“, so kann man kurz antworten „Zum Mäusefangen“. Diese

Antwort hat den Vorteil, kurz zu sein, aber den Nachteil, dass oft irrtümlich die Annahme einer Zweckgerichtetheit der Evolution herausgehört wird – was aber nicht beabsichtigt ist. Oder man antwortet vollständiger „Weil aufgrund der Konkurrenz in früheren Populationen von Katzen diejenigen besser überlebt und sich fortgepflanzt haben, die solche Krallen hatten.“ oder „Weil die Existenz solcher Krallen vorteilhaft war oder ist, weil sie einen Selektionsvorteil darstellt, weil die Krallen eine Passung (an eine bestimmte Umwelt, in der Mäuse vorkommen …) darstellt“ oder ähnlich.

Das Naheliegende ist, bei jedem interessanten Merkmal nach den Vorteilen zu suchen, die dieses Merkmal einem Lebewesen verschafft – oder wenigstens seinen Vorfahren verschafft hat. Heuristisch kann es jedoch umgekehrt auch wertvoll sein, gerade die Merkmale zu betrachten, die zunächst wie ein Nachteil oder ein Fehler erscheinen. Häufig wird man so auf unbekannte oder zunächst nicht beachtete Funktionen stoßen. Den Wert eines solchen Vorgehens hat Konrad Lorenz betont: „Paradoxerweise sind […] gerade solche Merkmale, die offensichtlich eine bestimmte allgemein lebenswichtige Funktion *stören*, diejenigen, bei denen man am sichersten eine Antwort auf die Frage ‚Wozu‘ erhalten kann“ (Lorenz 1978, S. 26). Als Beispiel führt er die Entdeckung einer Verhaltensweise bei dem in Korallenriffen lebenden Borstenzahnfisch *Heniochus* an:

> Wenn […] *Heniochus varius* über den Augen zwei Hörner, am Vorderrücken ein dickes rundes Horn und dazwischen eine tiefe Einsattelung trägt, so ist dieses Strukturmerkmal ganz offensichtlich hinderlich, das stromlinienwidrig ist und beim Durchschlüpfen enger Spalten, wie das bei diesen Korallenfischen zum täglichen Leben gehört, hochgradig stören muß. Die Schlußfolgerung, dass diese Nachteile sich durch irgendeinen Selektionswert „bezahlt machen“ müssen, ist zwingend [!], ja, ich habe sogar schon, als ich diese Fische zum ersten Male erhielt, die Funktion dieses oben und unten von Hörnern begrenzten Sattels vorausgesagt: Die Art hat einen Kommentkampf, bei dem sich die Gegner gegenüberstellen und schräg legen, entweder beide nach rechts oder beide nach links, sodaß die Sättel aufeinanderpassen, worauf sie mit aller Macht gegeneinander schieben. Unser erstes „Wozu“ ist also mit der Antwort „Zum Kommentkampf“ befriedigt. Wozu allerdings der Kommentkampf bei einer normalerweise in größeren Scharen schwimmenden Fischart gut sein soll, ist eine weitere Frage, deren Lösung ich durch Beobachtung dieser Fische anstrebe. (Lorenz 1978, S. 26)

Immerhin vermutet er, dass der Kommentkampf, „sicher aus dem Beschädigungskampf verwandter Chaetodontiden hervorgegangen ist, die den Rivalen mit den vorderen Rückenflossenstacheln stechen“ (Lorenz 1978, S. 26).

3.3.8 Fazit

Warum sind also Fehlfunktionen für die Verhaltensforschung wichtig? – Fehlfunktionen sind zunächst einmal bedeutend, weil sie Aufmerksamkeit erregen, und weil sie als erklärungsbedürftige Erscheinungen zur Entwicklung von Theorien anregen.

Zum Beispiel: Es sind viele Handlungen vorstellbar, die „im Leerlauf“ durchgeführt werden können, also, wenn es sonst nichts zu tun gibt (zum Beispiel das

Putzen eines Tieres). Nur anscheinend unsinnige oder nicht zur Situation passende Handlungen zeigen, dass es spezifische Antriebe gibt, die nicht von einer passenden Situation und deren Reizen abhängen.

Oft lenken Fehlfunktionen auch die Theorienentwicklung, sind Ideengeber, erfüllen eine heuristische Funktion: Plausible Modelle müssen nicht nur das normale Verhalten, sondern auch die Fehlfunktionen erklären. Aber man sieht hier auch deutlich: Bloße plausible Erklärungen reichen noch nicht aus: Es muss auch streng geprüft werden, ob die von Modellen vorhergesagten Fehlfunktionen und anderen Erscheinungen auch tatsächlich (möglichst quantitativ) nachweisbar sind.

3.4 Evolutionsbiologie

Manche morphologischen und physiologischen Erscheinungen und Merkmale bei Lebewesen lassen sich als Fehlbildungen, Fehlfunktionen oder Unvollkommenheiten interpretieren und tragen zu wichtigen Erkenntnissen in der modernen Evolutionsbiologie bei. Dazu gehören einerseits Unvollkommenheiten, Umwege, unnötige Kompliziertheiten, nachteilige Merkmale, funktionslose Organe und Rudimente *im normalen Bauplan* einer Art oder einer höheren taxonomischen Gruppe. Andererseits zählen dazu Atavismen, also eine Rückkehr zu Merkmalen der Vorfahren, die *bei einzelnen Individuen* auftreten. Die Erkenntnisse, die sich daraus gewinnen lassen, betreffen alle wichtigen Fragen der Evolutionstheorie: Erstens die Frage nach der Tatsache der Evolution (Gründe dafür anzunehmen, dass tatsächlich Evolution stattgefunden hat), zweitens die Frage nach dem tatsächlichen Verlauf der Evolution, den Stammbaum und die Systematik der Lebewesen und drittens die Frage nach Gesetzen oder Regeln der Evolution, beispielsweise über Geschwindigkeiten, Kompromisse, konservative Elemente, Ausmaß der Veränderbarkeit oder Bauplanbeschränkungen (*constraints*). – Auf weitere Erscheinungen, die man als Fehlfunktionen deuten könnte, wie das Aussterben von Arten, das Scheitern von Organismengruppen beim Übergang zu neuartigen Lebensweisen (wie etwa die Stachelhäuter, die nie zum Landleben übergegangen sind) oder Erscheinungen wie innerartliche Aggression einschließlich Tötung von Nachkommen, soll an dieser Stelle nur hingewiesen werden.

3.4.1 Rudimente

Als Rudimente (Relikte, Überreste, degenerierte Strukturen, *vestigial organs*) bezeichnet man Strukturen, die einen verkümmerten und funktionslosen Eindruck machen, obwohl sie in vielen Einzelheiten den funktions*fähigen* Strukturen verwandter Arten entsprechen. Die Evolutionstheorie präzisiert: Rudimente sind teilweise oder völlig funktionslose Strukturen (oder Strukturen, die ganz oder teilweise eine andere Funktion angenommen haben), die mit funktionierenden Strukturen verwandter Arten *homolog* sind und von denen man daher zeigen oder wenigstens annehmen kann, dass die Vorfahren des betrachteten Organismus sie in funktionsfähiger Form besaßen. Es liegt nahe anzunehmen, dass die Funktion einer solchen Struktur nicht mehr gebraucht wurde, etwa wegen veränderter Lebensweise, und es daher keine Gründe für ihre Erhaltung mehr gab.

Man kann die Evolutionstheorie benutzen, um zu präzisieren, was man mit Rudimenten meint, aber man kann Rudimente auch umgekehrt als Belege für die Evolutionstheorie verwenden: „Kein Beweis für die Evolution gefiel Darwin besser als das Vorhandensein von rudimentären oder verkümmerten Strukturen, also von Teilen in einem merkwürdigen Zustand, die den Stempel der Unbrauchbarkeit tragen" (Gould 1989, S. 30).

Bei vielen Lebewesen lassen sich solche rudimentären Organe nachweisen: Beispielsweise haben Schlangen eine kriechende Lebensweise angenommen, und die Extremitäten sind bei den meisten Arten restlos verschwunden. Nur bei einigen Gruppen wie den Riesenschlangen sind Reste des Beckens und der Hinterextremitäten als Rudimente im Körperinneren erhalten geblieben. Auch die Wale haben eine Schwanzflosse entwickelt und die Hinterextremitäten reduziert, aber auch hier existieren noch Rudimente von Becken und Hinterextremitäten (Czihak et al. 1981, S. 810). Einige flugunfähige Laufkäferarten (*Carabidae*), die ihre verwachsenen Deckflügel gar nicht mehr öffnen können, haben darunter Reste häutiger Flügel. Viele Tiere, die zum Leben in Dunkelheit, etwa in Höhlen, übergegangen sind, haben verkümmerte, funktionslose Augen. Auch beim Menschen finden sich verschiedene Rudimente, etwa die Körperbehaarung (ein rudimentäres Fell), der Wurmfortsatz des Blinddarms, Reste einer Schwanzwirbelsäule, deren Wirbel zum Steißbein verwachsen sind, und Reste einer Ohrmuskulatur, die bei vielen anderen Säugern die Ohrmuschel bewegt (Czihak et al. 1981, S. 811). Bei verschiedenen Gruppen von Blütenpflanzen ist ein Teil der Staubblätter zu Staminodien reduziert (die manchmal zu nektarbildenden Organen wurden), bei vielen parasitären Pflanzen sind die Laubblätter zu Schuppen geworden, und bei den Samenpflanzen ist ein Teil des noch bei Farnen vollständig vorhandenen Entwicklungszyklus (nämlich der Gametophyt) stark reduziert.

Von Rudimenten im engeren Sinne spricht man bei Strukturen, die bei den erwachsenen Mitgliedern einer Art vorhanden sind. Aber auch bestimmte nur embryonal vorkommende Strukturen werden als Rudimente bezeichnet, wenn sie einzelnen Strukturen bei adulten Stadien verwandter Lebewesen entsprechen. Beispiele sind die beim Embryo vorhandenen und später wieder verschwindenden Zähne bei Rindern und bei Bartenwalen oder die Kiemenspalten und der Schwanz beim menschlichen Embryo. Eine andere übliche Bezeichnung für solche Strukturen ist *Rekapitulationen.*

Auch Verhaltensrudimente findet man häufig: Bei den Säugetieren mit Stummelschwänzen (zum Beispiel manche Affen oder der Luchs) kann man noch Lagekorrekturreflexe nachweisen, die den Balancierbewegungen ihrer langschwänzigen Verwandten (etwa der Katzen) ähneln. Der Strauß als flugunfähiger Vogel und die Feldgrille als flugunfähiges Insekt zeigen noch Rudimente koordinierter Flügelbewegungen, wenn ihre Körper im Experiment künstlich durch die Luft bewegt werden. Beim Menschen gilt das Aufrichten der Haare, die sogenannte Gänsehaut, als Rudiment des Haarsträubeverhaltens vieler felltragender Säugetiere (Czihak et al. 1981, S. 811 f.).

Rudimenten galt das besondere Interesse Charles Darwins: Er widmete diesem Thema einen ausführlichen Abschnitt in seinem 1859 erstmals erschienenen Werk *Die Entstehung der Arten* (Darwin 1963) und fasste sie als überzeugendes Indiz für die Richtigkeit seiner Evolutionstheorie auf. Er nennt zum Beispiel embryonale Zähne beim Kalb oder Flügel unter verwachsenen Flügeldecken bei Käfern. Manche Rudimente werden lediglich als funktionslos beschrieben, andere dagegen als schädlich (Darwin 1963, S. 633). Auch bei anderen Autoren des 19. Jahrhunderts spielten Rudimente in der evolutionsbiologischen Argumentation eine große Rolle (Storch und Welsch 1989, S. 62).

Inwiefern kann man die Bildung von Rudimenten als Fehlfunktion auffassen? Tatsächlich sind Rudimente von vielen Autoren als suboptimale Strukturen, Fehlanpassungen, Konstruktionsmängel und ähnlich bezeichnet worden. Einige Rudimente sind ganz offensichtlich nachteilig; einige gefährden sogar das Überleben ihres Trägers, etwa der Appendix beim Menschen, der bekanntlich zu Entzündungen neigt, die unbehandelt häufig tödlich enden. Andere Rudimente sind nur überflüssig und nutzlos. Nachteilig sind sie insofern, als ihre Bildung Ressourcen bindet, die – so könnte man vermuten – an anderer Stelle des Organismus nützlicher eingesetzt werden könnten. Eine dritte Gruppe von Rudimenten hat tatsächlich eine Funktion, wenn auch nicht die ursprüngliche: so ist der Appendix des Menschen für die Verdauung funktionslos, spielt aber eine Rolle als lymphatisches Organ. Solche Bildungen kann man immerhin hinsichtlich ihrer bei ihrer jetzigen Funktion nicht gebrauchten und insofern überflüssigen Anteile als Fehlbildungen auffassen. In allen Fällen gilt jedoch, dass Rudimente vielen Beobachtern *prima facie* als Fehler erscheinen, etwa als lebensgefährlich oder doch als höchst unökonomisch, insofern Erwartungen widersprechen und daher Aufmerksamkeit hervorrufen.

3.4.2 Unvollkommenheiten und nachteilige Merkmale im Bauplan

Außer Rudimenten gibt es noch viele andere unzweckmäßige, nichtangepasste, nicht optimale Strukturen, Organe und Verhaltensweisen, die ebenfalls zur Erkenntnis über die Evolution beitragen. Im Gegensatz zu Rudimenten handelt es sich hier um Organe, die nicht funktionslos sind, aber ihre Funktion auf eine merkwürdige, unvollkommene Art erfüllen, die viele Autoren veranlasst hat, sie als Fehler, Irrtümer, Fehlanpassungen oder ähnlich zu bezeichnen.

Deutlich äußert sich Konrad Lorenz: „Auf Schritt und Tritt begegnet der vergleichende Stammesgeschichtsforscher ‚Irrtümern' der Evolution, Fehlkonstruktionen von einer Kurzsichtigkeit, die man keinem menschlichen Konstrukteur zutrauen würde" (Lorenz 1978, S. 21). Er führt dazu ein Beispiel an:

> Beim Übergang von Wasserleben zum Landleben wurde die Schwimmblase der Fische zum Atmungsorgan. Beim Fisch, ja schon bei den kieferlosen Rundmäulern (Cyclostomata) sind im Kreislauf Herz und Kiemen hintereinander geschaltet, das heißt das ganze,

> vom Herzen gepumpte Blut muß zwangsläufig die Kiemen passieren[,] und das sauerstoffreiche Blut wird von dort unvermischt dem Körperkreislauf zugeleitet. Da die Schwimmblase ein vom Körperkreislauf versorgtes Organ ist, läuft zunächst, auch nachdem sie zum Atmungsorgan geworden ist, das aus ihr kommende Blut in den Körperkreislauf zurÜck. Daher wird dem Herzen eine Mischung von aus dem Körper kommendem sauerstoffarmen und aus der Lunge kommendem sauerstoffreichen Blut zugefÜhrt. Obwohl dies eine technisch höchst unbefriedigende Lösung ist, wurde sie durch viele Erdzeitalter von allen Lurchen und nahezu allen Reptilien bis heute beibehalten. Es wird selten zusammenfassend betont, daß alle diese Tiere in höchstem Grade *ermÜdbar* sind. Ein Frosch, der nicht nach einer Anzahl von SprÜngen das Wasser oder eine Deckung erreicht hat, läßt sich widerstandslos greifen[,] und dasselbe gilt auch von den gewandtesten und schnellsten Echsen. Kein Lurch und kein Reptil sind einer *dauernden* Muskelleistung fähig, wie sie jeder Hai, jeder Knochenfisch und jeder Vogel zu vollbringen vermag. (Lorenz 1978, S. 21 f.)

Viele weitere Fehlkonstruktionen lassen sich anführen: Zum Beispiel haben alle Säugetiere sieben Halswirbel, obwohl es Gründe für die Annahme gibt, dass etwa die Giraffe mit einer größeren, der Delphin mit einer kleineren Anzahl von Halswirbeln viel besser zurechtkäme. Eine weitere Fehlanpassung weisen alle lungenatmenden Wirbeltiere auf, nämlich das Risiko, an der Nahrung zu ersticken, weil sich die Nahrungs- und Atemwege im Bereich des Halses kreuzen. Das Auge der Wirbeltiere ist ebenfalls ungünstig konstruiert, denn das Licht muss erst Schichten von Nervenzellen und Blutkapillaren passieren, bevor es die lichtempfindlichen Zellen der Netzhaut erreicht; zudem führt diese Konstruktion dazu, dass der Sehnerv die Netzhaut durchqueren muss, was einen „blinden Fleck" unvermeidbar macht. Auch die Samenleiter beim Mann könnten viel kürzer sein, nehmen aber tatsächlich einen größeren Umweg, nämlich einmal um den Harnleiter herum, bevor sie fast an den Ausgangspunkt zurückkehren (vgl. Zippelius 1992, S. 7, 72–75; zu Halswirbeln und Auge Riedl 1994, S. 24–27, 63–66). Bei der Frau führt die offene Verbindung zwischen Eierstock und Eileiter zur vermeidbar erscheinenden Gefahr von Bauchhöhlenschwangerschaften (vgl. Mahner 1986).

Als Fehlkonstruktionen kann man solche Strukturen auffassen, weil deren Mehrzahl ernsthafte Probleme oder Krankheiten hervorrufen kann, obwohl keine prinzipiellen Gründe ersichtlich sind, warum die jeweilige Konstruktion nicht verbessert werden könnte. Menschliche Krankheiten wie Bauchhöhlenschwangerschaften und Hodenhochstand wurden bereits genannt; Riedl nennt weitere Konsequenzen der „Fehlkonstruktionen" des menschlichen Bauplans:

> Das Heer der konstitutionellen Krankheiten ist die Folge: Schwindel, Bandscheiben-Schwäche, Leistenbruch, Hämorrhoiden, Krampfadern, Plattfüße. Ja, vieles ist überhaupt unrettbar verbaut. Die Geburt erfolgt justament durch den einzigen nicht zu erweiternden Knochenring unseres Körpers, Samen- und Harnwege vereinigen sich, Luft- und Speiseweg kreuzen sich … (Riedl 1984, S. 18)

Auch viele Einzelheiten der Embryonalentwicklung erscheinen unzweckmäßig oder unsinnig, besonders wenn lange Umwege durchlaufen werden oder aufwendige Strukturen zunächst gebildet und dann wieder abgebaut werden. Wenn dabei vorübergehend Strukturen entstehen, die jenen stammesgeschichtlicher Vorfahren entsprechen, so spricht man von Rekapitulationen. Embryonale Rekapitulationen werden oft zu den Rudimenten gerechnet (Siewing 1980, S. 834).

> Besonders eindrucksvoll sind Rekapitulationen, wenn in der Ontogenese eines Organs „Umwege“ durchlaufen werden oder wenn sich embryonale Anlagen von Organen nachweisen lassen, die beim fertig entwickelten Stadium fehlen, also in der Ontogenese die phylogenetische Reduktion rekapituliert wird. (Czihak et al. 1981, S. 813)

Zum Beispiel werden bei allen Wirbeltieren zunächst Kiemenbögen angelegt, bei den landlebenden Wirbeltieren aber später wieder ab- und umgebaut. „Aus dieser ‚Umwegentwicklung‘ ergibt sich zwingend der Schluß, daß die Evolution der Tetrapoden von Fischen mit Kiemenatmung ausging“ (Czihak et al. 1981, S. 813).

In der Embryonalentwicklung des Menschen wird vorübergehend ein äußerer Schwanzanhang mit der Anlage von Wirbeln ausgebildet, die später zum Steißbein verwachsen. Bartenwale, bei denen Zähne völlig fehlen und durch Hornplatten des Gaumens in Form eines Reusenapparats ersetzt sind, bilden während der Embryonalentwicklung Zahnanlagen aus, die nie durchbrechen und später resorbiert werden: „Dies ist nur verständlich, wenn sie von Ahnen abstammen, die ein Gebiß besessen haben, wie es die verwandten Zahnwale (zum Beispiel Delphine) heute noch aufweisen“ (Czihak et al. 1981, S. 813). Bei der Bewertung muss man allerdings auch Folgendes bedenken:

> Zunächst erscheint die Rekapitulation von Anlagen inzwischen völlig reduzierter Organe höchst unökonomisch. Ebenso wie bei Rudimenten muß auch hier daran gedacht werden, daß manchen von ihnen noch eine Funktion zukommt. Organanlagen können während der Ontogenese Induktionswirkungen aufeinander ausüben und somit unabhängig von ihrem späteren Schicksal funktionell von Bedeutung sein. In der Larvalentwicklung ist die ursprüngliche Funktion von rekapitulierten Organen oft noch erhalten. (Czihak et al. 1981, S. 815)

Auch *Verhalten* kann unzweckmäßig erscheinen: So wirken lange Umwege bei der Wanderung von Tieren auf den Beobachter ausgesprochen unsinnig. Manche dieser Unsinnigkeiten sind aber höchst aufschlussreich, weil man sie unteranderem als Hinweise auf die frühere Lage von Erdteilen und damit sogar als Indizien für die Bewertung der Theorie der Kontinentaldrift auffassen kann (Gould 1989, S. 31–36).

3.4.3 Atavismen

Atavismen, auch Rückschläge oder Rückfälle genannt, sind ungewöhnliche Merkmale, die bei *einzelnen* Individuen auftreten und die an Merkmale von Vorfahren aus früheren Generationen erinnern. Der Begriff „Atavismus“ wurde von Hugo de Vries 1901 geprägt. Beispielsweise kommt beim Pferd gelegentlich Dreihufigkeit vor (wie sie die fossilen Formen *Mesohippus* aus dem Oligozän und *Parahippus* aus dem Miozän aufweisen; vgl. Gould 1991, S. 175 ff.; Siewing 1980, S. 818 f.), bei Walen die Ausbildung von Hinterextremitäten oder beim Menschen fellartige

Ausbildung der Körperbehaarung, zusätzliche Brustdrüsen, Halsfisteln oder Ausbildung eines kurzen Schwanzes (Siewing 1980, S. 831).

Abhängig von der Entstehung werden drei Formen unterschieden: Hybrid-Atavismen, mutative Atavismen und ontogenetische Atavismen. Die ersten beiden Formen von Atavismen sind erblich, die dritte nicht. Bei Hybrid-Atavismen erscheinen nach Kreuzung verschiedener abgeleiteter Formen im Phänotyp der Nachkommen wieder Merkmale einer ursprünglicheren Form. Zum Beispiel können bei der Kreuzung verschiedener Taubenrassen Merkmale der Ausgangsform, nämlich der Felsentaube, entstehen. Ebenso hat man Hausrinder gekreuzt, mit dem Ziel, Rinder zu züchten, die in ihren Merkmalen dem 1627 ausgestorbenen Auerochsen möglichst nahe kommen (vgl. Sinding und Gilbert 2016). Eine vollständige Wiederherstellung eines früheren Zustandes ist allerdings auch durch Hybrid-Atavismen nicht möglich. Bei mutativen Atavismen wird durch Mutation die genetische Information der Ahnen teilweise wiederhergestellt, oder es werden im Verlauf der Stammesgeschichte inaktivierte Gene wieder aktiviert. Ontogenetische Atavismen beruhen auf Fehlern im Ablauf der Individualentwicklung, dabei ist meist die Embryonalentwicklung betroffen. Manche Atavismen dieser dritten Form lassen sich auch experimentell induzieren (Storch und Welsch 1989, S. 66; Gould 1991, S. 182 f.).

Wie die übrigen Unvollkommenheiten zeigen auch Atavismen zweierlei: Sie sprechen für die Tatsache der Evolution – der „Atavismus, der auch ein Stück in der Beweiskette für die Realität der Evolution bildet“ (Siewing 1980, S. 830) –, und sie illustrieren ihren Ablauf. Sie zeigen nicht nur Gemeinsamkeiten über morphologische und biochemische Ähnlichkeiten hinaus, sondern sie zeigen auch, dass Arten nicht unveränderlich sind und dass Übergänge zwischen verschiedenen Formen möglich sind. Außerdem sind sie in der Lage, Verwandtschaftsbeziehungen anzudeuten, die sonst nicht augenfällig wären.

Darwin widmete den Atavismen (die er „Rückschläge“ oder „Reversionen“ nannte) in seinem Buch *The Variation of animals and plants under domestication* ein ganzes Kapitel, das so endet:

> Der befruchtete Keim eines der höheren Thiere [...] ist vielleicht das wunderbarste Object in der Natur [...] Aber nach der Theorie des RÜckschlags [...] wird der Keim ein noch viel wunderbarerer Gegenstand; denn ausser den sichtbaren Veränderungen, denen er unterworfen wird, mÜssen wir noch annehmen, dass noch unsichtbare Charactere in ihm gehäuft sind [...], die durch Hunderte oder selbst Tausende von Generationen von der Jetztzeit getrennt waren; und diese Charactere liegen alle, wie mit unsichtbarer Tinte auf Papier geschriebene Buchstaben da, bereit sich unter gewissen bekannten oder unbekannten Bedingungen zu entwickeln. (Darwin 1868, Bd. 2, S. 80)

3.4.4 Erkenntnisse der Evolutionsbiologie aus Fehlfunktionen

Nach verschiedenen *Erscheinungen*, die in der Evolutionsbiologie als Fehlfunktionen aufgefasst werden können, sollen nun in systematischerer Weise die evolutionsbiologischen *Probleme* diskutiert werden, die unter Zuhilfenahme von Fehlfunktionen einer Lösung nähergebracht werden können.

3.4.4.1 Tatsache der Evolution

Als Beleg für die Tatsache der Evolution, also für die gemeinsame Abstammung der Lebewesen mit allmählichen Veränderungen, sind seit Darwin wiederholt Rudimente und Unvollkommenheiten angeführt worden. Darwin betont in *Entstehung der Arten*:

> Unter der Voraussetzung, daß alle Organismen mit allen ihren Teilen besonders erschaffen seien, ist das häufige Vorkommen von ersichtlich nutzlosen Organen (wie die Zähne beim Kalb oder die verkümmerten Flügel unter den verwachsenen Flügeldecken verschiedener Käfer) nicht zu verstehen. Man möchte fast sagen, die Natur habe uns durch die rudimentären Organe sowie durch embryonale und homologe Bildungen ihr Abänderungsschema enthüllen wollen, doch sind wir zu kurzsichtig, um ihre Absicht zu merken. (Darwin 1963, S. 664 f.)

> Nach der Lehre von der Abstammung mit Modifikationen können wir behaupten, daß das Vorkommen rudimentärer, unvollkommener und nutzloser oder gänzlich fehlgeschlagener Organe nicht nur keine Schwierigkeiten bietet (wie nach der alten Schöpfungslehre), sondern nach den erörterten Gesichtspunkten sogar erwartet werden mußte. (Darwin 1963, S. 635 f.)

Die Schöpfungslehre kann also die beobachteten Erscheinungen nicht erklären, die Evolutionstheorie dagegen sehr gut. Darwin illustriert diese Vorstellung unter anderem an Orchideen. Sein Argument lautet:

> Orchideen erzeugen ihre komplizierten Vorrichtungen aus den üblichen Komponenten gewöhnlicher Blütenpflanzen, also aus Teilen, die normalerweise ganz anderen Funktionen dienen. Wenn Gott eine schöne Maschine entworfen hätte, die seine Weisheit und Macht widerspiegeln sollte, dann hätte er gewiß keine Kollektion von Teilen verwendet, welche im allgemeinen für andere Zwecke hergestellt werden. Orchideen sind nicht von einem vorbildhaften Ingenieur geschaffen worden; sie sind aus einer begrenzten Anzahl verfügbarer Komponenten behelfsmäßig eingerichtet. Sie müssen sich mithin aus gewöhnlichen Blütenpflanzen entwickelt haben. (Gould 1989, S. 20)

> Doch wenn Organismen eine Geschichte haben […] dann müssen von früheren Entwicklungsstufen Überreste erhalten bleiben. Solche Überreste der Vergangenheit, die nach gegenwärtigen Begriffen sinnlos erscheinen – das Nutzlose, Merkwürdige, Eigenartige, Ungereimte – sind Zeichen der Geschichte. Sie liefern den Beweis, daß die Welt nicht in ihrer gegenwärtigen Form erschaffen worden ist. Wenn die Geschichte etwas vervollkommnet, verwischt sie ihre eigenen Spuren. (Gould 1989, S. 30)

Der Evolutionsbiologe Stephen J. Gould betont, dass „der Beweis für die Evolution gerade in den Unvollkommenheiten liegt, welche auf die Geschichte verweisen" (Gould 1989, S. 11). Gould nennt drei Argumente für Evolution: Erstens direkte, beobachtbare Beweise (experimentelle Befunde an Labororganismen mit kurzen Generationszeiten, zum Beispiel bei Versuchen mit *Drosophila,* oder Beobachtungen wie dem Melanismus beim Birkenspanner, also der starken Zunahme des Anteils dunkel gefärbter Varianten in industriell verschmutzten Umgebungen), zweitens die Unvollkommenheit der Natur und drittens das Auftreten von Übergängen zwischen den Fossilien (Gould 1991, S. 255–258).

> Die Evolution wird in den *Unvollkommenheiten* aufgedeckt, die die Geschichte einer Abstammung aufzeichnen. Wieso sollte eine Ratte laufen, eine Fledermaus fliegen, ein Delphin schwimmen und ich dieses Essay tippen mit Strukturen, die aus den gleichen Knochen zusammengestellt sind, wenn wir sie nicht alle von einem gemeinsamen Vorfahren geerbt haben? Ein Ingenieur, der ohne jede Vorlage anfängt, könnte in jedem einzelnen Fall bessere Glieder entwerfen. Wieso sollten alle großen einheimischen Säugetiere Australiens Beuteltiere sein, wenn sie nicht von einem gemeinsamen Vorfahren abstammen, der auf diesem Inselkontinent isoliert war? Beuteltiere sind nicht „besser" oder ideal an Australien angepaßt; viele von ihnen sind durch plazentale Säuger ausgelöscht worden, die vom Menschen aus anderen Kontinenten eingeführt worden sind. (Gould 1991, S. 256)

Gould behauptet sogar:

> Dieses Prinzip der Unvollkommenheit erstreckt sich auf alle historischen Wissenschaften. Wenn wir die Etymologie von September, Oktober, November, Dezember (Siebter, Achter, Neunter, Zehnter) erkennen, wissen wir, daß das Jahr einmal mit März begonnen hat, oder daß zwei zusätzliche Monate an einen ursprünglichen Kalender angefügt worden sein müssen, der aus zehn Monaten bestand. (Gould 1991, S. 256)

… und allgemeiner: „Wörter geben Aufschluß über ihre Geschichte, wenn ihre Etymologie *nicht* zu ihrer gegenwärtigen Bedeutung paßt" (Gould 1989, S. 28).

Auch Martin Mahner und Mario Bunge nennen drei Arten von Belegen für die Evolutionstheorie, nämlich direkte, historische und Indizienbelege, wobei sie die Indizienbelege besonders herausstellen:

> Indizienbelege stammen aus der funktionellen Morphologie und bestehen aus der Beschreibung von Unvollkommenheiten statt von Aptationen [= Passungen]. Während optimale Anpassung als Beleg für intelligentes Design genommen werden könnte und somit als Unterstützung für teleologische Ansätze in der Biologie (zum Beispiel Orthogenese oder, schlimmer, Kreationismus), ergeben suboptimale Leistung, offensichtliche Fehler im „Design", Rekapitulationen, Rudimente und das massive Vorkommen von „Schrott"-DNA nur Sinn in einer Theorie oder einem System von Theorien, die mit Begriffen wie historischer Zufall, Variation und Selektion operieren. Wohlbekannte Beispiele für „Design"-Fehler, die nur in einem evolutionären Kontext erklärt werden können, sind die Kreuzung der Nahrungs- und Luftwege in unserer Kehle und die offene Verbindung zwischen den Eierstöcken und den Eileitern, die gelegentlich zu Bauchhöhlenschwangerschaften führt. Ein weiteres Beispiel für schlechtes „Design" ist der *Descensus testiculorum*, nämlich die Tatsache, dass bei vielen, aber nicht allen Säugern sich die Hoden anfangs nahe den Nieren entwickeln und erst später in das Skrotum wandern, eine Position, die den Samenleiter einen (unnötig) langen Weg um das Schambein herum nehmen läßt und der weder praktisch noch sicher ist. (Mahner und Bunge 1997, S. 363)

Weshalb Lebewesen nachteilige Merkmale haben, erfordert also eine Erklärung. Wenn die Alternativen nur „Evolution" oder „Eingreifen eines Schöpfers oder Konstrukteurs" lauten, dann ist klar, dass das Auftreten von Fehlfunktionen oder Unvollkommenheiten gegen die Annahme eines Schöpfers und für die Annahme der Evolution spricht. In besonderem Maße gilt dies, wenn einem Schöpfer, traditionellen Auffassungen entsprechend, zugleich Güte *und* Allmacht unterstellt wird: Dann würde man erwarten, dass er seine Aufgabe besser ausgeführt hätte. Freilich sind immer Möglichkeiten der Immunisierung vorstellbar, man denke nur an das Leibnizsche Argument der „besten aller möglichen Welten".

Denkbar ist allerdings auch, Rudimente als Argument *gegen* eine Evolution der Lebewesen oder jedenfalls gegen ein bestimmtes Verständnis von Evolution zu verwenden: Sie zeigen nämlich, dass die Entwicklung bestimmter Strukturen sehr langsam erfolgt, und dass Selektion, die sonst als äußerst leistungsfähig beschrieben wird, hier nur in geringem Ausmaß zu wirken scheint. Auch der Evolutionsbiologe Williams (1992, S. 76 f.) fragt in ähnlicher Weise: Wenn neue Mechanismen zumeist nur Umbau alter, schon vorhandener sind, woher kommt dann etwas wirklich Neues? Williams' Antwort darauf lautet, Neues käme aus dem zufälligen Zusammentreffen schon vorhandener Strukturen sowie aus dem Entstehen redundanter Strukturen, von denen einige einen Funktionswechsel durchmachen können.

Schließlich sprechen auch Atavismen für die Tatsache der Evolution. Sie zeigen unter anderem, dass Übergänge zwischen verschiedenen Formen grundsätzlich möglich und dass Arten nicht unveränderlich sind.

3.4.4.2 Ablauf der Evolution

Überzeugende Argumente zugunsten der Tatsache der Evolution erfordern auch die Demonstration und den Nachweis einer Vielzahl tatsächlicher Verwandtschaftsbeziehungen zwischen Arten und größeren taxonomischen Einheiten. Auch hier spielen Atavismen, Rudimente und andere Unvollkommenheiten eine wichtige Rolle: Sie sprechen nicht nur für die Tatsache der Evolution, sondern sie zeigen auch ihren Ablauf an. Atavismen und Rudimente deuten auf Zusammenhänge eines Lebewesens mit Vorfahren oder heute lebenden Wesen, die ursprüngliche Formen bewahrt haben. Sie können Gemeinsamkeiten über morphologische und biochemische Ähnlichkeiten hinaus anzeigen und auf Verwandtschaftsbeziehungen hinweisen, die sonst nicht so augenfällig wären. So betont Darwin für die Rudimente:

> Niemand wird ferner behaupten, daß rudimentäre oder verkümmerte Organe hohe physiologische oder vitale Bedeutung haben, und doch sind sie zweifellos für die Einteilung oft wertvoll. Es lässt sich nicht leugnen, daß die rudimentären Zähne im Oberkiefer junger Wiederkäuer und gewisse rudimentäre Fußknochen deutlicher als anderes die enge Verwandtschaft zwischen Wiederkäuern und Dickhäutern beweisen. Robert Brown hat mit aller Entschiedenheit betont, daß die Stellung der rudimentären Blüten für die Klassifikation der Gräser von höchster Wichtigkeit sei. (Darwin 1963, S. 581)

Darwin zieht dabei auch eine Parallele zur Sprachentwicklung: „Rudimentäre Organe gleichen den Buchstaben eines Wortes, die zwar beim Buchstabieren zur Geltung kommen, jedoch bei der Aussprache unnötig sind, die aber die Abstammung des Wortes erklären" (Darwin 1963, S. 635 f.; übereinstimmend Gould 1989, S. 28, 1991, S. 256).

3.4.4.3 Ursachen, Faktoren, Gesetze und Regeln der Evolution

Darwins Evolutionstheorie der „Abstammung mit Modifikationen" (Darwin 1963, S. 633) brachte nicht nur Belege für die gemeinsame Abstammung der Lebewesen, sondern umfasste auch Hypothesen über Ursachen und Faktoren der Evolution. Darwin ging von folgenden Tatsachen aus: Die Merkmale der Lebewesen sind erblich, alle Lebewesen in einer Population unterscheiden sich wenigstens geringfügig in ihren Merkmalen, und es entstehen weit mehr Nachkommen als letztendlich überleben. Als unmittelbare Konsequenz leitet er daraus eine natürliche Auslese der Tauglichsten beziehungsweise der am besten Angepassten in jeder Generation ab; als mittelbares Ergebnis eine allmähliche Veränderung der Merkmale in Richtung einer erfolgreichen Anpassung an die Umwelt. Mit seinen eigenen Worten:

> Da viel mehr Einzelwesen jeder Art geboren werden, als leben können, und da infolgedessen der Kampf ums Dasein dauernd besteht, so muß jedes Wesen, das irgendwie vorteilhaft von den anderen abweicht, [...] bessere Aussichten für das Fortbestehen haben und also von der *Natur zur Zucht ausgewählt* werden. Nach dem Prinzip der Vererbung hat dann jede durch Zuchtwahl entstandene Varietät die Neigung, ihre neue veränderte Form fortzupflanzen. (Darwin 1963, S. 27 f.)

Darwin war „überzeugt, daß die natürliche Zuchtwahl das wichtigste, wenn auch nicht das einzige Mittel der Abänderung war" (Darwin 1963, S. 29). Darwin betonte, dass nur eine solche Evolutionstheorie mit den verfügbaren empirischen Daten und insbesondere den von ihm diskutierten Fehlfunktionen vereinbar sei; nicht hingegen alternative Theorien, etwa solche, die Eingriffe eines Schöpfers postulieren.

Neben der natürlichen Auslese hatte Darwin als Evolutionsfaktor noch die Veränderung von Organen durch Gebrauch und Nichtgebrauch und eine Vererbung solcher im individuellen Leben erworbener Veränderungen in Betracht gezogen. Diese Auffassung wurde fallengelassen, seit August Weismann überzeugen konnte, dass sich kein einziger Fall einer solchen Vererbung erworbener Eigenschaften oder „weicher" Vererbung nachweisen lässt (Mayr 1984, S. 559 ff.).

Damit blieb für die Evolution nur die natürliche Auslese als einziger *gestaltender* oder *lenkender* Faktor übrig – neben verschiedenen nicht gestaltenden, sondern *zufälligen* Faktoren, wie Mutation, genetische Drift, zufälliges Überleben, Rekombination und anderen Auswirkungen von Paarungssystemen (Sober 1993, S. 18). Seitdem herrscht die Auffassung vor, dass – von Zufallseffekten abgesehen – alle Merkmale durch natürliche Auslese gestaltet wurden und Anpassungen an die Umwelt darstellen. Diese Position – zuerst von Wallace und Weismann vertreten – bezeichnet man zunächst als Neodarwinismus.

Da es innerhalb des (Neo-)Darwinismus unterschiedliche Auffassungen gibt, wird die genannte Position heute eher Adaptationismus oder Panselektionismus bezeichnet (Begriff *Adaptationismus* zuerst abwertend bei Gould und Lewontin 1979; positiv aufgegriffen von Mayr 1983, auch 1984): Sie behauptet: die Merkmale der Organismen stellen ganz überwiegend durch natürliche Auslese hervorgebrachte Anpassungen dar. Evolution verläuft allmählich, in kleinen Schritten und ungerichtet, ohne langfristige Planung; was zählt, ist nur der Vorteil für den einzelnen Organismus in jeder einzelnen Generation (Darwin 1963; Williams 1992, S. 77). Es gibt keine vorausschauende Planung, keine Trends. Man kann die Evolution auch als kurzsichtig oder blind beschreiben.

Unvollkommenheiten, Rudimente, Atavismen sind nach dieser Auffassung nur vorübergehende Erscheinungen, da Evolution allmählich über größere Zeiträume verläuft. Beobachtet man Merkmale wie die genannten, so vermutet man dementsprechend, dass ein Funktionswechsel oder eine Umweltänderung stattfand, aber dass die Zeit noch nicht ausreichte, um die Merkmale ab- oder umzubauen (vgl. Maynard Smith 1978, S. 37). Dass nicht genutzte Organe völlig verschwinden können, sieht man unter anderem am vollständigen Fehlen von Extremitäten bei der Mehrzahl der Schlangen. Die natürliche Selektion ist nach adaptationistischer Auffassung in der Lage, alle beobachteten Merkmale der Organismen zu erzeugen. Dabei unterstellt man, dass die zur Verfügung stehende Variation ausreicht, um alles, was nützlich ist, auch früher oder später entstehen zu lassen. Zusammengefasst: „Adaptationism is a thesis about the ‚power' of natural selection" (Sober 2000, S. 119).

Als Konsequenz wird angenommen, dass die Lebewesen im Allgemeinen optimal an ihre Umwelt angepasst sind. Die Vielfalt und Tauglichkeit der Anpassungen ist kaum zu übersehen. „Optimal" kann allerdings nur heißen „optimal im Rahmen des Möglichen", denn nicht jedes denkbare Merkmal erscheint auch biologisch möglich. So wird man beispielsweise nicht erwarten, dass Zebras Maschinengewehre entwickeln, um Löwen abzuwehren (Krebs und Davies 1993, S. 156; vgl. Sober 2000, S. 123). Eine Folge des Adaptationismus war, dass man bei jedem Merkmal nach dessen Funktion, nach dessen Beitrag zur Fitness fragte. Diese Fragestellung – die Frage „Wozu?"– erwies sich als heuristisch sehr fruchtbar:

> Die adaptationistische Frage „Was ist die Funktion einer gegebenen Struktur oder eines Organs?" ist seit Jahrhunderten die Grundlage für jeden Fortschritt in der Physiologie gewesen. Wenn es das adaptationistische Forschungsprogramm nicht gegeben hätte, würden wir die Funktionen von Thymus, Milz, Schilddrüse und Zirbeldrüse wahrscheinlich noch nicht kennen. Harveys Frage „Warum gibt es Klappen in den Venen?" war ein bedeutendes Sprungbrett bei seiner Entdeckung des Blutkreislaufs. (Mayr 1983, S. 328)

Allerdings lässt sich auch nicht übersehen, dass nicht jede Anpassung perfekt ist und auch nicht perfekt sein kann. Es gibt viele Paare oder Kombinationen von Eigenschaften, die zwar jede für sich vorteilhaft wären, die sich aber nicht alle gemeinsam verwirklichen lassen. So schließen sich beispielsweise hohe Aktivität oder Geschwindigkeit und niedriger Energieverbrauch gegenseitig bis zu einem gewissen Grade aus, ebenso ist hohe Stabilität und Festigkeit oft nur auf Kosten der Leichtigkeit von Körperstrukturen möglich (was besonders bei fliegenden Lebewesen bedeutsam ist). Auch zwischen Zeit- und Energieverbrauch, zwischen kurz- und langfristigen Zielen, zwischen Wachstum und Fortpflanzung bestehen oft derartige Beziehungen („*trade-off*"). Solche Restriktionen führen dazu, dass in der evolutionären Entwicklung häufig Kompromisse zustande gekommen sind. Die Verbesserung eines Merkmals kann unter derartigen Umständen dazu führen, dass ein anderes Merkmal erzwungenermaßen schlechter wird. Eine optimale Merkmalskombination kann daher Merkmale enthalten, von denen einige oder alle, je für sich betrachtet, suboptimal erscheinen.

Weitere Kompromisse sind nötig, weil Organismen im Verlauf ihres Lebens meist mehrere unterschiedliche Ziele verfolgen – Nahrungserwerb, Verteidigung, Tarnung, Fortpflanzung, Aufzucht von Jungen und andere – und daher häufig Kompromisse in Körperbau und Verhalten nötig sind. Schon Darwin sah, dass die Anforderungen des allgemeinen Überlebens und der geschlechtlichen Auswahl häufig gegenläufig sind – Beispiel: der Pfau. Für das bloße Überleben wäre das Pfauenmännchen mit einem gut getarnten Gefieder sicher besser ausgestattet, aber der Fortpflanzungserfolg war und ist offenbar von auffälligen bunten Schwanzfedern abhängig.

Es liegt in der Natur solcher Kompromisse, dass sie erst dann entdeckt werden, wenn man Merkmale isoliert betrachtet und sie deshalb als unvollkommen, suboptimal oder fehlerhaft ansieht. Dies hat Konrad Lorenz oft betont:

> Paradoxerweise sind es also gerade solche Merkmale, die offensichtlich eine bestimmte allgemein lebenswichtige Funktion stören, diejenigen, bei denen man am sichersten eine Antwort auf die Frage „Wozu" erhalten kann. (Lorenz 1978, S. 26)

Als typisches Beispiel führt er die merkwürdigen Höcker am Kopf des Fisches *Heniochus* an, die in dessen „Alltag", beim Durchschwimmen von Spalten in Korallenriffen, hinderlich und nur für den Kampf unter Rivalen und damit für den Fortpflanzungserfolg sinnvoll erscheinen.

Es kommt also vor, dass man Merkmale der Lebewesen *einzeln betrachtet* – also *nur* bezüglich der Tarnung, der Fortbewegung, des Balzerfolgs – als Fehlfunktionen oder Unvollkommenheiten ansehen kann, aber dennoch zu der Auffassung kommt, das Lebewesen als Ganzes sei bestmöglich angepasst. In diesem Sinne können auch nichtoptimale Merkmale das Ergebnis von Anpassung sein.

Es gibt aber auch Fehlfunktionen und Unvollkommenheiten, die man nicht einfach als unvermeidliche Folge von Kompromissen deuten kann. Dazu zählen viele der oben beschriebenen Rudimente, der Unvollkommenheiten in Bauplänen oder der Umwege in der Embryonalentwicklung. Besonders diejenigen Merkmale wird man hier einordnen, für die entweder bei anderen Lebewesen oder aber bei technischen Konstruktionen bessere, erfolgreichere oder einfachere Lösungen bekannt sind.

Auf solche Unvollkommenheiten beziehen sich einige der spannendsten Debatten in der Evolutionsbiologie in der letzten Zeit. Die Folgerungen, die aus den Unvollkommenheiten und Fehlfunktionen gezogen wurden, lassen sich drei Schwerpunkten zuordnen: Erstens über die Geschichtlichkeit der Lebewesen und den tatsächlichen Ablauf der Evolution, zweitens, in welchem Ausmaß Variation auftritt, welche Phänotypen möglich und unmöglich sind und welchen Beschränkungen die Evolution deshalb unterliegt, und drittens, inwieweit die Vorstellung von der alleinigen oder überwiegenden Bedeutung der natürlichen Selektion zutreffend ist, inwieweit also der Adaptationismus berechtigt ist.

Zum ersten sind sich die Evolutionsbiologen weitgehend darüber einig, dass Fehlfunktionen nicht nur die Geschichtlichkeit anzeigen, die Lebewesen gegenüber allem Nichtbelebten auszeichnet (Williams 1992, S. 3–8), sondern auch weitere Merkmale des Evolutionsprozesses aufzeigen: Opportunismus und Kurzsichtigkeit. François Jacob hat darauf hingewiesen, dass Neues in der Evolution meist durch „Basteln" oder „Flickwerk" („*tinkering*") entsteht (Jacob 1977, 1983, 2001). Dabei werden bereits vorhandene Teile wiederverwendet, indem sie neu kombiniert und verändert werden. Ein Beispiel sind die schallübertragenden Knochen im Mittelohr der Säugetiere, die sich aus dem Kiefergelenk der Reptilien entwickelt haben. Nach dieser Auffassung gibt es in der Evolution keine Möglichkeiten, zukünftige Erfordernisse vorherzusehen oder frühere Fehler rückgängig zu machen.

Zum zweiten zeigen Unvollkommenheiten an, welche Variation überhaupt verfügbar ist, welche Phänotypen daher möglich und unmöglich sind und welchen Beschränkungen oder Zwängen die Evolution damit unterliegt. Diese Beschränkungen (*constraints*) der Evolution werden seit den 1970er-Jahren diskutiert. Mit Beschränkungen ist gemeint, dass nicht jedes denkbare Merkmal oder jede Merkmalskonstellation auch verwirklicht werden kann, und dass die Möglichkeiten der evolutiven Entwicklung beschränkt sind. Eine radikale Umgestaltung von Körperbau, Stoffwechsel oder Verhalten erscheint aus dieser Sicht als sehr unwahrscheinlich oder gar unmöglich. Evolutionäre Beschränkungen beziehen sich immer darauf, dass eine *denkbare* vorteilhafte Variation nicht auftritt oder nie aufgetreten ist, wobei diese Fehlfunktion als erklärungsbedürftig angesehen wird. Evolutionäre Beschränkungen kann man als Konsequenzen bestimmter Gesetze oder Regeln der Evolution auffassen; die Beschränkungen zeigen gerade das an, was die Regel verbietet. Sätze über Beschränkungen stellen also eine Art negativer Formulierung der Regel dar (Mahner und Bunge 1997, S. 364 f.). Häufig kann man allerdings derzeit noch keine Regel aufstellen, sondern muss sich damit begnügen, die Beschränkungen zu beschreiben. Man unterscheidet unter den evolutionären Beschränkungen phylogenetische Beschränkungen, genetische Beschränkungen und Entwicklungsbeschränkungen, daneben noch architektonische (auch: bautechnische) Beschränkungen (vgl. Gould und Lewontin 1979; Maynard Smith et al. 1985; Williams 1992; Wolpert 1993).

Genetische Beschränkungen treten in der Tier- und Pflanzenzüchtung auf, wenn durch Auslese in eine bestimmte Richtung der Rahmen der vorhandenen genetischen Variabilität erschöpft ist: „A genetic constraint on adaptive evolution is any quantitative or qualitative deficiency of genetic variation" (Williams 1992, 85). Bei der Züchtung ist hier entscheidend, welchen Umfang die anfänglich vorhandene natürliche genetische Variation in einer Population hat. Weiter gehende züchterische Veränderung ist in solchen Fällen auf neu hinzukommende Mutationen angewiesen.

Phylogenetische (oder: phyletische) Beschränkungen bestehen darin, dass eine weitgehende Veränderung der Struktur eines Lebewesens ohne jede auch nur vorübergehende Fitnessverschlechterung sehr unwahrscheinlich erscheint. Auch die Tatsache, dass die Evolution immer nur allmähliche Veränderungen zulässt (Gradualismus) wurde als phylogenetischer *constraint* aufgefasst (Williams 1992, 79). Als Beispiele für phyletische Trägheit oder *adaptive peaks* werden beim Menschen die Folgeprobleme des aufrechten Ganges angesehen. Phylogenetische Beschränkungen werden auch angeführt, um zu erklären, warum es etwa keine fliegenden Mollusken oder elefantengroße Insekten gibt (vgl. Gould und Lewontin 1979).

Entwicklungsbeschränkungen werden darauf zurückgeführt, dass die Individualentwicklung ein so komplexer und fein abgestimmter Prozess ist, dass evolutionäre Änderungen nur schwer möglich sind (Gould und Lewontin 1979). Zum Beispiel durchlaufen alle Wirbeltiere anfangs sehr ähnliche Stadien, unter anderem bilden sie Kiemen aus. Die einschlägige Definition für Entwicklungsbeschränkungen lautet:

> A developmental constraint is a bias on the production of variant phenotypes caused by the structure, character, composition, or dynamics of the developmental system. (Maynard Smith et al. 1985, S. 266)

Nach Williams (1992, S. 80) sind Entwicklungsbeschränkungen nur eine besondere Art stammesgeschichtlicher Beschränkungen (*phylogenetic constraints*), auch wenn sie ein spezielles, umfangreiches Gebiet darstellen (ebenso Gould und Lewontin 1979). Mahner und Bunge (1997, S. 364 f.) meinen hingegen, alle phylogenetischen Beschränkungen seien Entwicklungsbeschränkungen, nicht aber umgekehrt. Maynard Smith et al. (1985, S. 267) unterscheiden zwei Kategorien von *developmental constraints*: universelle und lokale Beschränkungen. Universelle Beschränkungen bedeuten etwa, dass für den Bau einer Extremität die physikalischen Hebelgesetze nicht umgangen werden können. Lokale Beschränkungen dagegen gelten nur für eine bestimmte taxonomische Gruppe. Als Beispiel wird die Entwicklung einkeimblättriger Pflanzen angeführt, bei der keine Gewebe außerhalb von schon gebildeten angelegt werden können. Daher gibt es bei den Einkeimblättrigen keine Wuchsformen, die den zweikeimblättrigen Bäumen entsprechen und sowohl in die Höhe als auch in die Breite wachsen, also sekundäres Dickenwachstum aufweisen. Auch Pleiotropie, also die Tatsache, dass mehrere Merkmale durch ein- und dasselbe Gen hervorgerufen werden, wurde unter die lokalen Beschränkungen eingeordnet. Es spricht allerdings vieles dafür, als Entwicklungsbeschränkungen im engeren Sinne nur die lokalen, nicht aber die universellen Beschränkungen anzuerkennen, und damit prinzipielle Beschränkungen (physikalische, mechanische, chemische Zwänge) von lokalen, aus der speziellen Struktur herrührenden und nur geschichtlich verständlichen Zwängen zu unterscheiden (vgl. Williams 1992). Gelegentlich wird auch argumentiert, die verschiedenen Gruppen der Lebewesen hätten mehr oder weniger feste Baupläne oder eine „Einheit des Typus“ (*unity of type*), diese seien starr und schwer zu verändern, und stellten Beschränkungen dar. Diese Position findet sich bei Goethe, bei einer Reihe weiterer deutscher, auch zeitgenössischer Biologen wie auch bei Gould. Die hier angenommene weitgehende Starrheit von Bauplänen erscheint jedoch überbewertet (kritisch dazu Williams 1992, S. 87). Im Zusammenhang mit Beschränkungen betont Williams, dass die Frage: *Warum gibt es nicht …?* eine äußerst wichtige Frage für die zukünftige Forschung in der Evolutionsbiologie darstelle (Williams 1992, S. 152 f.).

Drittens behaupten einige Autoren sogar, das Auftreten von Unvollkommenheiten wie der hier beschriebenen zeige, dass die natürliche Selektion nicht die Kraft habe, die man ihr im modernen Darwinismus zugeschrieben hatte, und dass Selektion möglicherweise – im Gegensatz zu Auffassungen des Neodarwinismus – *nicht* den einzigen gestaltenden Evolutionsfaktor darstelle. Solche Positionen bezeichnen das typische Vorgehen vieler Evolutionsbiologen als einseitig, als „adaptationistisches Forschungsprogramm“, das sich gegen problematische Tatsachen immunisiere und daher nicht der wissenschaftstheoretischen Forderung nach Widerlegbarkeit entspreche. Sie behaupten, es müsse mindestens ergänzt, möglicherweise aber sogar aufgegeben werden (vgl. Gould und Lewontin 1979, S. 597).

Auf solche Probleme scheint man erst seit den 1970er-Jahren aufmerksam geworden zu sein – doch auch derartige Diskussionen stützen sich dabei vor allem auf die Betrachtung von Fehlanpassungen, nachteiligen Merkmalen und Unvollkommenheiten – und von Merkmalen, die wie Anpassungen aussehen, aber vermutlich keine sind („Spandrillen“). In einem vielbeachteten Artikel von 1979 wiesen Gould und Lewontin darauf hin, dass man viele Merkmale nicht als Anpassungen, sondern nur aus ihrer Geschichte heraus verstehen könne. Gould und Lewontin berufen sich dabei auch auf „Darwins eigenen Pluralismus“ in der Frage der Evolutionsfaktoren. Gould und Lewontin kritisieren den adaptationistischen Ansatz und plädieren vielmehr dafür, Lebewesen als „integrierte Ganzheiten“ zu analysieren. Die Baupläne der Lebewesen seien von ihrer Stammesgeschichte, von Entwicklungsabläufen und ihrer allgemeinen Architektur so eingeschränkt, dass die Beschränkungen als Evolutionsfaktoren interessanter und wichtiger seien als die natürliche Selektion – während.

Dem adaptationistischen Programm werfen sie vor, es unterscheide bei Merkmalen nicht die derzeitige Nützlichkeit von den Gründen für die Entstehung und es akzeptiere adaptationistische Erklärungen allein aufgrund von Plausibilitätsbetrachtungen. Diese angeblichen Erklärungen seien daher „just-so stories“, bloße Märchen. Vor allem aber berücksichtige es neben adaptationistischen Erklärungen kaum Alternativen wie zufällige Durchsetzung von Merkmalen in einer Population (durch Allometrie, Pleiotropie und andere Mechanismen), die Entstehung nichtangepasster Merkmale durch Kopplung an vorteilhafte Merkmale, die Trennbarkeit von Anpassung und Selektion, mehrfache „Gipfel der Anpassung“ und derzeitige Nützlichkeit als Epiphänomen nicht angepasster Strukturen (Gould und Lewontin 1979). Andere Evolutionsbiologen sind diesen Vorwürfen entgegengetreten: Man habe es sich mit adaptiven Erklärungen möglicherweise etwas zu einfach gemacht, aber der Adaptationismus sei nicht wertlos, sondern ein wertvolles Forschungsprogramm. Die in Alternativerklärungen genannten Faktoren könnten allenfalls gemeinsam mit natürlicher Selektion, nicht aber für sich allein die Evolution gestalten (Mayr 1983, S. 329).

3.4.5 Fazit

Wie die Diskussion gezeigt hat, wecken Fehlfunktionen auch in der Evolutionsbiologie – wie an anderen Stellen – zunächst einmal Aufmerksamkeit und führen zur Auffindung neuer Probleme. Darüber hinaus widersprechen verschiedene als Fehlfunktionen gedeutete Erscheinungen einigen zentralen Grundannahmen für die Evolution relevanter Theorien und fordern damit Erklärungen: Traditionelle Schöpfungslehren können derartige Fehlfunktionen nicht oder nur unter großen Schwierigkeiten erklären. Auch ein strenger Adaptationismus steht bei einer Reihe von Fehlfunktionen vor Erklärungsproblemen. Dennoch dürfte die einzige bekannte Theorie, die nicht nur die Funktionen und Leistungen, *sondern auch die Fehlfunktionen und Fehlleistungen* der Lebewesen angemessen erklärt, die moderne darwinistische Evolutionstheorie sein. Neben derartigen Indizien für die grundsätzliche Tatsache der evolutiven Herkunft aller Lebewesen geben Fehlfunktionen vor allem wichtige Hinweise auf den faktischen Verlauf der Evolution, also der Verwandtschaftsbeziehungen, und auf Gesetze und Regeln der Evolution. Insgesamt liefern Fehlfunktionen damit entscheidende Beiträge zur Lösung des

Tatsachenproblems, des Stammbaumproblems und des Faktoren- oder Kausalproblems (Linder 1977, S. 299), und damit aller wesentlichen Probleme der Evolutionsbiologie.

3.5 Kognitive Täuschungen

In der (kognitiven) Psychologie werden unter der Bezeichnung „kognitive Täuschungen" Fehlleistungen des Denkens, Urteilens und Erinnerns untersucht. Die Phänomene werden dabei mit den Begriffen *Fehlleistungen* (auch Fehl-Leistungen), *Fehler* (Attributionsfehler, kognitive Fehler, Rückschau-Fehler, Fehl-Erinnerung, Fehlvorstellung, ...), *Täuschungen* (kognitive Täuschungen, Gedächtnistäuschungen), *Illusionen* (Gedächtnisillusionen, Kontrollillusionen, Illusion der Sicherheit, illusorische Korrelationen), *Irrtümer*, *bias* (also Abweichung, Verzerrung), *Abweichung vom Normalen* oder *Rationalen*, *kognitive Beschränkungen*, *Verstöße gegen die Logik* und anderen bezeichnet.

Als Ziele der Erforschung kognitiver Täuschungen und Fehlleistungen lassen sich die folgenden Stufen herausarbeiten, die teilweise auch so formuliert werden: Zunächst werden die Fehler oder Abweichungen vom (statistisch) Normalen oder Rationalen *dokumentiert*, die *Umstände* herausgearbeitet, unter denen die Fehlleistungen auftreten, und es wird versucht herauszufinden, inwieweit sich die Phänomene als *reproduzierbar*, robust und stabil erweisen. Aus solchen Untersuchungen lassen sich dann *Beschreibungen* der (typischen) Fähigkeiten und Mängel des menschlichen kognitiven Systems herleiten. Weiter können sich daran Versuche zur *Erklärung* der Fehlleistungen anschließen: „Ein stabiles Phänomen verlangt nach guten Erklärungen" (Hell 1993, S. 24). Im Vordergrund steht dabei häufig das praktische Ziel, herauszufinden, wie Menschen Fehlleistungen im Alltag oder im Beruf am erfolgreichsten vermeiden können. Daneben wird als Ziel auch eine „Einordnung" oder „Einbettung" der Fehlleistungen in Theorien oder Modelle des normalen Funktionierens genannt (vgl. Ohrmann und Wehner 1989). Das Prüfen oder Erstellen von Theorien durch Fehlleistungen findet zwar implizit an vielen Stellen statt – denn jede erfolgreiche „Erklärung" oder „Einordnung" stützt, jede misslungene untergräbt ja die zugrundeliegende Theorie –, wird aber explizit selten als Ziel formuliert. Am weitesten geht hier noch Hell mit dem Wunsch:

> Ich warte noch auf den Artikel, in dem aus einer Theorie alltäglichen, normalerweise gut angepaßten Denkens eine Vorhersage für eine bislang noch nicht beschriebene Fehlleistung in einer speziellen Situation abgeleitet wird, wobei das Finden dieser Täuschung als Bestätigung der Theorie gilt. (Hell et al. 1993, S. 323)

Demnach lässt sich zusammenfassen: Als ausdrücklich formuliertes Ziel ist der Ansatz, durch die Fehlfunktionen Kenntnisse über das normale Funktionieren zu gewinnen, nicht aufzufinden; dennoch werden faktisch oftmals aufgrund der Beschreibungen von Fehlfunktionen die entsprechenden psychologischen Modelle abgeändert oder sogar neu entworfen, um eine zufriedenstellende Erklärung der jeweiligen Fehlfunktionen zu ermöglichen.

Bis hierher richteten sich die Überlegungen zu Zielen – wenn überhaupt – nur auf die gegenwärtigen Strukturen und Funktionen der menschlichen Kognition – es handelt sich also um proximate Überlegungen und, teilweise, Erklärungen („proximate“ Erklärungen sind im Sinne der modernen Evolutionsbiologie zu verstehen, vgl. Mayr 1984, S. 56 f.).

Erst in jüngerer Zeit werden darüber hinausgehende Ziele genannt. So wird beispielsweise gefordert, „kognitive Täuschungen und Verstöße gegen die Logik nicht voreilig als Beweise für mangelnde kognitive Ausstattung“ zu nehmen, „sondern die Phänomene in ihrer funktionellen Bedeutung zu erklären“, also „verständlich zu machen, in welchem funktionellen und ökologischen Kontext sie sich oft ganz vernünftigerweise entwickeln konnten“ (Fiedler 1993, S. 9). Damit wird die auch ultimate Fragestellung behandelt, also die Frage, auf welchem Wege und warum so und nicht anders sich das menschliche kognitive System und seine Subsysteme entwickelt haben, wie ihre Evolution abgelaufen ist.

Was genau eine kognitive Fehlleistung ist, wird oft nicht diskutiert, sondern als intuitiv klar vorausgesetzt. Immerhin werden an mancher Stelle Abgrenzungen vorgenommen: So werden Gedächtnistäuschungen vom „normalen Vergessen“ unterschieden und als „Fehlerinnerungen, bei denen die Erinnerung systematisch von der korrekten Antwort abweicht“ definiert (Hell 1993, S. 13). Typisch für diese Forschungsrichtung ist weiter die Eingrenzung, dass vor allem die mehr als vereinzelt auftretenden Fehlleistungen gesunder Erwachsener in alltagsnahen Situationen erforscht werden. Ausgeschlossen werden beispielsweise „individuelle Unterschiede bezüglich der Gedächtnistäuschungen, die speziellen Gedächtnistäuschungen bei Kindern, Gedächtnistäuschungen bei klinischen Subpopulationen und suggestiv, beziehungsweise hypnotisch induzierte Gedächtnistäuschungen“ (Hell 1993, S. 14). Auch Wahrnehmungstäuschungen (vgl. Abschn. 3.1.2) werden – obwohl Wahrnehmung grundsätzlich dem Feld Kognition zugerechnet wird – ausdrücklich *nicht* zu den kognitiven Täuschungen gerechnet. Allerdings wird die Erforschung von Wahrnehmungstäuschungen als analog zur Erforschung kognitiver Täuschungen betrachtet und gelegentlich auch als Anregung und zum Aufzeigen methodischer Parallelen herangezogen.

Von kognitiven Täuschungen soll darüber hinaus nur dann geredet werden, wenn die Fehler nicht allein durch grundsätzliche Beschränkungen der kognitiven Fähigkeiten bedingt sind; wenn also beispielsweise die gestellte Aufgabe grundsätzlich, und sei es nur für wenige Menschen, lösbar ist (vgl. Wilkening und Lamsfuß 1993, S. 271). Ausdrückliche Definitionen von Fehlleistung (und Leistung) finden sich selten. Hell meint sogar „Es gibt heute keine allgemein akzeptierte Definition von kognitiven Täuschungen“ (Hell et al. 1993, S. 318). Häufig wird die Charakterisierung der untersuchten Erscheinungen als „Fehler“ als offensichtlich und unproblematisch angesehen, und ein intuitives Vorverständnis von „Fehler“ wird daher als ausreichend betrachtet. Gelegentlich kann man Grundzüge der vermutlich intendierten Definitionen rekonstruieren. Als normal angesehen wird dabei entweder ein statistischer Durchschnitt oder andererseits ein als korrekt angesehenes – zum Beispiel durch Theorien der Logik oder der Statistik gestütztes – Modell.

Nun aber zunächst eine Übersicht über einige Forschungsansätze und -ergebnisse zu kognitiven Fehlleistungen.

3.5.1 Gedächtnistäuschungen

Unter der Bezeichnung „Gedächtnistäuschungen" werden „Fehlleistungen des Erinnerns" erforscht, die als dokumentierbare Unterschiede zwischen einem Sachverhalt, einer Situation oder einer Aussage und der späteren Erinnerung daran charakterisiert werden (vgl. Hell 1993; Hertwig 1993; sowie Kebeck 1989; Norman 1973; Norman und Rumelhart 1978; Kebeck 1991). Unter den allgemeinen Ergebnissen dieses Forschungsansatzes werden vor allem zwei herausgestellt: Erstens ist es grundsätzlich möglich, Gedächtnistäuschungen zu induzieren. Zweites ist das Gedächtnis kein statischer Speicher, sondern eher dynamisch und konstruktiv veränderlich, und seine Inhalte werden ständig durch „Inferenzschlüsse" und Urteile angereichert. Einige gut erforschte spezifische Fehlleistungen des menschlichen Gedächtnisses sollen nun vorgestellt werden: Bei der „*Misleading Postevent Information*" wird die Erinnerung an ein Ereignis durch spätere Falschinformation beeinflusst. Praktisch bedeutsam ist dies zum Beispiel für die Bewertung von Zeugenaussagen in der Gerichtspsychologie. Dort kommt es immer wieder vor, dass einem Zeugen beispielsweise Bilder verschiedener Verdächtiger vorgelegt werden und der Zeuge später – zum Beispiel in der Gerichtsverhandlung – subjektiv völlig sicher ist, eine bestimmte Person am Ort des Verbrechens gesehen zu haben, die er aber tatsächlich nur von einem der Bilder kennt. Schlecht für den Verdächtigten, wenn er dann keine anderen entlastenden Zeugen oder Indizien hat! Der Effekt der „*Misleading Postevent Information*" gilt als stabil und gut reproduzierbar. Zur Erklärung dieses Phänomens werden verschiedene Modelle diskutiert, ob die zusätzliche Information das Gedächtnis beeinflusst oder nur die Erinnerung, also den Abruf: die Integrationshypothese und die Substitutionshypothese (die eine Vereinigung oder Überlagerung der Gedächtnisinhalte annehmen) stehen der Koexistenzhypothese (bei der die Gedächtnisspuren koexistieren, ohne sich zu beeinflussen) gegenüber, ohne dass zwischen diesen beiden Gruppen derzeit zweifelsfrei entschieden werden könnte (vgl. Hell 1993, S. 17 f.). Der „*Hindsight Bias*" (auch „*distorted hindsight*", „Rückschau-Fehler", „wusst'-ich-schon-Effekt") ist die Annäherung der Erinnerung bezüglich einer früher geäußerten Meinung an eine inzwischen bekanntgewordene richtige Antwort. Eine Variante: Nachdem man die Antwort auf eine Wissensfrage erhalten hat, hat man das (illusionäre) Gefühl, man habe die Antwort ohnehin gewusst oder geahnt. – Ein Beispiel: Eine Versuchsperson wird gefragt, wie hoch der Eiffelturm ist. Sie antwortet „250 m". Ihr wird dann bekanntgegeben, dass der Eiffelturm tatsächlich 300 m hoch ist. Eine Woche später wird sie gefragt, welche Antwort sie auf die erste Frage gegeben habe; eine typische Antwort lautet: „270 m".

Zur Erklärung werden verschiedene kognitive Modelle diskutiert; einerseits ein Modell, bei dem sich die beiden beteiligten Gedächtnisspuren beeinflussen, andererseits ein Modell, das eine Mischung aus (unvollkommener) Erinnerung und

Ratestrategie annimmt. Neben diesen kognitiven Modellen werden auch motivationale Erklärungsansätze erwogen, die davon ausgehen, dass die spätere Antwort zum Teil davon beeinflusst ist, dass man ein positives Bild von sich selbst zeichnen möchte (vgl. Hell 1993, S. 22–28). Der „*Frequency-Validity Effect*" besteht darin, dass eine Aussage umso eher wahr erscheint, je häufiger sie wiederholt wird: „the repetition of a plausible statement increases a person's belief in the referential validity or truth of that statement" (Hasher et al. 1977, S. 111). Ein viel diskutierter Erklärungsansatz nimmt an, „daß man bei der wiederholten Darbietung von Aussagen, die zwar plausibel erscheinen, deren Wahrheitswert man aber nicht eindeutig beurteilen kann, auf Wissen über die Darbietungshäufigkeit der Items rekurriert, um daraus ein Konfidenz-Urteil abzuleiten" (Hertwig 1993, S. 44), und dass die Informationen über Ereignishäufigkeiten automatisch (und daher bewusst schwer beeinflussbar) verarbeitet werden. Für „Hindsight Bias" und „Frequency-Validity Effect" wird im Übrigen diskutiert, ob sie durch gleichartige zugrundeliegende Prozesse verursacht werden (vgl. Hertwig 1993).

3.5.2 Probleme mit mathematischen, besonders nichtlinearen Zusammenhängen

Besonders augenscheinlich sind Fehler bei der Einschätzung nichtlinearer Zusammenhänge wie exponentieller Vorgänge – beispielsweise beim Bevölkerungswachstum – oder, mathematisch gleichartig, beim Umgang mit Zinseszinsrechnung. So berichtet der Psychologe Dietrich Dörner:

> Die geringe Fähigkeit zum Umgang mit nichtlinearen Zeitverläufen läßt sich [...] im psychologischen Experiment als allgemeines Phänomen beobachten. [...] Wir gaben beispielsweise Versuchspersonen den Auftrag, eine Wachstumsrate von 6 Prozent über 100 Jahre zu schätzen. Dieser Auftrag war in der Form folgender Instruktion verkleidet: „Die Leitung eines kleinen Traktorenwerkes meint, daß 6 Prozent jährliches Wachstum der Produktion notwendig ist, um auf die Dauer die Existenz der Unternehmung zu sichern. 1976 wurden 1000 Traktoren hergestellt. Schätzen Sie einmal, ohne viel zu rechnen, wieviel Traktoren das Werk jeweils in den Jahren 1990, 2020, 2050 und 2080 herstellen muß, damit die Wachstumsrate erreicht wird". (Dörner 1989, S. 168 f.)

Wenn die Traktorenproduktion im Jahre 1976 1000 Stück betrug und jedes Jahr um 6 Prozent wachsen soll, muss sie 1977 1060 Stück betragen ($1000 \cdot (1 + 0{,}06)$), 1978: $1000 \cdot (1 + 0{,}06)^2 = 1123$ Stück und im Jahr $1976 + n$: $1000 \cdot (1 + 0{,}06)^n$ Stück. Das sind für 1990: 2260 Stück, für 2020: 12985 Stück, für 2050: 74582 Stück und für 2080: 428361 Stück. Die von Versuchspersonen abgegebenen Schätzungen bleiben demgegenüber weit zurück und erreichen selbst für das Jahr 2080 – also nach einem Zeitraum von 104 Jahren – durchschnittlich erst etwa 25000 Stück (nach graphischer Darstellung bei Dörner 1989, S. 168 und eigenen Berechnungen).

> Die durchschnittlichen Ergebnisse dieses Schätzversuches [zeigen], daß die Versuchspersonen das tatsächlich notwendige Wachstum stark unterschätzten. (Dörner 1989, S. 169)

Gleichartige Tendenzen zeigen sich auch bei vielen ähnlichen Problemen: Bei der Beurteilung von Bevölkerungswachstum, bei langfristiger Verzinsung von Kapital oder bei der Abschätzung der Wahrscheinlichkeit gleichzeitiger Geburtstage in einer Gruppe von Menschen.

3.5.3 Fehler beim statistischen Denken

Weit verbreitet sind Fehler beim statistischen Denken, beim Umgang mit Wahrscheinlichkeiten und zufälligen Ereignissen: Tversky und Kahneman hatten 1974 eine Liste von „biases" und „errors" des statistischen Denkens zusammengestellt. Unter anderem fanden sie, dass viele Versuchspersonen risikoreiche Entscheidungen bei Gewinnen meiden, aber bei Verlusten bevorzugen (zum Beispiel einen sicheren Gewinn von 80 Mark einem Gewinn von 100 Mark vorziehen, der nur zu 85 Prozent wahrscheinlich ist, also auf längere Sicht mehr Gewinn brächte) und dass der Unterschied zwischen Sicherheit und hoher Wahrscheinlichkeit als sehr bedeutend, viel größere Unterschiede zwischen verschiedenen Wahrscheinlichkeiten dagegen als wenig bedeutend eingeschätzt werden.

Tversky und Kahneman hatten dafür die Erklärung angeboten, dass die Gesetze des Denkens nicht den Gesetzen der Wahrscheinlichkeit entsprächen, sondern dass sich das Denken stattdessen betont einfach gehaltener Heuristiken wie der Repräsentativitäts-Heuristik, der Verfügbarkeits-Heuristik und der Anker-Heuristik bediene.

3.5.3.1 Repräsentativitäts-Heuristik

Aus den folgenden Beispielen wird geschlossen, dass Menschen eine allgemeine Heuristik verwenden, die ihnen hilft, Klassifikationsprobleme zu lösen. Diese Heuristik besagt, dass die Wahrscheinlichkeit, dass Gegenstand A zur Kategorie B gehört, bestimmt wird durch das Ausmaß, in dem der Gegenstand *repräsentativ* für oder ähnlich mit anderen Gegenständen aus dieser Kategorie ist. Dies wird durch die vier folgenden Beispiele illustriert:

(a) Bei allen in einer Stadt wohnhaften Familien mit sechs Kindern wurde die Reihenfolge der Geburten erfragt. Bei 72 Familien war die exakte Reihenfolge der Geburten MJMJJM (M: Mädchen, J: Junge). – Frage an die Versuchspersonen: Wie hoch schätzen Sie die Anzahl der Familien, bei denen die Reihenfolge MJJJJJ ist? – Die meisten Personen vermuten, dass MJJJJJ bei weniger als 72 Familien vorkommt. Dies ist falsch: Wenn man annimmt, dass Mädchen und Jungen gleich häufig geboren werden, ist auch die Wahrscheinlichkeit für jede mögliche Folge von Geburten gleich hoch. (Da tatsächlich geringfügig mehr Jungen als Mädchen geboren werden, ist die Folge MJJJJJ in Wirklichkeit sogar um einen Bruchteil wahrscheinlicher als MJMJJM.) Tversky und Kahnemann vermuteten, dass die Versuchspersonen zur Beantwortung eine Repräsentativitäts-Heuristik verwenden, die etwa folgenden Überlegungen gehorcht: Am häufigsten treten zufällige Folgen auf. MJMJJM ist eine zufällige Folge beziehungsweise ist repräsentativ für eine zufällige Folge. MJJJJJ ist nicht repräsentativ für eine zufällige Folge und wird daher auch nicht als Mitglied der Klasse der zufälligen Folgen angesehen. Also tritt MJJJJ vermutlich weniger häufig auf als eine zufällige Folge.

(b) Beim Roulette ist die Kugel bei den neun letzten Spielen auf schwarz gefallen. Welches Ergebnis ist für das folgende Spiel am wahrscheinlichsten – „schwarz", „rot" oder „rot und schwarz gleich wahrscheinlich"? – Viele Menschen nehmen fälschlicherweise an, dass beim nächsten Spiel rot wahrscheinlicher sei. Dieser auch als „gambler's fallacy" oder „Trugschluss des Spielers" bekannte Irrtum wird darauf zurückgeführt, dass die Folge SSSSSSSSSR für die meisten Versuchspersonen als repräsentativer für Roulette-Ergebnisse erscheine im Vergleich zu SSSSSSSSSS.

(c) Versuchspersonen wird die folgende Geschichte geschildert: „Linda ist 31 Jahre alt, alleinstehend und intelligent. An der Universität hat sie einen Abschluss in Philosophie erworben. Als Studentin engagierte sie sich stark für soziale Gerechtigkeit. Welche Aussage ist wahrscheinlicher? (1) Linda ist Bankangestellte. (2) Linda ist Bankangestellte und als Feministin aktiv" (nach Tversky und Kahneman 1983, S. 299, gekürzt; vgl. auch Sedlmeier 1993, S. 132). Viele Menschen halten es für wahrscheinlicher, dass Linda Bankangestellte *und* als Feministin aktiv ist, als dass sie nur Bankangestellte ist. Dies ist falsch: Nach der Wahrscheinlichkeitstheorie kann eine Konjunktion von Wahrscheinlichkeiten $p(A \wedge B)$ nie wahrscheinlicher sein als die kleinste enthaltene Einzelwahrscheinlichkeit $p(A)$ oder $p(B)$. Dieser Fehler, der auch als Konjunktions-Trugschluss bezeichnet wird, wird darauf zurückgeführt, dass viele Menschen die Merkmale „Bankangestellte und als Feministin aktiv" als besonders repräsentativ oder typisch für einen Menschen mit den eingangs beschriebenen Eigenschaften einschätzen und damit als wahrscheinlicher als das Merkmal „nur Bankangestellte".

(d) „In einer Stadt mit 100.000 Einwohnern haben sich 7000 mit der Krankheit *K* infiziert. Ein Test für *K* fällt bei 80 Prozent der Befallenen positiv aus und bei 80 Prozent der nicht Befallenen negativ. Alle Einwohner werden getestet. Wenn Sie ein Einwohner sind und Ihr Test positiv ausfällt, wie hoch ist die Wahrscheinlichkeit, dass Sie *K* haben?" – Viele Menschen urteilen, die Wahrscheinlichkeit, *K* zu haben sei 0,8. Die korrekte Antwort ist jedoch 0,22. Dieser „Basisraten-Fehler" („*base rate fallacy*") wird darauf zurückgeführt, dass ein positives Testergebnis für repräsentativer gehalten werde für Menschen mit der Krankheit (80 Prozent haben ein positives Testergebnis) als für Menschen, die die Krankheit nicht haben (nur 20 Prozent haben ein positives Testergebnis). Da es aber in der Stadt viel mehr gesunde als kranke Menschen gibt, ist tatsächlich die Mehrheit der positiv Getesteten *nicht* mit der Krankheit infiziert.

3.5.3.2 Verfügbarkeits-Heuristik

Weiterhin wird angenommen, dass Menschen beim Schätzen von Wahrscheinlichkeiten in vielen Fällen eine Verfügbarkeits-Heuristik (*availability heuristic*) verwenden (vgl. Tversky und Kahneman 1974). Nach dieser Heuristik entspricht die subjektive Wahrscheinlichkeit eines Ereignisses der Leichtigkeit, mit der es ins Bewusstsein gerufen werden kann, kurz, seiner Verfügbarkeit. – Einige Beispiele:

(a) „Schätzen Sie, ob es bei Wörtern mit drei und mehr Buchstaben wahrscheinlicher ist, dass der Buchstabe „K" an erster oder an dritter Stelle des Wortes vorkommt!" – Die meisten (englischsprachigen) Probanden schätzen fälschlicherweise, dass es mehr Wörter gibt, die mit „K" anfangen als es Wörter gibt, die ein „K" an dritter Stelle haben. Dies wird darauf zurückgeführt, dass Beispiele für Wörter, die mit „K" anfangen, leichter aus dem Gedächtnis abgerufen werden können, und daher leichter verfügbar sind.

(b) Die Wahrscheinlichkeiten verschiedener Todesursachen werden weithin systematisch falsch eingeschätzt: unter anderem werden Unfälle aller Art, Schwangerschaft und Geburt, Krebserkrankungen und Brände überschätzt; Pockenimpfung, Blitzschlag, Tuberkulose und Asthma dagegen unterschätzt (vgl. Slovic et al. 1982). Die Interpretation lautet: Überschätzt werden Todesursachen, die bemerkenswert erscheinen und häufig in Zeitungs- und Fernsehberichten vorkommen, unterschätzt werden die weniger bemerkenswerten Ursachen, die auch seltener publiziert werden. Also werde die subjektive Wahrscheinlichkeit entsprechend der Verfügbarkeit eingeschätzt, die ihrerseits von der Häufigkeit des Vorkommens in Nachrichten abhängt.

3.5.3.3 Anker-Heuristik

Schließlich wird vermutet, dass Menschen beim Schätzen von Größen in vielen Fällen eine „Anker- und Adjustierungs-Heuristik" (*anchoring* oder *adjustment heuristic*) anwenden (vgl. Tversky und Kahneman 1974). Jede Information über die zu schätzende Größe, egal woher und wie zuverlässig, beeinflusst oder verankert bei dieser Heuristik die folgenden Schätzungen. – Ein Beispiel: Versuchspersonen wird eine der folgenden Fragen gestellt: (1) Glauben Sie, dass 1:10 eine zu hohe oder eine zu geringe Schätzung für die Wahrscheinlichkeit spontaner Heilung von Krebs ist? (2) Glauben Sie, dass 1:10000 eine zu hohe oder eine zu geringe Schätzung für die Wahrscheinlichkeit spontaner Heilung von Krebs ist? – Versuchspersonen, denen man die erste Frage vorlegt, geben eher Schätzungen ab, die näher bei 1:10 liegen als Versuchspersonen, denen man die zweite Frage stellt; diese tendieren eher zu 1:10.000. Obwohl keine Hinweise gegeben wurden, dass die ursprünglich genannten Zahlen richtig sind, beeinflussen („verankern") sie die Schätzungen der Versuchspersonen. Diese Heuristik wird auch für den *hindsight bias* verantwortlich gemacht, wo (unter anderem) das Wissen um das Ergebnis einer Entscheidung die subjektive Wahrscheinlichkeit dieses Ergebnisses verändert.

Die genannten Fehler erscheinen durchweg eindrucksvoll. Die Existenz solcher Fehler wird anerkannt, teilweise auch verallgemeinert, und die auf ihnen beruhenden Modelle sind weithin als zutreffend angesehen worden; so meint der Psychologe Massimo Piattelli-Palmarini: „We know that our uneducated intuitions concerning even the simplest statistical phenomena are largely defective" (Piattelli-Palmarini 1989, S. 9), und der Evolutionsbiologe Stephen J. Gould: „Tversky and Kahneman argue, correctly I think, that our minds are not built (for whatever reason) to work by the rules of probability" (Gould 1992, S. 469). Herbert A. Simon stellt angesichts der einschlägigen Befunde fest, der Mensch verfüge grundsätzlich nur über „begrenzte Rationalität" („bounded rationality") (Simon 1957). Doch ist die Diskussion in der Psychologie nicht abgeschlossen, denn die genannten Positionen stehen und fallen mit der Annahme bestimmter an Logik und Mathematik angelehnter normativer Modelle. Wenn man diese nicht zugrundelegt, wird man eher mit Jonathan Cohen behaupten, „all subjects reason correctly about probability: none are programmed to commit fallacies or indulge in illusions" (Cohen 1982, S. 251).

Gerd Gigerenzer (1993) weist darauf hin, dass bei vielen hier untersuchten Aufgaben nicht nur die Verarbeitung, sondern auch die Repräsentation von Information relevant ist, und dass das Ausmaß vieler Fehler sich verringert, wenn die Repräsentation statistischer Zusammenhänge nicht in Form von Wahrscheinlichkeiten, sondern als Darstellung von Häufigkeiten erfolgt. Als besonders hilfreich für die korrekte Bewältigung statistischer Aufgaben hat sich nach seinen Untersuchungen die visuelle Darstellung von Häufigkeiten herausgestellt. Damit steht wiederum die Vermeidung von Fehlern im Vordergrund. Kritisiert wird darüber hinaus, man müsse auch motivationale Erklärungen berücksichtigen, die „Jagd auf Fehler" sei einseitig oder die Erklärungen von Tversky und Kahneman seien trivial oder zirkulär.

3.5.4 Fehlleistungen beim Umgang mit komplexen, rückgekoppelten Systemen

Der Psychologe Dietrich Dörner berichtet über Fehlleistungen bei Planungs-, Entscheidungs- und Urteilsprozessen, die vielen Menschen beim Umgang mit komplexen Systemen unterlaufen. Bei einem seiner Versuche wurde computergestützt das Öko- und Wirtschaftssystem eines fiktiven afrikanischen Landes, „Tanaland", simuliert. Dessen Parameter – unter anderem Bevölkerung, Geburten- und Sterberate, Ernährung, Zustände in Ackerbau und Viehzucht, Wassergewinnung, medizinische Versorgung – sind den Versuchspersonen bekannt und in realitätsnaher, allerdings nicht ohne weiteres offensichtlicher Weise miteinander verknüpft. Die Versuchspersonen können bestimmte Größen verändern und bekommen die Auswirkungen ihrer Maßnahmen mitgeteilt. Sie werden nun aufgefordert, so gut sie können, dafür zu sorgen, dass es der Bevölkerung des Landes „besser geht". Sie können dabei in gewissem Umfang die Parameter verändern, beispielsweise Düngemittel, landwirtschaftliche Maschinen oder Wasserpumpen einführen, die medizinische Versorgung verbessern oder die Geburtenrate senken.

Das Ergebnis dieser Versuche ist meist ausgesprochen schlecht: Viele Versuchspersonen ruinieren das Land in kurzer Zeit, mehr noch, als wenn sie gar nichts unternommen hätten: Beispielsweise führt die Jagd auf Mäuse, Ratten und Affen, die in Äckern und Gärten Schaden anrichten, nicht nur dazu, dass die Fraßschäden sinken, sondern auch dazu, dass die Zahl der Insekten ansteigt und sogar, dass Leoparden ein Teil ihrer Beute entzogen wird und sie vermehrt in die Nutztierherden einfallen. Nur wenige Versuchspersonen schaffen es, durch behutsame Maßnahmen allmähliche Verbesserungen für das Land und seine Bewohner zu erreichen (vgl. Dörner 1989). Ein ähnlicher Versuch stellt die Versuchspersonen vor die Aufgabe, als „Bürgermeister" die Bedingungen in der fiktiven Kleinstadt „Lohhausen" zu verbessern. Als Versuchsergebnis werden hier vergleichbar schlechte Erfolge der Probanden geschildert (vgl. Dörner 1989). Auch reale Ereignisse werden bei Dörner analysiert, so die Katastrophe im Kernkraftwerk von Tschernobyl im Jahre 1986. Als Ergebnis wird festgehalten:

> Was finden wir hier an Psychologie? Wir finden die Tendenz zur Überdosierung von Maßnahmen unter Zeitdruck. Wir finden die Unfähigkeit zum nichtlinearen Denken in Kausalnetzen statt in Kausalketten, also die Unfähigkeit dazu, Neben- und Fernwirkungen des eigenen Verhaltens richtig in Rechnung zu stellen. Wir finden die Unterschätzung exponentieller Abläufe: die Unfähigkeit zu sehen, daß ein exponentiell ablaufender Prozeß, wenn er erst einmal begonnen hat, mit einer sehr großen Beschleunigung abläuft. All das sind „kognitive" Fehler, Fehler in der Erkenntnistätigkeit. (Dörner 1989, S. 54)

Die Gründe für das Versagen so vieler Versuchspersonen scheinen in den zunächst nicht offensichtlichen oder nicht bewusst gemachten Verknüpfungen und Rückkopplungen zu liegen. Viele Eingriffe, besonders hastige, auf schnellen Erfolg auf nur einem Sektor gerichtete Maßnahmen, haben Neben- und Fernwirkungen, die die wenigsten gleich absehen können. Offenbar fällt es vielen Menschen schon schwer, mit mäßig komplexen Systemen der beschriebenen Art zurechtzukommen.

Auf der Basis dieser Beobachtungen versucht Dörner herauszuarbeiten, wie sich das Verhalten „guter" und „schlechter" Versuchspersonen unterscheidet, und worin die Gründe für schlechte Leistungen bei der Steuerung komplexer Systeme liegen. Als Beschreibung typischer menschlicher Fehlleistungen hält er fest:

> Wir haben [...] eine ganze Reihe von Unzulänglichkeiten des menschlichen Denkens beim Umgang mit komplexen Systemen kennengelernt. Wir haben festgestellt, daß Ziele nicht konkretisiert werden, daß kontradiktorische Teilziele nicht als kontradiktorisch erkannt werden, daß keine klaren Schwerpunkte gebildet werden, daß die notwendige Modellbildung nur unzureichend oder gar nicht erfolgt, daß Informationen nur einseitig oder unzulänglich gesammelt werden, daß falsche Auffassungen über die Gestalt von Zeitverläufen gebildet werden, daß falsch oder gar nicht geplant wird, daß Fehler nicht korrigiert werden. (Dörner 1989, S. 288)

An diese Beschreibung schließen sich Ansätze zur Erklärung der Phänomene an:

> [Nun] wollen wir herausarbeiten, welches die hauptsächlichen psychologischen Determinanten dieser Unzulänglichkeiten des Denkens beim Umgang mit Unbestimmtheit und Komplexität sind. (Dörner 1989, S. 288)

Eine wesentliche Erklärung nimmt an, dass kognitive Ressourcen knapp seien und mit ihnen möglichst sparsam umgegangen werden müsse:

> Was Wunder, daß die schlichte Langsamkeit uns Abkürzungen aufnötigt und generell danach streben läßt, mit der knappen Ressource möglichst ökonomisch umzugehen. Solche Ökonomietendenzen kann man im Hintergrund vieler der dargestellten Unzulänglichkeiten und Denkfehler ausfindig machen. [...] Alles in allem: Ökonomietendenzen, durch die der Denkende dazu bewogen wird, bestimmte Denkschritte einfach auszulassen oder aber sie soweit wie möglich zu vereinfachen, scheinen eine große Rolle beim Umgang mit komplexen Systemen zu spielen. (Dörner 1989, S. 289, 191) Neben rein kognitiven

> Faktoren werden auch motivationale und emotionale Einflüsse auf die Kognition als Ursachen für Fehlleistungen angenommen: Ein weiterer Grund für viele Unzulänglichkeiten und Fehler des menschlichen Denkens muß wohl ganz außerhalb des Bereiches der kognitiven Prozesse gesucht werden. Nach unserer Meinung spielt die Bewahrung eines positiven Bildes von der eigenen Kompetenz und Handlungsfähigkeit eine sehr große Rolle als Determinante der Richtung und des Ablaufs von Denkprozessen. (Dörner 1989, S. 291)
> Abschließend werden als Fehlerursachen verschiedene Faktoren aufgezählt, die zugleich Aussagen über grundlegende Eigenschaften und Mechanismen des normalen Denkens und Urteilens darstellen: Die Langsamkeit des Denkens und die geringe Zahl gleichzeitig zu verarbeitender Informationen, die Tendenz zum Schutz des Kompetenzgefühls, die geringe „Zuflußkapazität" zum Gedächtnis und die Fixierung der Aufmerksamkeit auf die gerade aktuellen Probleme: das sind sehr einfache Ursachen für die Fehler, die wir beim Umgang mit komplexen Systemen machen. Zugleich sind es aber sehr faßbare Ursachen, und man sollte Möglichkeiten finden können, diese Faktoren als Fehlerbedingungen weitestgehend auszuschalten. (Dörner 1989, S. 295)

Neben den praktischen Überlegungen, wie man die beschriebenen Fehler vermeiden oder eindämmen könnte, schließt Dörner aus seinen Ergebnissen also auch auf grundlegende Eigenschaften der menschlichen Kognition. Außer den Aussagen über die (gegenwärtige) Beschaffenheit des menschlichen Kognitionssystems finden sich schließlich auch begründete Vermutungen über seine Herkunft und Geschichte – nämlich aus der biologischen Evolution, wobei wiederum Knappheits- und Ökonomiegesichtspunkte eine Rolle spielen.

> Allem Anschein nach ist aber die „Mechanik" des menschlichen Denkens in der Evolution einmal ‚erfunden' worden, um Probleme „ad hoc" zu bewältigen. [...] Alle diese Probleme [...] hatten meist keine über sich selbst hinausgehende Bedeutung. Der Bedarf an Feuerholz für eine Steinzeithorde unserer Vorfahren gefährdete nicht den Wald, genausowenig wie ihre Jagdaktivitäten den Wildbestand gefährdeten. (Dörner 1989, S. 13)

Insgesamt stehen bei Dörner die Beschreibung kognitiver Fehlleistungen, Versuche zu ihrer Erklärung sowie Empfehlungen zu ihrer Vermeidung im Vordergrund. Einige Informationen über Struktur, Funktion und Geschichte des normalen menschlichen kognitiven Systems werden quasi nebenbei gewonnen: Der Erkenntnisgewinn aus Fehlleistungen wird zwar nicht explizit als Forschungsziel formuliert, aber implizit genutzt. Aus der Perspektive dieser Arbeit erscheint es sehr plausibel, dass man bei ausdrücklicher Suche nach Informationen über die normale Funktionsweise der menschlichen Kognition beim vorliegenden Ansatz und Material noch deutlich mehr Erkenntnisse gewinnen könnte.

3.5.5 Fehlleistungen beim deduktiv-logischen Denken

Fehlleistungen beim logischen Schließen, beim deduktiv-logischen Denken werden ebenfalls zu den kognitiven Fehlleistungen gezählt. Als richtig, als Norm wird hier die Standardform der deduktiven Logik vorausgesetzt; meist beschränkt man sich dabei auf Aussagenlogik und Prädikatenlogik erster Stufe. Auf dieser Basis wird gefragt, wie gut Menschen Logikaufgaben lösen können, welche kognitiven Verfahren sie dabei einsetzen und inwieweit ihr Vorgehen als logisch richtig oder als rational angesehen werden kann. Die empirischen Befunde auf diesem Gebiet zeigen, dass Menschen manche logischen Aufgaben recht gut lösen können, bei anderen dagegen große Schwierigkeiten haben, beispielsweise beim *Modus tollens* und bei doppelten Verneinungen. Teilweise beruhen die Fehler anscheinend darauf, dass nicht-logische Aspekte einbezogen werden, dass künstlich erscheinende logische Aufgabenstellungen nach praktischen Überlegungen umgedeutet werden oder dass logische Ausdrücke („wenn-dann", „oder", „einige") nach von der Logik abweichenden Regeln der Umgangssprache aufgefasst werden. Zur Erklärung dieser Erscheinungen wurden verschiedene Theorien und Modelle vorgeschlagen: Formale Schlussfolgerungsregeln, mentale Modelle, kognitive Schemata, heuristische Prinzipien und andere. Für alle Theorien gibt es einige empirische Belege, aber derzeit scheint keine Theorie alle Befunde erklären zu können. Es wird in Betracht gezogen, dass mehrere der postulierten Mechanismen nebeneinander existieren, unter denen von Aufgabe zu Aufgabe ausgewählt wird (vgl. Gadenne 1993, S. 161).

Eine der bekanntesten Aufgaben, bei denen Schwierigkeiten mit der deduktiven Logik aufgedeckt werden, hat Peter Wason entworfen („Wason selection task") (Wason 1966). Der Versuchsperson werden dabei vier Karten vorgelegt, die auf beiden Seiten mit Symbolen bedruckt sind, und auf deren sichtbarer Oberseite zum Beispiel die Symbole „E", „K", „4" und „7" zu sehen sind. Aufgabe ist es, den Satz „Wenn auf der einen Seite der Karte ein Vokal ist, dann ist auf der anderen Seite eine gerade Zahl" zu prüfen. Die Versuchsperson soll zu diesem Zweck die und nur die Karten angeben, die sie umdrehen muss, um diese Frage zweifelsfrei entscheiden zu können.

Nun ist eine Aussage des Typs „wenn *A*, dann *B*" nach den Regeln der formalen Logik nur dann falsch, wenn *A* wahr und *B* falsch ist; bei allen anderen Wahrheitswerten von *A* und *B* gilt die Aussage als wahr. Im Beispiel ist die Wenn-dann-Aussage nur dann falsch, wenn auf der einen Seite der Karte ein Vokal und auf der anderen Seite eine ungerade Zahl steht. Alle anderen Kombinationen sind dagegen mit dem Satz vereinbar. Richtig wäre es daher, die Karten „E" und „7" umzudrehen: Wenn auf der Rückseite von „E" eine ungerade Zahl ist oder auf der Rückseite der „7" ein Vokal, so ist die Regel verletzt.

Aber nur wenige Versuchspersonen nennen diese Lösung. Die meisten wählen die Karte „E" (richtig), dazu aber die Karte „4" (falsch) (Wason und Johnson-Laird 1972). Bei einer Vielzahl von Untersuchungen, bei denen die Aufgaben in Form von abstrakten Symbolen gestellt wurden, gaben nur zwischen 4 und 33 Prozent der Versuchspersonen die richtige Antwort, und zwar unabhängig davon, ob sie über Kenntnisse in formaler Logik verfügten oder nicht (Evans 1982; Gadenne 1993, S. 170).

Die Selektionsaufgabe wird leichter gelöst, wenn statt abstrakter Symbole bestimmte konkrete Gegenstände verwendet werden. Beispielsweise wurden Ansichten von Briefumschlägen präsentiert: die Rückseite eines zugeklebten und eines offenen Umschlages und die Vorderseite mit einer 4-Pence- und einer 5-Pence-Briefmarke. Die Versuchspersonen sollten prüfen, ob es zutrifft, dass ein zugeklebter Briefumschlag mit der teureren Briefmarke frankiert ist – also etwa die Rolle eines Postangestellten übernehmen, der prüft, ob etwa jemand versucht, einen zugeklebten Brief als Drucksache durchzumogeln. Hier lösten fast alle Versuchspersonen die Aufgabe korrekt (Johnson-Laird et al. 1972; Gadenne 1993, S. 170).

Neben der Konkretheit scheint aber auch entscheidend zu sein, ob zwischen den Merkmalen geläufige Beziehungen bestehen: Eine Wason-Aufgabe mit der Aussage „Wer Bier trinkt, muss über 19 Jahre alt sein" wurde zu 74 Prozent, mit „Wenn ich Schellfisch esse, dann trinke ich Gin" dagegen nur zu 7 Prozent richtig beantwortet (Manktelow und Evans 1979; Griggs und Cox 1982). Allerdings wurden auch manche Aufgaben mit abstrakten Merkmalen vergleichsweise gut gelöst, beispielsweise „If one is to take action *A*, one must first satisfy condition *P*" (Cheng und Holyoak 1985). Dieser letzte Befund wurde einerseits damit erklärt, dass hier ein kognitives Schema der Erlaubnis greife (Girotto und Politzer 1990, S. 103), andererseits durch die Annahme eines „social contract algorithm" (Cosmides 1989), der den Fragen nachgeht: Wer hat etwas bekommen und muss bezahlen? Und: Wer hat nichts bezahlt und (doch) etwas bekommen? Diese Fragen, so wird angenommen, führen direkt zu den „richtigen" Karten. – Allerdings wurden auch hier alternative Erklärungen diskutiert. Eine solche Erklärung macht einen *matching heurism* verantwortlich: Wenn den Versuchspersonen nichts Besseres einfällt, nennen sie diejenigen Karten, die von der Versuchsleitung direkt erwähnt wurden (beispielsweise „Vokal" oder „gerade Zahl") (Evans 1982).

3.5.6 Fehlleistungen beim physikalischen Denken

Zu den kognitiven Täuschungen werden auch alltägliche Fehlleistungen bei der Beurteilung einfacher physikalischer Zusammenhänge gerechnet. Viele Menschen sagen selbst bei so vertrauten Dingen wie dem Fallenlassen eines Balles im Laufen die Abläufe völlig unzutreffend voraus. Die meisten der untersuchten Fehlleistungen folgen gewissen Tendenzen, aus denen man das Vorhandensein und einige Merkmale einer „naiven" oder „intuitiven" Physik abgeleitet hat – die eine Reihe von „Misskonzepten" umfasst. Bemerkenswert ist allerdings, dass die Leistungen beim tatsächlichen Handeln häufig deutlich besser ausfallen, als wenn die Versuchspersonen lediglich um ein verbales Urteil gebeten werden.

Der Begriff Fehlleistung scheint auf dem Gebiet der physikalischen Täuschungen besonders klar charakterisierbar zu sein: Vonseiten der Forschenden wird betont, dass die Standards eindeutig sind (indem man beispielsweise die Newtonsche Mechanik zugrundlegt) und eine Rückmeldung unmittelbar möglich ist (etwa durch das jederzeit durchführbare Experiment, ob ein im Laufen fallengelassener Ball tatsächlich an der vorhergesagten Stelle auf dem Boden aufkommt). Dies steht im Gegensatz etwa zur intuitiven Statistik, bei der weder die Standards völlig unumstritten sind, noch jede einzelne (misslungene) Vorhersage schon als Widerlegung einer (falschen) statistischen Regel gelten kann (vgl. Wilkening und Lamsfuß 1993, S. 272).

Einige typische „Misskonzepte" der intuitiven Physik wurden wie folgt beschrieben:

(1) Viele Menschen halten an einem „straight-down belief" (McCloskey 1983) fest: Alle Objekte fallen demnach senkrecht zu Boden, wenn sie nirgends aufliegen oder gehalten werden – und dies gilt auch für in Bewegung befindliche Gegenstände. Von US-amerikanischen College-Studenten, die gefragt wurden, wohin ein Ball falle, der beim Gehen losgelassen wird, antworteten 36 bis 51 Prozent, der Ball falle senkrecht zu Boden (vgl. McCloskey et al. 1983). Tatsächlich aber hat der Ball im Moment des Loslassens dieselbe Vorwärtsgeschwindigkeit wie der Träger, er bewegt sich also nach dem Loslassen nicht nur nach unten, sondern auch in Laufrichtung, und die Flugbahn des Balles beschreibt eine Parabel.

(2) Wie fällt ein zunächst waagerecht auf einer Oberfläche bewegter Gegenstand, wenn er über einer Abbruchkante in freien Fall übergeht – wie das zum Beispiel einer Zeichentrickfigur auf der Flucht an einer Felswand geschieht? Viele Befragte meinen, der Gegenstand würde sich zunächst ein Stück weiter geradeaus bewegen („bis die Fähigkeit zur Bewegung aufgebraucht ist") und dann genau senkrecht in die Tiefe stürzen (McCloskey 1984, S. 40). Tatsächlich aber ist die Flugbahn auch hier eine Parabel. (Bei Versuchspersonen, die viel fernsehen, liegt freilich die Idee nahe, dass das häufige Betrachten von Trickfilmen einen *Frequency-validity effect* ausgelöst haben könnte; vgl. Abschn. 3.5.1.)

(3) Wie bewegt sich ein Gegenstand, der sich aus einer gekrümmten Röhre herausbewegt? Versuchspersonen wurden aufgefordert: „Denken Sie sich eine spiralförmig gewundene Röhre, die auf einer waagerechten, glatten Oberfläche liegt. Legen Sie dann am inneren Ende der Spirale eine Kugel in die Röhre und schicken Sie sie mit hoher Geschwindigkeit hindurch. Was für eine Bahn beschreibt die Kugel, wenn sie am anderen Ende wieder zum Vorschein kommt?" Richtig ist, dass die Kugel sich geradlinig in die Richtung bewegt, in die das Ende der Röhre zeigt. Die Hälfte der Befragten meinte jedoch, die Kugel würde in einem Bogen davonfliegen, der die Krümmung der Röhre fortsetzt (vgl. McCloskey 1984, S. 40).

Einige Forschende haben versucht, die Gemeinsamkeiten dieser naiven physikalischen Vorstellungen mit der mittelalterlichen Impetustheorie herauszuarbeiten. Danach teilt sich einem Objekt, das in Bewegung gesetzt wird, eine innere Kraft mit, die es auch dann noch in Bewegung hält, wenn es nicht mehr mit dem ursprünglichen Antrieb in Verbindung steht, und die sich allmählich verringert beziehungsweise aufgebraucht wird (vgl. McCloskey 1984).

Es wird versucht zu zeigen, dass wir mit diesen scheinbar einleuchtenden Prinzipien einen großen Teil unserer alltäglichen Bewegungswahrnehmungen erklären können. Vor allem spielt im Alltag die Reibung eine wesentlich größere Rolle als in den genannten Versuchsanordnungen. Reibungs- und Luftwiderstand führen dazu, dass kräftefreie, ungebremste Bewegung auf der Erde und in der Atmosphäre praktisch nicht vorkommen. Alle Bewegungen kommen irgendwann zum Stillstand, und da liegt es nahe anzunehmen, dass beim Einleiten einer Bewegung ein „Bewegungsprinzip", ein Impetus übertragen wird, der sich dann während der Bewegung allmählich aufbraucht. Weiter wird argumentiert, diese intuitive (Impetus-)Physik sei kognitiv einfacher zu bewältigen als die Newtonsche (auch wenn diese besser mit den Tatsachen übereinstimmt) – und für die meisten Zwecke oder Situationen gut genug. Daneben werden auch entwicklungspsychologische Prozesse und die Rolle bestimmter optischer Täuschungen bei der Entstehung der fehlerhaften intuitiven Bewegungstheorie in Betracht gezogen.

Zur Erklärung der Diskrepanz zwischen tendenziell richtigem Handhaben und falschem Darüber-Reden ist außerdem die Hypothese vorgelegt worden, dass „perzeptuell-motorisches" und „verbal-kognitives" physikalisches Wissen zu größeren Teilen unabhängig voneinander vorliege (vgl. Wilkening und Lamsfuß 1993, S. 282 f.). Außerdem wird versucht, die Frage zu beantworten, „ob und in welcher Weise die naive Physik von Kindern und Erwachsenen allgemeine Eigenschaften ihrer Denkstruktur widerspiegelt" und ob „Mißkonzepte […] auf kognitive Defizite struktureller Art zurückgeführt werden können" (Wilkening und Lamsfuß 1993, S. 286).

Für Erwachsene ist man der Auffassung, dass dies nicht zutrifft, denn sie seien im Prinzip durchaus in der Lage, die korrekten Konzepte zu bilden. Bei Kindern dagegen dachte man zunächst, Fehlvorstellungen seien Folgen altersspezifischer kognitiver Beschränkungen. Wilkening und Lamsfuß verneinen dagegen auch für Kinder allgemeine Beschränkungen und betonen, das eingesetzte Wissen sei sehr aufgaben- und kontextabhängig: Selbst für klar umgrenzte Inhaltsbereiche wie Bewegung, Zeit oder Kraft sehen sie keine Hinweise auf „reine" Konzepte oder Misskonzepte; stattdessen wird anscheinend Problemlösung durch verschiedene Wissenskomponenten versucht, von sensomotorischen bis verbal-symbolischen Bestandteilen.

3.5.7 Fazit

Hervorzuheben ist, dass Fehlleistungen im Bereich Kognitive Täuschungen als solche wahrgenommen werden – auch die Problematik des Begriffs „Fehler" wird gesehen und thematisiert (wenn auch nicht gelöst) – und dass Fehlleistungen und Täuschungen als attraktive Forschungsgegenstände angesehen werden.

Man spricht sogar gelegentlich von einer „Jagd" auf Fehlleistungen. Dies ist allerdings auch als kritische Äußerung zu verstehen: Damit wird kritisiert, dass bei vielen Studien und Forschungsprojekten das Auffinden, Dokumentieren, unter Umständen Klassifizieren sowie die Frage nach plausiblen Erklärungen der Fehlleistungen zu sehr im Vordergrund steht. Damit verbunden wird häufig die Forderung nach verstärkten Anstrengungen zur Formulierung prüfbarer Theorien.

Die hier vorgestellten Hypothesen stellen jedenfalls durchgehend aufschlussreiche, und jedenfalls prinzipiell prüfbare Aussagen über einzelne kognitive Mechanismen dar, die aufgrund von Fehlleistungen aufgestellt wurden.

In Analogie zu anderen Disziplinen, die Fehlfunktionen in der Forschung einsetzen, spielen die aufgefundenen Fehlleistungen auch hier sowohl theorientestende als auch theoriengenerierende oder -anregende Rollen. Dies gilt insbesondere, weil an einigen Stellen explizite Bezüge bezüglich der Forschungsstrategie von der Erforschung kognitiver Täuschungen zur Erforschung optischer

Täuschungen hergestellt werden, wobei für den Bereich optischer Täuschungen die Fehlleistungen gerade als ausgezeichnete Gelegenheiten zum Test von Theorien herausgestellt werden.

3.6 Versprecherforschung

3.6.1 Einleitung

Mehrere Forschungsrichtungen befassen sich damit, aus sprachlichen Störungen Erkenntnisse über Sprachstruktur und Sprachverarbeitung zu gewinnen: Versprecherforschung, Aphasiologie und Fehlerlinguistik in der Fremdsprachendidaktik. Die Methoden und Ergebnisse der *Versprecherforschung* sollen in diesem Abschnitt diskutiert werden. Die *Aphasiologie* wird als Teil der Kognitiven Neuropsychologie in Abschn. 3.7 betrachtet. Die *Fehlerlinguistik* in der Erst- und Zweitspracherwerbsforschung betreibt als „Fehleranalyse" die systematische Untersuchung der Fehlertypen, die beim geregelten oder ungeregelten Spracherwerb auftreten, mit dem Ziel, Erkenntnisse über Transferprozesse und über die Repräsentation von lexikalischen, grammatischen und anderen sprachlichen Modellen und Regeln zu gewinnen (vgl. Gutfleisch et al. 1979; Cherubim 1980; Kielhöfer 1980; Spillner 1991; Crystal 1993, S. 373).

Versprecherforschung und Aphasiologie stimmen darin überein, dass Fehlleistungen wertvolle und aussichtsreiche Verfahren darstellen, um Informationen über Struktur und Funktion sonst unzugänglicher Systeme zu gewinnen – und die menschliche Sprache ist ein solches unzugängliches System:

- Wesentliche Teile der Sprachvorgänge laufen unbewusst ab, die Einzelheiten der Sprachproduktion bleiben uns (zum Beispiel aus Effizienzgründen) verborgen, der Apparat arbeitet „transparent".
- Selbst bei bewussten Vorgängen ist Introspektion (à la Descartes) unzuverlässig (vgl. Dittmann 1988, S. 37).
- Versuche am Menschen sind nicht unbeschränkt möglich, schädigende Experimente verbieten sich ganz.
- „Zerstörungsfreie", bildgebende Beobachtungsverfahren wie CT, PET oder Blutflussmessungen sind (noch) nicht in der Lage, ausreichende räumliche und zeitliche Auflösungen zu liefern. (Und selbst bei entsprechenden Fortschritten sind so zunächst nur Informationen auf der Ebene der „Hardware" zu erwarten.)
- Sprache ist spezifisch menschlich, daher können Tierversuche zu ihrer Erforschung nur sehr wenig beitragen.

Die Sprachverarbeitung stellt ein solches im normalen Funktionieren unzugängliches, weitgehend fugenloses, für den „Benutzer" je nach Sichtweise „undurchsichtiges" oder „transparentes" System dar. (Die Bezeichnung „transparent" muss in diesem Sinne als „so durchsichtig, dass man *kein* Innenleben, *keine* Binnenstruktur erkennen kann" verstanden werden.) Bei einem solchen System bieten die dort auftretenden Fehlfunktionen eine der wenigen Möglichkeiten, seine Einzelteile und ihre Zusammenhänge zu erkennen, und damit seine funktionelle oder anatomische Architektur aufzuklären.

Fehlleistungen stellen also ein Fenster, eine Sonde, ein Analyseinstrument, das „Labor" des Sprachproduktionsforschers dar. Dieser Einsicht wird in vielen Beiträgen zugestimmt, vergleiche nur:

> The papers represent a number of different linguistic and psychological viewpoints. They are, however, all concerned with the ways in which spontaneously produced speech errors (i. e. utterances which in some way deviate from the intended or target utterances) provide insights into the nature of language and language behavior, and serve to test putative hypotheses. [...] Speech error data do [...] provide us with a „window" into linguistic mental processes and provide, to some extent, the laboratory data needed in linguistics. (Fromkin 1973, S. 13, 43 f.)

> Our approach was [...] to infer the properties of a complex and unobservable system from its transitory malfunctions, working backwards from its output rather than forwards from its input. (MacKay 1973, S. 164 f.)

Die Fehlfunktions-Methode wird also hier nicht nur als *möglicher*, auch nicht nur als aussichtsreicher Weg bezeichnet, sondern durchaus als *nötig* angesehen, weil andere Verfahren überhaupt nicht zur Verfügung stehen.

In Versprecherforschung und Aphasiologie scheinen sich die meisten der Forschenden darüber klar zu sein, dass ihre wichtigste Methode darin besteht, Wissen über Normales aus Störungen zu gewinnen, und im Gegensatz zu anderen Disziplinen wird dies auch relativ häufig thematisiert. Oft wird eine solche Feststellung an den Anfang gestellt, häufig eingeleitet mit der rhetorischen Frage, ob ein solches paradoxes Verfahren überhaupt zulässig sei – und einer anschließenden Rechtfertigung: So beginnt etwa eine typische Apologie der Fehlfunktions-Methode: „From time to time it has been argued that one can learn nothing of interest about an intact system when it is broken" (Kean 1984, S. 130). Darüber hinaus gibt es einige ausdrücklich methodologisch ausgerichtete Arbeiten, die fragen, warum das Verfahren funktioniert, welches seine Voraussetzungen sind, wo seine Tücken und Grenzen liegen (vgl. nur Blanken 1988, 1991; Caramazza 1984, 1986; Kean 1984; Bub 1994; Glymour 1994). Die Existenz dieser methodologischen Ansätze scheint damit die Untersuchung des Erkenntniswertes von Fehlfunktionen im Bereich der Sprachwissenschaft besonders zu erleichtern.

Versprecher passieren jedem Menschen mehr oder weniger häufig. Manche sind lustig, andere peinlich; immer aber bieten sie Gesprächsstoff – wenn sie nicht, wie viele Versprecher, zunächst ganz unbemerkt bleiben. Aber kann man aus Versprechern auch etwas lernen? Einer der Ersten, die Versprecher nutzten, um Einsicht in *psychische* Zusammenhänge zu gewinnen, war Freud; er deutete Versprecher als Ausdruck unbewusster Vorgänge. Aber schon einige Jahre vor Freud hatten die Linguisten Rudolf Meringer und Karl Mayer Versprecher mit dem Ziel *linguistischer* Erkenntnis gesammelt (Meringer und Mayer 1895). Heute ist die Versprecherforschung eine anerkannte Disziplin der Linguistik. Für uns ist sie besonders interessant, weil sie sprachliche Fehlleistungen in den Mittelpunkt stellt und versucht, daraus Erkenntnisse über Sprachstruktur und Sprachproduktion zu gewinnen. Und tatsächlich ist das Verfahren einigermaßen erfolgreich: Die Psycholinguistik weiß heute, wenigstens grob, welche Schritte bei Planung und Produktion eines Satzes stattfinden, und im Wesentlichen weiß man das aufgrund der Untersuchung von Versprechern.

3.6.2 Was sind Versprecher und warum untersucht man sie?

Wie erwähnt, untersucht man Versprecher mit dem Ziel, Erkenntnisse über die Struktur und über die Produktion von Sprache zu erhalten. Mit der Sprachstruktur beschäftigt sich die theoretische Linguistik, mit der Sprachproduktion die Psycholinguistik oder kognitive Linguistik. Die kognitive Linguistik bedient sich zwar auch anderer, experimenteller Verfahren, aber man darf wohl behaupten, dass die meisten Daten zur Sprachproduktion aus der Untersuchung von Versprechern stammen (so Schwarz 1992, S. 178).

Was ist ein Versprecher? – Genauer: Was wird im Rahmen der psycholinguistischen Versprecherforschung als Versprecher bezeichnet? Eine Definition ist nicht einfach, viele Autoren beschränken sich auf eine Aufzählung einschlägiger sprachlicher Erscheinungen. Kern vieler vorliegender Definitionsansätze aber ist die Vorstellung, dass ein Versprecher dann vorliegt, wenn eine Äußerung nicht mit dem übereinstimmt, was der Sprecher zu sagen beabsichtigte (vgl. Schwarz 1992, S. 179; Wiese 1987; Berg 1988).

Diese Definition muss noch in mehreren Punkten eingeengt werden: (1) Fehler wie stille und gefüllte Pausen, Verbesserungen, Wiederholungen, Wort- und Satzabbrüche, falsche Aussprache, Stottern, auch Fehler, die entstehen, weil der Sprecher seine Absichten während der Äußerung änderte, sollen nicht als Versprecher gelten. (2) Obwohl sich Versprecher auch experimentell hervorrufen lassen, werden doch als Versprecher vor allem Fehler in der *spontanen* Sprache verstanden. (3) Der Sprecher muss in der jeweiligen Sprache kompetent und die Sprachentwicklung muss abgeschlossen sein – das schließt Versprecher von Kindern und Nicht-Muttersprachlern weitgehend aus. (4) Die Kompetenz soll nicht durch physische oder psychische Krankheiten, zum Beispiel durch Aphasie, beeinträchtigt sein. (5) Versprecher sollen dann nicht vorliegen, wenn eine Äußerung nur aus der Sicht des Hörers, nicht aber aus der des Sprechers inkorrekt ist, beispielsweise aufgrund dialektaler Unterschiede. (6) Auch wenn eine Abweichung beabsichtigt ist – wie in den scherzhaften Spoonerismen (s. u.) – soll kein Versprecher vorliegen.

Eine vollständigere Definition könnte demnach lauten: Ein Versprecher liegt dann vor, wenn die spontane sprachliche Äußerung eines gesunden, der jeweiligen Sprache mächtigen Sprechers ungewollt von der eigentlich beabsichtigten Äußerung abweicht. In der herkömmlichen Definition sind Versprecher immer Performanzfehler, weil man davon ausgeht, die sprachliche Kompetenz sei völlig intakt. Man bezeichnet Versprecher auch als *Sprech*fehler im Gegensatz zu *Sprach*fehlern, bei denen die sprachliche Kompetenz durch unzureichenden Spracherwerb oder Krankheiten beeinträchtigt ist. Versprecher bei Gesunden sieht man daher als

„funktionelle" Fehlleistungen im intakten Gehirn an. Eine große Schwierigkeit besteht darin festzustellen, welche Äußerung eigentlich beabsichtigt war. Das ist häufig aus dem Kontext heraus möglich, gelegentlich nur durch Selbstkorrekturen des Sprechers, manchmal aber auch gar nicht.

In einem weiteren Sinne kümmert sich die Versprecherforschung um alle unbeabsichtigten sprachlichen Fehlleistungen im Sinne der genannten Definition, also nicht nur solche beim Sprechen, sondern auch Fehler beim Hören, Lesen und Schreiben (Fromkin 1980); einschließlich der „Vergebärdler" in der Gebärdensprache von Gehörlosen (Leuninger 1992, S. 35 f.).

Warum erscheinen sprachliche Fehlleistungen nun so attraktiv, und warum kommt man überhaupt auf die Idee, sie als empirische Grundlagen für eine Theorie der Sprachproduktion zu verwenden? Zunächst einmal ist die menschliche Sprachproduktion im Normalfall weitgehend unzugänglich: Viele Experimente, insbesondere schädigende, sind nicht durchführbar, es gibt keine Tiermodelle, und bildgebende Verfahren sind noch sehr unvollkommen. Mangels anderer Verfahren muss man also zum Erschließen dieser verborgenen Vorgänge *indirekte* Methoden verwenden – so spricht Cutler (1988, S. 210) von einem „oblique insight" in Sprachprozesse, den man durch Versprecher gewinne, und nach Zimmer (1986, S. 81) demonstriert dieses Vorgehen,

> wieviel der Psycholinguist trotz seines Handicaps in Erfahrung bringen kann, indem er geduldig Sprecher beim Sprechen beobachtet, Material sammelt [...] und dieses dann mit all dem ihm zu Gebote stehenden Scharfsinn systematisch analysiert.

Versprecher haben zunächst praktische Vorteile: Sie sind natürliche, alltägliche Daten, sie kommen häufig vor, sie werden weitgehend unbeeinflusst von bewussten Vorgängen hervorgebracht, und sie weisen eine gut erkennbare Struktur auf, etwa im Gegensatz zu Zungenbrechern (Leuninger 1992, S. 32). Viel wichtiger aber ist die Beobachtung, dass Versprecher nicht beliebig auftreten. Im Vergleich dazu, was an Fehlern überhaupt vorstellbar wäre, kommen tatsächlich nur sehr wenige Arten von Sprechfehlern vor, von denen sich viele ohne weiteres bestimmten Typen zuordnen lassen.

Diese Regelhaftigkeit macht Versprecher so interessant und lässt hoffen, dass man über die Regelmäßigkeiten der Versprecher Aufschluss über die Regeln des normalen Sprechens gewinnt. Außerdem ist bei den meisten vorkommenden Versprechern die Äußerung nur in einer einzigen Hinsicht fehlerhaft. Dies lässt vermuten, dass in solchen Fällen nur jeweils eine einzelne Komponente des Sprachproduktionsmechanismus versagt hat. Damit hofft man, die einzelnen Komponenten gegeneinander abgrenzen und einige ihrer Eigenschaften und ihre Wechselwirkungen bestimmen zu können.

Dies ist freilich zunächst eine bloße Annahme, die in mehr oder weniger starker Form geäußert wird: Für Schwarz unterliegt die Störung eines Prozesses generell denselben regelhaften Mechanismen, die den ungestörten Ablauf determinieren; bei den Versprechern zeigten sich *selektive Störungen*, die einzelnen definierten Teilen der Sprachverarbeitungsmechanismen oder Stadien der Verarbeitung zugeordnet werden könnten, während die übrigen Teile normal weiterarbeiten (Schwarz 1992, S. 179). Wiese nimmt als „Basishypothese" an, dass Versprecher grammatischen

Gesetzen gehorchen, denn sonst würde linguistische Versprecheranalyse keinen Sinn ergeben. Diese Basishypothese lasse sich nur über ihren Erfolg rechtfertigen – den er insgesamt sehr positiv beurteilt (Wiese 1987, S. 46).

3.6.3 Seit wann untersucht man Versprecher?

Der Beginn der sprachwissenschaftlichen Versprecherforschung wird gewöhnlich mit dem Erscheinen der Studie *Versprechen und Verlesen* Meringer und Mayer im Jahre 1895 identifiziert. Schon diese Autoren äußerten die Erwartung, dass Sprechfehler wichtige Merkmale des sprachlichen Systems offenbarten. Daneben untersuchten sie Versprecher allerdings auch wegen ihrer vermuteten Rolle im diachronischen Sprachwandel.

Wenige Jahre nach Meringer und Mayer veröffentlichte Freud (1904) seine *Psychopathologie des Alltagslebens*. Auch er erkannte die Bedeutung des Erkenntniswertes von Versprechern und anderen Fehlfunktionen. Er schloss aus Fehlleistungen auf einander widerstreitende Absichten des Sprechers, die er allerdings rein psychoanalytisch deutete: Sie kämen dadurch zustande, dass nicht beabsichtigte Äußerungen und Inhalte des Unterbewussten die bewusst beabsichtigte Äußerung überlagern und so sprachlich an die Oberfläche treten.

In einem von Freuds bekanntesten Beispielen spricht ein Mann eine Frau auf der Straße an, und fragt, ob er sie „begleitigen" dürfe – eine Kombination aus „begleiten" und „beleidigen" – offenbar fürchte er, so Freuds Deutung, das zweite zu tun. Oder (ein Beispiel von Meringer): Jemand sagt, es seien „Tatsachen zum Vorschwein gekommen" – das lässt vermuten, dass der Sprecher diese Tatsachen insgeheim als „Schweinerei" empfindet.

Nach der großen Versprechersammlung von Meringer und Mayer und nach Freuds psychoanalytischen Ansätzen haben sich Linguisten und Psycholinguisten erst seit den 1970er-Jahren wieder intensiv den Versprechern zugewendet. Dieser Umschwung ist vor allem der kalifornischen Sprachwissenschaftlerin Victoria Fromkin zu verdanken (vgl. Fromkin 1971, 1973, 1980; vgl. auch Butterworth 1980; Cutler 1982; Dittmann et al. 1988, 1, werden noch deutlicher: Nach dem anfänglichen Interesse um 1900 sei dieser Forschungsstrang nahezu abgerissen; als Ausnahmen seien lediglich zu verzeichnen Wells 1973; Lashley 1951; Kainz 1956, S. 394 ff.; Bierwisch 1970). Seitdem ist man auch auf Vorläufer in der Versprecherforschung aufmerksam geworden: Schon seit dem achten Jahrhundert haben arabische Sprachforscher Versprecher auch im Rahmen sprachwissenschaftlicher Theorien untersucht (vgl. Marx 2001, S. 197; Nayef und El-Nashar 2014, S. 69).

3.6.4 Welche Versprecher hört man, und wie kann man sie klassifizieren?

Es gibt eine Reihe von Versprecher-Sammlungen, sogenannte Versprecher-Korpora: bekannt sind die Sammlungen von Meringer (in deutscher Sprache, sie gilt mit 8800

Einträgen als die umfangreichste (Zimmer 1986, S. 82)), Fromkin (UCLA-Korpus, englisch, 600 Einträge (Fromkin 1973)) und Garrett (MIT-Korpus, englisch) sowie das Frankfurter Korpus von Leuninger u. a. (deutsch).

Im Folgenden soll eine Reihe typischer Versprecher genannt und auch gleich klassifiziert werden. Die Typologie der Versprecher ist seit Meringer im Wesentlichen unverändert geblieben (Meringer und Mayer 1895 klassifizieren: Vertauschungen, Antizipationen oder Vorklänge, Postpositionen oder Nachklänge, Contaminationen, Substitutionen; bei Glück 1993 werden unterschieden: Antizipationen, Vertauschungen, Retentionen, Auslassungen und Kontaminationen; Leuninger 1992, S. 36, unterscheidet: semantische Wortersetzungen, Kontaminationen, Wortvertauschungen, Antizipationen, Reiterationen, formale Wortersetzungen, Lautvertauschungen, Stranding, Akkomodation und Zungenbrecher). Sie wirft aber auch nach wie vor Probleme auf, da bei einigen Kategorien bereits erhebliche Interpretationsleistungen in die Klassifikation eines Versprechers eingehen (Dittmann 1988, S. 40–44). Zunächst aber die angekündigte Übersicht (die Beispiele stellen eine Auswahl aus Meringer und Mayer 1895; Garrett 1984; Leuninger 1986, 1987, 1992; und Wiese 1987 dar; vgl. auch Schwarz 1992, 180):

- Vertauschungen, bei denen zwei Segmente (zum Beispiel Laute oder Wörter) die Stelle wechseln
  - Lautvertauschung:
    Die hat an jedem Zinger fehn. ← *... Finger zehn*
    Nomat ← *Monat*
    spictly streaking ← *strictly speaking*
    Erdquerpark ← *Erdbeerquark*
  - Wortvertauschung:
  - *Eine Theorie ist eine Grammatik des Wissens.* ← *Eine Grammatik ist eine Theorie des Wissens.*
    daß du kriegst, was du nehmen kannst. ← *nimmst, was du kriegen kannst*
    wo ist die Welt, die eine Brust in sich erschuf ← *wo ist die Brust, die eine Welt in sich erschuf*
    Ich habe an diesem Termin einen Geburtstag ← *Ich habe an diesem Geburtstag einen Termin*
    why was that horn blowing its train ← *why was that train blowing its horn*
    You're not allowed to put use to knowledge ← *... knowledge to use.*
  - Bestimmte Segmentvertauschungen, meist Lautvertauschungen nennt man Spoonerismen (*spoonerisms*). Namensgeber ist der Oxforder Geistliche William A. Spooner (1884–1930), dem viele solche Vertauschungen zugeschrieben werden, wobei nicht klar ist, welche versehentlich und welche absichtlich entstanden sind. Zitiert werden sie wegen ihrer komischen Komponente; es muss jedoch bei solchen Vertauschungen kein Witz oder neuer Sinn entstehen. Beispiele:
    You have tasted the whole worm ← *You have wasted the whole term*
    Arbeit ist der Fluch der saufenden Klassen ← *Saufen ist der Fluch der arbeitenden Klassen*

- Stammvertauschung (vgl. Schwarz 1992, S. 180) (*Stranding*):
  So einen wie den pfeif ich doch in der Rauche ← … rauch ich doch in der Pfeife
  They are turking talkish ← … talking Turkish
  unser stirbchen bäumt ← … Bäumchen stirbt

- Kontaminationen (=Verschmelzungen, Transfers), bei denen zwei Wörter oder zwei Konstruktionen miteinander vermischt werden, zum Beispiel:
  - auf Wortebene:
    schlemm ← schlecht/schlimm
    Curres ← Curry/Pommes
    verkommelt ← verkommen/vergammelt
    Sinfonaten ← Sinfonien/Sonaten
    da weiß man natürlich 'ne Messe ← Menge/Masse
    ein Fasten Bier ← Kasten/Fass
  - auf Phrasenebene:
    mir fiel es am Anfang etwas schwierig ← schwerfallen/schwierig finden
  - auf Satzebene:
    Eine Krähe wäscht die andere.
    Da muß ich noch ein ernstes Huhn mit ihm rupfen.
    Das ist ein anderes Bier.
    Das werde ich am Nachmittag hinter mich regeln.
- Antizipationen, Vorklänge, bei denen sich ein Redesegment (Laut, Lautfolge, Silbe) sozusagen vordrängt, zum Beispiel
  Frischers Fritz …
  Die Franken waren des Lebens und Schreibens nicht mächtig. ← Lesens
  Ich habe hier einen Studiosatz – Studiogast sitzen.
- Retentionen, Reiterationen (so Leuninger 1992), Nachklänge, Postpositionen, bei denen ein bereits geäußertes Segment ein ähnliches in der Folge verdrängt, zum Beispiel
  Fischers Fritz frischt …
  Ich glaube, mich knutscht ein Knekel. ← Ekel
  … fordere ich sie auf, auf das Wohl unseres Chefs aufzustoßen.
- (Antizipationen und Retentionen werden auch zu „Beeinflussungen" zusammengefasst)
- Ersetzungen oder Substitutionen, die ebenfalls verschiedene Segmente (Laute, Lautfolge, Silben, Wörter, Phrasen) betreffen können. Die Wortersetzungen kann man nochmals in semantische und formale unterteilen. (Leuninger 1992)
  - Semantische Wortersetzungen:
    Damit kommst du auf keinen grünen Baum. ← Zweig
    wir waren Pilze fangen ← sammeln
  - Formale Wortersetzungen:
    sympathy ← symphony
    sammels'te immer noch Verbrecher? ← Versprecher
    a slip which considered ← consisted

Inzwischen hat die Polizei über Taxifunk Kontakt zu dem Versprecher. ← *Verbrecher*
Da drüben ist die Joghurt-Bahn. ← *Go-Kart*

- Auslassungen oder Omissionen:
  Petchup → *Pommes mit Ketchup*
- Akkomodation:
  das war *das* Fass, das *den* Tropfen zum Überlaufen brachte ← *der* Tropfen, der *das* Fass zum Überlaufen brachte
  gave the nipple *an* infant ← gave the infant *a* nipple
  zwei gemonatete Arbeiten ← *zwei gearbeitete Monate*
- Zungenbrecher:
  Die Katze tritt die Kreppe krumm. ← *Treppe*
  (Diesen Versprecher könnte man allerdings auch als Antizipation und/oder Retention klassifizieren.)
- „Komplexe" Versprecher:
  Verhängnisverhütung ← *Empfängnisverhütung*
  Platztante ← *Tanzplatte*
  durch die Kutsche latschen ← *Küche*
  du leichst dir merk ← *du merkst dir leicht*
  Stohnsteuerkarte – Lohnleuerkarte ← *Lohnsteuerkarte*
  eine Tüte Petchup – eine Tüte Ketchup ← *eine Tüte Pommes mit Ketchup, bitte!*
  Lathans Nessing – Nessings Lathan ← *Lessings Nathan*

3.6.5 Einsichten in die Sprachproduktion aufgrund von Versprechern

Aus Versprechern wie in den aufgeführten Beispielen lassen sich nun eine Reihe von Einsichten ableiten, die von eigenständigem Interesse sind oder auch als Elemente in Modelle der Sprachproduktion und der Sprachstruktur eingehen können. Es sollen zunächst einmal einige solcher Einsichten aufgezählt werden.

- Versprecher sind häufig: Jeder verspricht sich einmal, und Versprechen scheint nichts mit Bildung oder Sprachkenntnis zu tun zu haben (Zimmer 1986, S. 82). Verschiedene Versprechertypen treten unterschiedlich oft auf (so meint Zimmer 1986, S. 82: „Vorklänge … sind die mit Abstand häufigsten Sprechfehler überhaupt"; Leuninger 1992, S. 32 dagegen meint, es seien keine präzisen Daten über relative Häufigkeiten verfügbar). Andere denkbare Fehler treten nie auf (zum Beispiel Vertauschung von Artikel und Substantiv). Argumente bezüglich der Häufigkeit, der Seltenheit oder des vollständigen Fehlens von Versprechern können bei der Bewertung von Modellen von entscheidender Bedeutung sein (vgl. Dittmann 1988, S. 47).
- Versprecher sind selektiv: Nur ein ganz geringer Teil der Sprache oder der sprachlichen Äußerung ist betroffen; meist sind sogar nur ein oder wenige Teile eines Satzes fehlerhaft. Weder bricht die gesamte Konstruktion zusammen, so

dass eine Äußerung völlig unverständlich wäre, noch ist die gesamte Äußerung korrekt. *Beide* dieser möglichen Situationen würden nämlich gerade *keinen* Einblick ermöglichen.

- Versprecher sind regelmäßig: Versprecher sind systematisch, sie gehorchen gewissen Regeln, sie sind nicht zufällig oder beliebig (Meringer und Mayer 1895; Zimmer 1986, S. 82). Auch hier gilt also: „Ist dies schon Tollheit, hat es doch Methode …" (Shakespeare, *Hamlet*, Bd. 2, 2) Als Beispiele für solche Regeln werden angeführt: Artikel und Substantiv werden nie vertauscht; Vokale interagieren nur mit Vokalen, Konsonanten nur mit Konsonanten (Fromkin 1971, S. 35; Dittmann 1988, S. 64); die Regeln für erlaubte Lautkombinationen in den einzelnen Sprachen werden beachtet; unverständliche Lautfolgen kommen fast nie vor (Zimmer 1986, S. 82).

Diese drei Einsichten sind, wie bereits betont wurde, für das am Anfang der Forschung liegende, teilweise sogar forschungsauslösende Interesse an Versprechern von grundlegender Bedeutung gewesen.

- Aus vielen Versprechern kann man ersehen, dass zwischen sprachlichen Segmenten eine *einseitige* oder *wechselseitige Beeinflussung* stattfindet. – Aus wechselseitiger Beeinflussung (zum Beispiel Vertauschung) schließt man oft, dass die beiden beteiligten Elemente gleichzeitig aktiv sind oder verarbeitet werden, also sozusagen „gleichzeitig auf der Werkbank liegen", während man einseitige Beeinflussung häufig im Sinne einer zeitlichen oder Abfolgerelation deutet: Es gibt eine Reihenfolge unter den (beiden) Teilen; sie werden nacheinander verarbeitet; und dasjenige, welches ein anderes beeinflusst, aber nicht selbst beeinflusst wird, muss das im Verarbeitungsprozess frühere sein.
- An vielen Versprechern kann man nicht nur das Auftreten von Fehlern, sondern auch das Wirken von Kontrollmechanismen studieren. Auch dies hilft, eine Abfolge festzulegen: Eine Kontroll- oder Korrekturinstanz muss im Ablauf an späterer Stelle wirken als dort, wo der Fehler ursprünglich auftrat.
- Versprecher werden als Indizien für die Realität sprachlicher Einheiten, wie Lautmerkmale, Laute, Lautgruppen, Silben, Wörter, Wendungen angesehen, da jede dieser Einheiten von Fehlern betroffen sein kann – dazu mehr im Abschnitt über *Psychische Realität sprachlicher Einheiten.*
- Sprachliche Elemente, die ersetzt oder vertauscht werden oder sich sonstwie beeinflussen, stehen sehr oft in bestimmten formalen oder semantischen Beziehungen miteinander; vor allem hängen viele Versprecher eng mit formaler oder inhaltlicher Ähnlichkeit zusammen. Ersetzungen und Vertauschungen, die ganz willkürlich sind, also auf keinerlei Ähnlichkeit beruhen, kommen kaum vor. (Diese Erkenntnis findet sich schon bei Meringer und Mayer.) – Aus solchen Beziehungen hat man unter anderem Einsichten über die Struktur des *mentalen Lexikons* abzuleiten versucht – dazu mehr im Abschnitt über das *Mentale Lexikon.*
- Man kann versuchen, die einzelnen Fehler bestimmten Phasen oder Stadien in der Planung, Organisation und Ausführung des Sprechprozesses zuzuordnen

beziehungsweise aufgrund der Fehler (neue) Modelle zu bauen, zu verbessern oder zu prüfen – dazu mehr im Abschnitt über *Sprachproduktionsmodelle.*

- Schließlich werden die Eigenschaften von Versprechern allgemein als Belege für den modularen Aufbau des Sprachproduktionssystems angesehen. Allerdings gibt es dazu mittlerweile konkurrierende Vorstellungen: Besonders für die Struktur des mentalen Lexikons und den Zugriff darauf werden auch nicht-modulare Netzwerk-Modelle diskutiert (zur Modularität vgl. Wiese 1987, S. 54; zur Kritik daran und zu Netzwerkmodellen vgl. Dittmann 1988, S. 67–77).

3.6.5.1 Psychische Realität sprachlicher Einheiten

Versprecherdaten werden oft als Argumente für die „psychische Realität" oder „mentale Repräsentation" sprachlicher Einheiten eingesetzt (Dittmann 1988, S. 54–66). Vor allem für nicht offensichtliche sprachliche Einheiten, die von der theoretischen Linguistik postuliert werden, sich aber in akustischen Sprachäußerungen nicht manifestieren, wie den Phonemen, würde man gerne erfahren, inwieweit man ihnen psychische Realität zuschreiben kann. Wenn eine Einheit beim Versprechen nie verändert wird, wenn sie zum Beispiel nie intern umgruppiert wird, so spricht das dafür, dass sie als Ganzes, als Einheit vorliegt, abgerufen wird oder in einen Satz eingebaut wird.

Fromkin hat als erste versucht, aufgrund von Versprecherdaten herauszufinden, welche Einheiten in der Sprachproduktion eine Rolle spielen (Fromkin 1971, S. 30 ff.; Kritik bei Dittmann 1988, S. 56). Sie schließt dabei von Versprechern wie „John gave the goy …" (statt „boy") und „teep a cape" (statt: „keep a tape") auf die psychische Realität von Einheiten von Phonemgröße; von Versprechern wie „mity the due teacher" (statt: „pity the new teacher") sogar auf die Realität phonologischer Merkmale (die Verschiebung des phonologischen Merkmals [±nasal] sei die beste Erklärung, denn nichtnasales /p/ werde zu nasalem /m/; nasales /n/ dagegen zu nichtnasalem /d/); von Versprechern wie „Morton and Broadpoint …" (statt: „Morton and Broadbent point …") auf die Realität der Einheit Silbe; von Versprechern wie „nationalness of rules" (statt: „naturalness of rules") auf die Realität der Wörter, Lexeme und Derivationssuffixe; von Versprechern wie „I wouldn't buy kids for macadamia nuts" (statt: „I wouldn't buy macadamia nuts for the kids") auf die Realität syntaktischer Phrasen; und aus Kontaminationen wie „a tennis athler" (statt: „athlete"/„player") auf die Realität semantischer Merkmale. Diese Liste wird von vielen akzeptiert; zudem wird aufgrund von Versprechern wie „flow snakes" (statt: „snow flakes") noch die Phonemfolge oder Cluster zu den psychisch realen Einheiten gerechnet (Dell und Reich 1980, S. 20 f.).

Dies spricht nach Fromkin für die Realität *aller* sprachlichen Einheiten, die von der theoretischen Linguistik postuliert wurden, also von Lautmerkmalen, Lauten, Lautgruppen, Silben, Wörtern, Wendungen, da jede dieser Einheiten von Fehlern betroffen sein kann. Dass nun alle diese Einheiten real sein sollen, führt aber zu einem Problem:

> So gut wie alle linguistisch definierbaren „Einheiten" können in Versprecher involviert sein […], mit der Konsequenz, daß prinzipiell alle komplexeren Einheiten (Phonemcluster,

> Silbe, Morphem und andere) in Versprechern „aufgebrochen“ werden können. Spricht das gegen die Realität der komplexeren Einheiten? – Welche Einheiten sind nicht-komplex, und was heißt dann eigentlich „Einheit“? (Dittmann 1988, S. 57)

Dittmann (1988, S. 57–66) geht dieser Frage für die Silbe und für das Phonem nach. Bezüglich der *Silbe* kritisiert er, dass Fromkin (Fromkin 1971) zugleich für und gegen die Realität der Silbe argumentiert und dass hier eine differenziertere Betrachtung nottut. Er löst den Widerspruch (anhand des Fromkinschen Materials) so auf, dass Silben zwar teilbar, aber dennoch als Einheit im Produktionsprozess relevant sind, weil nicht konkrete Silben, sondern die Silbenstrukturen dabei die Hauptrolle spielen: Bei Lautvertauschungen interagieren stets nur Kopf-Segmente von Silben mit Kopf-Segmenten anderer Silben, Nukleus-Segmente nur mit Nukleus-Segmenten und Koda-Segmente nur mit Koda-Segmenten.

> Die Tatsache, *daß* eine Einheit eines bestimmten Typs in Versprecher involviert sein kann, ist uninteressant. Schlüsse von Versprecherdaten auf Einheiten der Sprachproduktion können vielmehr erst vor dem Hintergrund von Regularitäten [...] gezogen werden, die dann Evidenzen für die konkrete Rolle eines Typs von Einheiten in einem bestimmten Stadium der Sprachproduktion liefern. Interessant ist also das *Wie* der Beteiligung an Versprechern, der Aspekt der Vorkommenshäufigkeit beziehungsweise der Restriktionen über Vorkommen [...]. Mithin kann, was einmal als Einheit erscheint, in bezug auf eine andere Regularität und damit unter einer anderen Hypothese sehr wohl „aufgebrochen“ erscheinen, ohne daß ein Widerspruch vorliegen muß. Im Fall der Silbe liegt der entscheidende Schritt im Schluß von Versprecher-Regularitäten auf die Rolle der Silbenstruktur bei der Serialisierung von Segmenten. (Dittmann 1988, S. 58 f.)

Als psychisch real hatten Fromkin und andere aufgrund von Lautvertauschungen und der bei ihnen beobachtbaren Muster auch das *Phonem* angenommen. Allerdings gibt es bessere Versprecher-Beispiele als die bei Fromkin – nämlich solche, bei denen Lautvertauschung und nachfolgende Lautanpassung auftritt. Diese kann man tatsächlich am leichtesten erklären, wenn man annimmt, dass dabei Segmente nicht als konkrete Laute, präziser: Allophone, sondern *als abstrakte Einheiten*, nämlich *Phoneme* verschoben oder vertauscht werden und erst danach (beim Auftreten eines Versprechers also an einem „falschen“ Platz) als Phon realisiert werden und sich dabei an die Umgebung anpassen. – „Allophonic accomodation shows that speech errors involve abstract entities like phonemes rather than allophones“ (Berg 1985, S. 895; ähnlich Dell 1986, S. 294; vgl. auch Dittmann 1988, S. 63). – „Neuere Analysen von Sprechfehlern bei Normalen [...] haben unter Einbeziehung früherer Sprechfehler-Sammlungen [...] die psychologische Realität der hoch abstrakten phonologischen Elemente bestätigen können“ (Friederici 1984, S. 46).

3.6.5.2 Struktur des mentalen Lexikons

Dass Wörter, die ähnliche *Bedeutungen* haben, einander beeinflussen, also beispielsweise miteinander vertauscht werden, ist einleuchtend. (Beispiel: *Pilze fangen* ← *Pilze sammeln.*) Um aber Versprecher aufgrund *formaler* Ähnlichkeit (wie *Verbrecher* ← *Versprecher*) zu erklären, liegt es nahe, einen von der Bedeutung unabhängigen Zugriff auf eine innere Wortliste anzunehmen. Diese innere Wortliste nennt man das mentale Lexikon. Dass es diese zwei unterschiedlichen Versprecherarten gibt, ist Motiv für die Annahme, dass das mentale Lexikon zwei Speicher enthält oder zweifach indiziert ist, jedenfalls aber zwei Arten des Zugriffs ermöglicht (vgl. Garrett 1984). Neben dem Zugriff nach Klang und nach Bedeutung scheint ein Zugriff zusätzlich auch nach Wortart, Länge, Silbenzahl, Betonung, Vokalfärbung, Konsonanten und anderem (zum Beispiel Form, Erlebnis- oder Erinnerungskontext, ...) möglich zu sein. Auch das Phänomen des Auf-der-Zunge-Liegens von Wörtern zeigt, dass inhaltliche und lautliche Formen getrennt aktiviert werden können (Zimmer 1986, S. 86).

3.6.5.3 Vorüberlegungen zu Sprachproduktionsmodellen

Im Zusammenhang mit Sprachproduktionsmodellen stellen sich vor allem Fragen nach kausalen Zusammenhängen, nach zeitlichem Ablauf, nach der Reihenfolge von Verarbeitungsschritten, Stadien, Ebenen. Typische Fragen sind: Wer kann wen beeinflussen? Und: Wie weit erstreckt sich die Planung? Hier sollen zunächst einige Teilergebnisse genannt werden, die für die Erstellung und Bewertung von Sprachproduktionsmodellen relevant erscheinen:

- Vertauschung findet fast nur zwischen Nomen-Nomen oder Verb-Verb statt; daher muss es ein Stadium geben, in dem die syntaktische Struktur schon existiert, aber noch kein Zugriff auf das Lexikon oder jedenfalls noch keine konkrete lexikalische Auswahl erfolgt ist. Vertauschung würde dann stattfinden, wenn die Leerstellen in der Satzstruktur mit Lexikoneinträgen beziehungsweise -inhalten gefüllt werden. – „Solche Argumente sind [...] für ein prozedurales Modell von entscheidender Bedeutung“ (Dittmann et al. 1988, S. 7).
- Zum Verhältnis Stammsilbe-Endung: Wenn sie vertauscht werden können, dann werden sie vermutlich gleichzeitig abgerufen oder eingebaut beziehungsweise liegen bereits im Lexikon gemeinsam vor. Da eine solche Vertauschung aber fast nie auftritt, werden sie wohl nicht gleichzeitig eingebaut oder abgerufen (Zimmer 1986, S. 83 f.).
- Inhaltswörter werden nur von anderen Inhaltswörtern beeinflusst (zum Beispiel in Form von Antizipationen), nicht aber von Funktionswörtern. Also vermutet man: Inhaltswörter werden im Ablauf vor den Funktionswörtern eingebaut. (Hier liegt der Vergleich mit Argumenten aufgrund von Epistasie in der Genetik nahe; siehe Abschn. 3.2.)

3.6.5.4 Ausgearbeitete Sprachproduktionsmodelle

Relativ detailliert ausgearbeitete Sprachproduktionsmodelle aufgrund von Versprecherdaten wurden von Victoria Fromkin und Merrill Garrett vorgestellt (Fromkin 1971, zusammenfassend S. 50; auch abgedruckt in Fromkin 1973, S. 240; daran angelehnt Zimmer 1986, S. 87 f.; Garrett 1975, zusammenfassend S. 176; modifiziert in Garrett 1984, S. 174, 176; daran angelehnt Leuninger 1992, S. 36). Das Modell von Fromkin soll in diesem Abschnitt kurz beschrieben werden; das Modell von Garrett, das in der Literatur lebhaft diskutiert wird, wird im folgenden Abschnitt ausführlicher dargestellt und kritisiert.

Schon in ihrem bahnbrechenden Aufsatz von 1971 verwendet Victoria A. Fromkin Versprecherdaten, um zwei Probleme zu klären: für die Frage nach der psychologischen Realität theoretisch konstruierter oder erschlossener linguistischer Einheiten (wie Phonem, Morphem, Syntagma, ...) und für die Frage nach dem Ablauf der Sprachproduktion. Hier erschließt sie aus Versprecherdaten folgenden Ablauf: (1) Gedanke, Absicht, Botschaft, Bedeutung; (2) syntaktische Struktur mit Leerstellen für Lexeme, für die Leerstellen werden syntaktische *und* semantische Merkmale festgelegt, Syntax und Semantik interagieren hier; (3) die Intonationskontur einschließlich Hauptbetonung wird festgelegt; (4) Zugriff aufs Lexikon, wobei semantische und phonologische Auswahlfehler sowie Kontaminationen möglich sind; (5) morphophonemische Regeln erzeugen (beziehungsweise ändern) beim „Ausbuchstabieren" die phonologische Form der Morpheme; (6) die Äußerung liegt fertig als Sequenz von Phonen oder Segmenten vor; (7) Instruktionen an den Artikulationsapparat.

3.6.5.5 Das Sprachproduktionsmodell von Garret

Merrill F. Garrett geht – wie auch andere Autoren – davon aus, dass ein Modell der Sprachproduktion beschreiben muss, wie eine Kommunikationsabsicht in Nervensignale zur Steuerung der Artikulationsorgane umgewandelt wird. Die Kommunikationsabsicht siedelt er auf einem „message level" an (dt. übersetzt als „Verarbeitungsebene", „Ebene der Gedanken und Absichten" oder „Mitteilungs-/Konzeptualisierungsebene"), die Nervenimpulse auf einem „articulatory level" („Artikulationsebene"). Den Bereich zwischen diesen beiden Ebenen nennt Garrett zunächst pauschal „sentence level" („Verbalisierungsebene"); dort finden die „Übersetzungsprozesse" statt, die die eigentliche Sprachproduktion darstellen. (Ein früheres Modell, an dessen Entwurf Garrett beteiligt war (vgl. Fodor et al. 1974, S. 391), vermutete auf dieser Ebene Umformungen des Typs, wie sie von der generativen Grammatik gefordert werden.)

Im hier betrachteten Modell (vgl. Garrett 1984) verwendet Garrett nun Versprecherdaten, um Einsichten in die Vorgänge auf der Verbalisierungsebene zu gewinnen. Dabei geht er im Sinne der oben genannten Basishypothese davon aus, dass Regelmäßigkeiten und Beschränkungen im Auftreten von Versprechern Konsequenzen der Mechanismen der normalen Sprachverarbeitung darstellen und Rückschlüsse auf diese Mechanismen zulassen.

Aus Versprechern des Typs „*... roasted a cook*" (statt: „*cooked a roast*") schließt Garrett Folgendes: Es muss eine Verarbeitungsebene geben, auf der die Wortstämme (hier *cook* und *roast*) seriell hintereinander angeordnet und (beim Versprechen) miteinander vertauscht werden. Zugleich werden die Flexionsendungen eingesetzt, die allerdings beim Versprechen nicht zusammen mit den Wortstämmen vertauscht werden, sondern am ursprünglichen Ort verbleiben. Wegen des „Liegenbleibens" der Endungen nennt Garrett solche Versprecher „stranding errors".

Außerdem muss es eine Verarbeitungsebene geben, auf der die Formen der Endungen an die neue Umgebung angepasst werden: hier ein korrektes [-id] (eckige Klammern bezeichnen hier die phonetische Umschrift) als stellungsbedingte Variante der Imperfektendung in *roasted* statt [-t] in *cooked*. Dieser Vorgang wird als „phonologische Akkomodation" bezeichnet. Ähnliches findet sich bei dem Versprecher „*it certainly run outs* [-s] *fast*" (statt: „*... runs* [-z] *out fast*"). Hier haben die

Wortstämme die richtige Reihenfolge, aber die Endungen sind verschoben – und auch hier findet phonologische Anpassung der Endungen statt.

Aus diesen beiden Versprechertypen schließt Garrett, dass der „sentence level" in zwei Ebenen unterteilt werden müsse: eine Ebene, auf der Vertauschungen und Verschiebungen wie bei den beiden genannten Versprechern auftreten (und die vorläufig unbenannt bleibt), und eine, auf der die Anpassung der Endungen aufgrund phonologischer Regeln durchgeführt wird; diese zweite Ebene nennt Garrett „phonetic level" („lautliche Ebene").

Die Betrachtung weiterer Versprechertypen legt eine zusätzliche Unterteilung der Ebenen nahe. Versprecher wie *„covered to a foot of one depth"* (statt: *„... to a depth of one foot"*) oder *„I don't know that I'd hear one if I knew it"* (statt: *„I don't know that I'd know one if I heard it"*) nennt Garrett „independent word exchanges" (IWE). Im Vergleich zu „stranding errors" (SE) findet er folgende unterschiedliche Beschränkungen des Auftretens: (1) Die an IWE beteiligten Elemente gehören stets zu denselben Wortarten, die an SE beteiligten nicht. (2) Der Abstand zwischen an SE beteiligten Elementen ist durchweg kleiner als bei IWE. (3) Die Elemente bei IWE gehören zu unterschiedlichen Phrasen, die von SE aber zu derselben Phrase (zum Beispiel Nominal- oder Verbalphrase im Sinne der generativen Grammatik).

Diese Unterschiede führen Garrett dazu, zwischen Mitteilungsebene und Lautebene *zwei* Ebenen anzunehmen: Auf der einen Ebene geschehen die Wortvertauschungen, auf der anderen die Stranding-Fehler. Die erste Ebene nennt Garrett „functional level of representation" (dt. „funktionale Ebene", auch „prädikative Ebene"), die zweite „positional level" (dt. „positionale Ebene").

Die „Satzebene" wird also in Garretts Sprachproduktionsmodell in drei unabhängige Ebenen unterteilt: Auf der funktionalen Ebene werden die lexikalischen Bedeutungen abgerufen und ihre grammatischen Beziehungen zueinander festgelegt. Auf der positionalen Ebene wird der syntaktische Rahmen mit seinen grammatischen Elementen konstruiert, und es werden die phonologisch spezifizierten Lexikoneinheiten eingefügt. Auf der Lautebene werden dann die phonetischen Details der lexikalischen und grammatischen Einheiten festgelegt (siehe Abb. 3.2).

Es sei an dieser Stelle noch einmal betont, dass die empirische Grundlage für dieses Modell *vor allem* die Eigenschaften der verschiedenen Versprecher sind. Unterstützung für die von Garrett vorgeschlagenen Ebenen kommt aber auch aus der Aphasieforschung, die natürlich ebenfalls Fehlfunktionen untersucht (siehe Abschn. 3.7.3). Auch dort nimmt man mindestens drei Stadien der Sprachproduktion an: Aktivierung der Wortbedeutungen, der Wortformen und der phonologischen Segmente. Die Symptome der semantischen Paraphasie, der phonematischen Neologismen und der phonematischen Paraphasie sollen diesen drei Stufen entsprechen. Andere Belege stützen die Trennung von *message level* und Verbalisierungsebene, denn die Planung einer Äußerung und ihre sprachliche Formulierung können dissoziieren. So wirken sich zum Beispiel die Störungen bei Alzheimer-Demenz und bei Wernicke-Aphasie auf verschiedenen Stufen der Sprachproduktion aus. Bei Demenz ist die Planungsebene gestört, aber die Formulierungsprozesse sind weitgehend intakt, während bei Wernicke-Aphasie die sprachliche Verarbeitung beeinträchtigt ist, die konzeptuelle und pragmatische Planung jedoch verschont bleibt (Blanken 1988, S. 88).

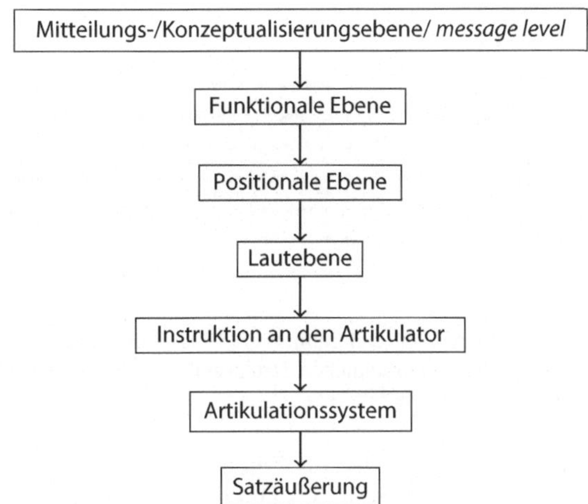

Abb. 3.2 Sprachproduktionsmodell von Garrett (nach Garrett aus Schwarz 1992, S. 185, umgezeichnet)

Über diese Unterteilung in Ebenen hinaus werden in Garretts Modell aufgrund von Versprecherdaten noch weitere Eigenschaften der Sprachproduktionsprozesse erschlossen: So folgert er, dass die positionale Ebene ihre Eingaben von der funktionalen Ebene erhält und sie autonom verarbeitet. Sie kann dabei nicht „zurückblicken", etwa auf die Mitteilungsebene, und kann daher auch keine Fehler der funktionalen Ebene korrigieren. Dies zeigen auch Versprecher wie: „*I haven't satten down and writ the letter yet*" (statt: „*I haven't sat down and written the letter yet*"). Hier werden die im Englischen nichtexistenten Formen **satten* und **writ* erzeugt, und zwar durch eine Verschiebung auf der positionalen Ebene beim Einsetzen der Tempusendungen: die Endung -en wird an *sat* statt an *writ* gehängt. Der Fehler wird nicht korrigiert, weil die Sprachproduktion in Garretts Modell, wenn sie auf der positionalen Ebene angelangt ist, keine Möglichkeit mehr hat, die funktionale Ebene zu konsultieren und dort zu prüfen, ob **writ* überhaupt ein korrektes englisches Wort ist; präziser: morphologische Akkomodation ist nicht möglich. Weil also keine Rückkopplung stattfindet, gibt die positionale Ebene ein Nichtwort an die nachfolgenden Stadien aus. Der Fehler kann dann vom Sprecher frühestens unmittelbar vor der Artikulation bemerkt und korrigiert werden (also beim Verfolgen des „inneren Sprechens") (Levelt 1989, S. 60).

Kern der Behauptungen von Garretts Modell der Sprachproduktion ist demnach: Sprachliche Äußerungen werden schrittweise fertiggestellt, sie durchlaufen dabei bestimmte Stadien oder Ebenen, die als Komponenten des Sprachproduktionsmechanismus gedeutet werden; diese sind seriell angeordnet und arbeiten großenteils autonom, also modular.

Garretts Modell ist nun zweierlei Kritik ausgesetzt: Einerseits Kritik an Einzelheiten, was zur Verfeinerung und Erweiterung führt, andererseits grundsätzlicher Kritik an den Behauptungen der Serialität und Modularität des Sprachprozessors.

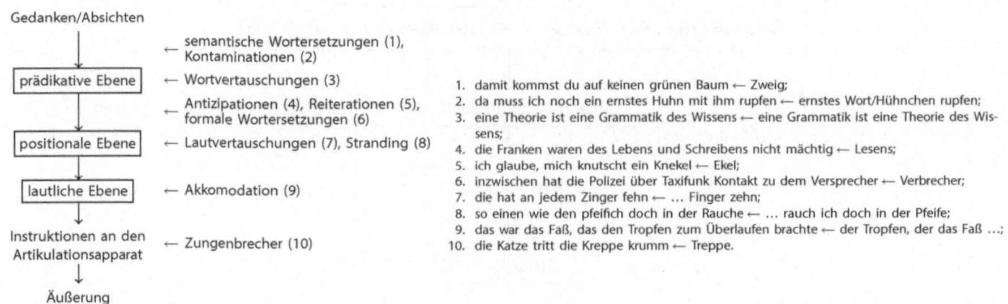

Abb. 3.3 Sprachproduktion im Modell von Leuninger (1992, S. 36, umgezeichnet): „Das Modell zeigt, auf welcher Ebene wir welche sprachlichen Strukturen berechnen; kommt es zu Fehlberechnungen, dann entstehen die entsprechenden Versprecher."

Auf die grundsätzliche Kritik wird im folgenden Abschnitt noch eingegangen; eine Weiterentwicklung im Detail zeigt das Diagramm von Leuninger, das deutsche Versprecher illustriert, darunter auch einige Typen, deren Einordnung in ein solches Modell bisher nicht erwähnt wurde (siehe Abb. 3.3).

3.6.5.6 Kritik am Garrettschen Modell

Die Kritik am Garrettschen Modell richtet sich gegen verschiedene Merkmale (vgl. Dittmann 1988, S. 52–54):

(1) Die zugrunde gelegten und für das Modell entscheidenden Regelmäßigkeiten sind keine ausnahmslosen Gesetze: Typische Häufigkeiten der dort angegebenen Versprechertypen sind etwa 70 bis 90 Prozent. – Wo aber sind solche stochastischen oder Zufallseigenschaften in Garretts Modell zu finden, beziehungsweise wie kann man sie dort integrieren?

(2) Andere Kritik bezieht sich auf „Doppelverursachungen", zum Beispiel Kontaminationen. Sie finden nach Garrett auf der funktionalen Ebene statt, sind aber (auch) durch phonologische Ähnlichkeiten bedingt, die sich nach Garrett allerdings erst auf der phonologischen Ebene auswirken dürften. Daher wird gefragt, „ob nicht die Autonomieannahme zum Beispiel durch das Postulat gewisser Typen von Feedback relativiert werden muß" (Dittmann 1988, S. 53), oder gar rundheraus erklärt: „Ein serielles Modell der Sprachproduktion mit autonomen Komponenten kann offensichtlich diese Phänomene nicht erklären" (Dell und Reich 1981; vgl. Dittmann 1988, S. 53). Es gibt hier verschiedene Vorschläge zur Verbesserung: (a) Dell und Reich treffen im Rahmen von Garretts Modell zusätzliche Annahmen, etwa dass lexikalische Informationen an mehreren Stellen des Produktionsprozesses genutzt werden könnten. – (b) Dittmann favorisiert Netzwerkmodelle, wobei als zusätzlicher Vorteil genannt wird, dass diese auch die stochastischen Aspekte integrieren könnten.

(3) Außerdem zeigen gewisse deutsche Versprecher, zu denen es keine Gegenstücke im Englischen gibt, eine Art von Akkomodation, die nicht mit Garretts Modell vereinbar ist (zu Einzelheiten vgl. Berg 1988; Dittmann 1988).

3.6.5.7 Netzwerkmodelle als Alternative

Nach Ansicht einiger Forscher lassen sich Versprecher besser durch Netzwerkmodelle erklären, wobei die Versprecher sogar genügend taugliche Daten für *differenzierte* Netzwerkmodelle liefern sollen.

Zur Motivierung von Netzwerkmodellen wird betont, welche Aspekte jedes Sprachproduktionsmodell erklären soll: (a) Warum sind die Regeln, denen Versprecher unterliegen, probabilistisch oder statistisch? (b) Wie kann es kommen, dass Versprecher Doppelverursachung zeigen? (c) Warum treten Versprecher überhaupt auf?

Diese drei Fragen kann man nach Ansicht einiger Forscher besser anhand von Netzwerkmodellen mit „interaktiver Aktivation" erklären (vgl. McClelland und Rumelhart 1981 für das Gebiet der Wahrnehmung). Solche Modelle enthalten Komponenten oder Verarbeitungsebenen (die wohl teilweise den konventionellen Modulen entsprechen), in denen Einheiten oder Knoten miteinander vernetzt sind. Bei „Speicher-Modellen" wie Garretts Modell wird unterschieden zwischen Speichern für Einheiten (als *types*) und Prozessoren, in denen abgerufene Kopien der Einheiten (als *tokens*, Vorkommen) verarbeitet werden.

Im Gegensatz dazu sind in Netzwerkmodellen nicht die *tokens*, sondern die *types* selbst die Elemente, über denen die Verarbeitungsprozesse ablaufen; das heißt jede Einheit ist nur einmal, nur als *type*, repräsentiert. Weiter sind die Einheiten aus benachbarten Komponenten miteinander verbunden, und zwar nicht in serieller, sondern in interaktiver Beziehung. Rückkopplung kann man nach dieser Auffassung überall dort annehmen, wo Daten dies nahelegen. (Grundsätzlich kann Rückkopplung jedoch auch bei seriellen Modellen hinzugefügt werden.) Der Vorgang wird als Aktivierung von Einheiten modelliert (und deshalb braucht man keine *tokens*).

Jede Einheit weist im Ruhezustand eine bestimmte Aktivierung auf. Einflüsse von anderen Komponenten können den Aktivierungsgrad verändern, zum Beispiel steigern. Jede aktivierte Einheit aktiviert wiederum, proportional zum Grad der eigenen Aktivierung, alle Einheiten, mit denen sie verbunden ist. Aktivierung breitet sich daher im Netzwerk in alle Richtungen aus – *„spreading activation"*. Aber auch Hemmung oder Inhibition muss man annehmen; sie senkt den Aktivierungsgrad. Hemmende Verbindungen wurden für die Sprachproduktion vor allem zwischen den Einheiten je einer Komponente angenommen (für die Phonemebene vgl. Meyer und Gordon 1985, S. 20), müssen aber nicht darauf beschränkt sein.

Das Prinzip der positiven Rückkopplung (vgl. McClelland und Rumelhart 1981, S. 394 f.) ist wichtig für die Abwahl einer Einheit, also für die Entscheidung für eine Einheit aus mehreren Möglichkeiten. Die Einheiten summieren lediglich die Aktivierungssignale, die sie von den mit ihnen verbundenen Einheiten erhalten; weitere Aktivitäten oder Fähigkeiten haben sie nicht. Derartige Netz-Modelle sind im Übrigen lediglich analog zu Nervennetzen, die tatsächliche Implementation ist weitgehend unbekannt.

Mit Netzmodellen kann man besser als mit herkömmlichen Modellen zeigen, warum Versprecher überhaupt auftreten: In Garretts Modell entstehen Versprecher als Fehlfunktionen bestimmter Komponenten, ohne dass man erklären könnte, *warum* die Komponenten solche Fehlfunktionen begehen. In Netzmodellen können Versprecher zwanglos als Folge von „Rauschen im System" gedeutet werden (vgl. Dell und Reich 1980, S. 277; Dell 1986, S. 289 f.). Die Herkunft des Rauschens wird so erklärt: Erstens können bestimmte Einheiten, zum Beispiel durch frühere Aktivitäten, vom Ruhezustand abweichende Aktivitätsgrade haben. Wenn eine Einheit deswegen zum Beispiel stark inhibiert ist, kann es vorkommen, dass der eigentlich nicht angepeilte, aber gerade höher voraktivierte Nachbar die Nase bei der Aktivität vorne hat und diesen Aktivitätsvorsprung durch positive Rückkopplung weiter festigt (s. o.). Zweitens wird angenommen, dass bei der Planung einer Äußerung auch Konzepte aus dem Umfeld, die selbst nicht für die Äußerung vorgesehen sind (also Voraussetzungen, Folgen und ähnliches), aktiviert werden. (Beispiel: Wenn man plant, zu sagen „Könntest du bitte die Tür schließen?", so hat man zuvor sehr wahrscheinlich festgestellt und nun noch „im Kopf", dass eine Tür *geöffnet* ist. Das Konzept „öffnen" könne nun das Lexem „öffnen" aktivieren, so dass der Versprecher „Könntest du bitte die Tür öffnen?" entsteht; vgl. Dittmann 1988, S. 69.) Drittens können Frequenzeffekte eine Rolle spielen, da man annimmt, häufige Wörter seien grundsätzlich stärker voraktiviert, hätten also eine höhere Ruheaktivierung.

Mit Netzmodellen kann man außerdem den Wahrscheinlichkeitscharakter von Versprechern gut erklären: Die Sprachproduktion ist hier generell als probabilistischer Vorgang modelliert, wenn auch als ein solcher mit hoher Trefferquote. Mit derartigen Modellen sind auch erfolgreiche Computersimulationen durchgeführt worden (vgl. Dell 1986).

Schließlich lässt sich auch die Doppelverursachung von Versprechern durch Netzmodelle erklären, und zwar durch bidirektionale Aktivierungsausbreitung. So sind (Laut-)Ersetzungen, ob bedeutungsähnlich oder nicht, überzufällig oft phonologisch ähnlich. Mit anderen Worten gibt es einen *lexical bias*, das heißt es entstehen bei Vertauschungen, Antizipationen, Perseverationen überzufällig oft wieder Lexeme der (eigenen) Sprache. Bezüglich dieser Erscheinungen wird behauptet, sie ließen sich durch Netzwerkmodelle ebenso zwanglos wie durch modulare Modelle (vgl. Dittmann 1988) oder sogar besser erklären (vgl. Dell 1985, S. 17 ff.; Stemberger 1985, S. 157 f.) Außerdem gibt es einen *repeated phoneme effect*: Vertauschungen von Phonemen kommen häufig zwischen Lexemen vor, die in der Umgebung der vertauschten Phoneme identische Phoneme aufweisen (Ein Beispiel: *Er hat die Terrasche gewassen* ← *Terrasse gewaschen*). Sämtliche derartigen Erscheinungen lassen sich durch bidirektionale Aktivierungsausbreitung besonders gut erklären.

3.6.6 Fazit

Die Versprecherforschung stellt ein typisches Beispiel für eine Forschungsrichtung dar, die sich ganz überwiegend auf Fehlfunktionen stützt, um Einsicht in normales Funktionieren zu gewinnen.

Es ist mittlerweile innerhalb der Sprachproduktionsforschung allgemein anerkannt, dass Versprecher wichtige Daten darstellen, auch wenn man sich über deren Interpretation nicht in jedem Fall einig ist.

Wie auch auf anderen Gebieten gibt es hier grundlegende Differenzen, ob das untersuchte System – hier die Sprachproduktionsmechanismen – eher modular und seriell oder eher stark parallel und vernetzt aufgebaut ist. Allerdings ziehen alle Beteiligten letztlich gleichartige Belege heran, eben Versprecherdaten, so dass eine allmähliche Einigung möglich erscheint. Tatsächlich sieht es so aus, als müssten angemessene Modelle sowohl modulare als auch Netz-Konzepte integrieren.

Typisch ist weiterhin, dass in der Sprachwissenschaft – als ganze betrachtet – die Versprecherforschung eher wenig Beachtung findet. Wie in anderen Wissenschaften, so scheint auch hier vielen Forschern nicht bewusst zu sein, dass man durch die Auswertung von Fehlfunktionen erheblichen Erkenntnisgewinn erzielen kann. Hier scheint es also denkbar, durch gezielte Hinweise oder Vorschläge methodische Fortschritte anzuregen.

3.7 Neuropsychologie

3.7.1 Grundlagen der Neuropsychologie

Dass Verletzungen des Gehirns sehr spezifische Auswirkungen auf die Psyche und auf den Körper haben können, wurde schon im antiken Ägypten bemerkt (vgl. Changeux 1984, S. 13 f.). Die verschiedenen Fehlleistungen, die bei den betroffenen Menschen auftreten – etwa Sprach- und Gedächtnisstörungen oder Lähmungen –, kann man miteinander und mit dem Ort der Verletzung in Beziehung setzen. So erhält man nicht nur Anhaltspunkte für Diagnose und Therapie, sondern gewinnt auch Erkenntnisse über die normalen Zusammenhänge zwischen Nervensystem und psychischen, mentalen oder kognitiven Vorgängen.

Mit solchen Fragen beschäftigt sich die Neuropsychologie. Ihr Beginn als eigenständiges Fach wird mit der Veröffentlichung des französischen Arztes Paul Broca über spezifische Sprachstörungen – Aphasien – im Jahre 1861 datiert. Wichtig war nicht nur Brocas Vorschlag, dass Sprache anatomisch lokalisierbar sei, sondern vor allem seine Beobachtung, dass bestimmte sprachliche Aspekte selektiv beeinträchtigt und damit funktionell von anderen psychischen und sprachlichen Vorgängen abgetrennt werden können. Heute ist die Kognitive Neuropsychologie ein aktives Forschungsfeld, wobei die Bezeichnung „kognitiv" darauf hinweist, dass Gehirn und Psyche als informationsverarbeitendes System aufgefasst werden. Im Gegensatz zur Neuropsychologie des 19. Jahrhunderts liegt ihr Schwerpunkt bei der Erforschung funktioneller Zusammenhänge und weniger bei der anatomischen Lokalisierung psychischer Funktionen im Gehirn.

Ziel der heutigen Kognitiven Neuropsychologie ist es, die funktionelle Architektur aufzuklären, die den normalen menschlichen kognitiven Fähigkeiten zugrunde liegt. Dazu untersucht man die Muster von Leistungen und Fehlleistungen, die man bei Patienten mit verschieden schweren Hirnverletzungen findet (vgl. Ellis und Young 1988, S. 837). Zu einschlägigen kognitiven Aufgaben zählen Objekterkennung, visuelle und räumliche Orientierung, Gesichtserkennung, Hören, Sprechen, Lesen, Schreiben, Gedächtnis und andere (vgl. Ellis und Young 1996). Man untersucht also auch hier Fehlfunktionen mit der Absicht, normale Strukturen und Funktionen zu erkennen.

3.7.2 Ältere Neuropsychologie

In diesem Abschnitt soll kurz die Geschichte der älteren Neuropsychologie dargestellt werden, einschließlich der Kritik, die daran geübt wurde. Die Neuropsychologie als eigenständige Disziplin beginnt mit Paul Broca im Jahre 1861. Bei einem seiner Patienten, „Tan" genannt, weil er nur diese eine Silbe hervorbrachte, war das

Sprachverständnis intakt, aber er hatte eine spezifische Beeinträchtigung der Sprachproduktion einer Art, die man heute Brocasche Aphasie nennt (vgl. Garman 1990). Aufgrund solcher Beobachtungen, verbunden mit Befunden aus Autopsien, nahm Broca an, dass Sprache in der linken Hälfte des Großhirns, und zwar im unteren hinteren Teil des linken Stirnlappens lokalisiert sei. Die Arbeiten von Broca lösten bald weitere Forschungen zu Störungen des Sprechens, Hörens, Lesens und Schreibens aus, die zur Entdeckung weiterer Formen der Aphasie führten.

Bald wurde auch versucht, derlei Sprachstörungen durch Modelle zu erklären, die hypothetische Verarbeitungszentren und Übertragungswege enthielten. Die beobachteten Störungen seien dadurch zustande gekommen, dass bestimmte dieser Zentren und Wege durch Hirnverletzungen beschädigt seien. Diese Modelle enthielten sowohl funktionelle als auch anatomische Komponenten.

Beispielsweise schlug der deutsche Psychiater Carl Wernicke 1874 ein Modell vor, das ein motorisches und ein sensorisches Zentrum umfasste, die durch einen Übertragungsweg verbunden waren. Durch dieses Modell wollte er die Unterschiede zwischen Broca-Aphasie und Wernicke-Aphasie erklären. (Beides sind spätere Bezeichnungen.) Bei der Broca-Aphasie sind die sprachlichen Äußerungen der Patienten stockend und ungrammatisch; sie umfassen keine ganzen Sätze, sondern nur einzelne Wörter und Phrasen; das Sprachverständnis bleibt aber erhalten. Für die Wernicke-Aphasie typisch sind flüssige, grammatisch korrekte, aber bedeutungslose Äußerungen und Wort-Neubildungen bei beeinträchtigtem Sprachverständnis – kurz: „Wortsalat". Wernicke nahm nun an, dass Broca-Aphasie durch einen Schaden am motorischen Zentrum verursacht sei (das auch als Sprachproduktionszentrum fungiert), Wernicke-Aphasie dagegen durch einen Schaden des sensorischen Zentrums. Außerdem sagte er das Auftreten von „Leitungsaphasie" voraus, also einer dritten Form von Aphasie, bei der der Übertragungsweg zwischen den Zentren beschädigt ist. Der deutsche Mediziner Ludwig Lichtheim gab wenig später an, er habe einen Patienten mit Leitungsaphasie gefunden, bei dem, wie vorhergesagt, das Wiederholen gehörter Texte gestört war.

Lichtheim stellte 1885 ein weiter ausgearbeitetes Modell vor (siehe Abb. 3.4): In der einfachen Version umfasst dieses Modell drei Zentren, die durch drei Übertragungswege verbunden sind: ein auditorisches (oder „sensorisches") Zentrum (A) mit den auditorischen Repräsentationen von Wörtern, das beim Sprechen und beim

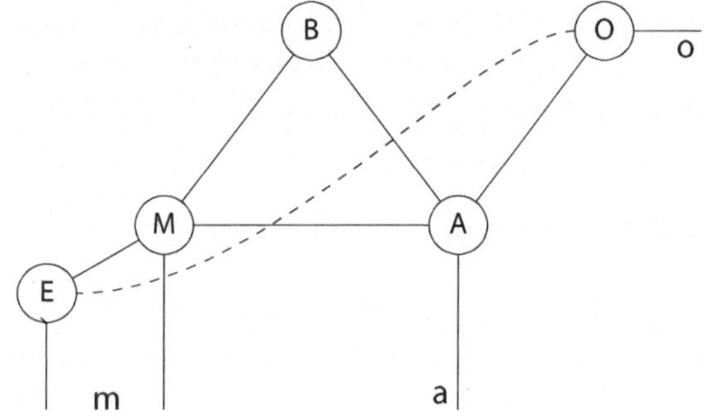

Abb. 3.4 Lichtheims Modell der Worterkennung und Wortproduktion (Lichtheim 1885a; Diagramm nach Lichtheim 1885b, S. 437, umgezeichnet) – o und a: optischer beziehungsweise akustischer Eingang; m: motorische Ausgänge

Verstehen beteiligt ist; ein motorisches Zentrum (M), mit den motorischen Repräsentationen gesprochener Wörter als Ausgabe bei der Sprachproduktion sowie ein Begriffszentrum (B), in dem Bedeutungen gespeichert sind, die bei Produktion und Rezeption abgerufen werden.

Die erweiterte Version, die auch Lesen und Schreiben betrachtet, umfasst zusätzlich ein optisches Zentrum (O) für die optische Repräsentation geschriebener Wörter, das direkt mit A verbunden ist, und ein motorisches Zentrum (E) für die motorische Repräsentation geschriebener Wörter.

Schäden an jedem Zentrum und an jedem Übertragungsweg sollen gemäß diesem Modell jeweils eine spezifische Form der Aphasie hervorrufen: Zum Beispiel soll bei einer „Leitungsaphasie" die Verbindung zwischen A und M beschädigt sein. Bei einer „transkortikalen sensorischen Aphasie" soll dagegen der Übertragungsweg zwischen A und B beschädigt sein; hier wird vorhergesagt, dass das Verständnis gehörter Wörter beeinträchtigt ist, während die Fähigkeit, gehörte Wörter zu wiederholen, erhalten bleibt.

Diese Art, Modelle zu erstellen, gilt als typisch für die Neuropsychologie zwischen 1870 und 1910. (Klassische Zusammenfassung: Moutier 1908) Man nannte diese Forscher später „diagram makers" – diese geringschätzige Bezeichnung wurde von dem englischen Neurologen Henry Head aufgebracht (Head 1926, Kap. 4) –, und schon seit Beginn und bis heute gab es Kritik an solchen Modellen und an den Methoden, nach denen sie erstellt wurden.

Die Gegner dieses Ansatzes sahen das Vorgehen als unangemessen oder gar unwissenschaftlich an, weil die postulierten Zentren sich nicht anatomisch lokalisieren ließen, weil die Funktionsmodelle weder das normale noch das geschädigte Verhalten präzise erklärten, insbesondere nicht die internen Vorgänge in den Zentren, und weil die empirischen Belege oft eher anekdotische Beschreibungen waren, die sich zu stark an den bereits vorliegenden Modellen orientierten. Insgesamt seien die Theorien durch die Daten äußerst unterbestimmt gewesen, und zusätzliche Zentren wie Verbindungen habe man bedenkenlos *ad hoc* hinzugenommen, wenn die Befunde bei einem neuen Patienten dies nahelegten. Diese Unterbestimmtheit hätte man nur dann einschränken können, wenn man die anatomischen Annahmen der Modelle berücksichtigt hätte, aber gerade in anatomischer Hinsicht seien sie völlig falsch gewesen (Bub 1994, S. 839 f.).

In der Folge gab man solche auf Einzelfallstudien beruhende Forschung weitgehend auf, und führte fast nur noch statistisch quantifizierbare Untersuchungen an Gruppen von Patienten mit gleichartigen Syndromen oder gleichartigen Verletzungen durch. Gruppenstudien erwiesen sich aber als aufwendig und insgesamt wenig ergiebig, ganz abgesehen davon, dass auch gegen deren methodische Ansätze, besonders gegen die Bildung von Gruppen möglicherweise doch sehr unterschiedlicher Patienten, grundsätzliche Kritik vorgebracht wurde. Der britische Neuropsychologe Tim Shallice fasst den Zustand der Neuropsychologie um die Mitte des 20. Jahrhunderts so zusammen:

> The approach was typical of the empiricism that characterized experimental psychology methodology of the period, and few major advances were made. [...] In the mid-1960's, then, neuropsychology did not appear to outsiders to be a very exciting field. The laborious group studies then standard seemed likely to produce a decreasing return for theory on empirical time and effort. (Shallice 1988, S. 13 f.)

3.7.3 Kognitive Neuropsychologie

Von den sechziger Jahren des 20. Jahrhunderts an entwickelte sich die Kognitive Neuropsychologie, die im Rahmen der „kognitiven Wende" psychische Vorgänge primär als Informationsverarbeitungsvorgänge deutet. Sie nimmt durchaus Methoden der „diagram makers" wie Einzelfallstudien wieder auf, ergänzt sie aber durch explizite Modelle der Informationsverarbeitung bei kognitiven Vorgängen (versucht also auch, ins Innere der „Zentren" zu blicken) und unterscheidet klar zwischen funktionellen und anatomischen Modellen. Auch wird offen diskutiert, ob und inwieweit man aus Mustern von Leistungen und Fehlleistungen auf einzelne Zentren und Verbindungen, Kästchen und Pfeile schließen darf (vgl. Ellis und Young 1996; Shallice 1988; Bub 1994; Glymour 1994; Van Orden et al. 2001).

Die Modelle der Kognitiven Neuropsychologie sind funktionelle Modelle, die – wie ihre Vorläufer im 19. Jahrhundert – Verarbeitungskomponenten und deren Verbindungen umfassen, die als „Kästchen und Pfeile" dargestellt werden. Die Verarbeitungskomponenten werden dabei als modulare, funktionell unabhängige Subsysteme aufgefasst. Über ihre Verbindungen erhalten sie von anderen Komponenten Symbole oder Repräsentationen, unterziehen sie einer Umformung, die in Begriffen der Informationsverarbeitung beschrieben wird, und geben sie an andere Komponenten weiter. So gewinnt man Modelle der Kognition auf der Ebene der Algorithmen und Repräsentationen – nicht der Implementation, der „Hardware", der Nervenzellen; letzteres gilt in der Kognitiven Neuropsychologie für die meisten Bereiche als verfrüht (Bub 1994, S. 841).

Als Beispiel für ein Modell oder Diagramm der heutigen Kognitiven Neuropsychologie soll hier ein Modell der britischen Neuropsychologen Andrew W. Ellis und Andrew W. Young dienen, das die gesamte Sprachverarbeitung, also Hören, Sprechen, Lesen und Schreiben zusammenfasst (siehe Abb. 3.5). Die Autoren weisen ausdrücklich darauf hin, dass für die Charakterisierung jedes der Module und jeder der Verbindungen, die im Diagramm dargestellt sind, empirische Belege sowohl von Normalen wie von Hirnverletzten vorliegen. Wie man ein solches Modell erstellt oder prüft, wie man also aus beobachteten Leistungen und Fehlleistungen auf zugrundeliegende funktionelle Strukturen schließt, soll im Folgenden am Beispiel des „Mehr-Wege-Modells des Lesens" erläutert werden. Zuvor muss aber betont werden, dass das Modell, so wie es hier und bei Ellis und Young dargestellt ist, unvollständig ist und in dieser Form kaum über die Modelle des 19. Jahrhunderts hinausgeht. Das Modell ist tatsächlich nur „die Hälfte einer Theorie" (Ellis und Young 1988, S. 229). Die andere Hälfte besteht in der Modellierung der Informationsverarbeitungsvorgänge, die *innerhalb* der Komponenten stattfinden. Ellis und Young stellen diese zwar nicht dar, weisen aber darauf hin, dass es hier durchaus Theorien gibt, von denen einige auch durch Computersimulationen gestützt sind. Solche Theorien müssen beschreiben, wie bestimmte Komponenten, beispielsweise das auditorische Eingabelexikon, das visuelle Eingabelexikon oder das Sprachausgabelexikon, ihre Verarbeitung ausführen (Ellis und Young 1988, S. 230).

Nun aber zu jenen Aspekten dieses Modells, die das Lesen betreffen. Im Diagramm ist ein Mehr-Wege-Modell des Lesens enthalten. Danach gibt es mehrere

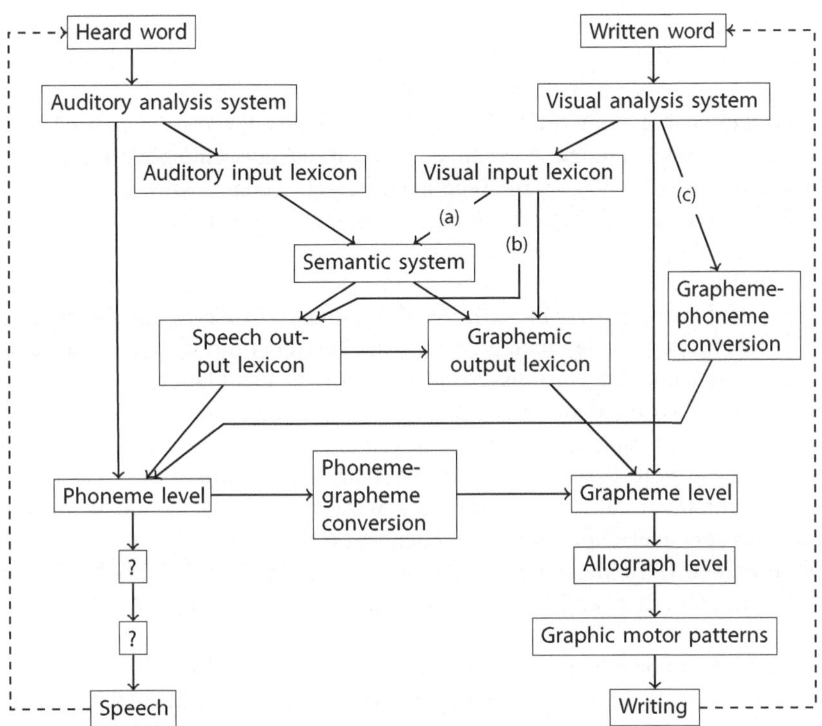

Abb. 3.5 Zusammengesetztes Modell für Erkennung und Produktion gesprochener und geschriebener Sprache (aus Ellis und Young 1988, S. 222, umgezeichnet)

parallel wirkende, aber funktionell trennbare Mechanismen, die beim lauten Aussprechen geschriebener Wörter oder Buchstaben beteiligt sind: (a) eine lexikalische Route vom visuellen Analysesystem über das visuelle Eingabelexikon und das semantische System zum phonologischen Ausgabelexikon, (b) eine ähnliche Route, bei der das semantische System umgangen wird und (c) eine nichtlexikalische Route, die direkt Grapheme in Phoneme (vereinfacht: Buchstaben in Laute) umformt.

Dieses Modell berücksichtigt nicht nur Daten von normalem, sondern auch und insbesondere von beeinträchtigtem Lesen, also von Patienten mit verschiedenen Formen erworbener Leseschwäche, die als Dyslexien bezeichnet werden. Dabei untersucht man das Lesen mit und ohne Verstehen und das Lesen orthographisch regelmäßig und unregelmäßig geformter Wörter. Man kann selbstverständlich sowohl von der gesprochenen Sprache ausgehend eine *Schreibung* regelmäßig oder unregelmäßig nennen als auch von der Schreibung ausgehend eine *Aussprache* als regelmäßig oder als unregelmäßig bezeichnen. Hier wird die erste Möglichkeit gewählt. „Unregelmäßig buchstabierte“ Wörter sind im Englischen, zu dem die meisten Untersuchungen vorliegen, besonders häufig. Ein Beispielpaar: *couch* gilt als regelmäßig, *touch* als unregelmäßig.

Welche Belege werden nun im Detail vorgebracht? Zum einen gibt es Patienten mit „Oberflächen-Dyslexien“; sie können Wörter, die ihnen vor der Hirnverletzung bekannt waren, bei regelmäßiger Orthographie wesentlich besser lesen als bei unregelmäßigen Schreibungen. Bei unregelmäßigen Wörtern neigen sie dazu, sie zu „regularisieren". Dieser Unterschied wird so interpretiert, dass die Patienten Schwierigkeiten haben, Wörter im visuellen Eingangslexikon nachzusehen, und stattdessen ein unabhängiges System verwenden, das ausschließlich Grapheme in Phoneme umwandelt (Weg c). Bei regelmäßig geschriebenen Wörtern haben sie auf diese Weise durchaus Erfolg; bei unregelmäßigen versagt dieser Ausweg, und sie begehen typische „Regularisierungsfehler".

Eine andere Art der Lesestörung bezeichnet man als „phonologische" Dyslexie. Hier sind die Patienten zwar in der Lage, Wörter laut vorzulesen, die ihnen bekannt sind; Wörter hingegen, die ihnen nicht bekannt sind oder die in ihrer Sprache nicht vorkommen (sogenannte Unsinns-Wörter), können sie nicht laut lesen. Diese Daten legen es nahe, dass bei den Patienten eine Komponente beschädigt ist, welche die Umwandlung von Graphemen in Phoneme ermöglicht, dass aber das Lesen bekannter Wörter nicht von dieser Komponente abhängig ist, sondern über ein visuelles Eingangslexikon verläuft, in dem bekannte Wörter „nachgeschlagen" werden können und das seinerseits verschont geblieben ist (Weg a).

Diese beiden Befunde stellen zusammen eine sogenannte „doppelte Dissoziation" dar: Bei Oberflächen-Dyslexie erscheint das visuelle Eingabelexikon beschädigt und die Graphem-Phonem-Umwandlung intakt, wogegen bei phonologischer Dyslexie das Lexikon intakt erscheint, während die Graphem-Phonem-Umwandlung beeinträchtigt ist. Weitere Details zur Methode der doppelten Dissoziation werden in Abschn. 3.7.4 diskutiert.

Außerdem sind Patienten beschrieben worden, die unregelmäßig buchstabierte Wörter, die sie nachweislich nicht verstehen, erfolgreich laut lesen können. Dies könnte bedeuten, dass es noch eine weitere Route für das Lesen gibt (Weg b), die nicht bloß Graphem-Phonem-Umwandlung betreibt, aber auch nicht das semantische System beteiligt, sondern die Wörter nur aufgrund eines Eintrags im visuellen Eingabelexikon als bekannt identifiziert und daraufhin die entsprechenden Einträge im Sprach-Ausgabe-Lexikon aktiviert (zu den verschiedenen Dyslexien vgl. Ellis und Young 1988, S. 202–211, 230–233).

Soweit beschreibt also eine leicht idealisierte Darstellung, wie man von Beobachtungen, vorzugsweise doppelten Dissoziationen, zu Teilen eines Modells gelangt. In der Forschungsrealität ist leider alles etwas komplizierter, so auch hier bei den Modellen für das Lesen. Manche Forscher unterscheiden alle drei genannten Wege, andere erkennen nur zwei an. Bei der Annahme von zwei Wegen wurde sowohl die Vereinigung von (a) und (b) („Dual-route"-Modell, unterscheidet lexikalische und nichtlexikalische Verarbeitung; Patterson et al. 1985) als auch eine Vereinigung von (b) und (c) („Analogie-Modell"; Ellis und Young 1988, S. 231) vorgeschlagen. Ein dritter, noch weitergehender Vorschlag vereinigt das visuelle Analysesystem und das visuelle Eingabelexikon des hier gezeigten Systems zu einem einzigen Wortformen-Erkennungssystem, das alle vorkommenden Einheiten, vom Buchstaben bis zum ganzen Wort, erkennen und die entsprechenden Einheiten in einem ebenso aus Sprachausgabelexikon und phonemischer Ebene vereinigten Ausgabe-System aktivieren kann (interaktives oder Mehrebenen-Modell; Shallice und McCarthy 1985). Ellis und Young vermeiden hier eine Festlegung (Ellis und Young 1988, S. 233).

Die doppelte Dissoziation jedenfalls ist mit allen Konkurrenzmodellen vereinbar (Ellis und Young 1988, S. 233). Dann aber stellt sich die Frage, wie man überhaupt zwischen derartigen Modellen unterscheiden kann und ob und inwieweit eine doppelte Dissoziation einen Schluss auf getrennte Verarbeitungskomponenten oder Module erlaubt.

Tatsächlich wird eine solche Methodendiskussion innerhalb der Kognitiven Neuropsychologie geführt. Die wichtigsten Themen sind dabei der Wert von Assoziationen und Dissoziationen, die Formulierung und Kritik der Annahmen, die in der Kognitiven Neuropsychologie zugrunde gelegt werden, und die Formulierung von Alternativen (vor allem zur Modularitätsannahme) sowie das Verhältnis von Einzelfall- und Gruppenstudien und die Möglichkeit der Stützung von Ergebnissen durch Befunde aus anderen Disziplinen. Diese Themen sollen in den folgenden Abschnitten besprochen werden.

3.7.4 Assoziationen und Dissoziationen

Ein grundlegendes Verfahren, um etwas über ein System zu erfahren, ist der Vergleich von gestörtem und normalem Verhalten. Zwar wird gelegentlich behauptet, dass eine einzige Störung bereits fundierte Aussagen über ein System ermögliche – etwa der „vollkommene Versprecher" (Curtiss 1988; zu allgemeinen Bedenken Kean 1984, S. 130) –, in der Regel jedoch untersucht man *mehrere* Versuchspersonen und wertet auch mehrere Typen von Störungen aus. Dabei lassen sich zum einen *Assoziationen* feststellen, also das regelmäßige gemeinsame Auftreten von Störungen, zum anderen *Dissoziationen*, wobei mindestens eine von zwei Störungen auch *getrennt* von der anderen vorkommen kann. Um die Sinnhaftigkeit von Gruppenstudien werden allerdings intensive Auseinandersetzungen geführt; vor allem Caramazza und Mitarbeiter sprechen ihnen jede Berechtigung ab (vgl. Zusammenfassung bei Glymour 1994, S. 816 f.).

Assoziationen sind die Grundlage für die klassische Beschreibung von Syndromen (etwa Wernicke-Aphasie, Broca-Aphasie und andere). Als Mittel zur Strukturanalyse gelten sie jedoch heute als problematisch, da Assoziationen auch durch funktionell irrelevante Gemeinsamkeiten, etwa räumliche Nähe oder gemeinsame Blutgefäßversorgung, zustande kommen können.

Bei den Dissoziationen unterscheidet man *einfache Dissoziationen*, bei denen von zwei normalerweise vorhandenen Fähigkeiten nur eine bestimmte fehlt, und *doppelte Dissoziationen*, bei denen von zwei normalerweise vorhandenen Fähigkeiten A und B ein Patient nur noch A hat, aber nicht B, während ein anderer Patient B besitzt, nicht aber A (Caramazza 1986, S. 63).

Doppelte Dissoziationen gelten als besonders robuste Daten; das Konzept wird als „widely used theoretical tool" und als „paradigm [of] a cornerstone status" Jones (1983), S. 397; vgl. auch Bub und Bub (1988); Shallice (1988) bezeichnet; kurz: „Die Aufdeckung von Dissoziationen kann als das wesentliche methodische Verfahren der K[ognitiven] N[europsychologie] angesehen werden“ (Blanken 1988, S. 134).

Doch soll nicht verschwiegen werden, dass auch darüber gestritten wird. Vor allem erscheinen manchen Forschern die Assoziationen unterbewertet, die Dissoziationen hingegen überbewertet (vgl. u. a. Kelter 1990, S. 21–27).

3.7.5 Annahmen der Kognitiven Neuropsychologie

Jede Wissenschaft beruht auf Annahmen oder, vornehmer, Paradigmen. Uns interessieren vor allem die Annahmen darüber, wie die untersuchten Systeme beschaffen sein müssen, um gültige Schlüsse von gestört auf normal zu ermöglichen, und die Annahmen darüber, welche Daten zulässig und relevant sind. Die Annahmen über die Eigenschaften der Systeme helfen uns dabei, die Ausdehnung und die Grenzen des Anwendungsbereichs von Fehlfunktions-Methoden kennenzulernen. Gleichzeitig könnten sie uns andeuten, bei welchen anderen Systemen mit ähnlichen Eigenschaften es aussichtsreich sein könnte, solche Methoden ebenfalls auszuprobieren. Das erscheint möglich, da die meisten Annahmen sich auf allgemeine Systemeigenschaften beziehen, also nicht spezifisch für Sprache oder Kognition sind. Nicht alle Annahmen sind allerdings unproblematisch, manche sogar heftig umstritten.

Als grundlegend – wenn auch mit unterschiedlicher Gewichtung – werden in der Kognitiven Neuropsychologie und (weniger explizit) in der Versprecherforschung die Transparenzannahme, die Fraktionierungsannahme und die Modularitätsannahme angesehen. Neben diese drei treten einige seltener genannte allgemeine sowie die spezifischere Annahme der Isomorphie beziehungsweise der neurologischen Spezifität.

(a) Eine der grundlegenden Behauptungen oder Annahmen ist, dass Fehlfunktionen und Ausfälle *überhaupt* Schlussfolgerungen zulassen, zunächst auf die zugrundeliegende Störung in der Folge weitergehend auf das normale Funktionieren oder die normale Struktur eines Systems. Eine solche Behauptung findet sich häufig in Arbeiten der Versprecherforschung wie auch der kognitiven Neurolinguistik und -psychologie – einige davon wurden schon zitiert. Wenn eine derartige Annahme benannt wird, dann in der Regel als *Transparenzannahme*. Der Begriff stammt von Caramazza, der sie definiert als „a strongly construed belief that the pathological performance observed will provide a basis for discerning which component or module of the system is disrupted“ (Caramazza 1984, S. 10).

Allgemeiner formulieren Curtiss: „A basic tenet of neuropsychology is the ‚transparency‘ assumption: the assumption that one can extrapolate from the abnormal case to the normal case“ (Curtiss 1988, S. 97) oder Ellis und Young: „[E]ine sorgfältige Analyse des Gesamtbildes intakter und gestörter Leistungen und der Fehler, die ein Patient nach einer Gehirnläsion zeigt, muss in der Lage sein, uns zu gültigen Schlussfolgerungen über die Art und Natur der beeinträchtigten Verarbeitungskomponenten zu führen“ (Ellis und Young 1996, S. 29) oder Blanken: „die K[ognitive] N[europsychologie] geht von der Überzeugung aus, daß die Analyse eines zusammen- beziehungsweise auseinandergebrochenen kognitiven Systems einen methodischen Zugang zum Studium der normalen sprachverarbeitenden Mechanismen eröffnet" (Blanken 1988, S. 130). Bei manchen Autoren umfasst der Begriff allerdings auch weitergehende Annahmen, die sich auf Einfachheit, lineares Verhalten, Subtraktivität, keine *de-novo*-Bildung von Systemen und anderes beziehen (so zum Beispiel bei Blanken 1988, S. 132).

Grundlegend für die Annahmen sind die Befunde, dass man unterschiedliche Typen selektiver Ausfälle von sprachlichen Funktionen beobachtet, bei denen ausschließlich bestimmte Teile der Sprache beziehungsweise der Sprachfähigkeit geschädigt sind, andere dagegen intakt bleiben. Derartige selektive Ausfälle motivieren zum einen die Fraktionierungsannahme, zum anderen die Modularitätsannahme.

(b) Die *Fraktionierungsannahme* besagt, dass Teile des untersuchten Systems selektiv und getrennt von anderen versagen können. Sie wurde als *die* Grundannahme der Kognitiven Neuropsychologie formuliert von Caramazza: „The most fundamental assumption of cognitive neuropsychology is the fractionation assumption – the belief that brain damage can result in the selective impairment of components of cognitive processing" (Caramazza 1984, S. 10). Die Fraktionierungsannahme wird zum einen empirisch gestützt – „The major empirical justification for adopting the fractionation assumption is the classically established view that language functions are dissociable in aphasia" (Caramazza 1984, S. 11) – und zum anderen durch die Modularitäts- und Transparenzannahmen, die aber ihrerseits bei Caramazza paradigmatischen, nicht empirisch stützbaren Charakter haben. Die Existenz selektiver Störungen wird auch von Ellis und Young als „Mindestannahme der Kognitiven Neuropsychologie" charakterisiert (Ellis und Young 1988, S. 29).

Zuweilen wird darunter auch die weitergehende Annahme verstanden, dass „das Gesamtsystem durch Fehlleistungen in theoretisch bedeutsame Teile" zerlegt wird, dass also Störungen keine völlig willkürlichen Ausschnitte, kein Sammelsurium normalerweise überhaupt nicht zusammengehöriger Teilsysteme oder -funktionen betreffen. (Die Klassifizierung nach mehreren „inkompatiblen" Merkmalen stellt ein ganz allgemeines Problem dar: vgl. Hughlings Jackson, zit. in Kean 1984, S. 133.) Jorge Luis Borges hat sich zu diesem Problem den Spaß gemacht, „eine gewisse chinesische Enzyklopädie" zu erfinden, in der es heißt, dass „die Tiere sich wie folgt gruppieren: a) Tiere, die dem Kaiser gehören, b) einbalsamierte Tiere, c) gezähmte, d) Milchschweine, e) Sirenen, f) Fabeltiere, g) herrenlose Hunde, h) in diese Gruppierung gehörige, i) die sich wie Tolle gebärden, k) die mit einem ganz feinen Pinsel aus Kamelhaar gezeichnet sind, l) und so weiter, m) die den Wasserkrug zerbrochen haben, n) die von weitem wie Fliegen aussehen" (Borges 1966, S. 212).

> Die K[ognitive] N[europsychologie] muß [...], will sie *systematisches* Wissen über die normale Sprachverarbeitung aus dem Studium der Aphasien ableiten, eine zusätzliche und ungleich problematischere Annahme machen. Sie muß fordern, daß die Muster von Störungen und Verschonungen potentiell selbst *systematischen* Charakter tragen, das heißt den inneren Aufbau des intakten Systems widerspiegeln können und nicht bloß zufällig sind. Die erste Basishypothese der KN lautet also: Die bei Aphasie auftretende natürliche Frak-

> tionierung des mentalen linguistischen Systems verläuft entlang psycholinguistisch bedeutungsvoller Linien. (Blanken 1988, S. 131)

Dies ist nun mindestens teilweise eine empirische Frage: Manche Forscher sind heute der Auffassung, bestimmte klassische Syndromtypen, etwa die Broca- und Wernicke-Aphasien, spiegelten keineswegs funktionelle Zusammenhänge zwischen den betroffenen Teilen wieder, sondern lediglich den Ausfall der – funktionell irrelevanten – gemeinsamen Gefäßversorgung (vgl. Blanken 1988, S. 134).

Eine frühe Formulierung von Saffran und anderen fasst Transparenz- und Fraktionierungsannahme zusammen: Die Annahmen seien

> (1) that the nervous system is organized in terms of functionally meaningful subsystems which are, to some degree at least, anatomically discrete and which can be selectively impaired by neurological disease; and (2) that while brain damage gives rise to symptoms that reflect various mechanisms of inhibition, release, isolation, etc. the resulting behavior patterns do not represent the creation of new subsystems, rather, they reflect a reorganisation that emphasizes intact subsystems. (Saffran et al. 1980, S. 221)

(c) Die *Modularitätsannahme* gilt als weitere Grundannahme der gegenwärtigen Kognitiven Neuropsychologie (gelegentlich sogar als *die* Grundannahme: Ellis und Young 1988, S. 28). Motiviert ist sie von einer Vielzahl von selektiven Ausfällen, genauer: von Dissoziationen (s.u.), die vermuten lassen, dass es nicht nur eine ganze Reihe unterschiedlicher kognitiver Prozesse oder Systeme gibt, sondern dass sie auch weitgehend unabhängig voneinander wirken. – Formuliert wurde die Modularitätshypothese unter anderen von Marr und von Fodor (Marr 1976, 1982; Fodor 1983; Kurzfassung bei Fodor 1985; vgl. auch Ellis und Young 1988, S. 21–28).

Die Modularitätsannahme wird teils als „paradigmatisch“, als empirisch nicht überprüfbare Grundannahme bezeichnet: „It must be stressed that the modularity and transparency conditions are paradigm assumptions that are not subject to empirical refutation in any simple sense of this term; it is unclear what empirical evidence could constitute sufficient grounds for rejecting the conditions of modularity and transparency“ (Caramazza 1984, S. 11) – teils als empirisch, falsifizierbar, aber bisher bestätigt (Schwarz 1992, S. 23) – teils als mangels hinreichend präziser Formulierungen derzeit nicht falsifizierbar, dies aber als erreichenswertes und erreichbares Ziel (Schwarz 1992, S. 24). Von anderen schließlich wird die Modularitätsannahme als empirisch, aber für bestimmte Bereiche als widerlegt aufgefasst. Eine solche Position vertritt der Konnektivismus mit seinen stark vernetzten und parallelverarbeitenden Modellen (neuronale Netze, *parallel distributed processing*/PDP).

Transparenz-, Fraktionierungs- und Modularitätsannahme stehen, wie wir gesehen haben, miteinander im engen Zusammenhang; in einigen Formulierungen gehen sie sogar ineinander über.

(d) Eine Reihe weiterer gängiger Annahmen hängen eng mit den genannten zusammen: So setzt die Subtraktivitätsannahme (auch Additivitätsannahme) Separabilität oder Modularität voraus, also die Möglichkeit des Zufügens oder der

Wegnahme von Teilen ohne Beeinflussung der übrigen. Bezüglich des Verhaltens wird Subtraktivität auch so verstanden, dass das Verhalten eines geschädigten Systems „einfach" dem Verhalten des intakten Systems abzüglich des Beitrags des defekten Teiles entspreche; teilweise noch verschärft als Annahme, es gebe nur positiv wirkende Verknüpfungen zwischen den Teilen (Glymour 1994 bezeichnet dies als „theoretische Praxis"). Daneben wird Serialität, also die Annahme, dass ausschließlich serielle Verarbeitungsschritte stattfinden, als Grundannahme genannt (Blanken 1988).

Die Annahmen der Serialität und Subtraktivität tragen zwar offensichtlich zur Einfachheit, Durchschaubarkeit, eben zur Transparenz bei (die Subtraktivitätsannahme überschneidet sich außerdem mit der Annahme der Modularität) – trotzdem scheinen diese beiden nötigenfalls entbehrlich: Auch wenn reale Systeme nicht rein seriell und subtraktiv beschaffen sein sollten, dann könnten sie immer noch modular, fraktionierbar und – in diesem Sinne – transparent sein.

Die Annahme der Isomorphie oder der neurologischen Spezifität (Shallice 1981) fordert zwischen der funktionalen Organisation kognitiver Vorgänge und den neuroanatomischen Strukturen des Gehirns Entsprechung, Übereinstimmung, Parallelität oder Identität, zumindest aber „systematische Beziehungen" (Schwarz 1992) oder „eine Art Informationsaustausch" (Ellis und Young 1988, S. 28). Die vorher genannten Annahmen sind bei rein funktionaler Betrachtung weitgehend unabhängig davon, ob eine solche Entsprechung funktionaler und anatomischer Elemente vorliegt. Wenn die Annahme zutrifft, könnten Ergebnisse aus Fehlfunktionen aber auch zu Antworten auf diejenigen neurobiologischen Fragen beitragen, die bei der funktional-kognitiven Betrachtungsweise zunächst ausgeklammert bleiben. So unterscheidet Caramazza starke und schwächere Ziele der Kognitiven Neuropsychologie: Die Methodik der Fehlerforschung, die funktionale Architektur erforschen will, sei unabhängig davon, ob sich auch eine Verknüpfung mit der neuronalen Ebene als möglich erweist (vgl. Caramazza 1984, 1986, 1988).

3.7.6 Kritik der Annahmen

Eher interne Kritik formuliert zum Beispiel Caramazza: Die Transparenzannahme gelte nur bei Fällen sehr selektiver, also nur lokaler Störungen (vgl. Caramazza 1986). Blanken nennt dagegen „Studien mit Patienten schwerer Aphasien" (und stellt sie als erfolgreich dar), dabei betont er, dass insbesondere „relativ selektive Verschonungen [...] von großem Wert sein können" (Blanken 1988, S. 132).

Ein weiteres Problem besteht darin, dass bei hirnverletzten Patienten Kompensationen oder Strategiewechsel möglich sind, die die Identifizierung der intakten und gestörten Teilsysteme erschweren oder gar unmöglich machen. Als Beleg dafür wird angeführt, dass im Zeitverlauf teilweise starke Veränderungen der Störungen auftreten; dagegen wird argumentiert, dass viele Störungssymptome schnell nach dem Hirnschaden auftauchen und lange stabil erhalten bleiben (vgl. die Diskussion bei Blanken 1988, S. 133).

3.7.7 Stützung durch und Konvergenz mit anderen Disziplinen

In der Kognitiven Neuropsychologie wird auch häufig auf eine mögliche Stützung der Modelle durch Befunde aus anderen Disziplinen hingewiesen, und zwar unter dem Stichwort *Konvergenz* oder *converging operations*. Zwei Formen werden dabei genannt:

Eine behauptete Unabhängigkeit zweier kognitiver Module könne dadurch gestützt werden, dass normale Versuchspersonen Leistungen, die beide Module beanspruchen, *gleichzeitig und unabhängig* ausführen können, beispielsweise laut reden und gleichzeitig in einer vorgelesenen Namensliste auf bestimmte Namen achten oder ein Klavierstück vom Blatt spielen und zugleich Vorgelesenes laut wiederholen.

Eine zweite Form der Stützung sieht man in solchen Fällen, wenn Gesunde, sei es spontan oder unter Stress, dieselben Fehler machen wie Hirnverletzte. Daraus schließt man, dass die Hirnverletzten *keine neuartigen* Komponenten entwickelt haben. Das heißt, wenn Hirnverletzte keine anderen Fehler machen als Normale, könne man daraus ableiten, dass auch bei den Hirnverletzten nur eine bestimmte Fähigkeit ausgefallen ist und sie keine neuen Prozesse oder Strategien entwickelt haben. Dies unterstütze die Subtraktivitätsannahme. Anders gesagt, die Kognitive Neuropsychologie und die kognitive Psychologie beruhen zwar jeweils auf bestimmten nicht unkontroversen Annahmen, diese Annahmen sind aber nicht identisch. Daher ist gegenseitige Stützung möglich, und als die verlässlichsten Schlüsse werden gerade diejenigen angesehen, die von der Kognitiven Neuropsychologie *und* der kognitiven Psychologie, also von Experimenten und Beobachtungen an Hirnverletzten *und* Normalen gestützt sind (Ellis und Young 1988, S. 22).

3.8 Falsche Modelle und Theorien als „Trittsteine" zu besseren

3.8.1 Die Rolle falscher Modelle und Theorien

Auch über wissenschaftliche Theorien, Aussagen, Hypothesen kann man sagen, sie seien falsch, fehlerhaft oder sie versagten. Vor allem von Theorien heißt es: *Theorie T versagt,* besonders aber *Theorie T versagt bei der Anwendung auf Gebiet G* oder ähnlich. Bei Aussagen oder Hypothesen spricht man dagegen eher von Falschheit oder Fehlerhaftigkeit. Im Zusammenhang mit dem Versagen von Theorien kann man mehrere Fragen stellen:

Die erste Frage wäre in Analogie zu den bisher stets gestellten Fragen zu formulieren, etwa „Was sagt uns das Versagen einer Theorie an Wissenswertem über normale, erfolgreiche Theorien, etwa über deren Struktur und Funktion?" Zu dieser Frage scheinen keine systematischen Überlegungen vorzuliegen. Möglicherweise ließen sich Hypothesen in Analogie zum Erkenntnisgewinn aus Fehlfunktionen bei konkreten Objekten formulieren; dies soll hier aber zunächst zurückgestellt werden.

Eine zweite Frage könnte sein, ob und wie falsche Theorien dazu beitragen können, bessere Theorien zu entwerfen. Dabei scheint es aber sinnvoll, allzu triviale Fälle (trivial jedenfalls im Sinne unserer Fragestellung) auszuschließen: Beispielsweise, muss man mit jeder falsifizierten Theorie ein Stück näher an die Wahrheit kommt, oder dass, wenn nachweislich nur zwei Theorien in Frage kommen und eine sich als falsch erweist, automatisch die andere wahr sein muss (Idee des *experimentum crucis*). Fruchtbar erscheint dagegen die Frage, welche Merkmale oder Aspekte von (nachweislich oder vermutlich oder auch nur möglicherweise) falschen Theorien in irgendeiner Form auf eine verbesserte Theorie *hindeuten*.

Zumindest *ein* derartiger Ansatz findet sich in der Literatur: William Wimsatt betrachtet „falsche Modelle als Mittel zu wahreren Theorien" (Wimsatt 1987; vgl. auch Wimsatt 2002). Als Beispiele für falsche Modelle nennt er vor allem die sogenannten „neutralen Modelle" in der Biologie: Insbesondere in der Evolutionsbiologie und -ökologie versteht man unter „neutralen Modellen" üblicherweise solche, in denen man einen Evolutionsfaktor, nämlich die natürliche Selektion, nicht berücksichtigt. Allgemeiner gesagt, spielen neutrale Modelle oft die Rolle einer Nullhypothese. Man lässt dabei bestimmte Variablen weg und prüft, ob die so erhaltenen Modelle noch mit der Realität übereinstimmen. Wenn das nicht der Fall ist, sich also das Modell beziehungsweise die Nullhypothese als falsch erweist, liegt es nahe, dass einige der nicht berücksichtigten Variablen doch einen relevanten Einfluss haben.

Wimsatt charakterisiert ein neutrales Modell als Grundlinien-Modell, das Annahmen trifft, die oft als falsch betrachtet werden – mit dem ausdrücklichen Zweck, die Wirksamkeit von Variablen zu bewerten, die *nicht* in das Modell mit aufgenommen sind (Wimsatt 1987, S. 27). Seine allgemeine Frage ist es „wann, wie und unter welchen Umständen Modelle, von denen man weiß oder glaubt, dass sie falsch sind, verwendet werden können, um über die modelliert werdenden Vorgänge neue oder bessere Information zu erhalten" (Wimsatt 1987, S. 27). Seine Antwort darauf lautet: „Der Einsatz solcher [falscher] Modelle als „Schablonen" kann die Aufmerksamkeit spezifisch darauf lenken, wo die Modelle von der Realität abweichen, und das führt zu Abschätzungen der Größenordnungen der nicht aufgenommenen Variablen, oder zu der Hypothese detaillierterer Mechanismen, wo und unter welchen Umständen diese Variablen wirken und wichtig sind" (Wimsatt 1987, S. 28). Unter *Modellen* werden dabei mathematische Modelle (Gleichungen und deren Interpretationen) oder kausale Modelle (Mechanismen) verstanden (vgl. auch Cartwright 1983).

Wimsatt sieht eine Reihe von Möglichkeiten, wie falsche Modelle als Werkzeuge für zutreffende Vorhersagen und Erklärungen dienen können, und zwar können sie (a) zum Auffinden und Abschätzen anderer relevanter Variabler beitragen, (b) helfen, Fragen über realistischere Modelle zu beantworten, (c) uns dazu führen, andere Modelle als Mittel zu betrachten, und neue Fragen zu stellen über die Modelle, die wir schon haben, und (d) in evolutionären oder anderen historischen Kontexten die Wirksamkeit von Kräften bestimmen, die in dem untersuchten System zwar nicht anwesend sein mögen, aber eine Rolle dabei gespielt haben können, die Form zu erzeugen, die es jetzt hat (Wimsatt 1987, S. 28).

3.8.2 Arten der Falschheit von Modellen

Wimsatt klassifiziert nun verschiedene Arten und Weisen, auf die ein Modell falsch sein kann, geordnet nach ansteigendem Ausmaß und Schweregrad der Falschheit:

1. Ein Modell ist nur lokal anwendbar. Es wird dann falsch, wenn es in allgemeinerer Weise angewendet wird.
2. Ein Modell stellt eine Idealisierung dar, die so in der Natur nicht vorkommt, aber für viele Fälle als gute Näherung brauchbar ist. (Ein Beispiel aus der Physik: Punktmassen oder auch die Newtonsche im Verhältnis zur relativistischen Physik; aus der Biologie: kontinuierliche Variable für Populationsgrößen.)
3. Ein Modell kann unvollständig sein, weil es eine oder mehrere kausal relevante Variablen auslässt, wobei diejenigen, die enthalten sind, auch tatsächlich relevant sind. (Beispiel: „neutrale" Evolutionsmodelle.)
4. Ein Modell ist unvollständig und führt deswegen zu falscher Beschreibung der Wechselwirkungen zwischen den enthaltenen Variablen: Es verneint Wechselwirkungen, die tatsächlich existieren (zum Beispiel falsche Kontextunabhängigkeit in reduktionistischen Modellen; etwa mathematische Modelle in der Ökologie), und es nennt Wechselwirkungen, wo tatsächlich keine sind (falsche Korrelationen); wobei allerdings die Variablen selbst annähernd richtig bestimmt sind.
5. Ein Modell gibt ein völlig fehlgeleitetes Bild der Natur: Nicht nur die Wechselwirkungen sind falsch bestimmt, sondern auch eine große Zahl der Entitäten und/oder ihrer Eigenschaften existieren nicht.
6. Ein rein „phänomenologisches" Modell (das eng mit dem vorigen verwandt ist) soll nur Beschreibungen und Vorhersagen ermöglichen, ohne anzunehmen, dass die Variablen im Modell tatsächlich existieren. (Beispiele: virale Zustandsgleichung, lineare Extrapolation.)
7. Ein Modell beschreibt schlicht und einfach die Daten nicht richtig oder sagt sie nicht richtig vorher. Dann weiß man nur, dass es falsch ist, und im Übrigen kann jeder Fall von 1 bis 6 zutreffen. Manchmal ist das (leider) alles, was bekannt ist.

Wimsatt behandelt vor allem die Fälle 2 bis 5; er behauptet, der produktive Gebrauch falscher Modelle beschränke sich wohl auf die Fälle 1 bis 4 und 6.

Wie muss nun ein (falsches) Modell beschaffen sein, wenn es uns zu besseren Theorien verhelfen soll?

> Die erste Tugend, die ein Modell haben muss, wenn wir [etwas] aus seinem Versagen lernen sollen, ist, daß es […] in einer Weise strukturiert sein muss, dass wir seine Fehler lokalisieren können und sie bestimmten Teilen, Aspekten, Annahmen oder Subkomponenten des Modells zuschreiben können. (Wimsatt 1987, S. 30)

Wenn das gegeben sei, so könne man durch stückweises Konstruieren das Modell verbessern, indem man die problematischen Teile verändere. Diese Voraussetzung wird allerdings nicht von allen Wissenschaftstheoretikern akzeptiert; ein wissenschaftstheoretischer Holismus à la Duhem, Quine oder Lakatos etwa sieht diese teilweise Unabhängigkeit in der Regel als nicht gegeben an. Wimsatt dagegen lehnt diese Form des Holismus ab.

3.8.3 Funktionen falscher Modelle bei der Suche nach besseren

Was nützen nun falsche Modelle bei der Suche nach besseren? Oder: Welche Funktionen haben falsche Modelle bei der Suche nach besseren? Wimsatt zählt zwölf solche Funktionen auf, die im Folgenden vorgestellt, diskutiert und kritisiert werden (Wimsatt 1987, S. 30–32).

3.8.3.1 Ausgangspunkt für bessere Modelle

(1) Ein zu einfaches (und deswegen falsches) Modell könne als Ausgangspunkt für eine Reihe von Modellen ansteigender Komplexität und Realitätsnähe dienen. Diese Funktion scheine falschen Modellen häufig zuzukommen. Alle übrigen Funktionen falscher Modelle scheinen letztlich Spezialfälle dieser allgemeinen Funktion zu sein.

3.8.3.2 Anregung zu vorsichtiger Interpretation

(2) Ein Modell, von dem man weiß, dass es falsch ist, das aber in bestimmten Bereichen doch suggestiv ist, könne vom voreiligen Akzeptieren eines anderen, zunächst bevorzugten Modells abhalten und neue Erklärungsmöglichkeiten einer Erscheinung nahelegen. Die Grundidee scheint zu sein, dass hier ein bereits vorliegendes, aber als falsch angesehenes Modell es im Lichte eines neuen Modells dennoch ermöglicht, auf Schwächen des neuen Modells hinzuweisen oder andere interessante Vorschläge zu unterbreiten.

3.8.3.3 Auszeichnung wichtiger Merkmale

(3) Ein falsches Modell könne neue vorhersagende Tests oder Verfeinerungen eines etablierten Modells vorschlagen oder bestimmte Merkmale des Modells als besonders wichtig auszeichnen. Wimsatt formuliert dies auch als:

> False models as providing new predictive tests that highlight the importance of features of a preferred model. (Wimsatt 1987, S. 47)

Ein Beispiel: Goldschmidt schlug 1917 ein – heute als falsch angesehenes – Modell des Crossing-over vor, nach dem die Allele biochemische Faktoren sind, die an die verschiedenen Genorte des Chromosoms binden, und zwar spezifisch, weil sie unterschiedlich starke Affinität zu diesen Orten haben. Crossing-over besteht darin, dass die Faktoren einander gegenüberliegender Genorte vertauscht werden. Eine Konsequenz dieses Modells ist, dass bei zweifachem Crossing-over die *zwischen* den Crossing-over-Stellen liegenden Bereiche der Chromosomen *nicht* mit vertauscht werden dürften – aber das stimmte nicht mit den vorliegenden Daten überein (worauf Sturtevant schon im selben Jahr hingewiesen hatte). Außerdem müssten die Faktoren laut Modell bevorzugt an ihren ursprünglichen Ort zurückkehren (1 Prozent Crossing-over-Häufigkeit in einer Generation müsste eine 99 prozentige Häufigkeit des entgegengerichteten Crossing-over in der nächsten Generation nach sich ziehen (dies kritisierte Bridges im selben Jahr) – und auch dies entsprach nicht den Daten aus Kreuzungsversuchen. Wimsatt weist darauf hin, dass Goldschmidts falsches Modell indirekt darauf zeigte, in welcher Hinsicht *andere* Modelle die Daten besonders gut erklärten (Wimsatt 1987, S. 48).

3.8.3.4 Auffinden sekundärer Effekte

(4) Ein unvollständiges Modell könne auffällige Effekte „aussondern" und so helfen, „maskierte", wenig auffällige, sekundäre oder sehr kleine Effekte aufzufinden. Wimsatt spricht von der „template-matching function" solcher Modelle. Solche Modelle spielen eine qualitative Rolle. Diese typische Funktion eines falschen Modells beschreibt er so: Man kennt ein (falsches) Modell, das kausale Faktoren enthält, die ein Verhalten beschreiben. Nun beobachtet man *Abweichungen* von diesem beschriebenen Verhalten, und dies führt zur Entdeckung oder Identifizierung *weiterer* kausaler Faktoren (Wimsatt 1987, S. 34 f.). Zu dieser Rolle falscher Modelle lassen sich viele Beispiele anführen:

(a) Die Mendelschen Regeln der Vererbung sind falsch beziehungsweise unvollständig, weil sie nur vollständige Unabhängigkeit oder ebenso vollständige Kopplung (Pleiotropie) von Erbanlagen kennen. Die Beobachtung der teilweisen Kopplung von Erbanlagen führte vor dem Hintergrund der falschen Mendelschen Theorie zur (auch heute als erste Näherung anerkannten) Chromosomentheorie der Vererbung – und diese (immer noch unvollständige) Theorie weiter zu Chromosomenmodellen, die Crossing-over und damit Rekombination von Erbanlagen einschlossen (Wimsatt 1987, S. 32)

(b) Sturtevant erstellte 1913 ein Modell des mehrfachen Crossing-over, indem er von einem zuvor anerkannten, einfachen, aber falschen Modell ausging, bei dem der errechnete Abstand der Gene auf dem Chromosom linear mit den beobachteten Rekombinationsfrequenzen ansteigt. Wenn man nun eine Karte eines Chromosoms aus den Rekombinationsfrequenzen nah benachbarter Gene zugrunde legt, stellt man fest, dass die beobachteten Rekombinationsfrequenzen für weiter voneinander entfernte Gene geringer sind, als es die Karte vorhersagt. Sturtevant erklärte diese Erscheinung damit, dass auch mehrere Crossing-over-Ereignisse je Chromosom stattfinden können, und dass bei zwei (ebenso bei 4, 6, …) Crossing-over-Ereignissen zwischen zwei Genen gerade *keine* Rekombination zwischen diesen beiden Genen zu beobachten ist. Sturtevant hat also, so könnte man Wimsatt erläutern, einem falschen (zumindest aber zu einfachen) Modell einen kausal relevanten Faktor hinzugefügt, den er *ohne* das falsche Modell gar nicht hätte finden können, weil dessen Auswirkungen so klein sind, dass sie sich nicht direkt beobachten lassen.

(c) In Haldanes Chromosomenmodell gibt es keinen minimalen Abstand zwischen zwei Crossing-over-Ereignissen, mit anderen Worten, es gibt keine Interferenz. Muller legte nun dieses („falsche") Chromosomenmodell zugrunde, zeigte aber anhand experimenteller Daten, dass Crossing-over-Ereignisse tatsächlich *nicht* beliebig nahe beieinander vorkommen. Dieses Phänomen nennt man Interferenzeffekt; man kann den minimalen Crossing-over-Abstand oder Interferenzabstand damit sogar quantitativ bestimmen (Wimsatt 1987, S. 36, 42).

(d) Die Entdeckung der äußeren Planeten bzw. Zwergplaneten des Sonnensystems (Neptun und Pluto) geschah jeweils so, dass man von einem mathematischen Modell des bekannten Planetensystems ausging und dann aufgrund der beobachteten Abweichungen des jeweils äußersten bekannten Planeten von seiner vorhergesagten Bahn berechnete, welche Masse und Bahn ein Körper haben müsste, der solche Störungen verursachen konnte. Dies führte letztlich zur teleskopischen Entdeckung von Neptun und Pluto. Die Analyse von Bahnstörungen führte und führt auch in vielen anderen Fällen zur Identifikation bisher unbekannter Himmelskörper.

3.8.3.5 Abschätzung von Größenordnungen

(5) Ein falsches Modell könne zur Abschätzung der Größenordnungen von Parametern dienen, die nicht in dem Modell enthalten sind. Diese Modelle spielen also eine Rolle bei der quantitativen oder semiquantitativen Bestimmung von Parametern. Als Beispiele kommen (a) das schon beschriebene Mendelsche Modell der Vererbung und (b) die grobe empirische Abschätzung der Größe des Interferenzeffekts beim Crossing-over in Frage (Wimsatt 1987, S. 43) – Hier wird also falschen Modellen eine Funktion bei der *quantitativen* Bestimmung zusätzlicher kausaler Faktoren zugeschrieben. Diese Funktion baut damit auf der vierten Funktion falscher Modelle auf, der *qualitativen* Bestimmung zusätzlicher Faktoren.

3.8.3.6 Eigenschaften komplizierterer Modelle

(6) Ein einfacheres falsches Modell kann nach Wimsatt verwendet werden, um die Adäquatheit einer Familie komplizierterer verwandter Modelle zu bewerten. Er nennt hier nur Beispiele, bei denen *gegen* bestimmte Modelle argumentiert wird, so dass offen bleibt, ob auf dieser Basis auch *stützende* Argumente möglich sind. Genauer gesagt, könne man in einem einfachen Modell Fragen bezüglich der Eigenschaften komplizierterer Modelle unter Umständen leichter beantworten. *Manchmal*, so Wimsatt an anderer Stelle, könne man solche Antworten auf die komplizierteren Modelle ausweiten; etwa dann, wenn schon im einfachen Modell Selbstwidersprüche auftreten. In Wimsatts Beispiel wird anhand beobachtbarer Konsequenzen gezeigt, dass ein bestimmtes einfaches Modell falsch ist und daraus geschlossen, dass auch die gesamte Familie verwandter, aber komplizierterer Modelle falsch sein muss (Wimsatt 1987, S. 45). Hier erhebt sich allerdings die Frage, ob und wie man die Allgemeingültigkeit oder Übertragbarkeit derartiger Schlüsse sichern kann.

3.8.3.7 Kontrafaktische Verwendung falscher Modelle

(7) Ein falsches, relativ einfaches Modell könne als Referenz-Standard dienen, um kausale Behauptungen über die Effekte von Variablen zu prüfen, die im einfachen Modell fehlen, aber in vollständigeren Modellen enthalten sind; also um Modelle zu bewerten, die mehr Parameter umfassen. Auch bei konkurrierenden Modellen könne man prüfen, wie sie sich verhalten, wenn man diese Variablen weglässt (Wimsatt 1987, S. 31). Wimsatt spricht auch von der „kontrafaktischen Verwendung falscher Modelle" (Wimsatt 1987, S. 45). Er nennt ein Beispiel, das sich wiederum auf ein (falsches) Modell des Crossing-over bezieht, in dem Interferenz probeweise nicht

berücksichtigt wird, und das so zu absurden Konsequenzen beziehungsweise Widersprüchen mit Beobachtungen führt. – Zu dieser Rolle lassen sich ähnliche Einwände wie gegen die vorigen erhaben; auch scheint der Unterschied zwischen diesen beiden Rollen nur gering zu sein.

3.8.3.8 Die Wahrheit liegt in der Mitte

(8) Es könne zwei falsche Modelle für einfache Fälle an den Enden eines Spektrums geben, wobei die kompliziertere und auch nicht so einfach modellierbare Wahrheit in der Mitte liegt. Der Nutzen falscher Modelle besteht hier darin, wenigstens das Gebiet *abzugrenzen*, in dem die richtigen Modelle liegen müssen. – Wimsatts erstes Beispiel greift zwei gegensätzliche Modelle der Verteilung der Erbanlangen bei Mendel auf (unabhängige Verteilung beziehungsweise strenge Kopplung; s. o.). Das zweite Beispiel führt zwei Rekombinationsmodelle von Haldane an, von denen eines ein „unendlich flexibles" Chromosom annimmt, während das andere Modell Chromosomen als völlig starr betrachtet. Beide Modelle sind durchaus hilfreich, obwohl beim ersten Modell keine Interferenz auftritt, während beim zweiten Modell kein mehrfaches Crossing-over möglich ist. Beides sind Voraussetzungen der jeweilige Modelle, die auch Haldane als falsch bekannt waren. Die Wahrheit liegt offensichtlich zwischen diesen beiden Modellen, also bei einem teilweise starren Chromosom. Dies sauber zu modellieren, scheint aber ausgesprochen schwierig. Haldane gab auch für die Annahme eines teilweise starren Chromosoms zwei Modelle an, wobei allerdings eines zwar analytisch handhabbar, aber ausgesprochen *ad hoc* war, während das andere sich auf reines „curve-fitting" beschränkte. Auch heute kennt man noch kein einzelnes alle Gesichtspunkte gleich gut berücksichtigendes Modell (Wimsatt 1987, S. 35, 42 f.).

3.8.3.9 Falsche Modelle legen phänomenologische Modelle nahe

(9) Ein falsches Modell könne ein phänomenologisches Modell nahelegen und damit immerhin beschreiben und vorhersagen (Wimsatt spricht von „predictive adequacy"). Außerdem könne es so unter Umständen Anhaltspunkte für ein besseres mechanisches Modell geben (Wimsatt 1987, S. 31). In Wimsatts Beispiel wird allerdings nur der erste Vorteil angesprochen (Wimsatt 1987, S. 44). Kritisch ist hier einzuwenden: (a) Bei einem brauchbaren phänomenologischen Modell ist es vermutlich gleichgültig, wie es generiert wurde. (b) Man könnte bezweifeln, dass man ausgehend von einem falschen Modell besonders häufig, besser oder schneller zu phänomenologischen Modellen kommt beziehungsweise dass diese Modelle dann im Allgemeinen besser sind. (c) Es erscheint selbstverständlich möglich, aus einem phänomenologischen Modell ein mechanistisches Modell zu entwickeln, aber die Kenntnis des ursprünglichen falschen Modells könnte sich dabei auch ebenso als hinderlich erweisen.

3.8.3.10 Annahmen und Voraussetzungen in falschen Modellen

(10) Falls es zu einem Phänomen eine ganze Familie von Modellen gibt, von denen jedes verschiedene falsche oder unzutreffende Annahmen macht, so kann man dies auf drei Arten ausnutzen: (a) Man kann Ergebnisse, also zum Beispiel Vorhersagen,

suchen, die bei allen Modellen zutreffen und daher vermutlich von den speziellen Annahmen der einzelnen Modelle unabhängig sind. (b) In gleicher Weise kann man zu einem bestimmten Ergebnis diejenigen Annahmen bestimmen, die dafür irrelevant sind. (c) Wenn die Ergebnisse mancher Modelle wahr und die anderer Modelle falsch sind, kann man bestimmen, auf welchen Annahmen oder Bedingungen ein bestimmtes Ergebnis beruht. Bei Levins wird die Variante (a) als Suche nach „robusten Theoremen" bezeichnet (vgl. Levins 1966, 1968; Wimsatt 1980, 1981). Beispiele gibt Wimsatt nicht an.

3.8.3.11 Phänomenologische Modelle testen mechanistische

(11) Ein unvollständiges (aber in Grenzen oder nur unter bestimmten Bedingungen zutreffendes) Modell könne die Adäquatheit komplexerer Modelle testen (als Grenzfall, weil das komplexere Modell bei bestimmter Wahl der Parameter in das unvollständige übergehen muss). So könne auch ein phänomenologisches Modell ein mechanisches Modell testen. Ein Beispiel für diese Rolle kann man darin sehen, dass bestimmte moderne phänomenologische beziehungsweise mathematische Modelle des Crossing-over wichtige frühere Modelle (zum Beispiel das Modell Haldanes) als Spezialfälle erzeugen (Wimsatt 1987, S. 43).

3.8.3.12 Warum sind reale Systeme so und nicht anders?

(12) Bei Optimierungs- oder Anpassungsargumenten könnten falsche Modelle zur Bewertung von Systemen oder Verhaltensweisen dienen, die man nicht in der Natur findet, die aber mögliche Alternativen für natürliche Systeme darstellen, und auf diese Weise Merkmale der natürlich vorkommenden Systeme erklären. Zum Beispiel könne man fragen, warum es keine Lebewesen mit drei oder mehr Geschlechtern gibt, ein entsprechendes (falsches) Modell entwickeln und so zu einer Erklärung beitragen, warum tatsächlich die Zweigeschlechtlichkeit universell zu sein scheint (Wimsatt 1987, S. 49–51; vgl. auch Sober 2000). Wenn man so argumentiert, wird allerdings geradezu *erwartet*, dass die alternativen Szenarien sich als deutlich schlechter erweisen als das tatsächlich in der Natur Vorkommende und damit begründen, warum das tatsächlich Existierende auch das Optimale sein soll.

3.8.4 Kritik und Fazit

Zusammenfassend lässt sich kritisch einwenden, dass nicht alle Beispiele das Phänomen des falschen Modells gleich gut erhellen, denn die Bezeichnung „falsch" wird ohne viele Umstände für ziemlich viele Arten von Modellen, fast inflationär verwendet. „False model" scheint oft eigentlich nur „einfacheres (oder unvollständiges) Modell" zu heißen.

Dennoch wird erkennbar, dass es offenbar doch einige Arten und Weisen gibt, durch die man über falsche Modelle zu verbesserten Modellen kommt – und zwar Arten und Weisen, die sich nicht auf einfachen Falsifikationismus („Aha, Theorie falsch. – Die nächste bitte!") oder *experimentum-crucis*-Situationen beschränken, also in diesem Sinne nicht trivial sind.

Am einleuchtendsten erscheinen die Funktionen (4) und (5), bei denen man anhand eines einfachen Modells Hinweise darauf erhalten kann, welche kausalen Faktoren in diesem Modell noch fehlen und welche Größenordnungen oder Beträge diese Faktoren haben. Auch die Funktion, eine „Wahrheit, die in der Mitte liegt" durch „falsche" Modelle einzugrenzen, wenn man sie (noch) nicht angemessen modellieren kann (8), erscheint ausgesprochen nützlich. Und auch die Überlegungen, welche Gemeinsamkeiten und Unterschiede in einer Familie falscher Modelle bestehen (10) sowie die Frage, *warum* ein reales System anders beschaffen ist als sein falsches Modell (12), scheinen erheblich zum Erkenntnisgewinn beitragen zu können.

Dagegen erscheint unklar, ob man es sich zu einfach macht, phänomenologische Modelle ohne weiteres als „falsch" zu bezeichnen (9) und ob sie als falsche Modelle wirklich die ihnen zugeschriebene Rolle ausführen können. Auch bei (11) erscheint es fraglich, ob die Forderung angemessen und aussagekräftig ist, dass komplizierte Modelle bei bestimmter Wahl von Parametern in einfachere, historische schon einmal formulierte Modelle übergehen müssen.

Fraglich erscheint zudem, ob und mit welcher Sicherheit die schrittweisen Verbesserungen, die vor allem bei den Rollen (4) und (5) von Bedeutung sind in die richtige Richtung führen, oder ob die starke Orientierung an falschen Modellen nicht auch ein Rezept darstellen kann, bei Forschungsbemühungen in die Sackgasse zu geraten.

Abschließend kann man noch einmal festhalten, dass man sämtliche Funktionen falscher Modelle letztlich als Spezialfälle der ersten Funktion auffassen kann, die besagt, dass falsche Modelle Ausgangspunkte für kompliziertere, bessere Modelle sein können. Insofern könnte man zweifeln, ob man in einem solchen Herantasten an die Wahrheit wirklich eine spezielle „Funktion falscher Theorien" sehen will; aus einer Perspektive, die Fehlfunktionen als Ausgangspunkt nimmt, scheint diese Sichtweise jedoch nicht nur möglich, sondern sogar ausgesprochen fruchtbar.

3.9 Erkenntniswert von Fehlleistungen in der Erkenntnistheorie

Auch bei der menschlichen Erkenntnis treten eine Reihe von Fehlleistungen auf, wie Sinnes- und Urteilstäuschungen oder Scheitern von Erfahrungssätzen und wissenschaftlichen Theorien. Die Erkenntnistheorie muss solche Fehlleistungen berücksichtigen, und sie kann daraus sogar einiges lernen: über Sicherheit und Geltung, über Umfang und Grenzen der Erkenntnis, auch über die Beschaffenheit des Erkenntnisvermögens oder -apparats.

In der Geschichte der Erkenntnistheorie sind oft Argumente vorgebracht worden, die sich auf die Existenz und die Merkmale von Fehlleistungen berufen. Eine Auswahl der wichtigsten soll hier besprochen werden:

1. Fehlleistungen führen zuerst einmal ganz grundsätzlich zur Einsicht, dass Erkenntnis nicht immer sicher, nicht garantiert ist; sie stellen damit ein wichtiges Motiv dar, überhaupt Erkenntnistheorie und Erkenntniskritik zu betreiben.

2. Fehlleistungen verdeutlichen die Unterscheidung verschiedener Stufen der Erkenntnis, und zwar (mindestens) der Wahrnehmung, der Erfahrungserkenntnis und der wissenschaftlichen Erkenntnis.
3. Fehlleistungen sind als Argumente gegen einen *naiven* Realismus angesehen worden.
4. Aber sie sind auch als Argumente für einen geläuterten, kritischen oder hypothetischen Realismus vorgebracht worden.
5. Kant hat mit Fehlleistungen der Vernunft mögliche und unmögliche Gegenstände der Erkenntnis unterschieden; wieder andere Fehlleistungen zeigen dagegen deutliche Probleme der Kantschen Position auf.
6. Fehlleistungen grenzen ab, in welchen Bereichen menschliche Erkenntnis erfolgreich ist und in welchen nicht.
7. Außerdem zeigen sie, dass gewisse Erkenntnisstrukturen starr und unkorrigierbar erscheinen; eine mögliche Deutung sieht diese als angeboren an.
8. Aufgrund dieser Verteilung von Leistungen und Fehlleistungen und der angeborenen Anteile der Erkenntnis wurde vorgeschlagen, dass das menschliche Erkenntnisvermögen eine Anpassung an bestimmte Umweltbedingungen darstellt und sich (wie andere Anpassungen) im Verlauf der Evolution durch natürliche Selektion herausgebildet hat. Diese Auffassung wird von der Evolutionären Erkenntnistheorie vertreten.
9. Fehlleistungen werfen schließlich ein Licht auf den Erkenntnisapparat, auf die kognitiven Mechanismen und auf die Zusammenhänge zwischen Erkenntnis und ihrem organischen Substrat, dem Gehirn.

Fehlleistungen erscheinen somit für viele typische Fragen der Erkenntnistheorie bedeutsam: Für Sicherheit und Geltung, für Umfang, Reichweite und Grenzen, für Struktur und Funktion des Erkenntnisapparates.

3.9.1 Fehlleistungen und die prinzipielle Unsicherheit von Erkenntnis

Für Antworten auf die Frage nach Sicherheit und Geltung von Erkenntnis muss man die Fehlleistungen der Erkenntnis berücksichtigen: Ob Erkenntnis nie, gelegentlich oder immer versagt, ob das nur unter bestimmten Bedingungen oder allgemein geschieht, ist für die Erkenntnistheorie entscheidend und wichtig zu wissen.

Dass menschliche Erkenntnis (in allen ihren Formen) wenigstens *gelegentlich* fehlerhaft ist, also nicht wahr, nicht zutreffend, nicht perfekt, und dass man sich also nicht unter allen Umständen, nicht unbeschränkt auf sie verlassen darf, ist heute ein Gemeinplatz, war aber einmal eine wichtige und grundlegende Einsicht – mindestens seit Xenophanes und Platon. Schon Platon beschreibt die Sinnestäuschung, dass ein gerader Stock, der halb ins Wasser eingetaucht ist, geknickt erscheint – ein Beispiel, das von Erkenntnistheoretikern immer wieder aufgegriffen wurde (Platon, *Politeia,* X, 602c; vgl. auch Broackes 1995). Diese Einsicht, dass Erkenntnis nicht immer sicher ist, bot natürlich auch ein starkes Motiv dafür, überhaupt Erkenntnistheorie und Erkenntniskritik zu betreiben.

Für die Wahrnehmungs- und Erfahrungserkenntnis ist diese Einsicht heute akzeptiert und selbstverständlich; aber Sicherheit bei wissenschaftlicher Erkenntnis wird selbst heute noch von einigen Philosophen für möglich gehalten und angestrebt (im 20. Jahrhundert beispielsweise im logischen Positivismus, bei Husserl, Karl-Otto Apel und anderen). Allerdings werden gegen Ansprüche auf sichere Erkenntnis, aber auch schon gegen die Suche danach, erhebliche Einwände laut, die die Unmöglichkeit von Letztbegründungen betonen (Popper, Albert und andere).

Letztlich ist es das Scheitern aller Versuche, Letztbegründungen zu finden – also wiederum eine Fehlleistung – die es nahelegt, dass es solche Letztbegründungen nicht gibt (vgl. zum Beispiel Albert 1982). Auch auf anderen Gebieten legen regelmäßige Fehlleistungen oder das wiederholte, ausnahmslose Scheitern bei dem Versuch, etwas zu erreichen, den Schluss dringend nahe, dass das, was man erreichen wollte, tatsächlich unmöglich ist beziehungsweise nicht existiert. Als Beispiele ließen sich Angabe von Letztbegründungen, Beweis der Existenz der Außenwelt, Angabe echter synthetischer Urteile a priori, Erfindung eines Perpetuum mobile und viele andere nennen. Jede dieser Nichtexistenzbehauptungen könnte freilich revidiert werden, falls man doch eines der gesuchten Objekte finden sollte.

Wenn absolut sichere Erkenntnis, wenn Letztbegründungen unmöglich sind, heißt das allerdings noch nicht, dass alle Erkenntnis gleich unsicher, gleich zweifelhaft oder gleich falsch ist. In welchen Bereichen sich aber die Fehlleistungen häufen und in welchen nicht, sagt etwas über die relative Sicherheit von Erkenntnissen aus (dazu mehr im sechsten Unterabschnitt), und darüber hinaus stellt sich die Frage, *warum* das gerade so ist (eine mögliche Antwort wird im achten Unterabschnitt diskutiert).

3.9.2 Fehlleistungen und Stufen der Erkenntnis

Erkenntnis kann man in drei Stufen unterteilen, nämlich (a) Wahrnehmungserkenntnis (deren Status als „Erkenntnis" freilich umstritten ist), (b) Erfahrungs- oder Alltagserkenntnis (Popper: „subjektive" oder „organismische") und (c) wissenschaftliche oder theoretische (Popper: „objektive") Erkenntnis (Popper 1993, S. 32–108, bes. 74). Stichwortartig kann man Wahrnehmungserkenntnis als unbewusst und unkritisch, Erfahrungserkenntnis als anschaulich, bewusst und unkritisch (oder höchstens mäßig kritisch) und wissenschaftliche Erkenntnis als abstrakt, bewusst und kritisch charakterisieren (vgl. auch Gregory 1980).

Die später genannten Stufen können die früheren prüfen und gegebenenfalls korrigieren – also deren Fehlleistungen aufdecken. Die genannte Unterscheidung lässt sich gerade an den Fehlleistungen deutlich machen, die auf den jeweils „niedrigeren" Stufen auftreten: Sinnestäuschungen lassen sich im Lichte der Erfahrungserkenntnis aufdecken, beispielsweise durch das Einbeziehen der Wahrnehmungen anderer Sinne, durch einen Wechsel des Standpunktes, durch Vergleich mit Erinnerungen. Und Fehlleistungen der Erfahrungserkenntnis oder kognitive Täuschungen zeigen sich im Vergleich mit wissenschaftlichen Theorien: So werden etwa Schätzungen, die wir zu exponentiellen Vorgängen abgeben, durch mathematische Berechnungen widerlegt und korrigiert, ebenso unsere Alltagsphysik (die in weiten Teilen der aristotelischen Physik entspricht) schon durch die Newtonsche Physik, mehr noch durch die relativistische Physik. Bei Kant gibt es diese Unterscheidung zwischen Erfahrungs- und wissenschaftlicher Erkenntnis noch nicht; er scheint auch noch nicht bemerkt zu haben, dass die Erfahrungserkenntnis deutliche Fehlleistungen aufweist.

3.9.3 Fehlleistungen als Argumente gegen einen naiven Realismus

Verschiedene Fehlleistungen der Wahrnehmung, beispielsweise Sinnestäuschungen, widerlegen den naiven Realismus. Nach der Position des naiven Realismus vermitteln ihre Sinneserfahrungen den Menschen einen direkten und sicheren Zugang zur Wirklichkeit, nach dem Motto: „Die Welt ist so, wie sie dem Beobachter erscheint; die Wahrnehmung liefert ein getreues Abbild der Außenwelt." Der Ausdruck „naiver Realismus" wird von Popper (1993, S. 74) Bertrand Russell zugeschrieben; er findet sich jedoch bereits zuvor 1909 bei Lenin (1977, S. 61). Aber Sinnestäuschungen, mehrdeutige Figuren und subjektive Elemente der Wahrnehmung, auch Träume und Halluzinationen widerlegen diesen naiven Realismus:

Ein ins Wasser getauchter Stock erscheint geknickt, ist es aber nicht, wie man durch Betasten, Drehen und andere Untersuchungen leicht feststellen kann. Dieses Beispiel findet sich schon bei Platon:

> So erscheinen uns dieselben körperlichen Gegenstände krumm und gerade, je nachdem wir sie in oder außer dem Wasser schauen, ferner dieselben gezeichneten Gegenstände bekanntlich hohl und erhaben gleichfalls infolge einer bei den Farben statthabenden Täuschung des Gesichtssinnes, und so hat überhaupt eine jede sinnliche Verblendung der Art offenbar ihren Grund in unserer Seele: dieser schwache Teil unserer Natur ist es nun, auf den die Zeichen- und Malerkunst, die Gaukelkunst und die vielen übrigen Taschenspielereien ähnlicher Art es anlegen und kein Blendmittel unversucht lassen. (Platon, *Der Staat*, X, 602c)

Geometrisch-optische Täuschungen gaukeln dem Beobachter Größenverhältnisse und Abstände zwischen geometrischen Figuren vor, die objektiv nicht vorliegen, wie man schon durch Abdecken von Teilen einer Figur oder durch Nachmessen mit einem Maßstab feststellen kann.

Das Subjekt fügt selbst bestimmte Anteile zur Wahrnehmung hinzu. So werden beispielsweise die verschiedenen Wellenlängen des sichtbaren Lichts als verschiedene Farbqualitäten wahrgenommen oder der nach beiden Seiten offene Ausschnitt aus elektromagnetischen Wellen verschiedener Wellenlängen zum Farbenkreis vereinigt.

Beispiele wie diese führen zu der Einsicht, dass letztlich jede Wahrnehmung (und mehr noch jede Erfahrung) bereits Interpretation oder sogar Konstruktion enthält. Darüber hinaus zeigen Erscheinungen wie Phantomschmerzen (also Schmerzen, die so empfunden werden, als kämen sie aus einem nicht vorhandenen Körperteil, beispielsweise einer amputierten Extremität), dass die Sinne nicht nur vorhandene Dinge verzerren, sondern auch gar nicht existente Dinge vorspiegeln können. Die meisten dieser Täuschungen sind unkorrigierbar und unbelehrbar (vgl. Riedl 1987):

Selbst wenn man um den wahren Sachverhalt weiß, ist man doch nicht in der Lage, den eigenen Wahrnehmungseindruck zu ändern.

Solche Sinnestäuschungen werden wiederholt in der erkenntnistheoretischen Literatur diskutiert. Die auf ihnen fußenden Argumente werden auch als „Illusionsargumente" bezeichnet (vgl. Gabriel 1980). Die Schlüsse, die daraus gezogen werden, sind allerdings keineswegs einheitlich: Skeptiker wie Sextus Empiricus schlossen daraus, dass uns die Sinne kein Wissen über die Außenwelt vermitteln, während Epikureer den Fehler der Urteilskraft und nicht den Sinnen zuschrieben (vgl. Lucretius Carus 1973 IV, S. 439 ff.).

Der Rationalist Descartes schließt daraus, dass die Erkenntnis aus Sinneswahrnehmung unzuverlässig ist, während Berkeley als Sensualist sie als Beleg gegen die Anerkennung einer unabhängig vom wahrnehmenden Bewusstsein existierenden materiellen Außenwelt nimmt.

Auch wenn man damit nicht weiß, woher die Probleme stammen – Sinne? Urteile? Außenwelt? –, eines scheint klar: Ein direkter und sicherer Zugang zur Wirklichkeit ist nicht garantiert. Dieses Scheitern des naiven Realismus legt mindestens einen kritischen Realismus nahe, etwa nach der Formel: „Die Welt ist *nicht immer* so, wie sie dem Beobachter erscheint." Allerdings ist strenggenommen auch die Existenz der Welt, von der hier die Rede ist, fraglich geworden.

Die Einsicht, dass die auch durch Illusionsargumente hervorgerufenen Bedenken gegenüber der Existenz einer unabhängigen Realität nicht restlos ausgeräumt werden können, dass nicht einmal die Existenz der Außenwelt beweisbar ist (also wiederum ein Scheitern), legt den Übergang vom kritischen Realismus zu einem *hypothetischen Realismus* nahe (vgl. Campbell 1959, S. 156; Lorenz 1973, S. 150, 303).

3.9.4 Fehlleistungen als Argumente für Realismus, gegen Instrumentalismus

Unter etwas anderem Blickwinkel wurde mit Fehlleistungen auch *zugunsten* realistischer Positionen argumentiert. Fehlleistungen wie das Fehlschlagen von Handlungen und das Scheitern von Theorien stellen nach dieser Sichtweise ein ausgezeichnetes Argument für den Realismus dar, weil nur der Realismus erklären kann, *warum* eine Handlung fehlschlägt oder *woran* eine Theorie scheitert. Antirealistische Positionen wie Idealismus, Konventionalismus, Pragmatismus, Instrumentalismus, Positivismus oder Konstruktivismus können zwar auch den Begriff „Scheitern" verstehen und feststellen, wann etwas scheitert (wenn es nämlich anders verläuft, als man erwartet hat), können aber keinerlei Grund oder Erklärung dafür angeben. Im Gegensatz dazu sind realistische Auffassungen in der Lage, sowohl den Erfolg als auch das Scheitern von Theorien zu erklären: Das Versagen einer Theorie kommt durch ihre Nichtübereinstimmung mit zumindest einigen relevanten Merkmalen der realen Außenwelt zustande (vgl. Vollmer 2017).

Frühere, ähnlich gelagerte Argumente beschrieben das Widerstandserlebnis, also die Erfahrung, dass die Außenwelt dem handelnden Subjekt Widerstand entgegensetzt. Der Begriff „Widerstandserlebnis" geht auf Destutt de Tracy zurück und wurde von Dilthey, Scheler und Nicolai Hartmann aufgegriffen, allerdings in argumentativ unterschiedlicher Weise. Während die einen mit Widerstandserlebnissen nur erklären, woher die subjektive Gewissheit der Existenz einer Außenwelt kommt – nämlich durch die vorreflexive Begegnung mit ihr als etwas, das Widerstand leistet –, scheinen andere die Widerstandserfahrung ausdrücklich als Argument und Begründung der Realität der Außenwelt verwendet zu haben: „Gegenstand [ist] dasjenige [...], was dawider ist, dass unsere Erkenntnisse nicht aufs Geratewohl oder beliebig, sondern [...] bestimmt [sind]" (Kant 1956, A 104; ähnlich auch Destutt de Tracy; vgl. auch Klein 1997, S. 194).

3.9.5 Fehlleistungen bei Kant

Die Existenz unanschaulicher wissenschaftlicher Theorien ist als Widerlegung der Transzendentalphilosophie angesehen worden. Die Transzendentalphilosophie Kants nimmt an, dass jegliche Erkenntnis, einschließlich der über die Alltagserkenntnis hinausgehenden theoretischen oder wissenschaftlichen Erkenntnis immer von den Anschauungsformen, Kategorien und Grundsätzen des menschlichen Verstandes geprägt sein müsste. Das sei so, weil jede, auch jede theoretische Erkenntnis letztlich nur von Erscheinungen in menschlicher Anschauung handeln könne. Wenn das stimmte, könnte keine mögliche wissenschaftliche Erkenntnis je diesen Strukturen widersprechen, sondern könnte sie immer nur bestätigen. Dass aber die menschliche Alltagserkenntnis sogar in etlichen Fällen *scheitert*, also der wissenschaftlichen Erkenntnis, die als die „höhere" Erkenntnisstufe gelten darf, widerspricht, zeigt deutlich, dass eine derartige Annahme der Transzendentalphilosophie nicht zutreffen kann. Beispiele finden sich schon im Zusammenhang der aristotelischen Physik; massiv dann aber mit dem Aufkommen der Relativitätstheorie und der Quantentheorie. Karl Popper betont zudem, schon das häufige Scheitern beim Versuch, zur Erkenntnis zu gelangen, widerlege den Kantschen Ansatz:

> Kant hatte damit recht, daß unser Verstand der Natur die Gesetze vorschreibt – nur beachtete er nicht, wie oft unser Verstand dabei scheitert: Die Regelmäßigkeiten, die wir vorschreiben möchten, sind *psychologisch a priori*, doch es gibt nicht den geringsten Grund dafür, daß sie *a priori gültig* wären, wie Kant glaubte. (Popper 1993, S. 24)

> Kant hatte [...] damit recht, daß unser Verstand der ungeordneten Masse der „Empfindungen" seine Gesetze – seine Ideen, seine Regeln – vorschreibt und sie dadurch ordnet. Er verkannte aber, daß wir immer wieder Versuche und Irrtümer erleben, und daß das Ergebnis – unsere Erkenntnis der Welt – der Widerstand leistenden Wirklichkeit ebensoviel verdankt wie unseren selbsterzeugten Ideen. (Popper 1993, S. 69)

3.9.6 Fehlleistungen bestimmen Umfang und Grenzen der Erkenntnis

Es gibt deutliche Begrenzungen und Beschränkungen menschlicher *Wahrnehmung*. Im Gegensatz zu Menschen können Bienen Licht im ultravioletten Bereich des Spektrums sehen, das für Menschen unsichtbar ist, und schnell aufeinanderfolgende

Lichtreize auseinanderhalten, die für Menschen bereits zu einem kontinuierlichen Eindruck verschmelzen. Fledermäuse und Hunde können anders als zu Menschen Ultraschall hören. Auch Röntgen-, Gamma-, kosmische Strahlen, Radiowellen, elektrische und magnetische Felder nehmen Menschen nicht wahr. Auch Kohlenmonoxid und manche andere Gifte können nicht durch Sinneswahrnehmung erkannt werden. Solche Begrenzungen der Wahrnehmung sind dem wahrnehmenden Menschen selbst zunächst verborgen; man kann sie nur durch Vergleich mit anderen wahrnehmenden Systemen feststellen, oder indem man Erfahrungs- oder wissenschaftliche Erkenntnis heranzieht.

Auch die *Erfahrungserkenntnis* ist beschränkt: Die Beobachtung verschiedener kognitiver Fehlleistungen zeigt, dass Menschen verschiedene Aufgabentypen unterschiedlich gut lösen können (siehe Abschn. 3.5). Für die Erkenntnistheorie ist es ausgesprochen aufschlussreich festzustellen, was Menschen am besten, was sie am schlechtesten, und was sie überhaupt nicht erkennen können:

Erhebliche Schwierigkeiten gibt es vor allem beim Umgang mit großen Zahlen und anderen Größen, bei nichtlinearem (zum Beispiel exponentiellen) Wachstum, bei komplizierten Systemen, bei langen, verzweigten, rückgekoppelten oder gar vernetzten Kausalketten oder Berechnungen, bei chaotischen Systemen, bei Zufallsereignissen, bei Unsicherheit und Risiko. Gut hingegen können Menschen offenbar mit bestimmten Aspekten von Raum, Zeit und Kausalität umgehen. Auch der optische und der akustische Sinn können, mindestens was deren Empfindlichkeit angeht, als fast perfekt gelten. Offenbar treten Fehlleistungen also gehäuft im sehr großen (Makrokosmos oder Megakosmos, kosmische Entfernungen, lange Zeiträume) und auch im sehr Kleinen auf (Mikrokosmos, Quantenerscheinungen), außerdem bei großer Komplexität.

Daher lässt sich – zunächst beschreibend – zusammenfassen: die menschlichen Erkenntnisstrukturen sind, vor allem, wenn man die Erfahrungserkenntnis betrachtet, anscheinend in einer Welt mittlerer Größen und geringer Komplexität am erfolgreichsten. Eine Erklärung, warum Erkenntnis ausgerechnet in diesen Bereichen gut und außerhalb eher schlecht funktioniert, wird im achten Unterabschnitt diskutiert.

3.9.7 Fehlleistungen zeigen Starrheit und angeborene Komponenten der Erkenntnisfähigkeit

Spezifische Fehlfunktionen oder Unzweckmäßigkeiten lassen vermuten, dass viele Wahrnehmungs- und Erkenntnisvorgänge auf sehr einfache und starre Weise, geradezu in der Art *mechanischer Vorgänge* ablaufen: So sind viele Sinnestäuschungen, auch kognitive Täuschungen vorhersagbar und einsehbar, aber dennoch subjektiv völlig unkorrigierbar.

Diese Beobachtung lässt sich in zwei Richtungen weiter verfolgen: Zum einen weckt sie die Hoffnung, den fraglichen Vorgang *erfolgreich analysieren und verstehen* zu können; sie nimmt ihm ein Stück weit den Charakter des Unverständlichen oder Unzugänglichen. Zum anderen lohnt es sich bei solchen starren, von der

Erfahrung kaum beeinflussbaren Vorgängen, die bei veränderten Umweltbedingungen in Fehlleistungen resultieren, ohne je korrigiert zu werden, oft zu untersuchen, ob oder inwieweit sie *angeboren* sind.

Zum ersten Punkt weist Konrad Lorenz darauf hin, dass gerade „die Fehlleistungen angeborener Verhaltensweisen auf ihre physiologische Natur aufmerksam machten", (Lorenz 1973, S. 308) und dass bei der Wahrnehmung nicht nur die Leistungen, sondern „noch mehr ihre höchst aufschlußreichen Fehlleistungen [...] so sehr den Charakter des Mechanischen, oder besser gesagt, des Physikalischen [tragen], daß sie mehr als andere komplexe Lebenserscheinungen unseren Forschungsoptimismus bestärken" (Lorenz 1978, S. 37).

Neben dem Anstoß und der Ermutigung zur Forschung zeigen Fehlleistungen also, dass mindestens einige Teile von Erkenntnisvorgängen auf sehr einfache Weise ablaufen, teilweise angeboren sind und keineswegs unverständlich oder unzugänglich sind.

3.9.8 Fehlleistungen als Argumente für eine evolutionäre Erkenntnistheorie

Es ist argumentiert worden, das Auftreten von Fehlleistungen beim Erkennen lege eine evolutive Entstehung (jedenfalls einiger, nämlich der angeborenen) Erkenntnismechanismen nahe. Das ist analog zu der im Abschnitt Evolutionstheorie vorgestellten Argumentation, die behauptet, unvollkommene, unzweckmäßige, nichtangepasste Merkmale, Organe und Verhaltensweisen stellten besonders gute Belege für das Wirken evolutionärer Vorgänge dar. Kurz ausgedrückt: Der menschliche Erkenntnisapparat ist nicht perfekt, und das kann man am besten erklären, wenn man annimmt, er sei in der Evolution entstanden.

Andererseits wird von der Evolutionären Erkenntnistheorie behauptet, dass wenigstens einige Teile oder Aspekte des menschlichen Erkenntnisvermögens zutreffende, wahre Erkenntnis über die Außenwelt liefern. Diese Behauptung beruht auf der Annahme, dass (völlig) falsche Erkenntnis (und falsche Erkenntniskategorien) nicht überlebensdienlich seien und sich deshalb in der Evolution nicht halten und schon gar nicht durchsetzen konnten.

> Wer aufgrund seiner falschen Erkenntniskategorien eine falsche Theorie der Welt machte, der ging im „Kampf ums Dasein" zugrunde – jedenfalls zu jener Zeit, als die Evolution der Gattung Homo vonstatten ging. (Mohr 1970, S. 21)

> To put it crudely but graphically, the monkey who did not have a realistic perception of the tree branch he jumped for was soon a dead monkey – and therefore did not become one of our ancestors. (Simpson 1963, S. 84)

Ein unrealistisches Weltbild, das zum Scheitern alltäglicher Theorien führt, würde also den frühen Tod seines Trägers verursachen und so dazu führen, dass ein solches Weltbild nicht an folgende Generationen weitergegeben wird. Diese Argumentation ist allerdings noch unvollständig, weil sie nicht direkt erklärt, warum es Überlebende mit vergleichsweise „guten“, realistischen Weltbildern gibt. Sie könnte etwa wie folgt ergänzt werden: Wenn Organismen, die direkt miteinander konkurrieren, ihre Handlungen auf unterschiedlich realistische Weltbilder bauen, dann kann man, in erster Näherung, erwarten, dass der Organismus mit dem realistischeren Weltbild erfolgreicher ist, eine höhere Fitness aufweist, mehr Nachkommen erzeugt und dass sich seine Nachkommen (als seine Abbilder beziehungsweise ihm ähnliche Individuen) in den folgenden Generationen durchsetzen. Diese Argumentation setzt noch zweierlei voraus: (a) Dass tatsächlich, zum Beispiel durch Mutation neue Erkenntnisapparate auftreten, die immer realistischere Weltbilder ermöglichen und (b) dass ein realistischeres Weltbild keine relevanten Nachteile mit sich bringt, etwa durch übermäßigen Aufwand, wenn also die Kosten verfeinerter Erkenntnis deren Nutzen übersteigen, oder durch genetische Kopplung mit nachteiligen Merkmalen.

3.9.9 Fehlleistungen als Fenster zum Erkenntnisapparat

Schon einige grundlegende Einsichten über Erkenntnis – die uns heute möglicherweise trivial vorkommen – hat man aufgrund von Fehlleistungen gewonnen. Die spezifischen Ausfälle in der Folge von Gehirnverletzungen haben Hinweise darauf gegeben, dass Verarbeitung der Sinneswahrnehmungen, Erkennen, Denken, Gedächtnis und Bewusstsein im Gehirn lokalisiert sind (so schon im alten Ägypten (vgl. Changeux 1984, S. 13 f.) oder bei Descartes (*Principia philosophiae*); mehr dazu im Abschn. 3.7). Es wurde nicht nur die Meinung vertreten, dass das Gehirn eine notwendige Bedingung für Bewusstsein und Erkenntnis ist (das könnte es ja auch, wenn es als Kraftwerk oder Kühlvorrichtung für das Blut (Aristoteles) diente), sondern dass die Vorgänge tatsächlich dort lokalisiert seien. Die noch vorgelagerte Einsicht ist, dass Bewusstsein und Erkenntnis von materiellen Strukturen abhängig sind.

Vergleichende Analyse und allgemeine Züge der „Fehlfunktions-Methode“ 4

Um die in den verschiedenen Fallbeispielen vorgestellten Fehlleistungen und deren Rolle beim Erkenntnisgewinn vergleichend zu analysieren und, soweit möglich, allgemeine Züge der „Fehlfunktions-Methode“ herauszuarbeiten, werden zunächst einige der Verwendung der Fehlfunktions-Methode implizit oder explizit zugrundeliegenden Annahmen diskutiert. In einem zweiten Schritt werden dann Übereinstimmungen bezüglich der Vorgehensweisen betrachtet. Daran schließt sich eine Ordnung und Systematisierung der Rolle von Fehlfunktionen im Rahmen einer hier entwickelten Hypothese über das allgemeine schrittweise Vorgehen in der Forschung an.

4.1 Annahmen im Vergleich

Es hat sich herausgestellt, dass bestimmte Annahmen für die Fehlfunktions-Methode als notwendig erachtet werden. Genannt und diskutiert werden sie vor allem in der Kognitiven Neuropsychologie; sie sind aber auch für andere Gebiete und in allgemeiner Hinsicht von Bedeutung. Die drei wichtigsten sind die Transparenzannahme, die Modularitätsannahme und die Subtraktivitätsannahme.

4.1.1 Transparenzannahme

Die Transparenzannahme ist mehr oder weniger Grundlage *jeder* Form des Erkenntnisgewinns aus Fehlfunktionen. Die Bezeichnung stammt aus der Kognitiven Neuropsychologie und existiert in einer starken und einer schwachen Form: Die schwache Form besagt, dass die Beobachtungen der Fehlfunktionen und Ausfälle hinreichen sollten, um festzustellen, welche Subsysteme *gestört* sind. So definiert Caramazza (1984, S. 10) die „transparency assumption“ als „a strongly construed belief that the pathological performance observed will provide a basis for discerning

B. Schweitzer, *Der Erkenntniswert von Fehlfunktionen*,
https://doi.org/10.1007/978-3-476-04951-3_4

which component or module of the system is disrupted." Die starke Form behauptet, dass eine Reihe solcher Beobachtungen es auch ermöglichen sollte, den Aufbau und die Funktion des *intakten* Systems zu erkennen. In diesem Sinne behauptet Curtiss (1988, S. 97): „A basic tenet of neuropsychology is the ‚transparency' assumption: the assumption that one can extrapolate from the abnormal case to the normal case." Die Transparenzannahme hat vor allem programmatischen Charakter und kann letztlich nur durch den Erfolg eines solchen auf Fehlfunktionen bauenden Forschungsprogramms gerechtfertigt werden.

4.1.2 Modularitätsannahme

Die Modularitätsannahme ist eine weit verbreitete, aber auch heftig umstrittene Annahme. Sie besagt, dass viele oder sogar alle realen Systeme aus weitgehend unabhängigen Teilsystemen aufgebaut seien. Zuweilen wird dabei noch zwischen Modularitätsannahme (im engeren Sinne) (Marr 1976; Fodor 1983; bei Ellis und Young 1988, S. 28, *die* Grundannahme der (gegenwärtigen) Kognitiven Neuropsychologie) und Fraktionierungsannahme (Caramazza 1984, S. 10: „The most fundamental assumption of cognitive neuropsychology is the fractionation assumption – the belief that brain damage can result in the selective impairment of components of cognitive processing") unterschieden: Beide sind eng verwandt, und beide besagen, dass ein System aus autonomen Subsystemen zusammengesetzt ist. Die Fraktionierungsannahme betont darüber hinaus, dass jedes Subsystem getrennt von den übrigen ausfallen könne. Manchmal wird noch angefügt, dass dabei Struktur und Funktion der verbliebenen Teile nicht oder jedenfalls nicht nennenswert beeinflusst werden; damit geht die Argumentation bereits in Richtung der Subtraktivitätsannahme (siehe unten). „Fraktionierung" betont also eher die Möglichkeit des getrennten *Versagens*, „Modularität" mehr die grundsätzlichen Eigenschaften des *Aufbaus* von Systemen, die dem Funktionieren und dem Versagen zugrunde liegen.

Für die Modularitätsannahme sprechen verschiedene Argumente: Ein Evolutionsargument, das besagt, dass modular aufgebaute Systeme grundsätzlich leichter, schneller und erfolgreicher evoluieren und daher nicht-modular aufgebaute Systeme – falls solche überhaupt auftreten – binnen kurzem verdrängen (Simon 1994, S. 149–165); ein erkenntnistheoretisches Argument, das sich darauf bezieht, dass man in einer Welt, die nicht wenigstens teilweise modular aufgebaut ist, nichts erkennen könnte (und darüber hinaus womöglich noch nicht einmal erkennende Wesen existieren könnten); eine Vielzahl empirischer Beobachtungen, von der Physik bis zu Genetik, Entwicklungsphysiologie, Psychologie, Neurologie und vielen anderen. Besonders eindrucksvoll sind Beobachtungen, dass Teile in Isolation genauso wie im ursprünglichen Systemzusammenhang funktionieren können (zum Beispiel einzelne Gene, Zellen, Gewebe oder Organe im Reagenzglas) oder dass in vielen Systemen Teile gegen andere ausgetauscht werden können (zum Beispiel bei Organ- oder Gentransplantation).

Argumente gegen die Modularitätsannahme verweisen auf konsequent nichtmodulare Modelle wie neuronale Netze oder parallelverarbeitende Rechner, die in gewissen Bereichen, vor allem der Kognition, erfolgreiche Alternativerklärungen zu modularen Modellen liefern.

4.1.3 Subtraktivitätsannahme

Die Subtraktivitätsannahme wird der Forschung ebenfalls häufig zugrunde gelegt, ist aber noch problematischer als die vorigen Annahmen. Gelegentlich wird sie als Teil der Modularitätsannahme angesehen, sie hat jedenfalls starke Bezüge zu ihr. Sie besagt, dass nach dem Ausfall oder der Wegnahme eines Teilsystems nur die (direkten) Effekte dieses Ausfalls, nicht aber sekundäre Effekte wie Enthemmung zuvor inaktiver Teilsysteme oder eine allgemeine Reorganisierung des gesamten Systems auftreten. Zuweilen wird sie auch als *Lokalitätsannahme* bezeichnet; danach seien Beschädigungen ausschließlich lokal und hätten keine Fernwirkungen. Dies ist sicher nur in erster Näherung richtig: Teilsysteme, die einander im Normalzustand hemmen, sind in der Biologie keineswegs ungewöhnlich, und die häufig zu beobachtende allmähliche Besserung nach Schäden, etwa der sprachlichen Leistungen bei Aphasikern, legt eine (wenigstens teilweise) Umordnung der sprachlich-kognitiven Strukturen im Verlauf eines (partiellen) Heilungsprozesses nahe (vgl. Kelter 1990). Dennoch wird diese Annahme zum Beispiel in der Kognitiven Neuropsychologie regelmäßig zugrunde gelegt, und man spricht sogar davon, dies sei „theoretische Praxis“, wenn auch die Untersuchung von Alternativen interessant und wünschenswert sei (Glymour 1994, S. 824).

4.2 Vorgehensweisen im Vergleich

4.2.1 Fehlfunktionen und die Angemessenheit von Erklärungen und Modellen

Normales Funktionieren lässt sich auf sehr viele Arten erklären, und es lassen sich auch sehr viele Modelle entwerfen, wenn nur gefordert ist, dass das Modell dieselben Leistungen erbringen soll wie das Original. Eine Rechenmaschine beispielsweise kann auf viele verschiedene Arten konstruiert sein; aber allein aus ihrem korrekten Funktionieren kann man kaum herausfinden, wie sie *tatsächlich* aufgebaut ist. Die Berücksichtigung von Fehlfunktionen engt den Bereich möglicher Erklärungen und Modelle dagegen stark ein, und eröffnet die Chance, zu einem besseren Verständnis der tatsächlichen Arbeitsweise und des Aufbaus des Originals zu gelangen.

Dieses Argument wird auch in der Systemtheorie vorgebracht:

> Systemanalyse zielt nie darauf ab, ein Modell zu konstruieren, das nur äußerlich dasselbe leistet wie das gegebene System. Die Nachkonstruktion soll vielmehr auch etwas zu dessen Verständnis beitragen. Das kann sie aber nur dann, wenn sie nicht nur per saldo dasselbe leistet, sondern wenn sie die Leistung auch mit *denselben Mitteln* erzielt. Sie darf dann also auch nicht qualitativ *besser* sein als die Vorlage, sondern muß genau dieselben *Fehler* machen wie diese. (Bischof 2016, S. 366)

4.2.2 Der Erkenntniswert *einzelner* Fehlfunktionen

Der mindeste Erkenntniswert, den man *einzelnen* Fehlfunktionen zuschreiben kann, beruht auf der Tatsache, dass viele der beschriebenen Fehlfunktionen große Aufmerksamkeit erregen und damit den Anstoß zur erstmaligen oder zur vertieften Erforschung einer solchen Erscheinung geben.

Es kommt darüber hinaus keineswegs selten vor, dass ein System durch das Auftreten von Fehlfunktionen überhaupt erst entdeckt und in seiner Existenz zur Kenntnis genommen wird. Eine Entdeckung aufgrund von Fehlfunktionen ist vor allem bei sogenannten „transparenten" Systemen (vgl. Abschn. 4.4.7) wichtig und typisch.

Unterstellt man, es gebe eine ordinale Skala für Komplexität, kann man mit Hilfe von Daten über Fehlfunktionen auch häufig für eine *untere Grenze* der Komplexität des betreffenden Systems argumentieren. Ebenso erscheint es möglich, bereits aufgrund einzelner Fehlfunktionen eine *Obergrenze* der Komplexität, der Belastbarkeit oder der Fähigkeit zur Informationsverarbeitung eines Systems zu erkennen.

In manchen Disziplinen wird sogar die Ansicht vertreten, die Suche nach einzelnen, einen Sachverhalt zweifelsfrei klärenden Fehlfunktionen sei das primäre Ziel der Forschung. So wird etwa für die Versprecherforschung behauptet, Ziel sei das Auffinden des „perfekten Versprechers" (So Cutler 1988), der über eine bestimmte linguistische oder psycholinguistische Hypothese in der Art eines *experimentum crucis* entscheidet.

4.2.3 *Profile* von Fehlfunktionen und Verfahren ihrer Erstellung

Um Struktur- und Funktionszusammenhänge aufzuklären, ist man in der Regel weniger an *einzelnen* Fehlfunktionen interessiert, sondern an Daten über die verschiedenen auftretenden Fehlfunktionen eines Systems und deren mögliche Kombinationen, also an *Profilen* gestörter und ungestörter Leistungen. Auf welche Weise es möglich ist, solche Profile zu gewinnen, soll exemplarisch für die Gebiete Neuropsychologie und klassische Genetik erläutert werden.

Das Rohmaterial für solche Profile stammt aus Beobachtungen gemeinsamen oder getrennten Auftretens von Fehlfunktionen, also von *Assoziationen* und *Dissoziationen* zwischen Fehlfunktionen (vgl. Shallice 1988; Kelter 1990, S. 22). Eine *Assoziation* liegt vor, wenn mehrere normalerweise vorhandene Leistungen regelmäßig *gemeinsam* ausfallen, wenn also beispielsweise in der Neuropsychologie ein Patient Wortfindungs- *und* Objekterkennungsstörungen hat und sich weitere Patienten auffinden lassen, die genau dieselben Probleme haben. Eine *Dissoziation* liegt vor, wenn (bei einem oder mehreren Systemen) eine Leistung (A) ausfällt, eine andere Leistung (B) dagegen erhalten bleibt. Eine *doppelte Dissoziation* ist schließlich gegeben, wenn bei einem System Leistung A ausfällt und Leistung B intakt bleibt, während bei einem anderen gleichartigen System Leistung A intakt bleibt und Leistung B ausfällt (vgl. Ellis und Young 1996, S. 22 ff.; Kelter 1990; bezüglich doppelter Dissoziationen abwegig dagegen Schwarz 1992, S. 67 f.).

Die Standardauffassung ist, dass doppelte Dissoziationen sehr sichere Daten darstellen, dass einfache Dissoziationen mit Problemen behaftet sind, weil sie nicht nur durch getrennte Verarbeitungskomponenten bedingt sein können, sondern auch dadurch, dass die Aufgaben unterschiedlich schwierig sind und die schwierigere zuerst ausfällt, und dass Assoziationen sehr unsichere Daten sind, da sie auch Artefakte sein können, die etwa durch räumliche Nähe im Gehirn oder gemeinsame Blutgefäßversorgung zustande kommen.

In der Genetik erstellt man Profile, indem man mutierte und normale Organismen in unterschiedlicher Weise kreuzt. Ein Einsatz der genannten Verfahren aus der Neuropsychologie ist hier ebenfalls denkbar; oft aber sind die Fragen durch Kreuzungsverfahren einfacher lösbar (siehe Abschn. 3.2).

4.2.4 Erkenntnisgewinn aus der *Häufigkeit* von Fehlfunktionen

Wie oft eine bestimmte Fehlfunktion auftritt (mit welcher Häufigkeit, mit welcher Rate) kann ein wichtiges Kriterium sein. Besonders bei Mutationen ist die Leichtigkeit, mit der man durch Mutagenese eine bestimmte Fehlfunktion hervorrufen kann, ein Indiz dafür, ob eine Funktion auf einem oder auf mehreren (redundanten) Genen beruht.

4.2.5 Erkenntnisgewinn aus *spezifischen Eigenschaften* von Fehlfunktionen

Für einige Forschungsgebiete ist die Analyse der *spezifischen Eigenschaften* von Fehlfunktionen typisch. Ein Beispiel ist die Untersuchung der charakteristischen Verzerrungen bei Abbildungen, etwa in der Wahrnehmung, um so etwas über die Funktionsweise des abbildenden Apparates herauszufinden.

In geringerem Umfang wird auch ein genereller Erkenntnisgewinn aus der *Art* der auftretenden Fehlfunktionen für möglich gehalten. Er kann sich in einer Gestaltwahrnehmung, in einem intuitiven Erfassen äußern. (So etwa wird man Konrad Lorenz verstehen können.) Hier stellt sich freilich sofort die Frage, ob und inwieweit ein solches Verfahren prüfbar ist oder ob es vielleicht nur zur Hypothesen*generierung* taugt.

Nun gibt es allerdings auch Konstellationen, bei denen die *Art* der Fehlfunktionen zur *Entscheidung* zwischen Hypothesen beitragen kann. Dies gilt zum Beispiel für die Kognitive Neuropsychologie: Beim Wissenschaftstheoretiker Jeffrey Bub, der einen Versuch der formalen Rekonstruktion wesentlicher Methoden Kognitiven Neuropsychologie vorgelegt hat (siehe Abschn. 5.4.4) findet sich ein Beispiel, auf welche Weise durch Informationen über die Arten von Fehlfunktionen entschieden werden kann, ob an zwei verschiedenen Aufgaben ein und dieselbe oder zwei verschiedene parallelverarbeitende Komponenten beteiligt sind. Er muss dafür allerdings eine „Elementaritätsannahme“ einführen und fordern, dass Subsysteme weitgehend spezialisiert sind und dass Ähnlichkeiten der gestörten Leistungen beziehungsweise

Ähnlichkeiten der Störungen auf ähnliche oder gleiche Subsysteme schließen lassen (Bub 1994, S. 854). Andere Neuropsychologen meinen, es sei *grundsätzlich* aufschlussreich, die Arten der Fehlfunktionen zu untersuchen (Ellis und Young 1988, S. 16, verweisen auf derartige Studien). Auch in der Genetik gibt es Beispiele, dass bereits die Art von Fehlfunktionen gewisse Schlüsse erlaubt: Wenn sich zum Beispiel eine Mutante gegenüber dem (dominanten) Wildtyp rezessiv verhält, ist es wahrscheinlich, dass es sich um eine Mutante mit Funktions*verlust* handelt.

4.3 Heuristische Überlegungen zur Systematisierung

4.3.1 Wie kann man Fehlfunktionen ordnen und systematisieren?

Fehlfunktionen werden an vielen Stellen und in vielen Stadien der Forschung genutzt. Will man sie ordnen, so bietet es sich an, dabei den Schritten der Forschung zu folgen. Systematische Aufzählungen solcher Schritte sind allerdings kaum zu finden. Die wenigen vorliegenden sind zudem oft recht schematisch; zum Beispiel nennt Lorenz (1978, S. 32 f.) als wesentliche Schritte „Inventarisierung der Teile, lineare Abfolge, sukzessive Verfeinerung". Da aber Fehlfunktionen in sehr vielen Stadien in der Forschung genutzt werden, erhält man mit ihrer Hilfe bereits eine Skizze wissenschaftlichen Vorgehens, die (mit kleineren Ergänzungen) für viele Systeme beziehungsweise Probleme aus Biologie und Psychologie die wesentlichen Schritte abzudecken scheint. Damit das Verfahren hinreichend allgemein sein kann, müssen freilich Einbußen hinsichtlich der Tiefe hingenommen werden.

4.3.2 Ziele der Wissenschaft

„Ziel der Forschung [...] ist immer die kausale Analyse des Systems" (Lorenz 1978, S. 45 f.). Die Analyse eines unbekannten Systems ist darauf gerichtet, das System zu durchschauen, genauer: ein *Modell* des Systems zu entwerfen (und zu prüfen), das Erklärung und Vorhersage des Systemverhaltens ermöglicht. Für weite Teile der Wissenschaft typisch sind Modelle, die das System aus seinen Teilen und ihrem Zusammenwirken erklären. Eine solche Aufklärung gelingt selten auf einen Schlag; meistens wird sie erst über Zwischenstadien erreicht.

Eine Abfolge von Stadien reicht von reinen Verhaltensmodellen (*black box models*) über Modelle, die interne Zustände enthalten (*grey box models*) zu mechanismischen Modellen (*white* oder *translucid box models*) (der Begriff „mechanismisch" stammt von Bunge 1979, 232; siehe auch Mahner und Bunge 1997, S. 125 f., und soll betonen, dass Systemverhalten nicht nur durch mechanische Vorgänge, sondern durch jede Art materiell-energetischer Vorgänge erklärt werden darf) oder auch von funktionalen zu kausal-mechanistischen Modellen (vgl. Klein 1978). Ziel der Wissenschaft sind in der Regel mechanistische beziehungsweise mechanismische Modelle. Die beiden anderen Typen (die man beide als „phänomenologische

Modelle" zusammenfassen kann (Bunge 1964; Mahner und Bunge 1997, S. 125 f.) werden häufig nur als Zwischenstufen auf dem Weg dorthin betrachtet. Dennoch können auch sie in manchen Zusammenhängen durchaus nützlich sein, zum Beispiel für praktische Zwecke.

Im Grunde handelt es sich dabei um einen typischen „*top-down*"-Ansatz, der das System als Ganzes gedanklich, wenn auch anhand gewisser empirischer Informationen, in Teilfunktionen zerlegt, im Gegensatz zum „*bottom-up*"-Vorgehen, das im Wesentlichen von Informationen über die (Struktur der) Einzelteile ausgeht (vgl. Bechtel und Richardson 1993, S. 18).

4.3.3 Elf typische Schritte

Beim üblichen Vorgehen der Forschung lassen sich elf Schritte oder Stadien unterscheiden, die zunächst einmal aufgelistet werden:

1. Auffinden eines interessanten Gegenstandes, Systems oder Problems.
2. Abgrenzen des Systems.
3. Untersuchen der physischen Zusammensetzung und materiellen Struktur des Systems.
4. Bestimmen seiner Funktion oder Leistung (bei Lebewesen, Artefakten und anderen Systemen, denen man eine Funktion bezogen auf ein umfassenderes System zuschreiben kann).
5. Charakterisieren seiner Beziehungen zur Umgebung, also seiner relevanten Ein- und Ausgänge.
6. Qualitatives und quantitatives Bestimmen der Zusammenhänge zwischen den Einflüssen, die auf das System wirken, und seinem Verhalten; Ermitteln der Eingabe-Ausgabe-Relationen, der Reiz-Reaktions-Zusammenhänge, des Übertragungsverhaltens; Erstellen eines phänomenologischen oder *black-box*-Modells (Halbach 1974; Mahner und Bunge 1997, S. 125 f.).
7. Hypothesen über interne Zustände und Komponenten des Systems: konzeptionelle (Halbach 1974, S. 296) oder *grey-box*-Modelle (Mahner und Bunge 1997, S. 126 – dort explizit nur „Zulassen" interner Zustände, das schließt aber eine zumindest minimale Charakterisierung dieser Zustände mit ein).
8. Bestimmung der funktionalen Beziehungen innerhalb des Systems; unter verschiedenen Perspektiven als Systemanalyse, Funktionalanalyse, Kausalanalyse oder als Aufklärung des Wirkungsgefüges oder der funktionalen Architektur bezeichnet (zur Systemanalyse vgl. Bischof 2016; der Begriff „Wirkungsgefüge" stammt von Mittelstaedt 1961). Ziel ist Erstellung funktionaler Modelle, funktionaler Schemata oder von „Kästchen-und-Pfeil-Modellen".
9. Physisches Lokalisieren der in den vorigen Schritten erschlossenen Funktionen innerhalb des Systems.
10. Angabe der Mechanismen oder der Implementation des Systems. Mit der Erstellung von mechanistischen, dynamischen oder *translucid-box*-Modellen,

auch als Modelle auf der Ebene der Hardware bezeichnet (Bub 1994), gelten die meisten Systeme als vollständig aufgeklärt.

11. Schließlich kann ein Nachbau des Systems (etwa mit technischen Mitteln) seine Analyse abschließen, sie stützen oder auf noch verbliebene Probleme hinweisen.

Zu welchen dieser Schritte können *Fehlfunktionen* einen Beitrag leisten? Aufgrund der bisherigen Untersuchung liegt nahe, dass besonders beim Auffinden von Problemen (1), beim Bestimmen der Funktion (3), der relevanten (!) Ein- und Ausgänge (4) und der Input-Output-Relationen oder Eingabe-Ausgabe-Beziehungen (5), beim Charakterisieren innerer Zustände (7), bei Funktionalanalysen (8) und bei der Lokalisierung von Funktionen (9) Fehlfunktionen sehr hilfreich sein können. Im Folgenden sollen die einzelnen Schritte erläutert und bei jedem dieser Schritte der besondere Beitrag und die Bedeutung von Fehlfunktionen untersucht werden.

4.4 Die Schritte der Forschung im Einzelnen

4.4.1 Auffinden

Ein erster Schritt der Forschung besteht häufig darin, ein unbekanntes Objekt oder ein interessantes, noch unbearbeitetes Problem zu entdecken oder darauf aufmerksam zu werden. *Fehlfunktionen* können zum Auffinden solcher Objekte oder Probleme in vielfältiger Weise beitragen. Das hat mehrere Gründe: Oft lenken erst die Fehlfunktionen eines Gegenstandes die Aufmerksamkeit auf ihn. Gerade das Abweichende erstaunt und verwundert in besonderem Maße. Gelegentlich erhält man schon erste Hinweise auf verborgene Strukturen oder Mechanismen. Schließlich regt auch das Versagen von Erwartungen, Erklärungen, Modellen und Theorien dazu an, nach besseren Erwartungen, Erklärungen, Modellen und Theorien zu suchen.

Klar sollte man dabei unterscheiden zwischen den Fehlfunktionen *der Systeme*, die untersucht werden, und dem Versagen der *Theorien über* diese Systeme. Beide können für diesen Schritt wichtig sein, sollten aber sorgfältig auseinandergehalten werden. Schwierig ist das nicht, da Theorien *abstrakte* Systeme sind, die Gegenstände erfahrungswissenschaftlicher Forschung dagegen reale oder *konkrete* Systeme.

4.4.2 Abgrenzen

Die anfängliche Abgrenzung eines zu untersuchenden Systems ist nicht immer einfach, aber doch recht häufig ohne weiteres möglich (für eine solche pragmatische Vorgehensweise spricht sich auch Bischof 2016, S. 13 aus). Darüber hinaus werden im weiteren Verlauf der Forschung typischerweise an vielen Stellen Abgrenzungen zwischen Teilen des untersuchten Gegenstandes oder zwischen Subsystemen erforscht. Dafür, dass *Fehlfunktionen* bei diesen Schritten eine entscheidende Rolle spielen, wird weiter unten in den Abschn. 4.4.3 und 4.4.7 argumentiert werden.

4.4.3 Aufklärung der materiellen Struktur

Alle Realwissenschaften interessieren sich für den materiellen Aufbau ihrer Untersuchungsobjekte. (Würden sie sich nur für deren Struktur interessieren, dann wären sie Strukturwissenschaften, etwa die formale Kybernetik (vgl. Frank 1966, S. 15 f.) oder die Informatik im engeren Sinne.) Bei jedem unbekannten System wird man daher früher oder später versuchen, seine Struktur aufzuklären, es zu zerlegen, seine Elemente oder Komponenten zu identifizieren und voneinander zu trennen, sie einzeln zu untersuchen, zu charakterisieren, zu klassifizieren, möglicherweise weiter zu zerlegen. Kennt man den materiellen Aufbau eines Systems, so kann man oft auch seine Wirkungsweise erschließen.

Strukturuntersuchungen sind nicht immer problemlos, aber es stehen vielfältige Techniken zur Verfügung: Zerlegen und Zerschneiden in Anatomie, Morphologie, Histologie; Mikroskopie (mit Licht-, Elektronen-, Röntgenstrahlen), Färben, Mazeration (Aufweichen oder Auflösen von Gewebe durch Wasser, Chemikalien oder Fäulnis), andere Präparationen, Schnitt-, Bruch-, chemische Zerlegungsverfahren, chemische oder radiologische Markierung, Differenzierungs- und Trennungstechniken, Sequenzbestimmung von DNA und RNA, Röntgenstrukturanalyse, Tomographie und viele andere.

Der Aufbau, die Struktur eines Gegenstandes kann in der Regel *unabhängig* von seinen Funktionen und Fehlfunktionen untersucht werden. Deswegen kann dies vor, während oder nach den im Folgenden genannten Analyseschritten geschehen, bei denen es vorwiegend um Funktionen geht. Struktur- und Funktionsuntersuchungen können sich wechselseitig anregen und ergänzen.

Dennoch geben gerade die *Fehlfunktionen* eines Systems bisweilen wichtige zusätzliche Informationen über seinen strukturellen Aufbau. An Systemen, die unter normalen Bedingungen von der Struktur her einheitlich erscheinen, kann man beispielsweise oft erst bei Belastung oder Überlastung die Zusammensetzung, die Fugen, die Schwachstellen, die „Sollbruchstellen" erkennen. So betont Simon (1994, S. 12): „Eine Brücke verhält sich unter üblichen Einsatzbedingungen einfach wie eine relativ ebene glatte Fläche, auf der Fahrzeuge bewegt werden können. Erst wenn sie überladen wird, erfahren wir etwas über die physikalischen Eigenschaften der Materialien, aus denen sie zusammengesetzt ist." Bei vielen realen Systemen sind die Bestandteile allerdings zunächst völlig unzugänglich, etwa weil keine Methoden zur physischen Zerlegung bekannt sind (historisches Beispiel: Atome), oder keine Verfahren der Zerlegung zur Verfügung stehen, bei denen Gesamt- oder Teilfunktionen erhalten bleiben (Beispiel: Gärung, siehe Bechtel und Richardson 2010), oder Zerlegung als unzulässig angesehen wird (historisches Beispiel: Sektion menschlicher Leichen). Bei der Erforschung wird man sich in solchen Fällen umso mehr um Funktionen und Fehlfunktionen kümmern müssen, um zunächst wenigstens den funktionalen Aufbau kennenzulernen und darüber später auch noch die Struktur aufklären zu können.

4.4.4 Funktion

Bei vielen Systemen – bei Lebewesen, Artefakten oder Teilen davon – wird man sich fragen, *ob* das System eine Funktion hat und *welches* diese Funktion ist, „wozu das System gut ist". Es geht dann also um die Leistung, die Aufgabe, Ziel und Zweck eines Systems.

Zur Beantwortung der Frage „Was leistet das System, was ist seine Funktion?" sind Fehlfunktionen sehr nützlich. Was ein System leistet, bemerkt man oft erst dann, wenn es seine Leistung nicht oder nicht mehr erbringt, wenn es versagt. Vor dem Hintergrund seiner Fehlfunktionen erkennt man die Funktionen besser; über die dadurch mögliche Kontrastbildung tragen sie zur Abgrenzung, zur Verschärfung, zur Verdeutlichung bei.

4.4.5 Bestimmung der (relevanten) Ein- und Ausgänge

Neben Fragen nach Struktur und Funktion möchte man in der Regel relativ früh im Forschungsprozess wissen, welche Eingänge und Ausgänge für ein System relevant sind; unter anderem, welche Einwirkungen das System überhaupt beeinflussen und welche Auswirkungen es selbst auf seine Umgebung hat. In einfachen Fällen genügt dazu eine Veränderung des Systemverhaltens; in komplizierteren Fällen braucht man eine Folge von Beobachtungen oder Versuchen; manchmal helfen erst Korrelationsanalysen. Obwohl man noch nichts über das Innere des Systems weiß – man betrachtet oder behandelt es immer noch als *black box* –, erhält man so schon ein erstes Modell des Systems, wenn auch ein sehr einfaches, eine „absolute Black Box" (vgl. Halbach 1974, S. 295 – auch wenn das Modell vorher eigentlich noch „schwärzer" war, denn nun kennt man doch immerhin die relevanten Ein- und Ausgänge).

Zur Frage nach relevanten Ein- und Ausgängen eines Systems tragen *Fehlfunktionen* viel bei. So kann man Fragen stellen wie: Unter welchen Bedingungen arbeitet das System „normal"? Wann weicht es ab, wann versagt es? (Und natürlich auch: Wann funktioniert es *besser* als normal?) So erfährt man, welche Ein- und Ausgänge für das Verhalten relevant sind. Zudem kann man fragen: Wie pflanzen sich Fehler durch das System hindurch fort? Da viele Fehlfunktionen besonders auffällig und deshalb gut wiedererkennbar sind, werden sie zudem häufig als Markierungen eingesetzt, selbst wenn man an ihren speziellen Eigenschaften weniger interessiert ist. (Wegen ihrer Verfolgbarkeit und Wiedererkennbarkeit etwa setzt man in der Genetik gerne Farbmutanten und andere Mutanten mit besonders auffälligen Phänotypen als „Marker" ein – siehe Abschn. 3.2) – Auch zur Aufdeckung relevanter, aber nicht ohne weiteres erkennbarer Ausgänge tragen Fehlfunktionen Entscheidendes bei; dieser Komplex wird weiter unten unter den Stichworten „transparente" und homöostatische Systeme diskutiert.

4.4.6 Zusammenhänge zwischen Eingabe und Ausgabe

Bei diesem Stadium des Forschungsprozesses beginnt man im Detail und quantitativ zu verfolgen, *wie* das System auf Veränderungen der Eingabe reagiert und welche Veränderungen der Ausgabe daraus resultieren. Dies kann man durch Beobachtung bei unterschiedlichen natürlichen Bedingungen oder durch experimentelle Manipulation erreichen. Man beschreibt hier zunächst die Abhängigkeit der Ausgangs- von den Eingangsgrößen, mit andern Worten, die Eingabe-Ausgabe-Relationen, die Reiz-Reaktions-Zusammenhänge, das Übertragungsverhalten oder die Kanaleigenschaften des Systems.

Dieses Stadium des Forschungsprozesses ist auch als phänomenologische Forschung bezeichnet worden. Aufgrund dessen erhält man ein „deskriptives Modell", ein „Leistungsmodell", ein zunehmend besseres „*black box*-Modell". Solche Modelle geben zunächst einmal eine Beschreibung, und unter Umständen erlauben sie auch Vorhersagen und haben damit schon pragmatischen Wert; sie bieten aber noch keine Erklärung und verlangen auch noch keine Vorstellungen über den inneren Aufbau oder gar über die kausalen Mechanismen innerhalb des Systems.

Auch hierbei sind gerade die *Fehlfunktionen* eines Systems von hohem Interesse, und zwar besonders solche, die bei intakten Systemen regelmäßig auftreten, etwa bei extremen Eingabewerten oder bei ungewöhnlichen Reizkombinationen. Zunächst einmal liefern sie *zusätzliche Daten* über das Verhalten des Systems, beschreiben also ein erweitertes Verhaltensspektrum. Typisch ist etwa die Untersuchung von Abbildungsfehlern bei optischen Systemen oder von Wahrnehmungstäuschungen. Daneben weisen Fehlfunktionen auf Grenzen der Funktionsfähigkeit des Systems hin und zeigen damit, an welche Umwelt das System *nicht* angepasst ist oder wofür es *nicht* entworfen wurde – und damit *indirekt,* woran es tatsächlich angepasst ist oder wofür es entworfen wurde.

Die Eingabe-Ausgabe-Relation eines Systems kann qualitativ oder quantitativ bestimmt werden. Wenn es möglich und sinnvoll ist, quantitativ vorzugehen, erhält man Messwerte, die man in einer Übertragungsfunktion oder Kennlinie des Systems zusammenfasst.

Anschließend wird man versuchen, einfache mathematische Funktionen zu finden, die das Verhalten des Systems beschreiben: lineare, exponentielle, sinusförmige, logarithmische, sigmoide Funktionen. Sie geben das gemessene Verhalten knapper und womöglich zugleich genauer wieder als eine Tabelle oder ein interpoliertes Diagramm. Gibt es dabei wählbare Parameter, so spricht man von Funktionsanpassung oder „*best fit*" (Halbach 1974, S. 295 f.).

Es gibt ausgearbeitete Verfahren, die solche Funktionen liefern: sogenannte dynamische Prüfverfahren. Dabei wird das System normierten Eingangsreizen ausgesetzt, die zum Beispiel einer Sprungfunktion, einer Impulsfunktion, einer Anstiegsfunktion oder einer Sinusfunktion gehorchen oder sich zufällig verändern. Daneben kommt auch die Untersuchung zeitlicher Abläufe in Frage, zum Beispiel Reaktionszeitmessungen (Dittmann 1988, S. 49).

Allerdings kann man fast jeden Verlauf von Kurven, Kennlinien oder Übertragungsfunktionen durch sehr unterschiedliche mathematische Funktionen simulieren. Die Entscheidung zwischen gleich gut passenden Möglichkeiten wird gewöhnlich zunächst unter Einfachheitsgesichtspunkten getroffen. Man wird also nicht nur eine besonders gut passende, sondern auch möglichst einfache mathematische Funktion suchen, die das Verhalten des Systems beschreibt (vgl. Halbach 1974, S. 295 f.; Dittmann 1988, S. 39; Mahner und Bunge 1997, S. 125).

Die „Bedeutung“, insbesondere die physikalische, biologische oder psychologische Herkunft solcher Funktionen und Parameter bleibt dabei in der Regel noch offen (vgl. Halbach 1974; Klein 1978). Es ist allerdings denkbar, dass bestimmte mathematische Beschreibungen bereits Hypothesen über Elemente beziehungsweise über Zwischenstadien innerhalb des Systems nahelegen. So verlaufen fast alle Abklingvorgänge exponentiell; man wird deshalb auch umgekehrt bei exponentieller Abnahme eines Signals an einen Abklingvorgang denken. Eine solche Deutung ist aber erst Gegenstand des nächsten Schrittes.

Für manche Zwecke kann die Analyse eines Systems hier beendet werden. Manche Forschungsrichtungen sind sogar der Ansicht, Forschung reiche grundsätzlich nur bis zu diesem Schritt: Der radikale Behaviorismus in der Psychologie etwa sieht es nicht nur als *ausreichend* an, die soeben beschriebenen Reiz-Reaktions-Zusammenhänge zu erforschen, sondern darüber hinaus als *sinnlos*, weiteres, etwa innere Zustände, untersuchen zu wollen.

Immerhin liefern Eingabe-Ausgabe-Relationen bereits eine beträchtliche Menge an Informationen über das System. In bestimmten Zusammenhängen genügt es völlig, das Verhalten eines Systems unter verschiedenen Bedingungen zu kennen, etwa wenn es nur um einen Überblick geht, oder für praktische Zwecke (beispielsweise reicht es für das Autofahren in der Regel aus, wenn man die Reaktionen des Autos auf die verschiedenen Bedienelemente kennt; zu wissen, *wie* das Auto die Reaktionen erzeugt, ist nicht notwendig) oder wenn Systeme nur klassifiziert werden sollen, wenn nur das Eingabe-Ausgabe-Verhalten simuliert werden soll (durch ein Modell oder eine Nachkonstruktion).

Meist möchte man aber nicht nur das Übertragungsverhalten eines Systems kennen, sondern auch wissen, *wie* dieses Verhalten eigentlich verwirklicht wird. Allein aufgrund der Eingabe-Ausgabe-Relationen kann man sich die Vorgänge, die *im* System, innerhalb der *black box*, tatsächlich dafür sorgen, dass bestimmte Bedingungen dies oder jenes Verhalten hervorrufen, ganz unterschiedlich und, wenn man will, auch beliebig komplex vorstellen; jede Übertragungsfunktion könnte prinzipiell auf sehr viele verschiedene Arten verwirklicht sein. (Beispielsweise können auch lineare Übertragungsfunktionen durch Kombination mehrerer nichtlinearer Glieder zustande kommen.) Oft wird man unter solchen Umständen die *einfachste* Erklärung beziehungsweise das einfachste Modell wählen (vgl. Hassenstein und Reichardt 1953; Mittelstaedt 1961); aber auch dann kann man nicht sicher sein, die tatsächlichen Verhältnisse im System erfasst zu haben. Wie, mit welchen Mitteln, auf welche Weise die Funktionen des Systems erbracht werden, wie die Wirkungszusammenhänge, die kausalen Mechanismen innerhalb des Systems aussehen, weiß man damit noch nicht. Dieses „Hineinschauen in den Schwarzen Kasten“ wird erst in den folgenden Schritten möglich.

4.4.7 Interne Systemzustände

Hierbei geht die Untersuchung über eine reine *Verhaltensanalyse* hinaus. Während bei der *black box* keine inneren Strukturen oder Zustände betrachtet werden, werden nun Annahmen über interne Zustände von Systemen getroffen. Ergebnis sind sogenannte „*grey-box*"-Modelle (Mahner und Bunge 1997, S. 125), auch als „konzeptionelle" Modelle bezeichnet (vgl. Halbach 1974, S. 295 f.; Dittmann 1988, S. 39). Solche Modelle können zugleich als Vorstufen von „Funktionsmodellen", Diagrammen (Ellis und Young 1988, S. 12) oder „Kästchen-und-Pfeil-Modellen" (vgl. Bub 1994) verstanden werden, denn hier werden zunächst die Funktionen, die Elemente der Diagramme, die „Kästchen" bestimmt.

Die Verhaltensanalyse kennt nur beobachtbare Größen, nur „Observable". Nun kommen nicht beobachtbare Größen und deshalb theoretische Terme oder theoretische Konstrukte hinzu. In der Psychologie spricht man dann von „hypothetischen Konstrukten" oder „inferablen Wirkgrößen" (Bischof 1995, S. 80). Theoretische Terme sollen dabei mehr sein als nur Abkürzungen (etwa in mathematischer Form) für die Zusammenhänge zwischen Ein- und Ausgabe. Sie postulieren beziehungsweise erschließen eigenständige Entitäten; sie referieren auf etwas als real Angenommenes, das als unabhängig messbar vorgestellt wird (auch wenn das vielleicht nicht in jedem Falle möglich ist und man sie dann aus anderen, messbaren Größen erschließen muss). Gegenüber hypothetischen Konstrukten, bloßen Abkürzungen oder imaginären Größen schreibt man theoretischen Termen eine Überschussbedeutung, ein „*surplus meaning*" zu.

Beispiele für innere (verborgene, hypothetische) Zustände, die in solchen Modellen postuliert werden:

- Allgemein: interne Variable, Zustände, Vorgänge, Funktionen eines Systems; inferable Wirkgrößen; theoretische Entitäten, Terme, Konzepte.
- Psychologie, Kognitions- und Neurowissenschaften: intervenierende Variable; Funktionen, funktionale Komponenten, Verarbeitungskomponenten und -schritte, Module, Knoten.
- Sprachwissenschaft: „Einheiten" der Sprache und der Sprachverarbeitung. „Realität von Prozessen und Einheiten" (zum Beispiel der Sprachproduktion) (Dittmann 1988, S. 33).
- Biologie: Verarbeitungsschritte, Zwischenstadien (etwa im Stoffwechsel); aber auch Gene (jedenfalls vor der Entdeckung der DNA als Erbmaterial 1944 und der DNA-Struktur 1953).

Wie kommt man zu solchen Modellen beziehungsweise Vorstellungen über interne Zustände? Einerseits geschieht dies aufgrund hypothetischer Annahmen, die dann einer empirischen Prüfung unterzogen werden.: „Konzeptionelle Modelle [...] werden aufgrund plausibler a-priori-Ideen und -Konzepte entwickelt und auf ihre logische Geschlossenheit geprüft. Sie bleiben aber Hypothesen, solange ihre Folgerungen nicht experimentell getestet worden sind" (Halbach 1974, S. 296). Anregungen für solche Hypothesen geben etwa die gefundenen mathematischen Zusammenhänge, aber auch Überlegungen, was das System leisten, welche Funktion es haben, wozu es „gut sein“ könnte („ultimate Heuristik“, Bischof 1995, Kap. 11), Analogien mit bereits aufgeklärten ähnlichen Systemen, aber auch andere Spekulationen. Zudem kann man sich auf Strukturdaten stützen (sofern diese verfügbar sind) oder auch (wie noch zu sehen sein wird) Fehlfunktions-Daten zu Hilfe nehmen. Annahmen über interne Zustände werden gestützt (und ergänzt), wenn es möglich wird, sie in unabhängiger Weise zu messen oder zu manipulieren, oder auch, wenn es gelingt, sie physisch zu lokalisieren (dazu siehe Abschn. 6.2.1.9).

Besonders schwer ist das Erschließen von inneren Zuständen bei kontinuierlichen, „fugenlosen“, nicht voneinander trennbaren Prozessen, Ereignissen oder Ereignisketten. Trotzdem kann dies häufig erreicht werden, nicht zuletzt mit Hilfe von Fehlfunktionen, die bei diesem Schritt mindestens unter folgenden Gesichtspunkten von besonderem Wert sein können:

(a) Fehlfunktionen – und zwar insbesondere spezifische, umschriebene Teilausfälle – dienen zunächst einmal als Beleg für den grundsätzlich modularen Charakter eines Systems. Sie eröffnen die – wenigstens prinzipielle – Möglichkeit seiner „Fraktionierung“ und die Möglichkeit, interne Zustände aufzufinden und voneinander zu trennen.

(b) Bei nicht direkt beobachtbaren und im Normalfall reibungslos funktionierenden Systemen bieten oft nur die Fehlfunktionen Hinweise auf die Existenz oder die „Realität“ von Zwischenstadien. Auch flüchtige Zwischenstadien werden oft erst durch bestimmte Fehlfunktionen greifbar. So wird etwa die „psychische Realität“ von Zwischenstadien der Sprachproduktion aufgrund von Versprechern erschlossen. Auch Zwischenprodukte des Stoffwechsels, die normalerweise rasch umgesetzt werden und kurzlebig und daher schwer erkennbar sind, liegen oft erst bei Ausbleiben einer Umsetzungsreaktion, beispielsweise nach Ausfall eines Enzyms, in messbaren Mengen vor und werden dann unter Umständen sogar vom Organismus ausgeschieden. Auch Fehler, die in oder an einem Endprodukt auftreten, können zeigen, welche Zwischenstadien vertauschbar sind oder getrennt von anderen verändert werden können – und deswegen in irgendeinem Stadium existiert haben müssen. Zum Beispiel schreibt die Versprecherforschung denjenigen denkbaren Einheiten der Sprache (Laute, Silben, Wörter, Sätze, …), die während der Sprachproduktion gegeneinander vertauscht werden, aus diesem Grund eine gewisse „Realität“ zu (vgl. Abschn. 3.6). Ähnliches gilt für den Bereich der Genetik (vgl. Abschn. 3.2).

(c) Fehlfunktionen bieten oft die einzigen Anhaltspunkte zum Auffinden besonders hohem Maße *verborgener* Komponenten. Dazu kann man „transparente“ (Sub-)Systeme, gehemmte Komponenten, Kontrollsysteme, redundante und ultrastabile Systeme und ähnliche zählen. („Transparent“ hat zwei Bedeutungen, die nicht ohne weiteres vereinbar sind: „durchschaubar“ – dann ist es leicht, das System zu erkennen; oder „so durchsichtig, dass man es gar nicht sieht“ – dann ist es sehr schwierig, das System zu erkennen. Wenn hier „transparent“ in seiner zweiten Bedeutung verwendet wird, steht es stets in Anführungszeichen.)

(d) Fehlfunktionen helfen bei der Entdeckung und Erforschung von Systemen, die sich unter normalen Umständen entweder gar nicht oder nur mit einer sehr einfachen „Oberfläche“ zeigen, hinter der die Details ihrer Arbeitsweise (meist aus guten Gründen) verborgen bleiben. Solche Systeme werden oft als „transparent" bezeichnet, um anzudeuten, dass ihre Interaktionspartner sie im Normalfall zwar benutzen oder mit ihnen zusammenarbeiten, dabei aber „durch sie hindurchsehen" und daher weder ihre Funktionsweise noch überhaupt ihr Vorhandensein angezeigt wird. Ihre Existenz kann daher oft überhaupt nur anhand von Fehlfunktionen – etwa nach Beschädigung – erkannt werden. Als typische Beispiele lassen sich viele homöostatische Systeme, etwa Thermostaten, Konstanzmechanismen der Wahrnehmung und andere, anführen. Die Eigenschaften „transparenter" Systeme können sogar die Bestimmung relevanter Ein- und Ausgänge vereiteln: So zählt es zum Funktionsprinzip homöostatischer Systeme, bestimmte Ausgänge konstant zu halten, die sich daher durch Variation der Eingänge in weiten Bereichen *gerade nicht* beeinflussen lassen. Hier hilft *nur* die Beobachtung von Fehlfunktionen beziehungsweise die experimentelle „Aufschneidung" eines Systems weiter.

(e) In gewissen Systemen werden einzelne Komponenten im Normalfall durch andere Komponenten gehemmt oder inaktiviert, zum Beispiel durch ein übergeordnetes Kontrollsystem. Derartige gehemmte oder inaktivierte Komponenten können häufig nur nach einem Ausfall eines solchen Kontrollsystems erkannt werden. So kann der Ausfall „höherer" Kontroll-, Integrations-, Abstimmungs- und Hemmungsmechanismen autonome Leistungen von Teilsystemen offenlegen, die bei normalem Funktionieren nicht erkennbar sind. Zum Beispiel werden erst nach Ausfall des wichtigsten Schrittmachers im Wirbeltierherzen, des Sinusknotens, weitere autonome Schrittmacher erkennbar. Bei vielen Tierarten treten nach Entfernung hemmender Zentren im Gehirn Erscheinungen wie Laufzwang oder andere stereotype Handlungen auf.

(f) Manche Systeme sind in besonders geringem Maße von ihrer Umwelt beeinflussbar und auch sehr wenig fehleranfällig. Dazu zählen redundante und ultrastabile Systeme. Redundant sind Systeme, die bestimmte Komponenten mehrfach besitzen, wobei jede einzelne Komponente für die Funktion des Systems ausreichend ist. *Ultrastabil* nennt man Systeme, bei denen die Überlastung oder der Ausfall eines Subsystems erkannt und von anderen (höheren) Instanzen kompensiert werden kann (vgl. Ashby 2016). Auch hier bieten oft erst Fehlfunktionen einen Zugang. Sowohl für redundante wie für ultrastabile Systeme gilt, dass mäßige Schädigungen noch keine Fehlfunktionen hervorrufen, sondern erst starke. Das macht ihre Analyse schwierig und erfordert unter Umständen gezielte Beschädigung eines Gegenstandes, um ein Versagen hervorzurufen. In gewissen Fällen kann die relative Häufigkeit von Fehlfunktionen aufschlussreich sein, um redundante von nicht redundanten Systemen zu unterscheiden. Auf diese Weise kann beispielsweise die Überlebensrate eines Lebewesens nach Mutagenese Hinweise darauf liefern, ob ein Lebewesen über eine oder mehrere Kopien eines lebenswichtigen Gens verfügt.

(g) Wichtig sind Fehlfunktionen auch für eine *Abschätzung* beziehungsweise *Eingrenzung der Komplexität* eines Systems, also der Minimal- oder Maximalzahl möglicher Zwischenstadien oder Komponenten, von Untergrenzen wie Obergrenzen der Komplexität: Wie komplex ein System höchstens (oder mindestens) ist, kann man oft allein durch Betrachtung seiner Fehlfunktionen eingrenzen. Wenn man beispielsweise weiß, dass Fehlfunktionen eines Systems stets darauf beruhen, dass Komponenten einzeln oder gemeinsam ausfallen, dann kann man aufgrund der Zahl der unterscheidbaren Fehlfunktionen eine *Mindestanzahl* an Komponenten vermuten, wie im Beispiel der Anomalien der Farbwahrnehmung (vgl. Abschn. 3.1.1). Und auf welchem Niveau wachsender Schwierigkeit ein System bei einer Aufgabe versagt, kann Hinweise darauf geben, wie komplex das System *höchstens* ist. Unter Umständen kann man also durch Analyse von Fehlern sowohl eine Minimal- wie auch eine Maximalanzahl von Komponenten eingrenzen.

(h) Hinweise auf Existenz und Abgrenzung von Komponenten erhält man auch durch *selektiv verschonte Leistungen* im Kontext starker Störungen, zum Beispiel bei bestimmten schweren Formen der Aphasie, oder durch die *gezielte, spezifische Kompensation* von Fehlfunktionen, zum Beispiel in der Molekulargenetik durch das Einbringen *intakter* Kopien eines Gens in eine Mangelmutante.

4.4.8 Funktionalanalyse, funktionale Modelle

Bei funktionalen Analysen werden die *Zusammenhänge* und *Beziehungen* (Wirkungszusammenhänge, Kausalbeziehungen, Interaktionen) zwischen (Teil-)Systemen, internen Zuständen, (Teil-)Funktionen und Ähnlichem untersucht. Funktionale Analyse wird als praktisch gleichbedeutend mit *Systemanalyse* verstanden (zur Systemtheorie vgl. Bischof 2016).

Das Ergebnis dieses Analyseschritts sind *funktionale Modelle*. Man spricht auch von der Beschreibung der „funktionalen Architektur", von „mehr oder weniger groben funktionalen Schemata", von „Kästchen-und-Pfeil-Modellen", von Modellen „auf der algorithmischen und repräsentationalen Ebene" (Bub 1994). Ausgehend von der Bezeichnung *grey box model* für ein Modell, bei dem lediglich die inneren Zustände eines Systems bekannt sind, könnte man funktionale Modelle auch als „hellgraue Boxen" bezeichnen.

In der naturwissenschaftlichen *Systemtheorie* werden mehrere Stufen der Systemanalyse unterschieden: Eine qualitative oder „strukturelle" Stufe und mehrere quantitative Stufen (mindestens eine stationäre und eine dynamische; vgl. Bischof 2016). Wenn man die Systemtheorie so gliedert, steht der Schritt, der hier als Funktionalanalyse bezeichnet wird, ganz am Anfang der Analyse. Er entspricht „der basalsten systemtheoretischen Problemstellung, nämlich der Frage nach der *Topologie* der kausalen Beziehungen zwischen den Signalen in einem System. Bevor man quantifiziert, muss man zunächst einmal klären, welche Signale überhaupt auf welche wirken, welches also die *Struktur* der zu untersuchenden kausalen Zusammenhänge ist. Wir bezeichnen diese Betrachtungsweise demgemäß als *strukturelle* (im Unterschied zur *quantitativen*) Systemanalyse" (Bischof 1995, S. 78). In einem weiten Sinne umfasst die strukturelle Systemanalyse alle bisher genannten Schritte oder setzt sie implizit voraus.

In vielen der untersuchten Forschungsfelder, bei denen Fehlfunktions-Methoden verwendet werden, stehen qualitative Analysen gegenüber quantitativen deutlich im Vordergrund. Das könnte anzeigen, dass Fehlfunktionen tendenziell mehr zu qualitativen Fragen und Problemen beitragen und beim Beginn der Erforschung eines unbekannten Gegenstandsbereiches die wichtigsten Beiträge liefern.

Funktionale Analyse wird von manchen Autoren als verhältnismäßig *einfach* dargestellt. Sie soll etwa darin bestehen, dass man eine komplexe Leistung in eine Reihe von Teilleistungen zerlegt und angibt, in welcher Abfolge die Teilleistungen ausgeführt werden müssen, um die Gesamtleistung zu erhalten (vgl. Cummins 1975). Tatsächlich aber ist bekannt, nicht zuletzt aus der System- und Komplexitätstheorie, dass auch wesentlich *kompliziertere Zusammenhänge* existieren. Und das braucht noch nicht einmal daran zu liegen, dass nicht alle realen Systeme strikt modular und seriell aufgebaut sind, wie es ein solcher Ansatz voraussetzt.

Eine funktionale Analyse ist aufschlussreich, wird aber oft als *unvollständig* angesehen, denn sie gibt nur einen *möglichen* Mechanismus an. Sie ermöglicht keine Erklärung beziehungsweise greift als solche noch zu kurz: „A functional analysis [...] will not quite do as an explanation" (Klein 1978, S. 40). Sie muss durch Zusatzinformationen über die Struktur, die Mechanismen, aber auch über die Fehlfunktionen des Systems ergänzt werden.

Wenn man besonders wenig über die materielle Struktur des Systems in Erfahrung bringen kann, stellt eine funktionale Analyse allerdings oft die einzige Möglichkeit der Analyse dar. Die Untersuchung der Leistungen allein sagt aber, wie bereits dargestellt, häufig noch nichts über die tatsächlich vorliegenden Zusammenhänge innerhalb des Systems. Hier kommen Fehlfunktionen zu Hilfe, indem sie entscheidende zusätzliche Daten liefern und den Bereich möglicher Modelle stark einschränken.

Tatsächlich liegt eine der wichtigsten und typischsten Rollen von *Fehlfunktionen* bei der funktionalen Analyse eines Systems, also bei der Aufgliederung und Zerlegung seiner Leistungen in Teilleistungen. Hier finden sich viele Möglichkeiten, Fehlfunktionen nutzbar zu machen. Sie können helfen, funktionale Zusammenhänge wie Kopplung und Reihenfolge (bei linear ablaufenden Vorgängen) oder Vernetzung, Verschaltung und „Systemstruktur" (bei komplexeren Systemen) zu erfassen:

(a) Fehlfunktionen können zur Klärung der Abhängigkeiten der Komponenten beziehungsweise Verarbeitungsschritte voneinander beitragen, etwa indem man Dissoziationen und Assoziationen auswertet. Bei *Dissoziationen* fallen einzelne Funktionen aus, während andere erhalten bleiben. Genauer: Wenn eine Funktion F_1 (reproduzierbar) unabhängig von einer anderen Funktion F_2 beeinträchtigt sein oder ausfallen kann, so wird man vermuten, dass hier eine oder mehrere Komponenten ausgefallen sind, die nur für F_1, nicht aber für F_2 notwendig sind. Die weitergehende Vermutung, dass es deswegen von F_2 unabhängige Komponenten für F_1 gebe, ist dagegen nicht zulässig: Es kann ja auch eine Komponente geben, von der F_1 nur mehr Ressourcen verlangt und daher bei Teilschädigung zuerst allein ausfällt (derartige Komplikationen diskutieren Kelter 1990; Bub 1994). Diese Vermutung ist dagegen zulässig, wenn zusätzlich F_2 unabhängig von F_1 beeinträchtigt sein kann („doppelte Dissoziation"). Von *Assoziation* dagegen spricht man, wenn zwei Funktionen F_1 und F_2 regelmäßig und reproduzierbar gemeinsam ausfallen. Sie kann, muss aber nicht auf einer Schädigung einer gemeinsamen Komponente beruhen, denn ein gemeinsamer Ausfall kann auch durch eine ansonsten völlig irrelevante Gemeinsamkeit bedingt sein. Entsprechende Beispiele wurden im Abschn. 3.7.4 diskutiert.

(b) Durch Kombination von Fehlfunktionen lassen sich *direkte* (unmittelbare) und *indirekte* (mittelbare) Abhängigkeiten oder Zusammenhänge voneinander unterscheiden.

(c) Mit Hilfe von Fehlfunktionen lässt sich häufig die lineare Reihenfolge von Vorgängen, zum Beispiel von Verarbeitungsschritten in einem System bestimmen. Dazu studiert man vor allem die Auswirkungen unterschiedlicher Kombinationen von Fehlfunktionen (wie zum Beispiel in der Genetik durch Doppelmutanten). Eine typische Argumentationsweise lautet so: Der Ausfall einer im Funktionsablauf späteren Komponente kann keine der (Ergebnisse der) früheren Komponenten beeinflussen. Die Fortpflanzung von Fehlern und Störungen, beispielsweise bei elektronischen Anlagen, bei der Überlieferung von Texten, beim Spiel „stille Post", gibt derartige Hinweise. Voraussetzung ist stets, dass man auf verschiedene Ebenen, Zeiten oder Stadien Zugriff haben und diese vergleichen können muss.

(d) Darüber hinaus liefern Fehlfunktionen auch entscheidende Daten für die Analyse gewisser komplexerer Systemstrukturen. Bei derartigen vernetzten und deshalb komplizierten Systemen oder Strukturen kann man typische Bauelemente, Schaltelemente oder Elementarbausteine unterscheiden: „Kette, Masche, Kreis, Gabel, Netz" (vgl. Bischof 2016). Sie haben mindestens einen Eingang und genau zwei Ausgänge. Für solche Systeme hat Bischof sehr überzeugend gezeigt, dass „Aufschneidung" und die daraus resultierenden Änderungen beziehungsweise Fehlfunktionen (neben der „Manipulation") ein wichtiges und teilweise unersetzliches Mittel der strukturellen und qualitativen Systemanalyse darstellt (Bischof 1995, S. 88, 97 f.). Das liegt vor allem daran, dass hier vollständige Fallunterscheidungen und deshalb Rückschlüsse von der Fehlfunktion auf die Verschaltung, also von der Wirkung auf die Ursache möglich sind.

Oft werden die Analyseschritte 7 und 8 zusammen als *ein* Schritt – nämlich der Erstellung von „Kästchen-und-Pfeil-Modellen", von „*box-and-arrow functional architectures*" – angesehen und sogar als die derzeit wichtigste Aufgabe bestimmter Wissenschaften aufgefasst (so für die Kognitive Neuropsychologie Glymour 1994; Bub 1994).

4.4.9 Lokalisieren von Funktionen

Über die Aufklärung der funktionalen Gesichtspunkte hinaus geht es beim vorletzten Schritt dieser Skizze um die *physische Lokalisierung* von Funktionen. Dabei will man den in den vorigen Schritten gefundenen und erhärteten Funktionen diejenigen Regionen oder Orte im System zuordnen, von denen sie verwirklicht werden. Man möchte also wissen, wo, in oder an welchen physischen Strukturen die Funktionen erbracht werden. Lokalisierung muss sich dabei nicht unbedingt auf räumlich zusammenhängende Strukturen beziehen. Typische Beispiele für nicht räumlich zusammenhängende Systeme sind das Immunsystem von Säugetieren oder Wirtschaftssysteme.

Wenn man einzelne Komponenten isolieren kann und diese Komponenten ihre jeweilige Funktion auch in Isolation erbringen, dann wird eine solche Lokalisierung stark vereinfacht. Hier gibt es enge Verknüpfungen mit Schritt 5, der Strukturuntersuchung. Oft ist eine derartige Isolation allerdings nicht möglich – dann kann jedoch immer noch die Auswertung von *Fehlfunktionen* bei der Lokalisierung von Funktionen helfen. Die grundsätzliche Vorstellung dabei lautet so: Wenn man zeigen kann, dass ein umschriebener physischer Defekt für eine bestimmte Fehlfunktion verantwortlich ist, so hat man Grund zur Annahme, man habe die Fehlfunktion (und zugleich mittelbar die normale Funktion) physisch lokalisiert.

Eine präzisere Beschreibung dieses Vorgehens könnte so lauten: Ein System habe die Teilfunktionen $F_1, \ldots, F_n$, und die physischen Komponenten $K_1, \ldots, K_n$. Wenn man nun reproduzierbar eine Korrelation zwischen einem Ausfall oder einer Fehlfunktion einer Teilfunktion F_i und einem physischen Schaden oder einem Fehlen einer Komponente K_j feststellt, so wird man vermuten, dass F_i in K_j seinen Sitz hat, seine materielle Basis hat oder es dort lokalisiert ist (vgl. Kean 1984).

Die Lokalisierung setzt demnach eine Kenntnis der Teilfunktionen des Systems voraus. Auch diese kann man, wie besprochen, durch Fehlfunktionen erschließen. Funktionsbestimmung und Lokalisation arbeiten dann Hand in Hand: Zunächst wird aufgrund von Fehlfunktionen oder aus abnormem Verhalten ein funktionales Defizit erschlossen, also festgestellt, welche Funktion geschädigt ist. Darauf aufbauend kann man die fragliche Funktion (physisch) lokalisieren, indem man die Hypothese über das funktionale Defizit mit Daten über Orte physischer Schädigung korreliert. Funktionale Analyse und Lokalisation von Funktionen werden also als zwei aufeinander folgende Stufen angesehen (Klein 1978, S. 30).

Häufig gelingt eine solche einfache, direkte Lokalisierung tatsächlich. Zwei Beispiele: Der Okzipitallappen ist für das Sehen verantwortlich (das weiß man von den Auswirkungen der Zerstörung dieses Hirnteils), der Zellkern für die genetische Kontrolle (das ergibt sich aus Experimenten, bei denen er entfernt wurde). Viele weitere derartige Ergebnisse bezüglich des menschlichen Gehirns werden etwa von Eccles (Popper und Eccles 1982, S. 403–427) oder Geschwind (1986, S. 26) dargestellt. In anderen Fällen ist die Lokalisation von Funktionen aber doch schwieriger. Einige Schwierigkeiten und Probleme bei diesem Vorgehen spricht Gregory an:

> Although the effects of a particular type of ablation may be specific and repeatable, it does not follow that the causal connection is simple, or even that the region affected would, if we knew more, be regarded as functionally important for the output – such as memory or speech – which is observed to be upset. It could be the case that some important part of the mechanism subserving the behavior is upset by the damage although it is at most indirectly related, and it is just this which makes the discovery of a fault in a complex machine so difficult. (Gregory 1961b, 323)

Auch dieser Schritt, die Lokalisierung von Funktionen, wird nicht von allen Disziplinen verlangt und auch nicht von allen als Aufgabe akzeptiert. Manchmal hat das systematische, manchmal eher programmatische Gründe. Bestimmte Richtungen, etwa in der Kognitiven Neuropsychologie, folgen zwar bis zum vorigen Schritt diesem Schema, halten aber alle Analysen, die über funktionale Zusammenhänge hinausgehen, zumindest für verfrüht, wenn nicht sogar für prinzipiell unmöglich oder nutzlos. So hält etwa Ellis und Young (1988, S. 14) fest: „We will mention lesion sites [...], but we do not give them explanatory status."

4.4.10 Mechanismische Modelle

Der letzte Schritt in der hier vorgelegten Rekonstruktion wissenschaftlichen Vorgehens besteht in der Angabe von *Mechanismen* oder der Erstellung von mechanismischen Modellen. Man spricht hier auch von vollständig aufgeklärten Systemen (Halbach 1974), von *white box models, translucid box models* (Mahner und Bunge 1997, S. 125 f.) oder von Modellen auf der Ebene der Implementation beziehungsweise der Hardware (vgl. auch Craver 2002; Thagard 2003).

Im Gegensatz zum vorigen Schritt geht es nicht mehr nur darum, *wo* eine Funktion lokalisiert ist: Entscheidend ist, *wie,* auf welche Weise eine Funktion von einem Teilsystem erbracht wird. Eine fortschreitende, präzisere Lokalisation ist in den Fällen möglich, in denen man die untersuchte Funktion auch in je kleineren Systembestandteilen in erkennbarer Form wiederfindet; sie endet dort, wo die Systembestandteile allein gerade nicht mehr die Funktion zeigen. Dann ist eine Erklärung nötig, *wie* das Zusammenwirken der Bestandteile zu dieser Funktion führt, und gerade dies soll als mechanismische Erklärung bezeichnet werden.

„Durchsichtige" Modelle nennt Bunge auch „mechanismisch" und „dynamisch" – im Gegensatz zu nichtmechanismischen, auch „phänomenologischen", „kinematischen" oder *black-box*-Hypothesen (vgl. Mahner und Bunge 1997, S. 172; Bunge 1964). Die Begriffsprägung „mechanismisch" soll dabei andeuten, dass nicht nur mechanische, sondern auch elektrische, chemische, organismische, ökologische, ökonomische oder kulturelle Vorgänge zugrunde liegen können.

Mit einem mechanismischen Modell ist die tiefste Analyseebene erreicht. (Am „tiefsten" liegt diese Ebene bezogen auf die angenommenen oder in einem bestimmten Kontext für sinnvoll erachteten Grundeinheiten. Bei vielen Wissenschaften sind dies nicht die einfachsten bekannten Objekte der Welt, also etwa Elementarteilchen, sondern diejenigen Teile, die, von der Ebene der zu analysierenden Systems aus gesehen, einer der nächst tieferen Ebenen angehören.) Hier werden präzise interne Mechanismen angegeben, die das beobachtete Verhalten des Systems erzeugen. (Beispiel: Angabe der neurophysiologischen Prozesse, die zwischen Sensorik und Motorik, zwischen Sinneseingang und Verhaltensausgang vermitteln.)

Oft ermöglicht auch erst eine mechanismische Analyse einen Nachbau des Systems mit technischen Mitteln – und stützt mit ihrem Erfolg umgekehrt wieder das Modell. Mechanismische Modelle sind nach Bechtel und Richardson (1993, Kap. 2) das Ziel vieler Wissenschaften, insbesondere in Biologie und Psychologie; nach Mahner und Bunge (1997, S. 125 f.) sind sie sogar Ziel *aller* Erfahrungswissenschaften.

Für die *Prüfung* mechanismischer Modelle gilt derselbe Wert von Fehlfunktionen, der bei *allen* genannten Schritten zutrifft, und der darin besteht, dass jedes gute Modell nicht nur die Leistungen eines Systems, sondern auch (alle) seine Fehlfunktionen angemessen reproduzieren und möglichst erklären muss.

4.4.11 Nachbau

Als elfter und letzter Schritt steht der Nachbau eines realen Systems mit technischen Mitteln. Der entscheidende Unterschied zu den zuvor genannten mechanismischen Modellen besteht darin, dass hier ein reales, funktionsfähiges Modell erstellt werden soll, ein Artefakt. Und gerade ein solcher Nachbau bietet wieder ganz neue Möglichkeiten, etwas zu erkennen, und deshalb auch neue Gelegenheiten, aus Fehlfunktionen des Nachbaus Erkenntnis zu ziehen.

5 Fehlfunktions-Methoden im Vergleich mit Strategien empirischer Forschung

Nachdem die Ziele und Vorgehensweisen der mit Fehlfunktionen beschäftigten Forschungsrichtungen herausgearbeitet sind, dürfte ein Vergleich mit *anderen etablierten Methoden* des Erkenntnisgewinns in der empirischen Forschung möglich, nützlich und weiterführend sein. Dabei soll der Vergleich mit anderen Methoden zur Aufdeckung von *Ursache-Wirkungs-Beziehungen* und von (kausalen) *Mechanismen* im Vordergrund stehen. Außerdem sollen die – wenigen – auffindbaren Ansätze oder Theorieangebote zu *Formalisierungen* des Erkenntnisgewinns aus Fehlfunktionen zur Sprache kommen.

Zu diesem Zweck sollen die traditionellen Methodologien von John Stuart Mill und Claude Bernard, einige zeitgenössischen Methodologien aus dem biomedizinischen Bereich, eine Methodenlehre aus Systemtheorie und Kybernetik sowie mehrere Ansätze der Kausalanalyse, des kausalen Schließens und kausalen Modellierens hier vorgestellt und diskutiert werden:

Die vier (oder nach anderer Zählweise: fünf) Methoden des britischen Philosophen John Stuart Mill sind immer wieder als Kernstück der empirischen Forschung aufgefasst worden. Der französische Physiologe und Mediziner Claude Bernard hat einige dieser Methoden aufgegriffen, modifiziert und verfeinert, besonders für Ablationsstudien, also Studien, bei denen durch experimentelle Eingriffe gezielt Ausfälle und Fehlfunktionen hervorgerufen werden.

Der Philosoph und Mediziner Kenneth Schaffner hat die Verfahren von Mill und Bernard aktualisiert; er beschreibt sie als wichtige Grundlage sehr vieler empirischer Forschungen in der heutigen Biomedizin und diskutiert darüber hinaus, inwieweit und in welchen Forschungssituationen diese Verfahren empfohlen werden können, also ihre normative Kraft.

Die Wissenschaftsphilosophen William Bechtel und Robert C. Richardson beschreiben Verfahren der empirischen Forschung zum Beispiel in der Biochemie und Mikrobiologie als „Zerlegung und Lokalisation". Sie gehen dabei auf gezielte oder ungezielte Veränderungen von Untersuchungsgegenständen und deren Strukturen ein, die als Defizit- beziehungsweise Exzitationsstudien beschrieben werden. Defizit- und Fehlfunktions-Studien weisen, wie zu zeigen sein wird, enge Verbindungen zueinander auf.

B. Schweitzer, *Der Erkenntniswert von Fehlfunktionen*,
https://doi.org/10.1007/978-3-476-04951-3_5

Der Psychologe Norbert Bischof beschreibt in formaler Weise die Analyseverfahren der naturwissenschaftlichen Systemtheorie und Kybernetik. Er gibt präzise Vorschriften für Vorgehensweisen an, die die qualitative und quantitative Aufklärung von Mechanismen, präziser: der Strukturen einfacher Systembestandteile, zum Beispiel von Rückkopplungsschleifen, ermöglichen. Entscheidende Teiloperationen können dabei auch – wie zu diskutieren sein wird – durch die Beobachtung oder experimentelle Herbeiführung von Fehlfunktionen verwirklicht werden. Dieser Ansatz stellt zugleich einen formalen Zugang dar, um die Rolle von Fehlfunktionen beim Erkenntnisgewinn zu erschließen. Systemtheorie bezieht sich dabei auf diejenige Richtung mit dem Schwerpunkt in Biologie und Psychologie, wie sie auf von Holst und Mittelstaedt zurückgeht und von Bischof (2016) sehr klar dargestellt ist. Das hier bedeutsame Teilgebiet ist die „strukturelle Systemanalyse", die die Struktur von Systemen erfassen will, (noch) nicht dagegen quantitative Zusammenhänge oder dynamisches Verhalten. Insofern ist sie den hier ebenfalls diskutierten graphentheoretischen Ansätzen recht ähnlich. Schon für die Analyse der einfachsten *zusammengesetzten* Objekte („Systeme mit einer Komplexität >0") scheint das Auffinden oder Erzeugen von Fehlfunktionen nicht weniger wichtig zu sein als „konventionelle" Experimente durch Variation der Parameter. Beide, die „Manipulation" von Variablen und das „Aufschneiden" von Verbindungen, sind dabei in gleicher Weise notwendig, um die Struktur eines Systems zu erkennen. Die Grenzen dieses Ansatzes werden allerdings nicht thematisiert, auch gibt es keinen expliziten Bezug auf eine Methode des Erkenntnisgewinns aus Fehlfunktionen, und nicht einmal der Begriff „Fehlfunktion" taucht im hier zugrunde gelegten Sinne auf. Dennoch scheint es lohnend, diesen Ansatz zu verfolgen. Man kann hier zwar nicht unmittelbar eine Methode studieren, die sich nur auf Fehlfunktionen stützt, und feststellen, wie weit man damit kommt, sondern man kann vielmehr sehen, wie man überhaupt Systeme analysiert, und erhält die Chance, daraus zu erschließen, was dabei die relative Rolle und Bedeutung von Fehlfunktionen ausmacht: Können sie schon allein eine strukturelle Systemanalyse ermöglichen (wohl nicht) oder einen entscheidenden Beitrag liefern – der sich bei der Analyse einfacher Systemtypen nach Bischof (siehe unten) sogar auf „etwa die Hälfte" beziffern lässt.

Weitere formale Ansätze entstammen der Kausalitätstheorie, in der ja nicht nur um eine angemessene Definition des Kausalitätsbegriffs gestritten wird, sondern auch versucht wird zu analysieren, auf welche Weise kausale Strukturen erkannt und wie kausale Hypothesen erstellt und geprüft werden können. Auf dem Gebiet der Kausalanalyse sind vor allem zwei Ansätze von Bedeutung, die ausführlicher diskutiert werden sollen, zum einen die auf der Kausalitätstheorie John Mackies aufbauenden Methoden des „Kausalen Schließens", zum anderen die auf probabilistischen Kausalitätstheorien basierenden Methoden, die (ebenfalls) als kausales Schließen oder als kausales Modellieren (*causal inference, causal modelling*) bezeichnet werden.

Für Zwecke der Darstellung verwenden beide genannten Ansätze Mittel der mathematischen Graphentheorie: Zur Modelldarstellung komplexer kausaler Strukturen werden *kausale Graphen* oder *Kausalgraphen* verwendet. Von besonderer Bedeutung ist hierbei, dass sich auch die in vielen Forschungsansätzen im Zusammenhang mit Fehlfunktionen verwendeten schematischen Darstellungen von Systemstrukturen und Mechanismen mittels Kästchen und Pfeilen offenbar zu großen Teilen als Kausalgraphen auffassen und mit den Verfahren der Kausalanalyse und der mathematischen Graphentheorie bearbeiten lassen.

Der australische Philosoph John Mackie hat Ursachen als „INUS-Bedingungen" expliziert. Das heißt, eine Ursache ist mindestens ein wenn auch nicht hinreichender, so doch nicht redundanter Teil einer nicht notwendigen, aber hinreichenden Bedingung der Wirkung – „an *I*nsufficient but *N*on-redundant part of an *U*nnecessary but *S*ufficient condition". Im Kontext einer darauf gründenden, im Detail modifizierten Kausalitätstheorie der „minimalen Theorien" lassen sich Verfahren der Kausalanalyse angeben, die aufgrund von Beobachtungsdaten begründete Hypothesen und, bei geeigneten Voraussetzungen, sogar sichere Schlüsse auf zugrundeliegende Kausalstrukturen erlauben sollen. Derartige Verfahren werden deshalb als Verfahren des „Kausalen Schließens" bezeichnet (vgl. Baumgartner und Graßhoff 2004). Insbesondere wird zu zeigen sein, dass die genannten Verfahren (a) in der Millschen Unterschiedsmethode gründen, und (b) dass diese Basis kausalanalytischer Methoden in hohem Maße Gemeinsamkeiten mit typischen Grundkonstellationen von Fehlfunktionen nutzender Forschung aufweist, dass also die entscheidenden Unterschiede zwischen den für gesichertes Kausales Schließen erforderlichen (zwei) Testsituationen sich in vielen Fällen gerade in Form von Unterschieden zwischen normalen Abläufen und Fehlfunktionen in der Beobachtung auffinden oder in Experiment herstellen lassen. Dabei wird sich unter anderem zeigen, dass sich die für die Sicherheit oder jedenfalls Plausibilität kausaler Schlüsse erforderliche Homogenitätsbedingung exakt mit der in weiten Teilen der fehlleistungsorientierten Forschung theoretisch postulierten und praktisch zugrunde gelegten Subtraktivitätsannahme (vgl. Abschn. 4.1.3) deckt, indem ein Zutreffen der Subtraktivitätsannahme gerade die Erfüllung der für die Plausibilität oder Sicherheit kausaler Schlüsse erforderlichen Homogenitätsbedingung gewährleistet.

Der zweite hier zu diskutierende kausalanalytische Ansatz verwendet Methoden, die (ebenfalls) als kausales Schließen oder als kausales Modellieren (*causal inference, causal modelling*) bezeichnet werden (vgl. Spirtes et al. 2000; Pearl 2009). Hier sind interessante, wenngleich sehr kontrovers diskutierte Verfahren vorgeschlagen worden, die als Algorithmen formuliert wurden und es daher auch erlauben, computergestützte Auswertungen durchzuführen und damit sehr komplexe Systeme und große Zahlen von Ursachen und Wirkungen zu bearbeiten. Die einschlägigen Algorithmen gehen von Häufigkeitsverteilungen über Variablen aus und leiten daraus mögliche zugrundeliegende Kausalstrukturen ab, wobei jedoch nicht in allen Fällen sicher auf eine eindeutige Kausalstruktur geschlossen werden kann.

Insbesondere ist mit einem Ansatz, der aus dem Umfeld des kausalen Modellierens stammt, bereits ein Versuch zur Klärung von Methodenproblemen der Kognitiven Neuropsychologie unternommen worden (auf andere Gebiete nimmt er keinen Bezug). Die US-amerikanischen Wissenschaftstheoretiker Clark Glymour und Jeffrey Bub behandeln dabei im Kern das gleiche „Entdeckungsproblem" auf dem Gebiet der Kognitiven Neuropsychologie und zeigen, dass es prinzipiell lösbar ist. Sie kommen aber zu unterschiedlichen Schlussfolgerungen bezüglich der Anwendbarkeit: Für Glymour sind die

Bedingungen, an die ein erfolgreicher Einsatz der Methode geknüpft sind, praktisch nicht erfüllbar; Bub ist in dieser Hinsicht deutlich optimistischer (vgl. Glymour 1994; Bub 1994).

Schließlich weisen Theorien der Kausalanalyse und *Theorien der Analyse von Mechanismen* enge Bezüge zueinander auf. Insbesondere wird diskutiert, ob sich eher Mechanismen unter Verweis auf Kausalität oder eher Kausalität unter Zugrundelegung von Mechanismen angemessener explizieren lasse (vgl. Glennan 2002). Vor allem aber wird hier zu zeigen sein, dass die in der wissenschaftstheoretischen Literatur diskutierten Verfahren zur Aufklärung von Mechanismen, insbesondere kausaler Mechanismen, in hohem Maße Bezüge zu im Zusammenhang mit Fehlfunktionen eingesetzten Verfahren aufweisen. Dieser eher als semi-formal bis informal zu charakterisierende Ansatz stellt bei der Analyse komplexer Strukturen oder Systeme den Begriff des *Mechanismus* in den Mittelpunkt, versucht, diesen Begriff angemessen zu explizieren und stellt schließlich auch aussichtsreiche Verfahren zur Aufklärung von Mechanismen dar. Hier werden von Mario Bunge und von Lindley Darden und Kollegen beschriebene Verfahren zur Aufklärung der Struktur von Mechanismen diskutiert werden.

5.1 Bedeutende traditionelle Methodologien

5.1.1 John Stuart Mill

Die (spätestens seit Popper) gängigste Vorstellung des wissenschaftlichen Vorgehens ist das hypothetisch-deduktive Vorgehen, das Verfahren von Versuch und Irrtumsbeseitigung: Man stellt eine Hypothese auf oder denkt sich eine Theorie aus, leitet daraus empirisch beobachtbare Konsequenzen ab und prüft die Übereinstimmung der Vorhersagen der Theorie mit den durch Experiment oder Beobachtung gewonnenen Daten.

Demgegenüber gibt es – heute nicht mehr uneingeschränkt akzeptierte – traditionelle Verfahren der Entdeckung, die zugleich Verfahren der empirischen Prüfung umfassen. Diese Methoden gehen zurück auf Methodologen des 19. Jahrhunderts, die sich ihrerseits unter anderen auf von Francis Bacon entwickelte Ansätze stützen (vgl. Losee 2001).

Methoden dieser Art sind teilweise normativer Art. Es gibt gute Gründe, sie heute in Biologie, Medizin und Psychologie als ebenso wichtig wie hypothetische Verfahren anzusehen. Heute werden sie nur in geringem Umfang diskutiert, aber faktisch verwendet man sie häufig im Kontext von Vergleichs- und Kontrollexperimenten. Sie entsprechen im Kern gerade den Millschen Methoden, vor allem der Unterschiedsmethode.

John Stuart Mills Methoden decken ihrer Intention nach die gesamte wissenschaftliche Methodologie ab. Mill behandelt „induktive", „deduktive" und „hypothetische" Methoden. Darunter dürften die induktiven Methoden heute die noch am bekanntesten sein (auch wenn sie vielfach sehr kritisch betrachtet werden, denn sie erscheinen oft übermäßig speziell, und die Idee eines induktiven Vorgehens wird im

Allgemeinen kaum noch akzeptiert): Die Übereinstimmungsmethode, die Unterschiedsmethode, die Methode der Reste und die Methode der begleitenden Veränderungen. Diese Methoden werden zunächst betrachtet.

5.1.1.1 Methode der Übereinstimmung

Die Methode der Übereinstimmung (*Method of Agreement*) wurde von Mill so formuliert:

> Erster Kanon. Wenn zwei oder mehr Instanzen der zu erforschenden Erscheinung nur einen Umstand gemein haben, so ist der Umstand, in dem allein alle Instanzen übereinstimmen, die Ursache (oder Wirkung) der gegebenen Erscheinung. (Mill 1869–1880, Bd. 2, S. 81)

Wenn also eine Erscheinung mehrere Male auftritt und alle Fälle des Auftretens nur einen Umstand gemeinsam haben, so darf (und soll) man nach Mill in diesem Umstand die Ursache der Erscheinung sehen – oder auch deren Wirkung. Ein Beispiel wäre die Suche nach einer Krankheitsursache. Die entscheidende Frage gemäß der Übereinstimmungsmethode lautet: Was ist das übereinstimmende Merkmal all derer, die krank wurden? Präziser könnte man beispielsweise bei der Suche nach der Ursache einer Infektionskrankheit fragen: Mit wem hatten alle diejenigen Personen, die krank wurden, zuvor Kontakt?

Von Bedeutung ist nicht nur das gemeinsame Auftreten oder die Korrelation der Erscheinung und eines bestimmten Umstandes; entscheidend ist vielmehr die Elimination *aller übrigen* möglicherweise bedeutsamen Umstände. Ein typisches Vorgehen bei der Anwendung dieser Methode ist die weitgehende Isolation des zu untersuchenden Systems, um möglichst viele, auch unbekannte irrelevante Einflüsse auszuschließen. Problematisch ist hierbei, dass man dazu *alle* in Frage kommenden Umstände versuchsweise ausschließen muss, obwohl man einige vielleicht nicht kennt oder nicht beeinflussen kann. Die Methode der Übereinstimmung ist daher bei vielen Problemen aus Biologie, Medizin oder Psychologie schwer anzuwenden, auch weil es außer in Sonderfällen kaum möglich sein wird, alle relevanten Merkmale außer einem einzigen zu variieren.

Die Anwendung in den komplexen Systemen der Biowissenschaften ist noch aus zwei weiteren Gründen schwierig, die schon Mill in *System of Logic* gesehen und als „Vielzahl der Ursachen" und als „Verflechtung von Wirkungen" bezeichnet hat (Mill 1869–1880, Bd. 2, S. 134–160): Das Problem der *Vielzahl der Ursachen* tritt dort auf, wo eine Wirkung Ergebnis mehrerer verschiedener, (nur) gemeinsam hinreichender Ursachen sein kann. Dort lässt die Übereinstimmungsmethode keine sicheren Schlüsse zu. Strenggenommen wird hier bei zwei in jeder Hinsicht außer einem Umstand unterschiedlichen Fällen nie ein Unterschied bezüglich der Wirkung eintreten, weil nie beide notwendigen Ursachen gemeinsam anwesend sind. Bei komplexen und anpassungsfähigen Systemen wie in den Biowissenschaften dürften solche Situationen häufig vorkommen. Das Problem der *Verflechtung von Wirkungen* kann in zwei verschiedenen Situationen auftreten: Wenn die Wirkungen oder Erscheinungen nicht klar voneinander unterscheidbar sind oder wenn die Wirkungen emergent und nicht auf einfache Weise aus den Ursachen ableitbar sind.

Mill nennt hier als Beispiel das Wasser: „Nicht eine Spur der Eigenschaften des Wasserstoffes oder des Sauerstoffes kann man in denen ihrer Verbindung, des Wassers entdecken" (Mill 1869–1880, Bd. 2, S. 59). Mill meint, dass auch biologische Eigenschaften emergent seien im Verhältnis zu physikalisch-chemischen Eigenschaften („dies [...] gilt [...] noch mehr von jenen weit verwickelteren Verbindungen von Elementen, die organische Körper ausmachen"; Mill 1869–1880, Bd. 2, S. 60), nennt an dieser Stelle allerdings keine Beispiele. Schaffner ergänzt als Beispiel die Temperatur eines Lebewesens als komplexe „Summe" verschiedener Thermoregulationsvorgänge (Schaffner 1993, S. 144). Die Übereinstimmungsmethode weist also bei der Anwendung auf biologische Systeme besonders wegen deren Komplexität und des Auftretens emergenter Eigenschaften deutliche Probleme auf.

5.1.1.2 Unterschiedsmethode

Die Unterschiedsmethode (*Method of Difference*) stellte Mill so dar:

> Zweiter Kanon. Wenn eine Instanz, in der die zu erforschende Erscheinung eintritt und eine Instanz, in der sie nicht eintritt, jeden Umstand bis auf einen gemein haben, indem dieser eine nur in der erstern eintritt, so ist der Umstand, in dem die beiden Instanzen von einander abweichen, die Wirkung oder die Ursache oder ein unerläßlicher Theil der Ursache der Erscheinung. (Mill 1869–1880, Bd. 2, S. 82)

Wenn also unter sonst gleichen Umständen eine Erscheinung in einem Falle fehlt, aber in einem anderen Falle auftritt, wo ein zusätzlicher Umstand hinzukommt, dann ist dieser zusätzlicher Umstand, so Mill, Wirkung, Ursache, oder notwendiger Teil der Ursache der Erscheinung. Bei der Suche nach der Ursache einer Krankheit könnte man zum Beispiel fragen: Was ist der entscheidende Unterschied zwischen denen, die krank wurden, und denen, die gesund blieben?

Die typische Form der Umsetzung besteht darin, (a) Umstände auszuschließen, um festzustellen, was in ihrer Abwesenheit geschieht, (b) Umstände herbeizuführen, um zu sehen, was bei ihrer Anwesenheit (neues) geschieht, sowie (c) Korrelationen zwischen Auftreten beziehungsweise Ausbleiben von Erscheinungen mit der An- beziehungsweise Abwesenheit von Umständen zu suchen.

Die Anwendung der Unterschiedsmethode – wie auch der anderen Methoden – kann allerdings nicht bei jeder Problemstellung und experimentellen Situation in gleicher Weise, unterschiedslos, blind erfolgen. Einige Autoren haben eingewandt, die Methode setze voraus, dass man das Problem bereits in relevante Faktoren oder Umstände zerlegt habe, die dann Stück für Stück analysiert werden können.

Die Übereinstimmungsmethode und die Unterschiedsmethode sind die am besten bekannten Methoden Mills. Mill nennt außerdem die „Vereinigte Methode der Übereinstimmung und des Unterschieds" als Kombination aus Übereinstimmungsmethode und Unterschiedsmethode (Mill 1869–1880, Bd. 2, S. 88 – in *System of Logic* beschreibt Mill insgesamt fünf Methoden („Kanons"). Häufig wird aber die „Vereinigte Methode ..." nicht mitgezählt, deswegen ist dann von den *vier* Millschen Methoden die Rede).

> Dritter Kanon. Wenn zwei oder mehr Instanzen, in denen die Erscheinung eintritt, nur einen Umstand gemein haben, während zwei oder mehr Instanzen, in denen es nicht eintritt, nichts als die Abwesenheit jenes Umstandes gemein haben, so ist der Umstand, in dem allein die beiden Reihen von Instanzen von einander abweichen, die Wirkung oder die Ursache oder ein unerläßlicher Bestandtheil der Ursache der Erscheinung. (Mill 1869–1880, Bd. 2, S. 88)

5.1.1.3 Restmethode

Die „Methode der Rückstände" oder die „Restmethode" (*Method of Residues*) beschreibt Mill so:

> Vierter Kanon. Man ziehe von irgendeiner Erscheinung den Theil ab, den man durch frühere Inductionen als die Wirkung gewisser Antecedenzien kennt und der Rest der Erscheinung ist die Wirkung der übrigen Antecedenzien. (Mill 1869–1880, Bd. 2, S. 90)

Wenn man also die überhaupt in Frage kommenden Ursachen einer Erscheinung kennt und die Wirkung der bekannten Ursachen auf die Erscheinung abzieht oder herausrechnet, so soll man den übrigen Teil der Erscheinung als Wirkung der übrigen Ursachen annehmen. Als Beispiel dafür führt Mill die Analyse der Bewegung eines Kometen an: Was man nicht als Wirkung der Gravitation (durch Sonne und Planeten) erklären kann, muss man als Wirkung des Widerstands eines interplanetaren Mediums annehmen. Die Anwendung der Restmethode auf komplexe Systeme wie auf biologische Kausalzusammenhänge ist ebenfalls schwierig, weil man dort im Allgemeinen viele verschiedene und zudem in sich komplexe „Reste" vor sich hat.

5.1.1.4 Methode der begleitenden Veränderungen

Schließlich beschreibt Mill eine „Methode der begleitenden Veränderungen" (*Method of Concomitant Variations*):

> Fünfter Kanon. Jede Erscheinung, die sich in irgendeiner Weise verändert, so oft sich eine andere Erscheinung in einer besonderen Weise verändert, ist entweder eine Ursache oder Wirkung dieser Erscheinung oder hängt mit ihr durch irgend ein ursächliches Verhältniß zusammen. (Mill 1869–1880, Bd. 2, S. 95)

Aufgrund der Methode der begleitenden Veränderungen ist man nach Mill berechtigt anzunehmen, dass Erscheinungen, die zusammen variieren oder miteinander korreliert sind, auch in einer kausalen Beziehung zueinander stehen. Entweder ist die eine Erscheinung Ursache der anderen, oder sie haben beide eine gemeinsame Ursache. Bei Mill ist diese Methode für solche Fälle anzuwenden, wo die Übereinstimmungs- und Unterschiedsmethoden nicht angewandt werden können, etwa bei Erscheinungen, die weder ausgeschlossen werden können, um festzustellen, was in ihrer Abwesenheit geschieht (dies wäre für die Unterschiedsmethode nötig), noch isoliert werden können, um irrelevante Faktoren auszuschließen (was die Übereinstimmungsmethode erforderte).

Auch diese Methode hat wichtige Anwendungen in den Biowissenschaften. Allerdings erschwert – wie bei der Übereinstimmungsmethode – die Komplexität der Lebewesen eine einfache oder geradlinige Anwendung. Bei der Suche nach der hauptsächlichen Rolle, die ein bestimmter Einfluss in einem System spielt, ist ein einfaches Auflisten der begleitenden Veränderungen in den meisten Fällen nicht ausreichend. Ein Beispiel: Es sei zwischen der Konzentration eines Giftstoffes im Blut und dessen Konzentration im Urin eine Korrelation festgestellt und quantifiziert worden. Es sei auch bekannt, dass die Nieren eine Übergangsstelle zwischen Blut und Urin darstellen. Kann man allein aufgrund solcher Befunde schon der Niere die Rolle zuschreiben, das Blut von Giftstoffen zu reinigen? Dies scheint aufgrund dieser Daten nicht gerechtfertigt. Man müsste entweder weitere Möglichkeiten prüfen, wie Ausscheidung über Schweißdrüsen oder sich mit einer schwachen, indirekt gestützten Kausalbehauptung zufriedengeben (vgl. Schaffner 1993, S. 145).

Eine direkte Kausalbehauptung dieses Typs erscheint nur dann möglich, wenn man Fälle von Nieren*versagen* betrachtet und diese Fälle als Daten für die Unterschiedsmethode benutzt. Dies stellt natürlich einen geeigneten Anknüpfungspunkt dar, um den Zusammenhang mit Fehlfunktionen zu diskutieren (siehe unten).

5.1.2 Die experimentellen Methoden Claude Bernards

Der französische Physiologe und Mediziner Claude Bernard (1813–1878) griff in seinem Werk *Introduction à l'étude de la médicine expérimentale* (1865) die Methoden John Stuart Mills auf und ergänzte sie. Er war der Auffassung, dass einige zentrale Annahmen Mills, nämlich die Möglichkeit, einen Komplex von Erscheinungen schon im Vorfeld der Untersuchung in passende Teile zu zerlegen und mögliche Faktoren einen nach dem anderen zu untersuchen, für sein Feld, das der experimentellen Medizin, häufig nicht gegeben seien. Er schlug vor, die Millsche Unterschiedsmethode weiter zu differenzieren, nämlich in eine „Methode des Gegenbeweises" und in eine „Methode des vergleichenden Experimentierens".

Bei der Methode des Gegenbeweises wird vorausgesetzt, dass man sich ein vollständiges Bild der Problemlage machen konnte und dass alle beteiligten Einflüsse erkannt sind und unter Kontrolle gehalten werden können. Dann beseitigt man die vermutete Ursache einer Erscheinung und bestimmt, ob der Effekt, an dem man interessiert ist, erhalten bleibt. Wenn der Effekt tatsächlich erhalten bleibt, so stellt dies einen Gegenbeweis dar und führt dazu, dass man die anfängliche Vermutung aufgeben muss. Bernard betonte nachdrücklich, ein solches Vorgehen sei unerlässlich – auch wenn er seinen zeitgenössischen Fachkollegen die Tendenz zuschrieb, die Methode des Gegenbeweises geringzuschätzen, weil man dadurch unter Umständen gezwungen werde, eine liebgewonnene Hypothese aufzugeben (Bernard 1961, S. 88).

Für weite Teile von Biologie und Medizin sah Bernard allerdings die Methode des Gegenbeweises als schlecht anwendbar an, weil biologische Systeme so kompliziert seien, dass man nur ganz selten in der Lage sei, alle möglichen Ursachen für eine Erscheinung anzugeben und zu prüfen. Für diese Fälle schlug er stattdessen eine „Methode des vergleichenden Experimentierens" oder des „Vergleichsversuchs" vor:

> Der Vergleichsversuch [erstreckt sich] auf die Feststellung der Tatsache und auf die Kunst, sie loszulösen von Einflüssen und anderen Vorgängen, mit denen sie vermischt sein kann. Der Vergleichsversuch ist trotzdem nicht genau dasselbe, was die Philosophen „Methode des Weglassens“ genannt haben oder „Methode des Differenzierens“. Wenn ein Experimentator vor einem komplexen Vorgang steht, der durch Vereinigung der Eigenschaften mehrerer Stoffe zustande kommt, so beschreitet er den Weg der Differenzierung, das heißt er trennt der Reihe nach jeden einzelnen Stoff ab und sieht aus der Differenz, was bei dem Gesamtvorgang den einzelnen Stoffen zuzuschreiben ist. Aber diese Forschungsmethode setzt zwei Dinge voraus: sie setzt zunächst voraus, daß man die Anzahl der Stoffe kennt, die an dem Gesamtergebnis des Vorgangs beteiligt sind; zweitens nimmt sie an, daß die einzelnen Stoffe nicht derart zusammenwirken, daß sich ein harmonisches Zusammenspiel ergibt. In der Physiologie ist die Methode des Differenzierens selten anwendbar, denn man kann sich fast nie einbilden, alle Stoffe und alle Bedingungen, die an einem Gesamtvorgang beteiligt sind, zu kennen, und schließlich können in sehr vielen Fällen sich verschiedene Organe bei gleichartigen Vorgängen wechselseitig vertreten und dadurch mehr oder weniger das Ergebnis der Ausschaltung eines bestimmten Teils verschleiern. [...]
>
> Die physiologischen Vorgänge sind so komplex, daß es nie möglich wäre, mit einiger Genauigkeit an lebenden Tieren zu experimentieren, wenn man unbedingt alle ihre Veränderungen an dem Versuchstier, an dem man arbeitet, feststellen müßte. Aber glücklicherweise genügt es, den einen Vorgang herauszugreifen, auf den sich die Untersuchung erstrecken soll, indem man ihn mit Hilfe des Vergleichsversuchs von allen Komplikationen, die ihn begleiten können, abtrennt. Der Vergleichsversuch erreicht dieses Ziel, indem er an einem Organismus, der als Vergleichsobjekt dient, alle experimentellen Veränderungen herbeiführt mit Ausnahme der einen, die man für sich allein untersuchen will.
>
> Wenn man zum~Beispiel erfahren will, was nach der Durchschneidung oder Entfernung eines Organs geschieht, das nur nach Verletzung mehrerer benachbarter zugänglich ist, so setzt man sich unvermeidlich der Gefahr aus, im Gesamtergebnis die Folgen der durch die ganze Operation geschaffenen Verletzungen damit zu verwechseln, was der Durchschneidung oder Entfernung des betreffenden Organs folgt, dessen physiologische Aufgabe man prüfen will. Das einzige Mittel, diesen Irrtum zu vermeiden, besteht darin, an einem gleichen Tier dieselbe Operation auszuführen, aber ohne die Durchschneidung oder Abtragung des Organs, an dem man experimentiert. Man hat dann zwei Tiere, bei denen alle Versuchsbedingungen, eine ausgenommmen, nämlich die Entfernung des betreffenden Organs, identisch sind, so daß seine Wirkungen in den Unterschieden zwischen den beiden Tieren für sich allein zum Ausdruck kommen. Der Vergleichsversuch ist eine allgemein gültige Regel in der experimentellen Medizin und bei allen Arten von Untersuchungen anwendbar, sei es, daß man die Wirkungen der verschiedenen Stoffe auf den Stoffwechsel erkennen will, sei es, daß man mittels der Vivisektion die physiologische Aufgabe der verschiedenen Teile des Körpers erfahren möchte. (Bernard 1961, S. 182–184)

Diese Empfehlungen sind typisch für die Mehrzahl von Untersuchungen zur Funktion von Teilen von Organismen. Ein modernes Beispiel stellt die Entdeckung der Funktion des Thymus in den Jahren ab 1960 dar (vgl. Schaffner 1993, S. 84–89). Die Methode des vergleichenden Experimentierens ist auch heute eine der grundlegenden Methoden, um Ursachen oder Funktionen in Biologie, Medizin und Psychologie auf angemessene und akzeptable Weise zu bestimmen.

Es wurde allerdings angemerkt, dass die Bernardsche Methode des vergleichenden Experimentierens und die Millsche Unterschiedsmethode keineswegs so weit voneinander entfernt seien, wie Bernard dies gerne darstellte. In abstrakter Darstellung wird dies klarer (vgl. Schaffner 1993, S. 148): Angenommen, die Methode des vergleichenden Experimentierens solle angewendet werden, um zu bestimmen, ob ein Organ O eine Rolle dabei spielt, einen physiologischen Prozess I hervorzubringen. Angenommen wird außerdem, dass bei der Entfernung oder Zerstörung („Ablation") von O zwangsläufig auch ein naheliegendes oder O umgebendes Organ X beschädigt wird und dass die Organismen bei dem Experiment unspezifischem Stress S ausgesetzt sind. Wenn man Bernards Empfehlungen folgt, nimmt man zwei möglichst gleichartige Versuchsorganismen und führt folgendes vergleichende Experiment durch:

Bei einem Organismus stellt man die Situation $\overline{X}+S+\overline{O}$ her, bei dem anderen die Situation $\overline{X}+S+O$ und beobachtet daraufhin die Abwesenheit beziehungsweise die Anwesenheit von I. Insgesamt beobachtet man also die Situationen $\overline{X}+S+\overline{O}+\overline{I}$ und $\overline{X}+S+O+I$. Die Überstreichung als Negationszeichen soll Ablation eines Organs oder Ausschaltung beziehungsweise deutliche Abschwächung eines physiologischen Vorgangs bezeichnen, wobei ein solches Ausschalten chirurgisch, genetisch, hormonell und auf manche andere Weise hervorgerufen werden kann. In Worten: Im ersten Fall ist Organ O ausgeschaltet, ebenso Organ X, weitere Auswirkungen des Experiments S treten hinzu, und I tritt nicht oder nur deutlich abgeschwächt auf. Entscheidend ist nun, dass die genauen Details der Ausschaltung von X und des Stresses S *unwichtig* sind, solange sie bei beiden Versuchsorganismen in gleichartiger Weise vorgenommen wurden – was auch Bernard schon betont habe. Im Kern aber seien daher die Methode des vergleichenden Experimentierens und die Unterschiedsmethode gleichartig.

5.2 Moderne Methodologien mittlerer Reichweite

Nach den „klassischen" Methodologien von Mill und Bernard sollen auch die Zusammenhänge einiger moderner Methodologien mit der Verwendung von Fehlfunktionen untersucht werden. Wie eingangs erwähnt, sind Methodenlehren „mittlerer Ebene" für die Erforschung komplexer Systeme an dieser Stelle von besonderem Interesse. Derartige Methodologien sind selten anzutreffen; und von den wenigen sollen die Arbeiten von Bechtel und Richardson (1993) und von Schaffner (1993) diskutiert werden. Für alle diese Ansätze gilt: Sie berühren zwar den Bereich der Fehlfunktionen und deuten deren Rolle im Forschungsprozess an, erwähnen aber zumeist weder den Begriff, noch diskutieren sie ihn im Detail.

5.2.1 Zerlegen und Lokalisieren

Zur Frage nach allgemeinen modernen Methoden und Strategien zur wissenschaftlichen Erforschung komplexer Systeme, vor allem aus Biologie und Psychologie, haben Bechtel und Richardson (1993) aufschlussreiche Überlegungen vorgelegt. Die Fragen werden dabei als Teile umfassenderer wissenschaftstheoretischer Probleme zu Theoriendynamik und zu Theorien der Entdeckung dargestellt. Eine besonders wichtig erscheinende Strategie wird dabei herausgearbeitet, die des „Zerlegens und Lokalisierens". Die methodologische Untersuchung von Bechtel und

Richardson ist nicht nur deskriptiv, sondern auch normativ angelegt. Sie analysiert Fallbeispiele und leitet daraus eine Reihe konkreter Empfehlungen für bestimmte Forschungssituationen ab.

Als Ziel der Erforschung komplexer Systeme wird das Erstellen „mechanistischer Erklärungen" angenommen. Mechanistische Erklärungen werden charakterisiert als „kausale Erklärungen", die Erscheinungen unter Berufung auf „zugrundeliegende Mechanismen" erklären (Bechtel und Richardson 1993, S. 230). Statt von mechanistischen Erklärungen wird auch von mechanistischen *Modellen* gesprochen, dabei werden Modelle als partielle und abstrakte Repräsentationen der kausalen Mechanismen aufgefasst (Bechtel und Richardson 1993, S. 232). Dabei wird Sympathie für die semantische Theorienauffassung deutlich. Die Suche nach mechanistischen Erklärungen wird auch als reduktionistisch bezeichnet – wobei allerdings die Unterschiede gegenüber traditionellen Vorstellungen über Reduktion betont werden.

Um eine mechanistische Erklärung zu erreichen, sei es vor allem nötig, „zu bestimmen, was die Komponenten eines Systems sind und was sie tun" (Bechtel und Richardson 1993, S. 18). Dafür gebe es zwei Forschungsstrategien: eine analytische und eine synthetische. Die analytische Strategie bestehe darin, Komponenten des Systems physisch zu isolieren und die Aktivitäten und Funktionen jeder dieser Komponenten zu bestimmen. Dabei sei das Ziel, das Wissen über die Komponenten zu verwenden, um zu rekonstruieren, wie das System als Ganzes funktioniert. Die „synthetische" Strategie dagegen baue vor allem auf Vermutungen, *wie* das Verhalten des Systems durch das Zusammenwirken verschiedener Teilfunktionen erbracht werden *könnte*, und dem Erstellen von Modellen, deren Verhalten mit dem des realen Systems verglichen wird. Die Identifizierung von Komponenten des Systems, die für die einzelnen Teilfunktionen verantwortlich sind, kann sich anschließen (Bechtel und Richardson 1993, S. 20). Analytische und synthetische Strategien werden als „komplementär" bezeichnet: Daten aus analytischen Studien könnten helfen, synthetische Modelle zu bewerten, und synthetische Modelle seien in der Lage, einen Rahmen bereitzustellen, in den Daten aus analytischen Studien eingeordnet werden können. Auch zusammen stellten die beiden Strategien allerdings keine unfehlbare Methodologie bereit (Bechtel und Richardson 1993, S. 21).

Eine der wichtigsten Möglichkeiten für analytisches Vorgehen sehen Bechtel und Richardson in den heuristischen Strategien der „Zerlegung" und „Lokalisation". Unter Zerlegung und Lokalisation verstehen sie eine hierarchische Analyse in funktionelle Komponenten mit spezifischen Funktionen und deren physische Lokalisation (Bechtel und Richardson 1993, S. 7).

Zerlegung setze voraus, dass eine Aktivität eines ganzen Systems das Produkt des Zusammenspiels einer Anzahl untergeordneter Funktionen ist, die von dem System ausgeführt werden. Auch die Teilfunktionen können selbst wieder aus dem Zusammenwirken von Funktionen der nächst niederen Ebene resultieren. Mit guten Gründen wird vermutet, dass viele reale Systeme einen solchen hierarchischen Aufbau haben. Dabei wird davon ausgegangen, dass es nur eine kleine Anzahl solcher Funktionen gibt, die zusammen das beobachtete Verhalten ergeben. Vor allem nehme man in der Regel an, dass die Teilfunktionen nur vernachlässigbare Interaktionen untereinander aufweisen. Ob diese Annahmen realistisch sind, wisse man am Anfang einer Untersuchung zwar nicht, aber irgendwo müsse man anfangen, und zudem sei das Versagen eines Versuchs der Zerlegung sogar oft erhellender als ein Erfolg, denn es führe zur Entdeckung zusätzlicher wichtiger Einflüsse.

Ausführlich werden Gründe für und gegen die Annahme der Zerlegbarkeit realer Systeme diskutiert. Für eine Zerlegbarkeit spreche in ontologischer Hinsicht die Tatsache, dass Zerlegbarkeit und hierarchische Organisation allgemeine Phänomene der Natur seien. Dies beruhe einerseits auf den sehr unterschiedlichen Stärken und Reichweiten der fundamentalen Naturkräfte und andererseits darauf, dass in evolutionären Prozessen die Entstehung und Entwicklung zerlegbarer und hierarchisch strukturierter Systeme deutlich bevorzugt sei (Bechtel und Richardson 1993, S. 28 f.; vgl. auch Simon 1994). In epistemologischer Hinsicht wird betont, zerlegbare Systeme seien dadurch ausgezeichnet, dass sie für Menschen theoretisch und kognitiv viel leichter zu bewältigen seien (Bechtel und Richardson 1993, S. 27 f.). Diese Überlegung beantwortet allerdings nur die Frage, warum für Menschen die Annahme der Zerlegbarkeit so nahe liegt und warum sie heuristisch so wertvoll ist, kann aber nicht entscheiden, ob und in welchem Umfang es nicht-zerlegbare Systeme in der Welt gibt.

Gegen die Annahme der Zerlegbarkeit realer Systeme spreche, bezogen auf das evolutionäre Argument, dass sich die Komponenten eines einmal entstandenen zerlegbaren Systems durch Divergenz, Spezialisierung und Koadapation durchaus noch weiterentwickeln könnten, und zwar in Richtung auf deutlich eingeschränkte Zerlegbarkeit (Bechtel und Richardson 1993, S. 31). Letztlich bleibe die Frage offen: „It will remain an open question whether complex natural systems are *necessarily* decomposable hierarchies“ (Bechtel und Richardson 1993, S. 31).

Diese Überlegungen sind entscheidend, denn der Erfolg der Strategie hängt in hohem Maße vom Zutreffen der Annahmen ab: „One reason decomposition and localization may fail is that the assumptions they impose – that the system is decomposable or nearly decomposable – may be false“ (Bechtel und Richardson 1993, S. 235). Präziser werden verschiedene Grade der Zerlegbarkeit unterschieden (die nach Bechtel und Richardson 1993, erweitert und ergänzt, in der folgenden Übersicht zusammengestellt sind).

- zerlegbare, modulare Systeme (modularer Aufbau; Lokalisierung möglich)
  - einfach, streng, direkt zerlegbare Systeme

    - aggregative Systeme – Verhalten des Systems lineare oder aggregative Funktion des Verhaltens der Bestandteile, nicht oder nicht signifikant durch Organisation mitbestimmt
      - strikt aggregative Systeme (strukturlos) – Beispiel: Ideales Gas
      - näherungsweise aggregative Systeme – Beispiel: Flüssigkeitsstrom, Bewegung einer Tierherde
    - nicht-aggregative Systeme – Verhalten des Systems durch Organisation teilweise mitbestimmt, aber Teile *austauschbar* – Beispiel: Schwämme (*Porifera*)

- zusammengesetzte Systeme

  - Komponenten-Systeme, näherungsweise zerlegbare Systeme – Verhalten der Teile v. a. intrinsisch bestimmt; Organisation kritisch für Gesamtfunktion, aber beschränkt Funktionen der Teile nur gering. Kausale Wechselwir- kungen innerhalb bedeutender als zwischen Teilen. – Beispiel: Paviane: Jagd sowohl allein als auch in der Gruppe
  - integrierte Systeme, minimal zerlegbare Systeme – Organisation wichtig, intrinsische Faktoren schwach. Kausale Wechselwirkungen zwischen bedeutender als innerhalb der Teilen. Rückkopplung und Korrektur zwischen Teilen – Beispiel: Integration von Mitochondrien in eine Zelle; Zellmetabolismus

- nicht zerlegbare Systeme – Organisation und Integration ersetzen Kompartimentierung; Zerlegbarkeit, Lokalisierung nicht möglich – Beispiel: konnektionistische Systeme

„Lokalisierung" wird charakterisiert als Identifikation der verschiedenen im Rahmen der Zerlegung einer Aktivität vorgeschlagenen *Teilaktivitäten* mit dem Verhalten oder den Fähigkeiten spezifischer *Komponenten* des Systems. In einigen Fällen sei man in der Lage, auf verhältnismäßig direkte Weise die physischen Teile des Systems zu identifizieren, in denen man verschiedene Teilfunktionen lokalisieren kann. In anderen Fällen müsse man auf verschiedene funktionelle Werkzeuge zurückgreifen, um festzustellen, dass es solche Teile gibt, ohne sie (gleich) identifizieren zu können. Lokalisierung führe zu einer realistischen Auffassung von der Existenz von Teilen und rege zur Entwicklung angemessener Techniken an, um zu zeigen, dass *irgendetwas* jede der erschlossenen Funktionen erbringt (Bechtel und Richardson 1993, S. 24).

Um die analytische Strategie der Zerlegung und Lokalisation zu verfolgen, gebe es mehrere *konkrete* Möglichkeiten. Eine typische und weitverbreitete Vorgehensweise sei es, den Aufbau des Systems zu untersuchen, seine Teile zu isolieren, die Funktion von Teilen in Isolation festzustellen und aus dem Wissen über die Teile zu rekonstruieren, auf welche Weise das System als Ganzes arbeitet (Bechtel und Richardson 1993, S. 18).

Allerdings führe dieses Vorgehen bisweilen nicht zum Erfolg; dies gelte vor allem für komplexe und selbstorganisierende Systeme, und hier besonders für Systeme, die „ihre Teile verbergen" (Bechtel und Richardson 1993, S. 18). Es sei bei solchen Systemen im Allgemeinen nicht möglich, die Eigenarten der Bestandteile und deren Beiträge aus dem *normalen* Verhalten des Systems allein zu erschließen (Bechtel und Richardson 1993, S. 240).

Hier kommen *Fehlfunktionen* ins Spiel – wenn auch bei Bechtel und Richardson nur ein Teil dessen wahrgenommen wird, was *in dieser Arbeit* unter Fehlfunktionen zusammengefasst wird: Bechtel und Richardson beschreiben einen bestimmten Aspekt der hier vorgestellten Fehlfunktions-Methodik, nämlich den der gezielten experimentellen Beeinflussung von Teilen des Systems mit dem Ziel, beobachtbare

Fehlfunktionen zu erzeugen. Zwei übliche und typische Formen der Beeinflussung werden beschrieben, die als „inhibitorische" und „exzitatorische Methode" bezeichnet werden (Bechtel und Richardson 1993, S. 241). Als Beispiele für inhibitorische Methoden werden die Erzeugung und Auswertung von Gehirnläsionen genannt oder die chemische Inhibition von Stoffwechselwegen, um eine Anreicherung von Zwischenprodukten zu erreichen. Zu den exzitatorischen Methoden zählten die künstliche Reizung von Teilen der Großhirnrinde oder die Injektion künstlich hergestellter Zwischenprodukte des Stoffwechsels (Bechtel und Richardson 1993, S. 241).

Diese Methoden seien in vielen Fällen zum Erkenntnisgewinn in der Forschung geeignet, weil sie einzelne Teile oder Aktivitäten im System verändern (und nicht, wie bei Belastungs- oder Zerstörungstests, viele oder alle Teile auf einmal). Als Problem wird genannt, dass oft voreilige Schlüsse gezogen würden. Vor allem werde oft allein aus dem gemeinsamen Auftreten einer Verhaltensstörung und einer physischen Beschädigung geschlossen, dass der Bereich der Beschädigung im intakten Zustand für das Auftreten des normalen Verhaltens verantwortlich sei oder dass es die normale Funktion eines solchen Bereichs sei, das normale Verhalten zu erzeugen.

Im Zusammenhang mit der Betrachtung von Fehlfunktionen ist diese Arbeit von Bechtel und Richardson (1993) einerseits relevant, weil sie sich sehr eng an tatsächlich betriebener wissenschaftlicher Forschung orientiert, deren Ziele und Vorgehensweisen präzisiert und dabei die Rolle von Fehlfunktionen (beziehungsweise bestimmter Teilbereiche) deutlich gesehen und benannt wird. Allerdings wird die Rolle von Fehlfunktionen *nicht* zentral behandelt, und Diskussionen über die Chancen und Probleme ihrer Verwendung brechen recht früh ab. Vor allem aber ist ihre Arbeit von Interesse, weil sie fehlleistungsorientierte Methoden in umfassendere wissenschaftliche Strategien einordnet.

Nach diesen Auffassungen stellen Fehlfunktions-Methoden wichtige Werkzeuge im Rahmen der Heuristiken oder Strategien der Zerlegung und Lokalisation dar. In bestimmten Fällen, also beispielsweise bei komplexen Systemen, werden Fehlfunktions-Methoden sogar als unverzichtbar und unersetzbar dargestellt.

Die Heuristiken beziehungsweise Strategien der Zerlegung und Lokalisation werden nicht als starr zu verfolgende Verfahren angesehen. Sie sind vielmehr abhängig vom Gegenstandsbereich, von Forschungsparadigmen und von bestimmten Annahmen über die Beschaffenheit der Untersuchungsgegenstände. Die Rolle auch außerwissenschaftlicher Faktoren wird ausdrücklich zugestanden. Dennoch werden diese Heuristiken als unverzichtbar angesehen, denn erstens seien menschliche kognitive Kapazitäten wie auch die verfügbaren Informationen beschränkt, und daher müsse man mit einfachen Modellen und Annahmen arbeiten oder doch wenigstens die Forschungen damit *beginnen*. Zerlegung ermögliche eine Unterteilung der Erklärungsaufgaben, so dass die Aufgabe handhabbar und das System eher verständlich wird. Umso wichtiger, dass man sich der Annahmen und der möglichen Vereinfachungen bewusst ist und – wenigstens gelegentlich – darüber diskutiert.

Zweitens könnten die Heuristiken zwar durchaus scheitern, aber, so wird argumentiert, selbst ihr Scheitern könne zu einer Annäherung an die Wahrheit beitragen, beispielsweise indem sie auf untergeordnete Faktoren oder Einflüsse zweiter Ordnung hinweisen. Damit tragen sie häufig trotz ihres Scheiterns dazu bei, ein zunehmend besseres, realistischeres Bild der Situation zu gewinnen.

Das optimistische Ergebnis von Bechtel und Richardson ist, dass man wenigstens vermuten darf, dass man sich mit dem Verfolgen der Strategie und dem anfänglichen Akzeptieren der dafür typischen und erforderlichen Annahmen nicht unwiderruflich festlegt bezüglich der möglichen Ergebnisse und dass es Möglichkeiten gibt, beispielsweise aus dem Scheitern des Versuchs von Zerlegung und Lokalisation zu erkennen, dass die Annahmen revidiert und andere Strategien eingeschlagen werden sollten. Daher seien die Heuristiken der Zerlegung und Lokalisation auch geeignet für schlecht charakterisierte Probleme, während für klarer definierte Probleme unter Umständen andere Methoden besser geeignet seien (auf die allerdings nicht eingegangen wird).

Die normativen Empfehlungen der Autoren lassen sich wie folgt zusammenfassen: Verfolge angesichts unbekannter komplexer Systeme, beispielsweise solcher aus Biologie und Psychologie, sowohl analytische als auch synthetische Strategien. Versuche also herauszufinden, welche Teile das System enthält, was sie tun und welche Wechselwirkungen zwischen ihnen bestehen. Versuche aber auch, reale oder gedankliche Modelle des Systems zu entwerfen und zu verfeinern. Versuche darüber hinaus, Daten und Modelle aufeinander zu beziehen. Bei der analytischen Strategie, besonders bei unbekannten Systemen, empfiehlt es sich stets, zunächst die Heuristiken der Zerlegung und Lokalisation anzuwenden. Dabei kann es sich oftmals lohnen, inhibitorische oder exzitatorische Studien durchzuführen. Dieser letzte Ratschlag lässt sich übersetzen in die Empfehlung: *Versuche mehr oder weniger gezielt, durch Beschädigung, Hemmung oder Abtrennung einerseits, Stimulierung oder Überversorgung andererseits, interessante Effekte – von denen typischerweise viele Fehlfunktionen sein werden – aufzufinden.* Inwieweit sich diese Empfehlung im Lichte der Fehlfunktions-Methodik erweitern und ergänzen lässt, wird in Abschn. 6.2 überlegt werden.

5.2.2 Strategien des „Vergleichenden Experimentierens" in Biologie und Medizin

Kenneth Schaffner diskutiert Verfahren der Entdeckung und der Erklärung in Biologie und Medizin, besonders für komplexe Systeme. Auch er sieht sein Unternehmen nicht nur als deskriptiv, sondern auch als normativ an; seine Absicht ist „to formulate the outlines of a normative theory of scientific discovery" (Schaffner 1993, S. 21, vgl. auch S. 170). Neben breit angelegten Überlegungen zur Rolle der Statistik – Schaffner vertritt einen „kritischen Bayesianismus" – finden sich auch aufschlussreiche Anmerkungen zu allgemeinen und zentralen experimentellen Forschungsmethoden, die zu größeren Teilen auf die Analyse von Fehlfunktionen bauen. Der Problemkreis „Fehlfunktion" wird allerdings auch hier nicht ausdrücklich thematisiert.

Schaffner greift die Unterscheidung zwischen der Entdeckung und der Rechtfertigung von Hypothesen auf, schlägt aber vor, die Phase der Entdeckung weiter zu unterteilen, in ein Stadium der Entdeckung im engeren Sinne – wozu Kreativität, spontane Einfälle, „Heureka"-Erlebnisse gehören – und in ein Stadium der „vorläufigen Bewertung". Aus dem Entdeckungsprozess sei mindestens das Stadium der vorläufigen Bewertung einer intersubjektiven Diskussion zugänglich.

Die Methoden experimenteller Forschung haben nach Schaffner Anteil sowohl am Stadium der vorläufigen Bewertung als auch an dem der Prüfung von Hypothesen (Schaffner 1993, S. 129). Als Methoden experimenteller Forschung werden zunächst die vier Methoden von John Stuart Mill und die Methode des vergleichenden Experimentierens von Claude Bernard diskutiert, wobei versucht wird, plausibel zu machen, dass die Methode des vergleichenden Experimentierens im Wesentlichen der Unterschiedsmethode entspricht. Nachdem die Vorzüge und auch Schwierigkeiten dieser Methoden für die Untersuchung biologischer Systeme betrachtet wurden, kommt Schaffner zu folgendem *normativen* Schluss: Die Unterschiedsmethode, ergänzt durch statistische Interpretation (was zusammen etwa Mills Methode der begleitenden Veränderungen entspricht) sei oft *die geeignetste Methode* der experimentellen Forschung, um auf empirische und direkte Weise wissenschaftliche Behauptungen aufzustellen (Schaffner 1993, S. 145). Zugleich wird sie empfohlen als eine der grundlegenden Methoden, um eine „rationale" Bestimmung von Ursachen oder Funktionen in Biologie und Medizin sicherzustellen. Claude Bernards Auffassung des vergleichenden Experimentierens als der „wahren Grundlage der experimentellen Medizin" wird dabei zustimmend zitiert (Schaffner 1993, S. 147; vgl. Bernard 1961, S. 185).

Bei der Erläuterung und den Beispielen erkennt man, dass Fehlfunktionen beziehungsweise Defizitstudien im Sinne von Bechtel und Richardson (1993) dabei eine zentrale Rolle spielen: So werden Experimente beschrieben, die die Funktion des Thymus als Teil des Immunsystems aufklärten und zur Zweikomponententheorie der Immunantwort führten (Schaffner 1993, S. 150 ff.). Der Schlüssel zu diesen Experimenten waren Fehlfunktionen der Immunantwort bei Versuchstieren ohne Thymus. Als besonderer Vorteil der Methode wird gesehen, dass sie auch bei komplexeren Systemen weiterführt, etwa bei redundanten Systemen, bei denen mehrere mögliche Ursachen in Frage kommen – beispielsweise mehrere Organe, von denen jedes einzelne eine bestimmte Funktion übernehmen kann. Hier empfehle sich eine „reiterierte Methode des vergleichenden Experimentierens" (Schaffner 1993, S. 151), bei der zusätzlich zu einer ersten Fehlfunktion weitere Fehlfunktionen gesucht oder erzeugt werden. Auf die Rolle pathologischer Zustände als wertvolle Gegenstücke zum eigentlichen Experimentieren wird ausdrücklich hingewiesen, besonders für solche Fälle, wo die verschiedenen Ursachen für eine Erscheinung nicht ohne weiteres voneinander getrennt und separat untersucht werden können. Insgesamt vertritt Schaffner die These der „pre-eminence" einer verallgemeinerten und durch statistische Überlegungen ergänzten Methode des vergleichenden Experimentierens in Biologie und Medizin – die, wie deutlich geworden ist, Fehlfunktionen als wichtigen Bestandteil mit einschließen (Schaffner 1993, S. 152).

5.3 Verfahren der Systemtheorie und Systemanalyse

Die naturwissenschaftliche Systemtheorie beansprucht, allgemeine Züge der strukturellen – nicht der materiellen – Eigenschaften komplexer Systeme zu erfassen, sowohl bei Analyse wie bei Synthese von Systemen. Sie weist enge Bezüge zur Kybernetik auf (vgl. Übersichten bei Ashby 2016; Flood und Carson 1988; Rapoport 1988;

Klir 1991; Wiener 1992). Allgemeine *methodische* Fragen der Systemanalyse werden von gezielt Norbert Bischof (2016) behandelt. Die Rolle von Fehlfunktionen bei derartigen systemanalytischen Methoden wird dort allerdings nicht explizit herausgestellt und kann nur erschlossen werden. Bereits bei elementaren Verfahren der strukturellen Systemanalyse sind nach Bischof Operationen beteiligt, ja sogar notwendig, die in der Perspektive der vorliegenden Arbeit gerade im Erzeugen oder Auswerten von Fehlfunktionen bestehen. Es handelt sich um die Operation des „Aufschneidens", also die (gezielte oder ungezielte) Unterbrechung der Signalübertragung an bestimmten Stellen eines Wirkungsgefüges.

Es lässt sich zeigen, dass für eine Strukturanalyse der am wenigsten komplexen Systeme, die überhaupt eine Binnenstruktur aufweisen, nämlich von Systemen mit zwei Ausgängen, genau vier Operationen, nämlich zwei Variationen von Parametern („Manipulationen") und zwei Unterbrechungen von Verbindungen („Aufschneidungen"), notwendig und hinreichend sind, um deren Struktur, also die Beziehungen zwischen den Teilen, ihre „Verschaltung", vollständig zu erkennen. Dies deutet schon an, dass Fehlfunktionen einen wesentlichen Bestandteil der Methodik der Systemanalyse darstellen.

5.3.1 Strukturelle Systemanalyse

Systemtheorie umfasst Systemsynthese und Systemanalyse. Die Aufgabe der Systemanalyse wird als „Ermittlung des Wirkungsgefüges eines gegebenen Systems" charakterisiert (Bischof 2016, S. 92). Ein System wird definiert als etwas aus Bestandteilen Zusammengesetztes. Das Gemeinsame an allen „Systemen" sei, dass an ihnen *Elemente* unterscheidbar sind, und dass diese Elemente in irgendeinem *sinnvollen Zusammenhang* stehen (Bischof 2016, S. 12). Demnach gäbe es definitionsgemäß keine Systeme, die nicht wenigstens prinzipiell zerlegbar und analysierbar wären. Allerdings könnte es Gegenstände geben, die keine Systeme sind, beispielsweise Felder (Bischof 2016, S. 84–86).

Gemäß einem in der Biologie etablierten Sprachgebrauch unterscheidet Bischof *proximate* und *ultimate* Betrachtung. Die proximate Systemanalyse fragt: *Wie funktioniert das System? Welcher Mechanismus liegt zugrunde?* Die ultimate Systemanalyse fragt dagegen: *Was ist das Ziel des Systems? Was ist demnach aus Sicht des Systems richtig, was falsch? Warum ist das System so und nicht anders aufgebaut?* Allerdings könnte man auch fragen: *Wie hilft uns die Kenntnis der Ziele und der Geschichte eines Systems, seine Struktur zu verstehen?*

Die proximate Systemtheorie gliedert sich in *strukturelle Systemanalyse, stationäre Systemanalyse und dynamische Systemanalyse.* Die strukturelle Systemanalyse umfasst Differenzierung in Bestandteile, die Erstellung eines Plans der Verschaltung und die qualitative Bestimmung der Wechselwirkungen. Sie wird als basalste systemtheoretische Problemstellung bezeichnet und verfolgt die Frage nach der Topologie der kausalen Beziehungen zwischen den Signalen in einem System. „Die strukturelle Systemanalyse ist ihrem Wesen nach eine topologische Methode. Bei ihr geht es in erster Linie darum, die systemspezifische Vernetzung von Wirkungen, also die kausalen „Nachbarschaftsrelationen" zwischen den Signalen, festzulegen. In zweiter Linie können dabei auch bereits Skalierungsfragen einbezogen werden, aber nur insoweit, als sie eben topologischer, also ordinaler Natur sind. Zur strukturellen Systemanalyse gehört auch all das, was man zuweilen „qualitatives Systemverhalten" nennt – also nicht nur die Aussagen von der Form „das Signal *z* wirkt auf die Signale *y* und *x*", sondern auch die weitergehende Feststellung, *z* wirke „gleichsinnig auf *x*, aber gegensinnig auf *y*" oder, was dasselbe ist, zwischen *z* und *x* herrsche eine „positive", zwischen *z* und *y* aber eine „negative Korrelation". Das Vorzeichen (nicht allerdings der quantitative Betrag) des Korrelationskoeffizienten rechnet somit noch zur strukturellen Betrachtung" (Bischof 2016, S. 78).

Zur Frage des Status der von der Systemanalyse erschlossenen Komponenten – ob sie abstrakt oder realistisch zu deuten seien – verweist Bischof auf „[...] hypothetische Konstrukte als Variablen, die irgendwo im Innern eines Systems verborgen existieren, ohne dass doch vorerst eine Möglichkeit zu ihrer unmittelbaren Messung besteht, und die daher nur durch den Wirkungszusammenhang definiert werden können, in dem sie mit anderen Variablen stehen. So verstanden wäre es gar nicht abwegig, die proximate Systemtheorie geradezu als die klassische Methode des empirischen Umgangs mit hypothetischen Konstrukten zu bezeichnen" (Bischof 2016, S. 22).

Zum Vergleich und zur Bewertung verschiedener systemanalytischer Hypothesen muss man sich unter Umständen auf (Meta-)Kriterien stützen: das „Prinzip der einfachsten/unkompliziertesten Hypothese", (Hassenstein und Reichardt 1953) wobei Komplexität über die Anzahl der Verknüpfungen definiert wird, und das „Prinzip der zwingenden Ableitung" (Mittelstaedt 1961), das den experimentellen Ausschluss aller „gleich komplexen" Alternativen voraussetzt (Bischof 2016, S. 94).

Die *Methoden* oder „Grundoperationen" der strukturellen Systemanalyse bestehen in der progressiven Differenzierung, dem Übergang von impliziten zu expliziten Übertragungsgliedern und den Verfahren der Manipulation und der Aufschneidung (Bischof 2016, S. 92–105). Zunächst drei Vorüberlegungen:

Man kann Systeme auf verschiedenen Abstraktionsebenen, mit verschiedener Vergrößerung beziehungsweise Auflösung, im Überblick oder im Detail studieren. Bei Beginn der Erforschung stellt sich ein System häufig als *black box* dar, deren Binnenstruktur und Teilsysteme unbekannt sind und erst *allmählich* erschlossen werden. Darin besteht das „Prinzip der progressiven Differenzierung". Oft lohnt es sich allerdings nur bis zu einer gewissen Grenze, immer mehr und mehr Details zu erforschen: „Was in der Regel interessiert, ist die Art und Weise, in der eine begrenzte Zahl von Signalen in einem zu analysierenden System *mittelbar* interagiert, wobei von dem, was in den vermittelnden Teilsystemen geschieht, ohne Schaden abstrahiert werden kann" (Bischof 2016, S. 93).

Es ist sinnvoll, zwischen *expliziten* und *impliziten* Wirkungsgefügen beziehungsweise Übertragungsglieder zu unterscheiden: „Ein Übertragungsglied heißt explizit, wenn es nur eine Ausgangsgröße besitzt und ihm daher eine explizite Gleichung einbeschrieben werden kann. Ein Wirkungsgefüge heißt explizit, wenn es nur explizite Übertragungsglieder enthält." Alle Wirkungsgefüge mit mehr als einer Ausgangsgröße sind implizit (Bischof 2016, S. 97).

Außerdem ist es nützlich, ein Komplexitätsmaß einzuführen: Ein Übertragungsglied mit (beliebig vielen Eingängen und) *einem* Ausgang hat einen Komplexitätsgrad

0 beziehungsweise ist ein „Wirkungsgefüge vom Typ K(0)". Ein Wirkungsgefüge mit zwei Ausgängen ist entsprechend vom Typ K(1). Allgemein gilt: „Die Komplexität eines Wirkungsgefüges ist gleich der um 1 verringerten Zahl seiner Ausgänge. Die Komplexität eines expliziten Wirkungsgefüges ist außerdem gleich der um 1 verringerten Zahl seiner Übertragungsglieder" (Bischof 2016, S. 97). Damit ist bei expliziten Wirkungsgefügen die Zahl der (expliziten) Übertragungsglieder gleich der Zahl der Ausgänge. Unter den K(1)-Systemen kann man fünf Grundtypen der Verschaltung unterscheiden: Gabel, Masche, Netz, Kette und Kreis (siehe Abb. 5.1).

Das Verfahren der strukturellen Systemanalyse besteht nun darin, implizite Übertragungsglieder in explizite aufzulösen, also etwa in einem K(1)-System die beiden darin enthaltenen K(0)-Systeme aufzufinden und deren Verschaltung zu klären. Die Methoden, die man dazu braucht, sind *Manipulation* und *Aufschneidung.*

5.3.2 Manipulation und Aufschneidung

Manipulation und Aufschneidung werden als „systemtheoretische Maßnahmen" bezeichnet: Über die Manipulation heißt es:

> Wir sagen von einem Signal x, daß es auf ein Signal y wirkt, wenn man durch eine unmittelbar an x ansetzende Manipulation auf reproduzierbare Weise y verändern kann. (Bischof 2016, S. 89)

Für die Aufschneidung gilt: „Unter Aufschneidung zwischen einem Eingang z und einem Ausgang x versteht man einen Eingriff in das System, der zur Folge hat, daß

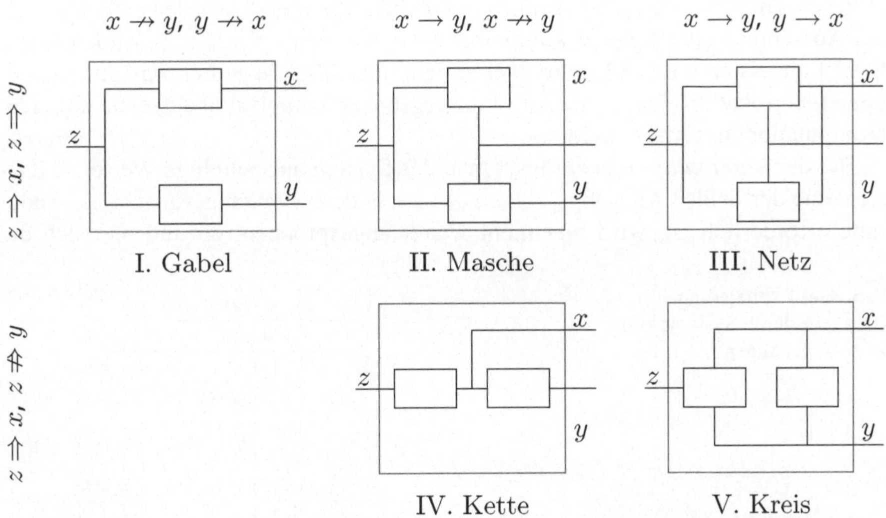

Abb. 5.1 Mögliche Systemstrukturen/Wirkungsgefüge „der Komplexität 1" (aus Bischof 2016, S. 96, umgezeichnet)

x auf Manipulation von *z* nicht mehr reagiert“ (Bischof 2016, S. 89). In Formeln wird die Operation der Aufschneidung durch $z \rightarrow\ |x$ ausgedrückt. – Aufschlussreich für die Systemstruktur ist, ob eine asymmetrische Aufschneidung möglich ist: Bei Rückführung, Rückkoppelung oder *feedback* ist sie möglich ($z \rightarrow x$ und $z \leftarrow x$); bei Rückwirkung oder Wechselwirkung dagegen nicht ($z \leftrightarrow x$). Bischof geht im Übrigen als Psychologe davon aus, dass auch beim Gehirn Aufschneidung grundsätzlich möglich sei – wegen der sämtlichen Gehirnvorgängen zugrundeliegenden asymmetrischen Struktur beziehungsweise Verschaltung von Neuronen und Synapsen (Bischof 2016, S. 89).

Bei Steuerkörpern mit zwei (und mehr) Ausgängen hängen die Ausgänge nicht nur vom Eingang oder den Eingängen ab, sondern unter Umständen auch voneinander. Man kann dabei eine Ausgangsgröße nicht mehr als explizite Funktion ausschließlich kausal unabhängiger Variablen angeben. In Analogie zum Begriff „implizite Funktionsdarstellung“ wird daher vereinbart: „Ein Übertragungsglied mit mehr als einem einzigen Ausgang bezeichnen wir als implizit.“ Wenn man einen Ausdruck wie $f(x, y) = z$ (z: Eingang, x, y: Ausgänge) explizit darstellen („explizieren“) will, muss man ihn in ein System aus zwei Gleichungen zerlegen. Für diese Zerlegung gibt es acht Möglichkeiten, davon sind drei symmetrisch bzgl. der Vertauschung von *x* und *y*; daher können wir fünf Gruppen unterscheiden (siehe Tab. 5.1): In einem Block mit einem Eingang und zwei Ausgängen „stecken somit *mehrere mögliche Wirkungsgefüge, deren Struktur erst offenkundig wird, wenn wir jeder expliziten Gleichung auch wirklich einen eigenen Block zubilligen. Formal ergeben sich dabei […] fünf Grundtypen*“ (Bischof 2016, S. 98, Hervorh. im Orig.).

Wenn der Komplexitätsgrad eines Systems (beziehungsweise seines Modells) bekannt ist, und dieser beispielsweise 1 ist, so muss noch seine Struktur unter den fünf beziehungsweise acht möglichen Grundtypen identifiziert werden. Mittelstaedt (1961) nennt hierzu das „Prinzip der zwingenden Ableitung“, das den experimentellen Ausschluss aller „gleich komplexen“ Alternativen erfordert. Bischof (2016), S. 97 f. präzisiert dies, indem er zwei Verfahren angibt, die gemeinsam zur eindeutigen Identifikation einer Systemstruktur gegebener Komplexität ausreichend seien: Manipulation und Aufschneidung.

Bei der *Manipulation* beeinflusst man das System auf beliebige Weise, so dass sich eine der beiden Ausgangsgrößen, etwa *x*, ändert. (Welches Ausmaß an Änderung erforderlich ist, wird hier nicht weiter angesprochen; ob und wie sich die

Tab. 5.1 Explizierung von f(x, y) = z durch Systeme von zwei Gleichungen

1	x = f(z)	
	y = g(z)	
2	x = f(z)	y = f(z)
	y = g(z, x)	x = g(z, y)
3	x = f(z, y)	
	y = g(z, x)	
4	x = f(z)	y = f(z)
	y = g(x)	x = g(y)
5	x = f(z, y)	y = f(z, x)
	y = g(x)	x = g(y)

Änderungen experimentell bewerkstelligen lassen, hängt auch stark von der jeweiligen experimentellen Situation ab.) Wenn sich die andere Ausgangsgröße, y, dabei (reproduzierbar) mit ändert, so gilt: x wirkt auf y ($x \rightarrow y$). Umgekehrt muss man y variieren, um festzustellen, ob $y \rightarrow x$ gilt. Allein damit lässt sich schon die Zugehörigkeit des Systems zu einer von drei Gruppen feststellen:

- Wenn weder x auf y wirkt noch y auf x, ist das System eindeutig als Gabel bestimmt.
- Wenn x auf y wirkt, aber nicht umgekehrt, ist das System als Masche oder Kette verschaltet.
- Wenn x auf y und y auf x wirkt, liegt ein Netz oder ein Kreis vor.

Eine Unterscheidung innerhalb der beiden letzten Gruppen kann nur durch *Aufschneiden* eines Systems an geeigneter Stelle (*und* Manipulation wie oben) getroffen werden. „Geeignete Stelle" heißt, dass die kausale Koppelung zwischen dem Eingang z und einem Ausgang x unterbrochen wird. Wenn sich dann immer noch der andere Ausgang y durch Manipulation von z verändern lässt, so sagt man, z wirke *direkt* auf y (Symbol: $z \Rightarrow y$). Wenn dagegen jede mögliche Aufschneidung zwischen z und x auch die Wirkung von z auf y beseitigt, dann wirkt z *indirekt* auf y ($z \nRightarrow y$).

So lassen sich Maschen von Ketten und Netze von Kreisen unterscheiden. Bei dem in Abb. 5.2 dargestellten Beispiel zeigt die Aufschneidung a, dass $z \Rightarrow x$; dagegen gibt es nur eine Aufschneidung (nämlich b), die $z \nrightarrow x$ bewirkt, und da diese auch $z \nrightarrow y$ erzeugt, gilt $z \nRightarrow y$. Alle genannten Wirkungsgefüge sind dabei durch den Ausgang je zweier Manipulations- und Aufschneideexperimente erschöpfend spezifiziert (vgl. Bischof 2016, S. 98). Es wird also jeweils nach genau vier Zusammenhängen gefragt: Zweimal nach Wirkung (je ein Ausgang auf den anderen) und zweimal nach *direkter* Wirkung (direkte Wirkung des Eingangs auf jeden der beiden Ausgänge).

Den Abschluss der strukturellen Systemanalyse bei Bischof stellt die Reduktion von Wirkungsgefügen dar. Die Reduktion eines Wirkungsgefüges ist definiert als Verringerung seiner Komplexität, indem man gewisse Ausgangsgrößen aus der Menge der bei der Systembeschreibung berücksichtigten Signale eliminiert (Bischof 2016, S. 104).

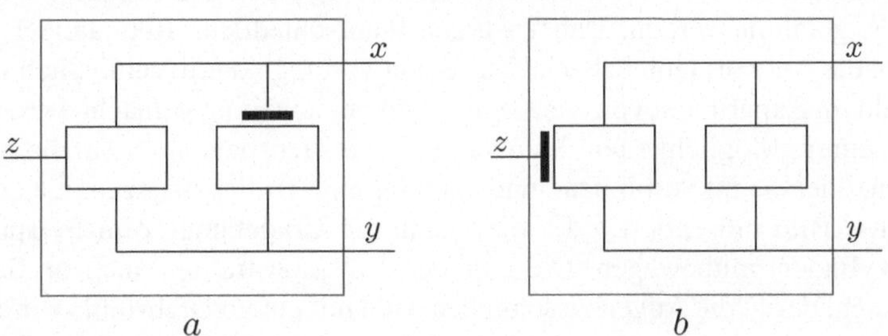

Abb. 5.2 „Aufschneidung" beim „Kreis" (aus Bischof 2016, S. 98, umgezeichnet)

5.3.3 Systemanalyse eines einfachen Systems

Ein prägnantes Beispiel für den Einsatz der Systemtheorie zählt zur Wahrnehmungsphysiologie und betrifft den Nystagmus (detailliert beschrieben in Bischof 2016, S. 101–103). Als Nystagmus werden Augenbewegungen beim Betrachten bewegter Objekte bezeichnet, bei denen periodisch eine langsame Folgebewegung und ein ruckartiges Neufixieren aufeinander folgen. Ganz typisch ist etwa der „Eisenbahnnystagmus" beim Betrachten von Telegraphenmasten aus einem fahrenden Zug heraus. Ein Nystagmus lässt sich ebenfalls beobachten, wenn man bei stillstehenden Objekten den eigenen Kopf dreht. Dabei kommt zusätzlich eine Wahrnehmung der Eigenrotation ins Spiel.

Drei Variablen müssen also bei der Analyse des Nystagmus mindestens einbezogen werden: Die Drehbewegung des Kopfes, die nystagmische Augenbewegung und die Bewegung des Bildes auf der Netzhaut. Die Drehbewegung des Kopfes kann als unabhängige Variable (Eingang); die beiden anderen Bewegungen als abhängige Variablen (Ausgänge) gelten. Die Struktur dieses Systems mit zwei Ausgängen soll nun identifiziert werden, indem geklärt wird, auf welche Weise es aus zwei Systemen mit nur je einem Ausgang zusammengesetzt ist, also die Erklärung eines impliziten Übertragungsgliedes durch explizite Glieder. Dazu lassen sich die im vorigen Abschnitt beschriebenen Verfahren einsetzen.

Für den Nystagmus ergeben sich folgende vier Fragen, die durch Experimente (oder durch Rückgriff auf bereits vorliegende Informationen) beantwortet werden müssen (vgl. Bischof 2016, S. 102–103): (a) Wirkt die nystagmische Augenbewegung auf das Retinabild? (b) Wirkt das Retinabild auf die nystagmische Augenbewegung? (c) Wirkt die Kopfdrehung direkt auf das Retinabild? (d) Wirkt die Kopfdrehung direkt auf die nystagmische Augenbewegung?

Die Antwort auf (a) lautet ja: Offensichtlich verändert *jede* Augenbewegung zugleich das Bild auf der Retina. Bei (b) ist entscheidend, dass im Experiment keine Kopfdrehung stattfindet; diese Situation ist beim Fahren in der Eisenbahn gegeben oder im Labor herstellbar, indem man eine Versuchsperson in Ruhe in einen rotierenden Streifenzylinder setzt; die Antwort lautet: ja. Für (c) muss im Experiment die Augenbewegung unterdrückt werden, indem die Versuchsperson entweder auf einen Drehstuhl gesetzt wird und dabei ein mitbewegtes Objekt, zum Beispiel den eigenen erhobenen Zeigefinger fixiert, wodurch die Stellung der Augen relativ zum Körper konstant gehalten wird, oder indem ihre Augenmuskeln, zum Beispiel medikamentös, gelähmt werden. Dabei werden unterschiedliche Retinabilder wahrgenommen; die Antwort lautet also ja. Zur Beantwortung von (d) schließlich muss das Retinabild im Experiment von der Kopfdrehung unabhängig gemacht werden. Dazu gibt es mehrere Möglichkeiten: Man kann die Versuchsperson bitten, die Augen zu schließen, oder sie ihr verbinden, man kann ihr eine Brille aufsetzen, die ein unveränderliches Bild präsentiert, oder man kann die Umgebung (zum Beispiel einen Streifenzylinder) mitbewegen. Die einfachste Demonstration, auch im Selbstversuch, besteht darin, die Augen zu schließen, sich mit einem Drehstuhl zu drehen und dabei etwaige Augenbewegungen mit den Fingerspitzen an den Augäpfeln zu erfühlen. Auch hier lautet die Antwort: ja. – Damit ist die Analyse abgeschlossen; das

Ergebnis ist, dass es sich bei dem Wirkungsgefüge, das dem Nystagmus zugrunde liegt, um ein „Netz" handelt (Bischof 2016, S. 102–103).

Man könnte abschließend fragen, wie sich die geforderten experimentellen Verfahren zu Fehlfunktionen verhalten. Im einfachen Demonstrationsversuch, wie hier zum Nystagmus, wird man nicht unbedingt Fehlfunktionen erkennen. In realen Forschungssituationen, insbesondere bei noch wenig bekannten Gegenständen, können jedoch Fehlfunktionen an die Stelle der geforderten Aufschneidungen treten. Wenn man sich vorstellt, das Phänomen Nystagmus sei noch nicht erklärt, dann können Erscheinungen wie Blindheit, Lähmung der Augenmuskeln oder ähnliche einige der benötigten Aufschneidungen ersetzen.

5.3.4 Fazit

Die vorgestellten Formalisierungen helfen bei der Klärung und Explikation unserer Konzepte und Vorstellungen. Sie dürften in den meisten Fällen unerlässliche Vorstufen für quantitative Analysen sein.

Was bei Bischof als „Aufschneidung" bezeichnet wird, also das Trennen einer Verbindung, eines Wirkungszusammenhangs, können wir auch als Defekt, als Versagen oder Fehlen dieser Verbindung, als Ausfallerscheinung bezeichnen. Falls man zögert, von einer Fehlfunktion der Verbindung zu sprechen, so wohl nur wegen deren äußerster Einfachheit (an/aus, vorhanden/nicht vorhanden) – ansonsten würden wir die vorher genannten Begriffe alle als Synonyma von Fehlfunktion oder mindestens zum Wortfeld von Fehlfunktion gehörig akzeptieren.

Bischof liefert außerdem Argumente zur Frage, welches die einfachsten Systeme sind, die Fehlfunktionen zeigen können. Das sind, wenn man Fehlfunktion an Funktion koppelt und Funktion als Erreichen eines Zieles definiert, die einfachsten Systeme, die Ziele haben – und deren Erreichen (zumindest prinzipiell, zum Beispiel nach Manipulation) auch verfehlt werden kann. Bei Bischof ist Zielstrebigkeit „direkt übersetzbar in" Homöostase (Bischof 2016, S. 275). Von der (proximaten) Zielstrebigkeit unterscheidet er (ultimate) Zweckmäßigkeit; „‚Zweck' ist das umfassendere [...] Konzept." Demnach sind die einfachsten Systeme, die Fehlfunktionen zeigen können, homöostatische Systeme. Die einfachsten homöostatischen Systeme sind nun einige Wirkungsgefüge von Typ K(1), nämlich Kreis, Netz und Masche, und zwar diejenigen, bei denen negative Rückkopplung vorliegt (Bischof 2016, S. 143, 159).

„Aufschneidung" ist aber nicht nur notwendiger Teil eines Instrumentariums, um bestimmte Systemarchitekturen voneinander zu unterscheiden. Die genannten homöostatischen Systeme Kreis, Netz und Masche können sogar *nur* durch Aufschneiden – und es ließe sich ergänzen: und die daraus resultierende Fehlfunktion – *entdeckt* beziehungsweise *als solche erkannt* werden:

Systeme nun, bei denen eine Ausgangsgröße, scheinbar paradoxerweise, erst dann von einem Eingang abhängig wird [...], wenn wir an geeigneter Stelle eine Wirkungsbrücke *unterbrechen*, haben wir im Sinn, wenn wir von Homöostase reden. [...] Im Grenzfall *verstärkt* sich bei einem solchen Eingriff nicht nur ein vorher schon schwach konstatierbarer Einfluss des freien Einganges auf die homöostatische Variable, sondern man wird dabei erst gewahr, dass der Einfluss überhaupt besteht. Ein Beispiel, das dies gut belegt, sind die Leistungen der sogenannten *Wahrnehmungskonstanz*. Die hierfür verantwortlichen homöostatischen Mechanismen wirken so perfekt, dass wir uns als Alltags-Epistemologie den *naiven Realismus* leisten können (Bischof 2016, S. 141 f.)!

Auch ein weiterer „Mehrwert" von Fehlfunktionen findet sich bei Bischof angedeutet:

> Systemanalyse zielt nie darauf ab, ein Modell zu konstruieren, das nur äußerlich dasselbe leistet wie das gegebene System. Die Nachkonstruktion soll vielmehr auch etwas zu dessen Verständnis beitragen. Das kann sie aber nur dann, wenn sie nicht nur per saldo dasselbe leistet, sondern wenn sie die Leistung auch mit *denselben Mitteln* erzielt. Sie darf dann also auch nicht qualitativ *besser* sein als die Vorlage, sondern muss genau dieselben *Fehler* machen wie diese. (Bischof 2016, S. 366; Hervorh. im Orig.)

Das bedeutet, dass Fehlfunktionen im Zusammenhang mit Manipulation und Aufschneidung wesentliche Daten zu den grundlegenden Systemstrukturen liefern, und dass der Vergleich der Fehlfunktionen, die bei dem untersuchten Gegenstand und bei dem entworfenen Modell vorkommen, entscheidende Hinweise darauf geben, inwieweit das Modell den Gegenstand adäquat nachbildet.

5.4 Kausalitätstheorien und Verfahren der Kausalanalyse

5.4.1 Grundlagen zu Kausalitätstheorien

5.4.1.1 Richtungen der Kausalitätsforschung

Auch unter den verschiedenen in der philosophischen Literatur ausgearbeiteten Kausalitätstheorien lassen sich Theorie- und Formalisierungsangebote auffinden, die attraktive Möglichkeiten für Verständnis und Einordnung von Fehlfunktions-Methoden bieten. Das gilt besonders für die verschiedenen ausgearbeiteten Verfahren der Kausal*analyse*. Die Ziele der Kausalanalyse sind weitgehend identisch mit denen der verschiedenen hier vorgestellten Fehlfunktions-Methoden: Auch bei deren Mehrzahl wird die Aufklärung der kausalen Zusammenhänge in einem System an vorderster Stelle genannt. Unter den Theorien der Kausalanalyse gibt es einige, die Verfahren der kausalen Entdeckung in den Mittelpunkt stellen: Sie versuchen, Heuristiken, Algorithmen oder Schlussverfahren anzugeben, die in der Lage sind, aus Beobachtungs- oder experimentellen Daten kausale Hypothesen abzuleiten. Unter diesen kausalanalytischen Theorien sollen drei Ansätze näher betrachtet werden, von denen die ersten beiden zur Kausalanalyse oder Kausaltheorie im engeren Sinne zählen und sich graphentheoretischer Methoden und Darstellungen bedienen: (a) Verfahren des „kausalen Schließens", die als Kernstück die formale Struktur und die Voraussetzungen der Millschen Differenzmethode herausarbeiten (vgl. Graßhoff und May 2001; Baumgartner und Graßhoff 2004).

(b) Verfahren, die auf probabilistischen Kausalitätstheorien aufbauen, und die als „kausales Modellieren" (*causal modeling*) bezeichnet werden (vgl. Spirtes et al. 2000; McKim und Turner 1997; Scheines 1997; Glymour und Cooper 1999; Pearl 2009). Deren grundlegender Ansatz soll vorgestellt werden. Darüber hinaus soll auf Anwendungen des kausalen Modellierens zur Klärung von Entdeckungsproblemen der Kognitiven Neuropsychologie eingegangen werden (vgl. Bub 1994; Glymour 1994). (c) Verfahren, die – weniger formal – den Methoden der Aufklärung kausaler *Mechanismen* nachgehen (vgl. Bunge 1997; Mahner und Bunge 1997; Machamer et al. 2000; Darden 2002; Glennan 2002, 2005; Woodward 2002). Zunächst sollen jedoch einige für das Verständnis des Folgenden wichtige Grundlagen und Grundbegriffe der Kausalitätstheorie nachgezeichnet werden.

5.4.1.2 Kausalität in der Wissenschaft

Kausalität, Ursache und Wirkung spielen offenbar in fast allen Wissenschaften und auch im Alltag eine gewichtige Rolle, obwohl es nach wie vor keine allgemein akzeptierte exakte Definition von Kausalität, von Ursache und von Wirkung, vom Unterschied zwischen kausalen und nicht-kausalen Vorgängen zu geben scheint. Auch die Verfahren, die Menschen in die Lage versetzen, Ursachen und Wirkungen zu bestimmen oder Hypothesen über kausale Zusammenhänge aufzustellen, sind keineswegs klar:

> Wir sind imstande, kausale Prozesse als solche zu erkennen und angesichts bestimmter Wirkungen zutreffend auf deren Ursachen zu schließen, ohne jedoch zu wissen, wodurch sich Ursachen und Wirkungen auszeichnen oder welche Regeln die Bildung von Kausalhypothesen anleiten. (Baumgartner und Graßhoff 2004, S. 3)

In der Wissenschaft betrachtet man – im Unterschied zum Alltag – häufig *unbekannte* Kausalzusammenhänge: Die Entdeckung von Ursachen, von einzelnen Kausalzusammenhängen und der Art und Weise der Verknüpfung vielschichtiger, komplexer Kausalzusammenhänge ist wesentliches Ziel vieler Disziplinen. Dies wird auch – gelegentlich – ausdrücklich angesprochen. Planck – und auch Einstein – haben sogar eine weitgehende Übereinstimmung wissenschaftlichen und kausalen Denkens vertreten:

> Denn das wissenschaftliche Denken verlangt nun einmal nach Kausalität, insofern ist wissenschaftliches Denken gleichbedeutend mit kausalem Denken, und das letzte Ziel einer jeden Wissenschaft besteht in der vollständigen Durchführung der kausalen Betrachtungsweise. (Planck 1934, S. 119)

Aber auch Forscher, die nicht von einer solchen Deckungsgleichheit ausgehen, betonen die Bedeutung kausalen Denkens:

> The causal mode of description has deep roots in the conscious endeavours to utilize experience for the practical adjustment to our environments, and is in this way inherently incorporated in common language. By the guidance which analysis in terms of cause and effect has offered in many fields of human knowledge, the principle of causality has even come to stand as the ideal for scientific explanation. (Bohr 1948, S. 312)

Dennoch reflektieren nur die wenigsten Forscher darüber, was genau ein kausaler Vorgang sei oder darüber, mit welchen Verfahren kausale Hypothesen erstellt und geprüft werden und welche Berechtigung diese Verfahren beanspruchen können.

5.4.1.3 Kausalität und Fehlfunktionen

Dien in der vorliegenden Arbeit besprochenen Untersuchungsansätze, die sich „Fehlfunktionen“ in ihren verschiedenen Erscheinungsformen zunutze machen, scheinen sämtlich eines gemeinsam zu haben: Ihre Ziele richten sich in erster Linie auf die Aufklärung von *Kausal*zusammenhängen. An einigen Stellen wird dies ausdrücklich formuliert – unter anderem ist von „Kausalstrukturen“, „Wirkungszusammenhängen“, „kausalen *Mechanismen*“ die Rede –, an anderen wird dies implizit deutlich. Es liegt daher auf der Hand, dass die Ziele der „Fehlerforschung“, so wie sie aufgrund der vorliegenden Fallstudien rekonstruiert wurden, partiell identisch sind mit Zielen der Kausalanalyse: Es geht in beiden Ansätzen (auch, und oft vor allem) darum, kausale Zusammenhänge zu erschließen, präziser gesagt, kausale Hypothesen aufzustellen und zu prüfen.

Im Kontext des Vergleichs von Fehlfunktions-Methoden mit anderen gängigen wissenschaftlichen Methoden ist die Frage am wichtigsten, welche Verfahren des Erschließens kausaler Zusammenhänge, vor allem in komplexen Strukturen, primär in der Wissenschaft (aber auch im Alltag) möglich und gängig sind. Im Vordergrund steht dabei die Frage, wie sich derartige Verfahren der Aufklärung kausaler Zusammenhänge insgesamt zu den bisher dargestellten Verfahren der Aufklärung durch Fehlfunktionen verhalten – wie auch zu Verfahren der Aufklärung von Mechanismen und einschlägigen Verfahren der naturwissenschaftlichen Systemtheorie.

5.4.1.4 Grundlagen, Definitionen und Vereinbarungen

Nach Aristoteles, der die einflussreiche Unterscheidung vierer Formen von Ursachen eingeführt hatte (*causa materialis, causa formalis, causa efficiens* und *causa finalis*) (vgl. auch Bischof 1995, S. 23) trennte Hobbes erstmals Kausalzusammenhänge, die ausnahmslos gelten, von solchen, die nicht ohne Ausnahme eintreten. Darüber hinaus unterschied er den Teil einer komplexen Ursachenverbindung als „notwendige Ursache“ („*causa sine qua non*“) von einem gesamten Ursachenkomplex („hinreichende Ursache“). Ein bedeutender Wandel der Auffassungen tritt im britischen Empirismus bei Locke, Berkeley und Hume ein: Hier wird Kausalität nicht als mehr Eigenschaft von Gegenständen, sondern in der Zuschreibung durch Beobachter gesehen. Vor allem Hume ragt heraus, der Kausalität ausschließlich als Gewöhnung an das gemeinsame Auftreten je zweier Einzelereignisse (*tokens*) zweier Klassen (*types*) ansieht. John Stuart Mill hält sich vor allem an Hume, lehnt jedoch dessen These, Kausalität bestehe nur in der Wahrnehmung, als kontraintuitiv ab:

> Auf gewisse Thatsachen folgen gewisse andere Thatsachen, und werden dies, wie wir glauben, immer thun. Das unwandelbare Antecedens nennt man die Ursache, das unwandelbare Consequens die Wirkung, und die Ausnahmslosigkeit des ursächlichen Gesetzes besteht darin, daß jedes Consequens in dieser Weise mit einem bestimmten Antecedens oder einer Gruppe von solchen verknüpft ist. […] Für jedes Ereigniß gibt es irgendeine Combination von Gegenständen oder Ereignissen […], auf deren Auftreten immer jene Erscheinung

> erfolgt. Wir mögen noch nicht ausfindig gemacht haben, welche diese Vereinigung von Umständen ist, aber wir zweifeln nicht daran, daß es eine solche gibt und daß sie nie auftritt, ohne die betreffende Erscheinung zu ihrer Wirkung oder Folge zu haben. (Mill 1869–1880, Bd. 2, S. 15)

Zunächst einmal sind eine Reihe von Prinzipien formuliert worden, denen ein Zusammenhang entsprechen müsse, um als kausal gelten zu können:

Determinismusprinzip: Wenn zwei Situationen T_1 und T_2 kausal bestimmt sind, gilt: Bei gleichen Ursachentypen werden die gleichen Wirkungstypen instantiiert. Kurz: „Gleiche Ursachen, gleiche Wirkungen." – Dies sagt nicht, die ganze Welt sei determiniert; nur, wenn ein Zusammenhang kausal ist, dann ist er auch determiniert, beziehungsweise wenn er nicht determiniert ist, dann ist er auch sicher nicht kausal. (Mahner und Bunge (1997, S. 38), vertreten hier eine abweichende Auffassung: Kausalität und Determiniertheit seien nicht zwingend gekoppelt. Sie unterscheiden kausale von deterministischen Erklärungen und Gesetzen: Ein deterministisches, aber nicht kausales Gesetz sei beispielsweise Einsteins Gesetz $E = mc^2$. Ebenso sei eine Erklärung der Ontogenese durch Gene keine kausale Erklärung: Gene verursachten nichts, sie seien nur passive Matrizen. Auch kausale, aber nicht-deterministische Erklärungen und Gesetze – zum Beispiel probabilistische – seien möglich.)

Kausalitätsprinzip: Wenn Ereignisse einer Sequenz kausal bestimmt sind, dann gibt es für jedes dieser Ereignisse Ursachen. Kurz: Jedes Ereignis hat eine Ursache (vgl. Mill 1869–1880, Bd. 2, S. 15).

Prinzip der Relevanz: Um als kausal relevant zu gelten, muss ein Faktor in mindestens einer Situation für das Entstehen irgendeiner Wirkung notwendig sein. – Damit soll ausgeschlossen werden, dass ein Faktor als kausal relevant gilt, obwohl er nie instantiiert ist und niemals seine kausale Relevanz demonstriert hat.

Prinzip der persistenten Relevanz: Ein kausal relevanter Faktor behält seine Relevanz, wenn zusätzliche Faktoren in die Betrachtung der kausalen Verhältnisse einbezogen werden. Wenn im Verlauf des Forschungsprozesses neuartige kausal relevante Faktoren identifiziert werden und ein früher für kausal relevant erachteter Ereignistyp nach neuen Kenntnissen nicht mehr kausal relevant ist, soll gelten, dass er eigentlich zu keinem Zeitpunkt zu Recht als kausal relevant gelten konnte. Einwand hier: Warum soll ein für kausal relevant gehaltener Faktor seine kausale Relevanz verlieren, nur weil andere Faktoren in die Analyse mit einbezogen werden? Antwort: Gerade beim Erkennen *falscher* Kausaldiagnosen spielt dieses Prinzip eine entscheidende Rolle.

Welche Entitäten stehen im Verhältnis der Verursachung? Als Relata der Kausalrelation wurden Dinge, Tatsachen, Zustände, Eigenschaften, Ereignisse oder Ideen vorgeschlagen. Verbreitet, wenn auch nicht unumstritten ist die Auffassung, die Kausalrelation vermittle zwischen Ereignissen (Überblick in Schaffer 2003; für die Wahl von Ereignissen als Relata der Kausalrelation plädieren unter anderen Hume 1982; Kim 1973; Lewis 1986, S. 241–269; Davidson 1990, S. 19–42, 214–232; Mahner und Bunge 1997, S. 37). Häufig wird der Ereignisbegriff jedoch so weit gefasst, dass auch Zustände oder Fakten dazugerechnet werden (vgl. Armstrong

1997; Bennett 1988; Mellor 1995). Als neutrale, generische Bezeichnung wird häufig der Ausdruck „Faktor“ gebraucht (vgl. Hitchcock 2002).

Hume betonte, dass die Daten, die uns beim Ermitteln von Ursachen und Wirkungen zur Verfügung stehen, nur in Abfolgen von Ereignissen und dem gemeinsamen Auftreten von Ereignistypen bestehen:

> Wir haben vergeblich nach einer Vorstellung von Kraft oder notwendigem Zusammenhang in allen Quellen gesucht, aus denen sie nach unserer Meinung stammen konnte. Es zeigt sich, daß wir in einzelnen Fällen der Wirksamkeit von Körpern, trotz äußerster Sorgfalt, nichts anderes feststellen können als die Aufeinanderfolge zweier Ereignisse, ohne fähig zu sein, eine Kraft oder Macht zu begreifen, durch welche die Ursache wirkt, oder irgendeinen Zusammenhang zwischen ihr und ihrer vermuteten Wirkung. [...] Aber wenn eine bestimmte Art von Ereignissen stets in allen Fällen mit einer anderen verbunden war, so haben wir nicht länger Bedenken, das eine bei Auftreten des anderen vorauszusagen und jenes Schlußverfahren anzuwenden, das uns allein einer Tatsache oder Existenz versichern kann. Wir nennen dann den einen Gegenstand *Ursache,* den anderen *Wirkung.* (Hume 1982, S. 98 f.)

Der Ereignisbegriff scheint intuitiv problemarm; aber schwierig präzise zu charakterisieren – ein Identitätskriterium ist schwieriger anzugeben als bei, zum Beispiel, Gegenständen (vgl. Davidson 1967; Kim 1993). Man unterscheidet *singuläre Ereignisse* (kurz: Ereignisse) von *Ereignistypen. Ereignistypen* oder *Faktoren* sind Eigenschaften, die mehrere singuläre Ereignisse gemeinsam haben (vgl. Hitchcock 2002). Singuläre Ereignisse, die solche Eigenschaften teilen, bilden eine Klasse. Ereignistypen fassen singuläre Ereignisse zu Klassen zusammen beziehungsweise definieren solche Klassen. Ein singuläres Ereignis a ist eine *Instanz* eines Ereignistyps A; zwischen a und A besteht die Relation der *Instantiierung.*

Außer Ereignissen im geläufigen Sinne, die einen positiven Beitrag zu einer Wirkung leisten, werden auch andere Arten von Ereignissen anerkannt. Dazu gehören *ausbleibende Ereignisse*, zu denen sowohl veränderte, alternative oder konträre Ereignisse als auch ersatzloses Ausbleiben eines Ereignisses gerechnet wird. Insofern wird man auch Fehlfunktionen aller Art als Ereignisse im Sinne der Kausaltheorie auffassen können. Weiter werden *hemmende Faktoren* berücksichtigt, die bewirken, dass trotz Vorhandensein sämtlicher normalen Ursachen eine Wirkung ausbleibt. Faktoren werden als *negativ* bezeichnet (Symbol „$\bar{A}$“), wenn sie in einer gegebenen Situation von keinem singulären Ereignis instantiiert werden. Außerdem werden quantitative und qualitative Ereignistypen unterschieden.

Einzelne Kausalbehauptungen haben die Form „a verursacht b“, das heißt, ein Einzelereignis a verursacht ein Einzelereignis b. Allgemeine Kausalbehauptungen dagegen haben die Form „A ist Ursache von B“ oder „A ist kausal relevant für B“; das heißt, dass Ereignisse des Typs A *normalerweise* oder *ceteris paribus* Ereignisse des Typs B verursachen. Ein allgemeiner Kausalsatz besagt nicht, dass jedes a auch ein b verursacht (zum Begriff kausale Relevanz, *causal relevance* vgl. Hitchcock 1993, 2002).

Um Kausalzusammenhänge aufzuklären oder die zu einer Wirkung gehörigen Ursachen zu bestimmen, muss man Ereignistypen betrachten, die einzeln oder gemeinsam mögliche Ursachen darstellen. Dazu betrachtet man Koinzidenzen, also

Verbindungen logisch unabhängiger Ereignistypen, die gleichzeitig oder in enger zeitlicher Abfolge als Ereignissequenz instantiiert werden. Um Ursachen zu bestimmen, muss man in aller Regel nicht nur einzelne Faktoren oder Koinzidenzen, sondern das Zusammenwirken mehrerer Koinzidenzen in Betracht ziehen. Dazu werden mehrere verschiedene Koinzidenzen für eine zu untersuchende Wirkung *W* in einer Koinzidenztabelle zusammengestellt: In zwei Spalten werden An- und Abwesenheit des zu prüfenden Faktors, in den Zeilen die verschiedenen möglichen übrigen Faktorenkombinationen oder Koinzidenzen und in den Feldern die An- oder Abwesenheit der fraglichen Wirkung eingetragen; zum Beispiel:

	A	$\overline{A}$
BC	nein	ja
$B\overline{C}$	nein	ja
$\overline{B}C$	ja	nein
$\overline{BC}$	ja	nein

Ursachen und Wirkungen bilden typischerweise Ketten. Pierre-Simon de Laplace meinte, dies gelte für alle Ursachen und Wirkungen, und alle Ereignisse im Universum seien in Kausalketten eingebunden, er vertrat also einen kausalen Determinismus. Ob dies tatsächlich für alle Ereignisse gilt, ist umstritten. Im Rahmen der Kausalanalyse wird jedoch meist ein Determinismusprinzip (s. o.) vorausgesetzt.

> Die gegenwärtigen Ereignisse sind mit den vorangehenden durch das evidente Prinzip verknüpft, daß kein Ding ohne erzeugende Ursache entstehen kann. […] Wir müssen also den gegenwärtigen Zustand des Weltalls als die Wirkung seines früheren und als die Ursache des folgenden Zustands betrachten. (Laplace 1932, S. 1)

In Kausalketten muss man zwischen direkter und indirekter Verursachung sowie zwischen direkter und indirekter kausaler Relevanz unterscheiden. Über direkte und indirekte Relevanz eines Faktors kann nur relativ zur Gesamtheit der bei einer Kausalanalyse berücksichtigten Faktoren entschieden werden. Je nach Tiefe der Analyse oder angestrebtem Detailreichtum kann ein Ereignis als direkte oder indirekte Ursache, ein Faktor als direkter oder indirekter Ursachentyp aufgefasst werden.

Ein wichtiges Problem jeder Kausalitätstheorie ist die Frage nach der *Transitivität:* Einig ist man sich immerhin darüber, dass es Kausalketten gibt, bei denen das erste Ereignis (indirekt) kausal relevant für das letzte ist. Falls nun alle Ursachen indirekt kausal relevant wären für die Wirkungen der Faktoren, für die sie direkt kausal relevant sind, das heißt, falls kausale Relevanz stets von einem Glied einer Kausalkette zum nächsten vererbt würde, dann wäre die Relation der kausalen Relevanz grundsätzlich transitiv. Dies ist mit verbreiteten vortheoretischen Intuitionen verträglich. Unter den Kausaltheoretikern bejaht dies Lewis (1973) als allgemeine Regel; Ehring, Kvart und Eells lehnen Transitivität unter Verweis auf Gegenbeispiele ab (vgl. Eells 1991; Ehring 1997; Kvart 2001). Diese Gegenbeispiele werden allerdings nicht allgemein für überzeugend gehalten; im Gegenteil scheint die verbreitetste Auffassung die zu sein, dass Verursachung beziehungsweise kausale Relevanz *nicht* unvermittelt bei einem Glied einer Kausalkette abbrechen kann und dass das erste Glied einer Kausalkette stets, wenigstens indirekt, das letzte verursacht beziehungsweise indirekt kausal relevant dafür ist. Direkte Verursachung und direkte Relevanz sind natürlich definitionsgemäß niemals transitiv.

Auch wenn eine Ursache zugleich fördernde *und* hemmende Einflüsse ausübt, die sich möglicherweise im Ergebnis sogar genau aufheben, sagt die Intuition *nicht,* es gebe hier *keine* kausalen Wirkungen. Positive und negative kausale Relevanz heben sich demnach *nicht* gegenseitig auf; demnach muss man annehmen, dass ein und dieselbe Ursache zugleich positiv *und* negativ relevant sein kann (vgl. Baumgartner und Graßhoff 2004).

Ereignistypen oder Faktoren (*types*), deren Einzelereignisse oder Instanzen (*tokens*) in einer Ursache-Wirkungs-Relation stehen, können auf verschiedene Weise miteinander. In der philosophischen Literatur zur Kausalität werden sowohl graphische als auch symbolische Notationen zur Darstellung komplexer kausaler Zusammenhänge verwendet. Eine gut brauchbare Darstellungsweise verwendet Graphen, wie sie die mathematische Graphentheorie zur Verfügung stellt und wie sie unter anderem in Ökonomie, Technik, Genetik, Physiologie, Psychologie verwendet werden (vgl. Bang-Jensen und Gutin 2001).

Alle Graphen bestehen aus zwei Grundelementen: *Knoten* und *Kanten.* Knoten stehen für die betrachteten Elemente, zum Beispiel Gegenstände, Subsysteme, Komponenten, Ereignisse; Kanten sind Paare von Knoten, also Relationen zwischen je zwei Knoten. Durch Angabe seiner Knoten und Kanten ist ein Graph eindeutig bestimmt. Obwohl die übliche Bezeichnung an eine graphische Darstellung denken lässt, ist ein Graph zunächst nur ein abstraktes Modell für Zusammenhänge, eignet sich aber gleichwohl zur übersichtlichen graphischen Darstellung: Knoten werden üblicherweise durch Kreise oder Rechtecke; Kanten durch die Knoten verbindende Striche dargestellt.

Es gibt gerichtete und ungerichtete Graphen: Die Kanten gerichteter Graphen sind asymmetrische Relationen oder geordnete Paare von Knoten und werden durch verbindende Pfeile dargestellt, die Kanten ungerichteter Graphen sind symmetrische Relationen oder ungeordnete Paare von Knoten und werden durch einfache Verbindungslinien dargestellt. Gerichtete Graphen bezeichnet man nach dem englischen *directed graph* als *Digraphen.* Kanten von Digraphen nennt man auch *Pfade.* Wenn, wie es meist geschieht, mehrfache Pfade zwischen zwei Knoten oder zyklische Verbindungen nicht zugelassen sind, spricht man von *gerichteten azyklischen Graphen* (*directed acyclic graphs, DAG*).

Graphen, die kausale Zusammenhänge repräsentieren, werden als *Kausalgraphen* bezeichnet. Dabei repräsentieren Knoten von Kausalgraphen üblicherweise Ereignistypen und Kanten die als asymmetrische aufgefasste und intransitive Relation direkter kausaler Relevanz. Die Kanten von Kausalgraphen sind nach diesen Konventionen Pfade und werden als Pfeile dargestellt; die gesamte Darstellung ist ein Digraph. Anfangsknoten repräsentieren dabei Ursachen, Endknoten Wirkungen. Ein Knoten kann zugleich Endknoten eines Pfades und Anfangsknoten eines anderen sein. Besondere Bedeutung haben Knoten, die nur Anfangs-, nicht aber Endknoten sind; in Kausalgraphen nennt man sie *Wurzelfaktoren,* und man sagt, sie *dominierten* alle anderen Knoten eines Kausalgraphen.

Eine Darstellung in einem Graphen „$A \rightarrow B$" entspricht der verbalen Formulierung „A ist direkt kausal relevant für B" oder auch „Ursachen vom Typ A haben Wirkungen vom Typ B" oder „Instanzen des Ereignistyps, des Faktors A verursachen Instanzen eines Wirkungstyps B".

Häufig wird eine Wirkung durch mehrere (Teil-)Ursachen gemeinsam verursacht, beziehungsweise es sind mehrere Ursachentypen oder Faktoren für einen Wirkungstyp (direkt) kausal relevant. Man spricht hier von einer „Konjunktion" oder einem „Bündel" von Faktoren (vgl. Baumgartner und Graßhoff 2004, S. 65). Graphisch wird eine Faktorenkonjunktion mit Hilfe eines Bogens am Ende der jeweiligen Pfade dargestellt. In der symbolischen Notation gibt man eine Faktorenkonjunktion durch einfaches Aneinanderreihen der entsprechenden Faktoren-Buchstaben wieder.

Komplexe Ursachen als Konjunktion von Faktoren sind nur eine Möglichkeit. Eine andere häufig vorkommende Konstellation ist alternative Verursachung. Beispiel: Der Rasen ist nass, weil es geregnet hat *oder* weil ein Rasensprenger in Betrieb war. Alternative Ursachen kann man als (logische) Disjunktion von Ursachen auffassen. Wenn man zwei Ursachen als alternativ darstellt, heißt das, dass jede Ursache die betreffende Wirkung allein, ohne die andere Ursache, herbeiführen kann. Eine Wirkung ist überdeterminiert, wenn sie von zwei oder mehr alternativen Ursachen zugleich verursacht wird. Die Relation von Überdetermination besteht nur zwischen singulären Ereignissen, nicht zwischen Ereignistypen.

Als *Wechselwirkung* bezeichnet man eine Situation, in der zwei Faktoren oder eine Faktorenkonjunktionen gegenseitig kausal relevant sind. Beispielsweise kann eine infizierte Person eine Grippeinfektion an eine andere Person weitergeben, die später die inzwischen wieder gesund gewordene erste Person erneut ansteckt und so weiter.

Als *kausalen Zyklus* bezeichnet man eine Konstellation, in der zwei Faktoren (beziehungsweise Instanzen von Faktoren) *indirekt,* also vermittelt durch Zwischenfaktoren, aufeinander wirken. Beispiele finden sich bei vielen physiologischen oder wirtschaftlichen Vorgängen (etwa Zitronensäurezyklus und Zellzyklus in der Biochemie, Geld- und Warenkreisläufe in der Ökonomie).

Wechselwirkungen und Zyklen sind nur zwischen Ereignis*typen* möglich. Einzelereignisse sind definitionsgemäß auf ein Raum-Zeit-Intervall beschränkt; wenn sie sich einmal ereignet haben, sind sie vorbei, ohne dass andere Ereignisse auf sie zurückwirken könnten. (Eine erneute Grippeinfektion ist ein anderes Ereignis als die erste.) Kausalgraphen von Wechselwirkungen und Zyklen enthalten keine Wurzelfaktoren, und kein Faktor dominiert die anderen. Ereignistypen in den Vordergrund zu rücken hat den Vorteil, dass Wechselwirkungen und Zyklen problemlos in eine Kausaltheorie integriert werden können.

Als Element komplexerer Kausalbeziehungen treten häufig Kausalketten auf. An kausalen Ketten wird deutlich, dass die Beziehung der kausalen Relevanz transitiv ist: Wenn A kausal relevant ist für B und B kausal relevant ist für C, dann ist auch A kausal relevant für C. Auch mehrfache oder multiple Wirkungen sind in komplexeren

Zusammenhängen häufig. Bei multiplen Wirkungen unterscheidet man dabei gelegentlich eine Wirkung, auf die die Untersuchung fokussiert ist, von anderen Wirkungen, die als Epiphänomene bezeichnet werden. Schließlich kommen in Kausalbeziehungen auch nicht selten hemmende Ursachen vor, deren Vorhandensein die Wirkung verhindert und deren Fehlen die Wirkung ermöglicht.

Für Zwecke der Kausalanalyse wird häufig vorausgesetzt, dass Zufall keine Rolle spielt und dass es damit keine „alternativen Wirkungen" gibt, das heißt, bei gegebenen kausal relevanten Faktoren eine Wirkung mal so, mal anders ausfällt (vgl. Baumgartner und Graßhoff 2004, S. 67).

In der Kausalanalyse wird die Auffassung vertreten, man könne mit einer überschaubaren Menge von Verknüpfungsformen jeden möglichen Kausalzusammenhang beschreiben. Diese Verknüpfungsformen seien direkte Ursache, Kausalkette, komplexe Ursache (einschließlich hemmender Faktoren), alternative Ursache, multiple Wirkung, Wechselwirkung und Kausalzyklus (siehe Abb. 5.3). Umgekehrt könnten Zusammenhänge nur dann als kausal gelten, wenn sie einer der genannten Formen angehören (vgl. Baumgartner und Graßhoff 2004, S. 70).

5.4.1.5 Transferenztheorie

Ein von den übrigen Ansätzen deutlich abgesetzter kausaltheoretischer Ansatz soll zuerst genannt werden: der transferenztheoretische Ansatz. Er geht von Einzelereignissen aus, und bereits an Einzelereignissen werden Kausalrelationen sichtbar. Regelmäßigkeit ist dabei *nicht* gefordert. Zwei (Einzel-)Ereignisse stehen in einer Kausalrelation, wenn ein Energie- oder Impulsübertrag zwischen den beiden Ereignissen stattfindet; allgemeiner, der Übertrag einer Erhaltungsgröße (vgl. Lorenz 1943; Aronson 1971; Fair 1979; Ehring 1986; Mahner und Bunge 1997; Dowe 2000, 2007). Als Vorteil dieser Auffassung kann gelten, dass sie zunächst intuitiv sehr einleuchtend ist.

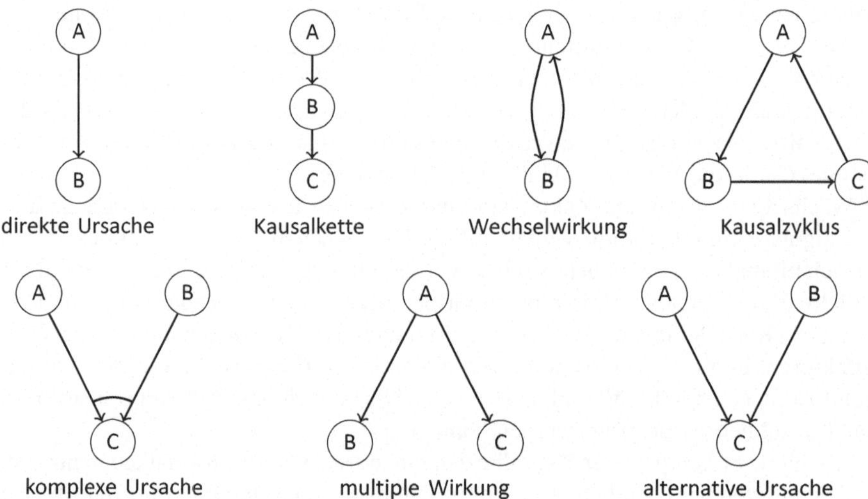

Abb. 5.3 Vollständige Liste der grundlegenden Kausalstrukturen in Graphendarstellung („Kausalgraphen") (aus Baumgartner und Graßhoff 2004, S. 70, umgezeichnet)

Aber es gibt Gegenbeispiele von Relationen, die starken Intuitionen gemäß kausal gesehen werden, die aber nicht mit Energie- oder Impulstransfer verbunden sind. Außerdem ist fraglich, ob Energie- oder Impulsübertrag ohne Rückgriff auf kausales Vokabular definiert werden kann, so dass hier möglicherweise ein Zirkel vorliegt.

5.4.1.6 Manipulierbarkeitstheorien

Manipulierbarkeitstheorien der Kausalität stützen sich auf die Intuition, ein kausaler Zusammenhang liege dann vor, wenn eine Wirkung durch Manipulation einer Ursache hervorgebracht oder beseitigt werden kann. Da die Nutzung von Fehlfunktionen in der Forschung häufig mit experimentellen, quasiexperimentellen oder natürlich vorkommenden Veränderungen von Faktoren zu tun hat, lässt dies an gewisse Parallelen mit kausalen Manipulierbarkeitstheorien denken; dies sollte näher untersucht werden (vgl. Woodward 2001).

5.4.1.7 Ursachen als hinreichende Bedingungen

Die Auffassung von Ursachen als hinreichenden Bedingungen geht auf Hume und Mill zurück. Hume fasst seine Überlegungen zur kausalen Beziehung in zwei Definitionen von *Ursache* zusammen: Versteht man die Kausalrelation als das Ergebnis eines Vergleichs von Sinneserfahrungen, so kann man einen Gegenstand „Ursache" nennen, wenn er

> *einen anderen im Gefolge hat, wobei alle dem ersten ähnlichen Gegenstände solche, die dem zweiten ähnlich sind, zur Folge haben.* Oder mit anderen Worten: *wobei, wenn der erste Gegenstand nicht bestanden hätte, der zweite nie ins Dasein getreten wäre.* (Hume 1993, S. 92; in der entsprechenden Stelle der Ausgabe Hume 1982, S. 102, fehlt die zweite Definition)

Hume hat diese zwei Formulierungen – fälschlicherweise – als synonym verstanden. Nach der ersten Version stehen zwei Ereignisse genau dann in einer Kausalrelation, wenn sie zwei Typen von Ereignissen angehören, deren Instanzen stets aufeinander folgen. Wenn für zwei Ereignistypen A und B der Satz „$A \rightarrow B$" („$\rightarrow$" bezeichnet die materiale Implikation) wahr ist, sagt man nach gängiger logischer Terminologie, A sei hinreichend für B oder eine hinreichende Bedingung von B. Unter Verwendung des Begriffs der hinreichenden Bedingung wiederum ergibt sich ein erster Definitionsvorschlag für den Begriff der kausalen Relevanz: Ein Ereignis vom Typ A ist demnach eine hinreichende Bedingung für das Eintreten von Ereignissen eines Typs B genau dann, wenn es für jedes Ereignis a des Typs A ein Ereignis b des Typs B gibt beziehungsweise wenn gilt: Immer wenn A, dann B (oder formal: $A \rightarrow B$); und ein Ereignistyp A ist genau dann *kausal relevant* für einen Typ B, wenn A eine hinreichende Bedingung für das Eintreten von Instanzen von B ist.

Ein Problem dieses Ansatzes besteht darin, dass Epiphänomene nicht zutreffend analysiert werden können. Wenn beispielsweise das Barometer sinkt und Sturm aufzieht, könnte man nach der Auffassung von Ursachen als hinreichenden Bedingungen den Barometerstand als Ursache für den Sturm ansehen. Dies scheint jedoch mit dem relevanten physikalischen Hintergrundwissen sowie starken kausalen Intuitionen unvereinbar.

5.4.1.8 Ursachen als notwendige Bedingungen

Auch die Auffassung von Ursachen als notwendigen Bedingungen geht auf Hume zurück. Hume schlug nicht nur die Definition kausaler Relevanz als hinreichende Bedingung vor. Alternativ dazu plädierte er dafür, ein Ereignis *a* dann als Ursache für ein zweites Ereignis *b* zu betrachten, wenn gilt, dass *b* nicht eingetreten wäre, wäre zuvor *a* ausgeblieben (Hume 1975, S. 76, 1982, S. 102, 1993, S. 92). Dieser Explikationsvorschlag besteht also im Heranziehen eines kontrafaktischen Konditionals. Deren Analyse ist in der Fachliteratur umstritten; hier jedoch wird als einfachste Lösung „Wenn *A* nicht eingetreten wäre, wäre auch *B* ausgeblieben" mit „$\bar{A} \rightarrow \bar{B}$" gleichgesetzt.

Demnach kann man definieren: Ein Ereignis vom Typ *A* ist eine notwendige Bedingung für das Eintreten von Ereignissen eines Typs *B* genau dann, wenn es ohne ein Ereignis *a* auch kein Ereignis *b* gibt, das heißt, wenn gilt: $\bar{A} \rightarrow \bar{B}$, und ein Ereignistyp *A* ist genau dann kausal relevant für einen Typ *B*, wenn *A* eine notwendige Bedingung für das Eintreten der Instanzen von *B* ist.

Die Beurteilung derjenigen Kausalitätstheorien, die Ursachen als hinreichende oder als notwendige Bedingungen ansehen, fällt heute allerdings mehrheitlich kritisch aus:

> Auf der einen Seite sind kausal relevante Faktoren meistens eingebettet in einen Komplex weiterer Faktoren, die insgesamt hinreichend sind für das Auftreten der Wirkung. Auf der anderen Seite gibt es meistens alternative Ursachen, die eine entsprechende Wirkung auf einem anderen Weg herbeiführen können als über die Realisation eines bestimmten kausal relevanten Faktors. Ein einzelner Faktor muss daher weder eine hinreichende noch eine notwendige Bedingung eines Wirkungstyps sein, um als Ursache letzteren Typs angesprochen werden zu können. Eine Wirkung kann auch ohne den fraglichen Faktor eintreten – auf alternativen Wegen nämlich – und ein einzelner Faktor ist nicht selbst hinreichend für die Wirkung, sondern führt diese nur im Verbund mit zahlreichen, ihrerseits für sich wiederum nicht hinreichenden Faktoren herbei. (Baumgartner und Graßhoff 2004, S. 98)

5.4.1.9 Kausal relevante Faktoren als INUS-Bedingungen

John Mackie hat eine moderne Fassung einer in Begriffen hinreichender und notwendiger Bedingungen formulierten Kausaltheorie vorgelegt, die viele Standardeinwände berücksichtigt (Mackie 1974).

Dabei hat er eine Definition kausaler Relevanz vorgeschlagen, die sich gleichermaßen auf hinreichende und notwendige Bedingungen stützt. Ein Ursachentyp ist weder eine hinreichende noch eine notwendige Bedingung des zugehörigen Wirkungstyps; vielmehr ist ein Ursachentyp oder Faktor *A* nach Mackie genau dann kausal relevant für eine Wirkung *B*, wenn *A* „an *I*nsufficient but *N*on-redundant part of an *U*nnecessary but *S*ufficient condition" von *B* ist, also wenn *A* mindestens ein wenn auch nicht hinreichender, so doch nicht redundanter Teil einer nicht notwendigen, aber hinreichenden Bedingung von *B* ist. Kurz: „*A* ist INUS-Bedingung von *B*" (Mackie 1974, S. 62).

Wenn aus einer hinreichenden Faktorenkonjunktion ein oder mehrere Faktoren entfernt werden können, so dass die restliche Faktorenkonjunktion weiterhin für die Wirkung hinreichend ist, dann sind die entfernten Faktoren redundant und folglich nicht kausal relevant. Eine hinreichende Bedingung, die *keine* in diesem Sinn redundanten

Teile enthält, wird als minimal hinreichende Bedingung bezeichnet. Mit anderen Worten: Eine Faktorenkonjunktion *X*, die für einen Ereignistyp *B* hinreichend ist, ist genau dann eine minimal hinreichende Bedingung von *B*, wenn die Konjunktion keiner echten Teilmenge seiner Elemente hinreichend ist für *B*, das heißt, wenn *X* keine redundanten Konjunkte enthält. Eine INUS-Bedingung ist ein selbst nicht hinreichender, aber notwendiger Teil *A* einer Bedingung, die ihrerseits nicht notwendig, aber hinreichend ist für einen Ereignistyp *B*. Und ein Faktor *A* ist genau dann kausal relevant für einen Faktor *B*, wenn *A* eine INUS-Bedingung (oder selbst eine hinreichende oder notwendige Bedingung) von *B* ist, wobei die Instanzen von *A* und *B* jeweils verschieden sind. Mackie hat diesen Ansatz allerdings später aufgegeben, unter anderem wegen mit dem INUS-Ansatz nicht angemessen erfassbarer Gegenbeispiele (Mackie 1974, S. 83 ff.).

5.4.1.10 Minimale Theorien

Ein Versuch zur Verbesserung von Mackies INUS-Ansatz wurde von Baumgartner und Graßhoff vorgestellt (vgl. Baumgartner und Graßhoff 2004). Dabei wird vom Begriff der minimal hinreichenden Bedingung ausgegangen, der sich neben der Theorie von Mackie auf Arbeiten von Charles D. Broad stützt (vgl. Broad 1930a, b, 1944). Es wird definiert:

> Ein Faktorenbündel *X*, das hinreichend ist für einen Faktor *B*, ist genau dann eine *minimal hinreichende Bedingung* von *B*, wenn die Konjunktion keiner echten Teilmenge der Konjunkte von *X* hinreichend ist für *B*. (Baumgartner und Graßhoff 2004, S. 106)

Dieser Ansatz unterscheidet sich von Mackies INUS-Ansatz darin, dass das Antezedens der Relation der kausalen Relevanz nicht mehr aus einer maximalen, sondern nur aus einer minimalen Disjunktion minimal hinreichender Bedingungen bestehen soll. Auch die notwendige Bedingung soll minimal sei, das heißt, sie soll keinen echten Teil enthalten, der selbst notwendig ist. Weiter wird der Begriff einer „Minimalen Theorie" eingeführt, der die kausal interpretierbaren Bedingungen für das Eintreten von Wirkungen in minimalisierter Form zusammenfasst. Eine Minimale Theorie grenzt die direkt kausal relevanten von den überhaupt für einen bestimmten Wirkungstyp kausal relevanten Faktoren ab (vgl. Baumgartner und Graßhoff 2004, S. 106 f.). Dabei gilt, dass die Angabe kausal relevanter Faktoren in einer Minimalen Theorie immer relativ ist zur Gesamtheit der überhaupt einbezogenen Faktoren, die im Verlauf der Forschung revidiert und erweitert werden kann. Mit dem Ansatz der Minimalen Theorien seien auch vieldiskutierte Gegenbeispiele zu Mackies INUS-Ansatz angemessen integrierbar.

Methoden der Kausalanalyse, die auf die Kausaltheorie der „Minimalen Theorien" aufbauen und die als Methoden des „Kausalen Schließens" bezeichnet werden, sind Gegenstand der Diskussion in Abschn. 5.4.2.

5.4.1.11 Kontrafaktische Kausalität

Hume hatte, wie erwähnt, zwei Definitionen von Kausalität gegeben (die von ihm selbst missverständlicherweise als synonym bezeichnet wurden): ein Ereignistyp *A* sei dann eine Ursache für einen Ereignistyp B, wenn gilt (a) „Immer wenn *A* auftritt, tritt auch *B* auf" oder (b) „Wäre *A* nicht aufgetreten, so träte auch *B* nicht auf."

David Lewis hat Humes zweiten Definitionsvorschlag aufgegriffen und weiterentwickelt (vgl. Lewis 1973, 1979; ähnlich Ramachandran 1997). Lewis definiert kausale Relevanz durch kontrafaktische Konditionale. Der zentrale Begriff ist dabei kontrafaktische Abhängigkeit: Ereignistyp *B* ist genau dann kontrafaktisch abhängig von Ereignistyp *A*, wenn (1) wann immer sowohl ein Ereignis *a* vom Typ *A* wie ein Ereignis *b* vom Typ *B* stattfinden, gilt: Hätte *a* nicht stattgefunden, wäre auch *b* ausgeblieben; und (2) wann immer weder *a* noch *b* stattfinden, gilt: Hätte *a* stattgefunden, wäre auch *b* eingetreten. Demnach gilt auch, dass Faktor *A* kausal relevant für Faktor *B* ist, wenn *B* kontrafaktisch von *A* abhängig ist (vgl. auch Menzies 2001).

Als Vorteil von Theorien Kontrafaktischer Kausalität kann angesehen werden, dass Konstellationen, die Epiphänomenen einschließen, auf diese Weise angemessen analysierbar werden. Als Problem dagegen wird gesehen: „Wie läßt sich angesichts des Ausbleibens zweier Ereignisse *a* und *b* entscheiden, ob *b* eingetreten wäre, hätte zuvor *a* stattgefunden? Solche Hypothesen über mögliche Begebenheiten, die an die Stelle tatsächlicher Geschehnisse hätten treten können, sind höchst spekulativ und lassen sich schwerlich verifizieren" (Baumgartner und Graßhoff 2004, S. 112). In der Sprachphilosophie besteht bis heute keine Einigkeit über Wahrheitskriterien, Bedeutung und systematischen Ort kontrafaktischer Konditionale.

Lewis schlägt vor, kontrafaktische Konditionale für wahr zu halten, wenn gilt: „it takes less of a departure from actuality to make the consequent true along with the antecedent than it does to make the antecedent true without the consequent" (Lewis 1973, S. 560). Wenn also mittels der geringsten Abweichungen von der Realität, in der weder die Ereignisse *a* noch *b* stattfinden, *b* nur in Verbindung mit *a* herbeigeführt werden kann, so Lewis, sei das kontrafaktische Konditional „Wenn *a* stattgefunden hätte, so wäre auch *b* eingetreten" wahr. Gegen diese Auffassung sind allerdings schwere Einwände formuliert worden: „Kontrafaktische Konditionale eignen sich, selbst wenn der Begriff kontrafaktischer Abhängigkeit unproblematisch wäre, grundsätzlich nicht für die Analyse kausaler Relevanz. Der Grund für das Scheitern kausaltheoretischer Ansätze nach dem Muster [Kontrafaktischer Konditionale] ist verwandt mit den Schwierigkeiten, die eine Gleichsetzung von Ursachen mit notwendigen Bedingungen belasten: Eine Wirkung kann ohne weiteres von diversen alternativen Ursachen herbeigeführt werden. Ist dies der Fall, so ist weder die eine noch die andere Ursache notwendig für die Wirkung. Nichtsdestotrotz sind aber beide Ursachen kausal relevant" (Baumgartner und Graßhoff 2004, S. 115).

Betrachtet man Fehlfunktionen im Zusammenhang mit kausalen Vorgängen, so liegt es nahe, an kontrafaktische Auffassungen von Kausalität zu denken. Dabei geht es vor allem um die praktische Operationalisierung derartiger Kausalitätsdefinitionen. Denn viele Fehlfunktionen bestehen in dem Ausbleiben einer normalerweise auftretenden Wirkung, wobei man oft annimmt, dass kausale Zusammenhänge bestehen, so dass man nach dem Muster schließt: „*b* ist ausgeblieben, also hat offenbar ein – möglicherweise unbekanntes – *a* nicht stattgefunden."

5.4.1.12 Probabilistische Kausalität

Reichenbach, Good sowie Suppes haben probabilistische Theorien der Kausalität vorgeschlagen (vgl. Reichenbach 1956; Good 1961; Suppes 1970; Arntzenius 1999; Hitchcock 2002).

> Roughly speaking, the modification of Hume's analysis I propose is to say that one event is the cause of another if the appearance of the first event is followed with a high probability by the appearance of the second, and there is no third event that we can use to factor out the probability relationship between the first and second events. (Suppes 1970, S. 10)

Zunächst führt Suppes den Begriff einer *prima-facie-* oder scheinbaren Ursache ein: Ein Ereignistyp *A* ist genau dann eine *prima-facie*-Ursache des Ereignistyps *C*, wenn gilt (Suppes 1970, S. 10, vereinfacht):

$$p(A) > 0 \text{ und } p(C|A) > p(C)$$

$p(A)$ ist dabei die Wahrscheinlichkeit, dass *A* auftritt, auch *a-priori*-Wahrscheinlichkeit von *A*; üblicherweise definiert als relative Häufigkeit: $p(A) = n_A/n_{\text{ges}}$ (n_{ges}: Zahl der Experimente; n_A: Anzahl des Auftretens von *A*); $p(C|A)$ bezeichnet dabei die bedingte Wahrscheinlichkeit von *C* bei gegebenem *A*: $p(C|A) := p(CA)/p(A)$ und $p(CA)$ steht für die Wahrscheinlichkeit, dass *C und A* instantiiert werden.

Jedoch sind auch probabilistische Ansätze unter anderem mit dem Problem der angemessenen Erfassung von Epiphänomenen konfrontiert. Aus der Menge der scheinbaren Ursachen muss man also die *spurious causes* oder unechten Ursachen ausfiltern, so dass nur noch *genuine causes* oder echte Ursachen übrigbleiben. Suppes verwendet dafür eine wahrscheinlichkeitstheoretische Konzeption, die auf Hans Reichenbach zurückgeht. Nach Reichenbach können Faktoren durch andere Faktoren von bestimmten Wirkungen probabilistisch *abgeschirmt* werden. *A* wird genau dann durch *B* von einer Wirkung *C* abgeschirmt, wenn *B* die Auftretenswahrscheinlichkeit von *C* auch ohne Berücksichtigung von *A* in gleichem Maße erhöht wie unter Mitberücksichtigung von *A*, beziehungsweise formal ausgedrückt, wenn gilt: $p(C|AB) = p(C|B)$ (vgl. Reichenbach 1956, S. 189 f.).

Die einfachsten Kausalstrukturen, in denen drei Faktoren in einem Abschirmungsverhältnis zueinander stehen können, sind Epiphänomene beziehungsweise multiple Wirkungen und Kausalketten. Die Eigenschaft eines Gliedes einer Kausalkette, sämtliche seiner Vorgänger von seinem Nachfolger abzuschirmen, nennt man Markow-Eigenschaft kausaler Verkettungen. Für $A \leftarrow B \rightarrow C$ (multiple Wirkung) und auch für $A \rightarrow B \rightarrow C$ (Kette) gilt, gegeben *B* tritt auf, spielt es für $p(C|B)$ keine Rolle mehr, ob *A* ebenfalls auftritt oder nicht. *B* legt die Eintretenswahrscheinlichkeit von *C* fest, ohne dass *A* diesen Wert beeinflussen könnte. Nach diesem Muster werden zum Beispiel Barometeranzeigen von Witterungsveränderungen abgeschirmt.

Probabilistische Kausalität macht also folgenden Definitionsvorschlag für kausale Relevanz: „Ein Ereignistyp *A* ist genau dann kausal relevant für einen zweiten Ereignistyp *C*, wenn die Eintretenswahrscheinlichkeit von *C* bei gegebenem *A* größer ist als ohne gegebenes *A* und es parallel zu *A* keinen dritten Typ von Ereignis *B* gibt, der *A* von *C* abschirmt" (Baumgartner und Graßhoff 2004, S. 120).

Probabilistische Kausaldiagnosen decken sich in vielen Fällen mit unserer kausalen Intuition. Aber auch hier sind problematische Gegenbeispiele aufgezeigt worden. Dazu zählen Fälle des Simpson-Paradoxons, bei dem, in allgemeiner Formulierung, bezogen auf eine Menge *M* ein Ereignistyp die Auftretenswahrscheinlichkeit eines anderen Typs erhöht, in jeder Untermenge von *M* aber vermindert, oder umgekehrt in *M* vermindert, in deren Untermengen aber erhöht (vgl. Simpson 1951). Daher „gilt nicht, daß Ursachen die Eintretenswahrscheinlichkeit von Wirkungen durchwegs erhöhen. Im Gegenteil, es kommt auch vor, dass eine Ursache ihre Wirkung sozusagen unwahrscheinlicher macht. Eine derartige Ursache nennt man negativ probabilistisch relevant für die entsprechende Wirkung“ (Baumgartner und Graßhoff 2004, S. 121).

5.4.1.13 Probabilistische Unabhängigkeit

Probabilistische Abhängigkeiten stellen also nach dem soeben geschilderten Diskussionsstand keine Grundlage dar, auf der in verlässlicher Weise kausal geschlossen werden könnte. Seit den 1990er-Jahren stellen daher Autoren wie Peter Scheines, Clark Glymour, Richard Spirtes oder Judea Pearl den Begriff der probabilistischen *Un*abhängigkeit in den Mittelpunkt ihrer Kausalanalysen (vgl. Spirtes et al. 2000; Pearl 2009; sowie die Übersichten in Scheines 1997; Glymour 1997; zur Debatte für und wider derartige Ansätze vgl. McKim und Turner 1997; Glymour und Cooper 1999).

Angesichts des Simpson-Paradoxes meinen sie, dass ausgehend von Häufigkeitsverteilungen oft nicht eindeutig auf spezifische Kausalstrukturen geschlossen werden könne. Mit Bestimmtheit, so ihre zentrale These, lasse sich jedoch sagen, dass erstens probabilistisch unabhängige Faktoren auch kausal nicht verknüpft seien und zweitens Faktoren, die nicht statistisch unabhängig sind, in irgendeiner Form kausal voneinander abhängen, sei es direkt oder vermittelt durch andere Faktoren oder sei es als Wirkungen einer oder mehrerer gemeinsamer Ursachen. Derart könne man aus Häufigkeitsverteilungen, wenn auch oftmals keinen bestimmten Kausalzusammenhang, so doch immer zumindest eine Klasse von statistisch äquivalenten kausalen Strukturen beziehungsweise Graphen ableiten.

Nancy Cartwright hat eingewandt, dass Häufigkeitsverteilungen nur kausale Schlüsse zulassen, wenn eine Reihe kausaler Zusatzannahmen getroffen werden – „no causes in, no causes out“ (Cartwright 1989, S. 39 ff.). Aber das berücksichtigen auch die Vertreter dieses probabilistischen Ansatzes: „Contrary to what some take to be our purpose, we are not about trying to magically pull causal rabbits out of a statistical hat. Our theory of causal inference investigates what can and cannot be learned about causal structure from a set of assumptions that seem to be made commonly in scientific practice“ (Scheines 1997, S. 198).

Nachdem nun die wichtigsten Theorien der Kausalität besprochen wurden, sollen im Folgenden die interessantesten kausalanalytischen Verfahren vorgestellt werden: (a) Ein Verfahren des „Kausalen Schließens“, (b) eine – trotz ähnlicher Bezeichnung unterschiedliche – Familie von Verfahren des „Kausalen Schließens“ oder „Kausalen Modellierens“, (c) die Anwendung daraus hervorgegangener Ideen auf die Verfahren der Kognitiven Neuropsychologie sowie (d) allgemeine Verfahren der Analyse kausaler Mechanismen.

5.4.2 Kausalanalytische Verfahren des „Kausalen Schließens"

5.4.2.1 Grundlagen

Bei den Verfechtern des Kausalen Schließens wird – ebenso wie bei den weiter unten diskutierten Methoden des kausalen Modellierens – die Grundfrage gestellt: Wie kann man herausfinden, ob ein bestimmter Ereignistyp kausal relevant für einen anderen, ein bestimmtes Ereignis eine Ursache für eine Wirkung ist? Allgemeiner gesprochen geht es um die Arten und Weisen des Erwerbs von kausalem Wissen und des Schließens von Beobachtungen oder experimentellen Daten auf Ursachen und Wirkungen. Einige Autoren streben das ehrgeizige Ziel einer Systematisierung kausalen Schließens und die Erarbeitung von Regeln für kausales Schlussfolgern an (Baumgartner und Graßhoff 2004).

Zu diesem Zweck wird die Kausaltheorie der „Minimalen Theorien" („MT") zugrunde gelegt (siehe Abschn. 5.4.1.10). Schlussregeln in Verbindung mit geeigneten Annahmen sollen es ermöglichen, Ursachen und Wirkungen sicher zu identifizieren.

> Das Ziehen kausaler Schlüsse soll nicht intuitionsgeleitet bleiben, sondern normiert und auf ein solides Fundament von Regeln gestellt werden, die bei geeigneter Ausgangsinformation einen verläßlichen Schluss auf Ursachen und Wirkungen zulassen. [...] Diese Regeln kausalen Schließens werden sich auf die im Rahmen von MT erarbeitete Definition kausaler Relevanz stützen. Zusätzlich setzen sie einige wichtige Annahmen voraus, ohne die das Ziehen kausaler Schlüsse auf der Basis empirischer Daten ausgeschlossen wäre. Unter diesen Voraussetzungen jedoch wird es mit Hilfe besagter Schlussregeln möglich sein, einzig aufgrund von geeigneter Informationen über das korrelierte Auftreten von Ereignissen beziehungsweise über Koinzidenzen von Ereignistypen in zuverlässiger Weise Ursachen und Wirkungen zu identifizieren. (Baumgartner und Graßhoff 2004, S. 175 f.)

Vier Grundtypen von Unwissenheit hinsichtlich kausaler Sachverhalte lassen sich unterscheiden: die unvollständige Kenntnis der Kausalgraphen, falsche Hypothesen über Kausalzusammenhänge, unvollständige Kenntnis der Ereignisfolgen und unvollständige Kenntnis der zu berücksichtigenden Faktoren (vgl. Baumgartner und Graßhoff 2004, S. 177).

Die vollständige Erfassung einer kausalen Struktur oder sämtlicher (Teil-)Ursachen, die für eine Wirkung kausal relevant sind, wird ohnehin selten angestrebt oder erreicht. Ein „vollständiger Kausalgraph", also die Gesamtheit aller hinreichenden und notwendigen Bedingungen für das Entstehen einer Wirkung wäre meist zu komplex, zu unübersichtlich und zu wenig informativ. (Auf der Erde wird die Anwesenheit der Schwerkraft oder das Vorhandensein von Luft zumeist nicht ausdrücklich aufgeführt.) In der Praxis werden meist nur charakteristische, nicht selbstverständliche Faktoren in die kausalen Hypothesen beziehungsweise Kausalgraphen aufgenommen.

Für Kausalanalysen heißt das, dass es wünschenswert ist, mit kleinen Teilgraphen eines vollständigen Kausalgraphen arbeiten zu können.

> Regeln des kausalen Schließens sollen sicherstellen, dass man sich trotz lückenhaften Kausalwissens oder fehlenden Interesses an vollständigen Graphen über die kausalen Relevanzen

einzelner Faktoren und Teilgraphen derart orientieren kann, dass zuverlässiges prognostisches und diagnostisches Wissen etablierbar ist. (Baumgartner und Graßhoff 2004, S. 178)

Kausales Schließen wird häufig bei unvollständigem Kausalwissen angewendet. Wirkungen sind normalerweise Resultat komplexer kausaler Netze, deren Elemente nur beschränkt – wenn überhaupt – bekannt sind. Die verschiedenen Alternativursachen einer Wirkung treten normalerweise unterschiedlich oft und nur selten gemeinsam auf. Einige sind wohlbekannt, weil sie häufig auftreten, andere sind möglicherweise unbekannt, weil sie sehr selten auftreten. Daher kann eine Methode kausalen Schließens praktisch nie ein kausales Netz, das zu einer bestimmten Wirkung führt, in einem einzigen Schritt aufklären. Kausales Schlussfolgern klammert häufig gewisse Ursachen aus, klärt zunächst nur die kausale Relevanz einzelner Faktoren auf und geht erst danach zur Aufklärung komplexerer Kausalstrukturen über. Eine geeignete Methode ermöglicht es, komplexe Kausalnetze zu Beginn einer kausalen Untersuchung auf einfache Strukturen zu reduzieren.

5.4.2.2 Einfache Testsituationen

Angenommen, wir interessieren uns für die Ursachen einer Wirkung *W*. Wir wissen zunächst einmal nichts über die für *W* kausal relevanten Faktoren. Es sei lediglich bekannt, dass einige Faktoren häufig in Verbindung mit *W* auftreten. Die entscheidende Frage ist nun: Wie kann angesichts dieser lückenhaften Wissenslage geprüft werden, ob zum Beispiel Faktor *A* kausal relevant ist für *W*?

Weder durch ein einmaliges gemeinsames Auftreten der Einzelereignisse *a* und *w* noch durch ihr wiederholtes gemeinsames Auftreten, also das Bestehen einer Korrelation zwischen ihnen, kann eine mögliche kausale Relevanz von *A* für *W* beurteilt werden: *A* könnte zwar tatsächlich kausal relevant für *W* sein, *W* könnte aber auch, ohne kausalen Beitrag von *A*, stets durch alternative Ursachen hervorgerufen worden sein, oder *A* und *W* könnten Wirkungen einer gemeinsamen Ursache *X* sein und deshalb regelmäßig gemeinsam auftreten. Zwischen mindestens diesen drei kausalen Hypothesen muss man entscheiden (siehe Abb. 5.4).

Meist untersucht man zunächst nur die kausale Relevanz für *einen* Faktor, man nimmt also eine „Reduktion einer komplexen Kausalstruktur auf einen Prüffaktor mit zugehöriger Wirkung" vor (vgl. Baumgartner und Graßhoff 2004, S. 207). Informationen über das gemeinsame Auftreten von *A* und *W* reichen jedoch nicht aus, um den kausalen Zusammenhang von *A* und *W* zu beurteilen. Auch hochgradig korreliertes Auftreten zweier Faktoren ist mit mehreren kausalen Hypothesen

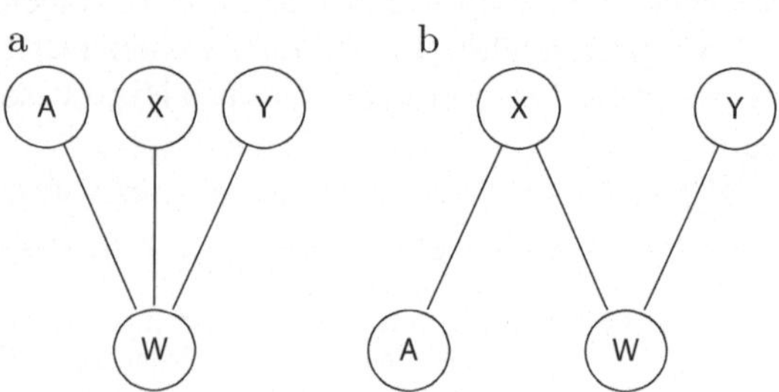

Abb. 5.4 Verschiedene denkbare Kausalhypothesen bei der Differenzmethode

verträglich, zwischen denen eine Auswahl getroffen werden muss. Wenn man nun aber annimmt, die Korrelation von *A* und *W* deute auf eine nicht zufällige Beziehung zwischen *A* und *W*, dann bleiben immer noch mehrere Kausalhypothesen zur Auswahl: $A \rightarrow W$ und $A \leftarrow X \rightarrow W$. Bloße Information über hohe Korrelation zweier Faktoren *A* und *W* reicht also für einen eindeutigen kausalen Schluss nicht aus.

5.4.2.3 Homogenitätsbedingungen

John Stuart Mill, der ähnlich wie Hume nur Informationen über Abfolgen von Ereignissen oder gemeinsames Auftreten von Ereignistypen als Prämissen in kausalen Schlüssen zulassen wollte, versuchte diesen Schwierigkeit zu begegnen, indem er zusätzliche Anforderungen an Testsituationen stellte, die Aufschluss über kausale Relevanz geben sollten:

> Zweiter Kanon. Wenn eine Instanz, in der die zu erforschende Erscheinung eintritt und eine Instanz, in der sie nicht eintritt, jeden Umstand bis auf einen gemein haben, indem dieser eine nur in der erstern eintritt, so ist der Umstand, in dem die beiden Instanzen von einander abweichen, die Wirkung oder die Ursache oder ein unerläßlicher Theil der Ursache der Erscheinung. (Mill 1869–1880, Bd. 2, S. 82)

John Stuart Mill nennt dieses Verfahren zur Bestimmung von Ursachen *Differenzmethode*. Wenn sich zwei Testsituationen T_1 und T_2 herstellen oder auffinden lassen, die sich nur darin unterscheiden, dass in T_1 der Testfaktor *A* vorhanden ist und die Wirkung *W* auftritt, während in T_2 der Testfaktor nicht vorhanden ist und die Wirkung nicht auftritt, so kann man – nach Mill – schließen, dass *A* Ursache von *W* ist, denn bezüglich der Testfaktoren unterscheiden sich die beiden Testsituationen ja nur in *A* und $\bar{A}$. Dies ermöglicht es zugleich, zwischen den Kausalstrukturen $A \rightarrow W$ und $A \leftarrow X \rightarrow W$ zu unterscheiden: Wann immer man zwei Testsituationen herstellen kann, die sich *nur* bezüglich der An- und Abwesenheit von *A* und $\bar{A}$ sowie *W* und $\bar{W}$ unterscheiden, kann man zugleich die konkurrierende Hypothese $A \leftarrow X \rightarrow W$ ausschließen, denn jede in Frage kommende unbekannte Ursache *X* wäre damit konstant gehalten und käme als Ursache nicht mehr in Frage.

Mill führt daher eine Homogenitätsbedingung für Testsituationen ein („Die beiden Fälle, die man miteinander zu vergleichen hat, müssen genau gleich sein in allen Umständen bis auf den einen, den wir zu erforschen suchen“, Mill 1869–1880, Bd. 2, S. 83; s. aber Cartwright 1983, S. 25–28, S. 40–41). Danach betrachtet man zwei Testsituationen T_1 und T_2 dann als homogen, wenn sie sich außer im Auftreten einer Wirkung *W* nur in genau einem Faktor *A* unterscheiden. Wenn dann in T_1 ein Faktor *A* vorhanden ist und auch die Wirkung *W* auftritt, während in T_2 der Faktor *A* nicht vorhanden ist, und auch *W* nicht auftritt, dann ist der Schluss zulässig, dass *A* für *W* kausal relevant ist. Mills Homogenitätsbedingung behebt die zuvor genannten Schwierigkeiten. Ein einzelnes und auch ein oft wiederholtes gemeinsames Auftreten von Ereignissen erlaubt keine hinreichend sicheren Rückschlüsse auf kausale Zusammenhänge. Nur Tests oder Beobachtungen, die der Homogenitätsbedingung genügen, sind dazu geeignet.

Allerdings scheint die Homogenitätsbedingung in Mills Fassung („*H*“) in der Forschungspraxis nur schwer erfüllbar zu sein, denn zwei Testsituationen, die außer in einem Testfaktor und der betrachteten Wirkung *exakt* übereinstimmen, lassen sich nur schwer herstellen oder auffinden. Mills Homogenitätsbedingung kann man daher als zu stark ansehen: Sie ermöglicht ein formal sicheres Schlussverfahren, macht aber die Anwendung fast unmöglich, da es fast nie zwei in diesem Sinne wirklich homogene Testsituationen gibt.

Daher wurde gefordert, die Homogenitätsbedingung so abzuschwächen, dass sie in der Praxis erfüllt werden kann und dennoch Schlüsse auf Kausalzusammenhänge ermöglicht. Nun wird zugelassen, dass Testsituationen, die einen Schluss auf das Vorliegen der Kausalrelation stützen sollen, – abgesehen vom Testfaktor und dem möglichen Auftreten der Wirkung – nicht mehr vollständig übereinstimmen. Nancy Cartwright nennt eine mögliche Abschwächung der Homogenitätsbedingung: Danach müssten zwei Prüfsituationen – abgesehen von Prüffaktor und Wirkung – nicht in allen übrigen Faktoren, sondern nur allen übrigen *kausal für die Wirkung relevanten* Faktoren übereinstimmen: „In how much detail should we describe the situations in which this relation must obtain? We must include all and only the other causally relevant features" (Cartwright 1983, S. 29).

Diese abgeschwächte Version (*H'*) der Millschen Homogenitätsbedingung erscheint in der Forschungspraxis eher erfüllbar (vgl. auch Johnson 1964, Bd. 3; Blalock 1961; Baumgartner und Graßhoff 2004, S. 210). Wenn etwa durch die Differenzmethode geprüft werden soll, ob das Drehen des Zündschlüssels für das Anspringen eines Automotors kausal relevant ist, dann erscheint es unwesentlich, welche Farbe der Schlüssel hat und ob Vollmond oder Halbmond herrscht. Wesentlich ist, dass in beiden Testsituationen die gleichen kausal relevanten Faktoren an- oder abwesend sind, zum Beispiel der Benzintank gefüllt und die Batterie geladen ist. Diese zweite Version der Homogenitätsbedingung ist deutlich schwächer als die erste, aber auch eher realisierbar.

Da die Übereinstimmung aller kausal relevanten Faktoren, wie von der Homogenitätsbedingung (*H'*) gefordert, nicht immer ohne weiteres zu erfüllen ist, sind weitere Einschränkungen formuliert worden. Eine Möglichkeit, die im Kontext der Kausalauffassung der „Minimalen Theorien" entwickelt wurde, fordert nicht, dass je einzelne kausal relevante Faktoren übereinstimmend an- beziehungsweise abwesend sind, sondern nur, dass jede mindestens hinreichende Bedingung insgesamt an- oder abwesend ist. Wenn man kausal relevante Faktoren als notwendige Teile minimal hinreichender Bedingungen der Wirkung auffasst, dann muss man für die Homogenität eines Paares von Prüfsituationen nur sicherstellen, dass in der Prüfsituation, in der A und W auftreten, W nicht durch andere minimal hinreichende Bedingungen von W verursacht ist, an denen A nicht beteiligt ist. Nach dieser Auffassung muss für die Homogenität zweier Prüfsituationen nur gefordert werden, dass eine minimal hinreichende Bedingung X_i von W in T_1 genau dann gegeben ist, wenn X_i auch in T_2 gegeben ist, und dass eine minimal hinreichende Bedingung X_j von W in T_1 genau dann nicht gegeben ist, wenn X_j auch in T_2 nicht gegeben ist. Übereinstimmende An- oder Abwesenheit kausal relevanter Faktoren wird damit nicht mehr gefordert. In den beiden Testsituationen dürfen unterschiedliche kausal relevante Faktoren auftreten, wenn gilt, dass von einer minimal hinreichenden Bedingung X_j, die in T_1 abwesend ist, auch in T_2 mindestens ein Teil abwesend ist. Die in T_1 und T_2

abwesenden Teile von X_j dürfen dabei völlig unterschiedlich sein. Wenn jedoch alle Teile einer minimal hinreichenden Bedingung X_i in einer Situation anwesend sind, dann müssen sie auch in der anderen anwesend sein (vgl. Baumgartner und Graßhoff 2004, S. 211).

Zum Beispiel können bei einer Untersuchung von Vorgängen in einer Pflanzenzelle bei abwesender Photosynthese in der Situation S_A das an der Photosynthese beteiligte Gen A defekt sein und in S_B das Gen B. Wenn beide Situationen S_A und S_B dazu führen, dass eine minimal hinreichende Bedingung für den Ablauf der Photosynthese nicht gegeben ist, dürften S_A und S_B als homogen gelten, obwohl nicht alle kausal relevanten Faktoren gleichmäßig an- oder abwesend sind.

Dennoch stellt sogar die Homogenitätsbedingung H'' noch relativ hohe Anforderungen an Prüfsituationen. Da Informationen über kausale Zusammenhänge in den meisten Kontexten unvollständig sind, kann man sogar bei Zugrundelegen von H'' nie völlig sicher sein, ob zwei Prüfsituationen homogen sind. Da strenge theoretische Kausalschlüsse nur in homogenen Prüfsituationen möglich sind, wäre dies jedoch sehr wünschenswert. In manchen Fällen scheint es immerhin möglich, durch wohlüberlegte Anlage von Experimenten Homogenität weitgehend sicherzustellen – so durch Blind- und Doppelblindversuche oder durch die von Bernard und Schaffner diskutierten Experimentiertechniken (vgl. Abschn. 5.1.2 und 5.2.2). Daneben ist die Auffassung vertreten worden, unter gewissen Umständen könne man auch bei Heranziehung von Prüfsituationen, deren Homogenität nicht gesichert ist, zu sicheren kausalen Schlüssen gelangen (vgl. Baumgartner und Graßhoff 2004, S. 238–245).

5.4.2.4 Zweier- oder Differenztest

Das auf der Unterschieds- oder Differenzmethode basierende Testdesign wird als Zweier- oder Differenztest bezeichnet. Dabei wird gefordert, dass die zwei Testsituationen homogen seien. Ziel ist die Entscheidung, ob ein gegebener Prüffaktor für die untersuchte Wirkung kausal relevant ist oder nicht. Da man bei derartigen Untersuchungen zunächst einmal grundsätzlich das Vorliegen kausaler Zusammenhänge unterstellt, nimmt man im Kontext der Kausalitätstheorie der „Minimalen Theorien" an, dass die Zusammenhänge durch eine zunächst unbekannte Minimale Theorie

$$(X_1 \vee Y) \Rightarrow W$$

erfasst werden können.

„X_1" steht dabei für eine einzelne (nicht bekannte) minimal hinreichende Bedingung beziehungsweise deren Konjunkte, „Y" für eine Disjunktion weiterer minimal hinreichender Bedingungen von W. (Indices der Variablen X dienen dazu, weitere, noch nicht aufgefundene (minimal hinreichende) Bedingungen zu bezeichnen.) Die Beobachtungsergebnisse eines Zweiertests werden in einer Koinzidenztabelle zusammengestellt:

A	$\overline{A}$
W in T_1?	W in T_2?

Insgesamt kann ein Differenztest $2^2 = 4$ verschiedene Ergebnisse liefern, wobei allerdings nicht jedes Ergebnis eines Differenztests kausal interpretierbar ist. Dabei gilt:

> Kausale Relevanz ist wesentlich einfacher und mit deutlich weniger technischem Aufwand nachweisbar als kausale Irrelevanz. […] Auf *kausale Irrelevanz eines Faktors A für eine Wirkung W kann mit Hilfe von Differenztests und unter Voraussetzung der Homogenitätsbedingung [H″] grundsätzlich nicht geschlossen werden.* (Baumgartner und Graßhoff 2004, S. 214)

Der Differenz- oder Zweiertest ermöglicht im günstigen Fall nur den Schluss auf die kausale Relevanz eines einzelnen Faktors. Bei zwei Faktoren kann man nur zeigen, dass sie unabhängig voneinander für eine Wirkung kausal relevant sind; nicht aber, ob sie zusammen oder alternativ wirken. Um komplexe oder alternative Ursachen zu identifizieren, muss ein erweitertes Testdesign verwendet werden, das als Vierertest bezeichnet wird.

5.4.2.5 Vierertest als erweiterter Differenztest

In einen Vierertest gehen dieselben Annahmen ein wie in einen Differenztest, und auch hier wird Homogenität gefordert. Die Homogenitätsbedingung H'' kann entsprechend erweitert werden (vgl. Baumgartner und Graßhoff 2004, S. 216). Ein Vierertest knüpft an die Ergebnisse eines Differenztests an. Wenn mit einem Differenztest die kausale Relevanz eines Faktors nachgewiesen wurde, so kann im Vierertest für einen weiteren Faktor nicht nur geprüft werden, *ob* er kausal relevant ist, sondern auch *wo* er in der untersuchten Kausalstruktur einzuordnen ist. Auch für Vierertests werden Koinzidenztabellen erstellt. Dabei wird An- und Abwesenheit des bereits bestimmten Kausalfaktors in den Zeilen, die des zu prüfenden in den Spalten und die der Wirkung in den Feldern („Wirkungsfelder") der Tabelle eingetragen. Bei mehr als zwei zu prüfenden Faktoren sind auch erweiterte Testdesigns möglich. Wenn außer dem Prüffaktor *n* andere Faktoren einer komplexen Ursache geprüft werden sollen, dann besteht die Koinzidenztabelle aus $2^{(n+1)}$ Wirkungsfeldern, und es können $2^{2^{(n+1)}}$ verschiedene Ergebnisse auftreten.

	B	$\overline{B}$
A	W in T_1?	W in T_2?
$\overline{A}$	W in T_3?	W in T_4?

Die Verwendung des Vierertests wird als Basis für sichere Schlüsse von Daten aus Experiment oder Beobachtung auf vorliegende Kausalzusammenhänge angesehen:

> Die Anlage eines Vierertests erlaubt eine durchgehende Reglementierung und Standardisierung kausalen Schließens. Unter Voraussetzung der […] Annahmen kausalen Schließens, dem Vorliegen homogener Prüfsituationen und einer kausalen Ausgangshypothese bildet der Vierertest die Grundlage eines regelgeleiteten Schlußverfahrens zur Ermittlung kausaler Relevanzen. (Baumgartner und Graßhoff 2004, S. 223)

Um mit dem Verfahren des Vierertests sichere Schlüsse über Kausalzusammenhänge erzielen zu können, sind darüber hinaus drei Regeln zu beachten:

> *Differenzregel:* Für einen Prüffaktor B, zwei homogene Prüfsituationen T_1 und T_2 und eine Wirkung W gilt: Wenn B in T_1 gegeben ist, in T_2 hingegen fehlt, und in T_1 die Wirkung W auftritt, während sie in T_2 ausbleibt, dann ist in T_1 keine minimal hinreichende Bedingung realisiert, welche B nicht enthält.
>
> *Kombinationsregel:* Wenn in einer Situation T_1 keine minimal hinreichende Bedingung für eine Wirkung W realisiert ist, die den Faktor A_1 nicht enthält, keine, die A_2 nicht enthält, ... und keine, die A_n nicht enthält, dann enthalten alle in T_1 realisierten minimal hinreichenden Bedingungen die Faktoren $A_1, A_2, \ldots, A_n$ als Konjunkte.
>
> *Alternierungsregel:* Wenn eine Wirkung W in einer Situation T_1 vorliegt, in der keine der bekannten minimal hinreichenden Bedingungen realisiert ist, dann gibt es mindestens eine weitere (unbekannte) minimal hinreichende Bedingung. (Baumgartner und Graßhoff 2004, S. 224 f.)

Ein Vierertest prüft die kausalen Zusammenhänge zwischen einem Prüffaktor und einer Koinzidenz, die aus genau einem anderen Faktor besteht. Auch dies ist noch sehr eingeschränkt und nur ganz zu Beginn einer kausalen Untersuchung anwendbar. Sobald ein ganzes Netz von komplexen und alternativen Ursachen einer betrachteten Wirkung bekannt ist, kann ein einzelner Prüffaktor nicht mehr mit Hilfe eines einfachen Vierertests in der jeweiligen Kausalstruktur lokalisiert werden. Dazu muss der Vierertest in Richtung auf eine sogenannte „Allgemeine Versuchsanordnung" erweitert werden:

> Sei $\{A_1,A_2,\ldots,A_n\}$ die Menge der bislang bekannten Mitglieder der aktuell untersuchten minimal hinreichenden Bedingung von Wirkung W. Bestehe die Faktorenmenge C aus den Faktoren $C_1, C_2, \ldots, C_n$ derart, dass von sämtlichen Alternativursachen von W jeweils mindestens ein Konjunkt Element von C ist, und sei B der Prüffaktor. Bei der allgemeinen Testanlage T_n mit dem Ziel, B auf seine kausale Relevanz für W zu prüfen, orientiere man sich an nachstehendem Versuchsplan: (i) Realisiere in der ersten Zeile von T_n sämtliche bislang bekannten Mitglieder $A_1, A_2, \ldots, A_n$ der aktuell untersuchten minimal hinreichenden Bedingung. (ii) Negiere in den Zeilen $i = 2$ bis $n + 1$ jeweils den Faktor A_{i-1} und realisiere alle übrigen Faktoren der Menge $\{A_1,A_2,\ldots,A_n\}$. (iii) Realisiere auf jeder Zeile in der ersten Spalte den Faktor B, in der zweiten Spalte den Faktor B. (iv) Negiere auf sämtlichen Zeilen von jeder Alternativursache mindestens einen Faktor aus $\{C_1, C_2, \ldots, C_n\}$. (Baumgartner und Graßhoff 2004, S. 230)

Jeder untersuchte Faktor erhält also eine Zeile, in der seine Abwesenheit bewirkt und deren Folgen untersucht werden. Außerdem müssen alle anderen möglichen Ursachen abwesend sein, was dadurch sichergestellt werden kann, dass von diesen jeweils zumindest ein Faktor abwesend ist, entsprechend der Homogenitätsbedingung H''. Zur Feststellung, wo der Prüffaktor B in den Kausalzusammenhang einzuordnen ist, braucht man unter Umständen mehrere Durchgänge der „Allgemeinen Versuchsanordnung", bei denen man andere Ursachen als A systematisch variiert.

> Eine derart iterierte Testserie endet entweder mit der konjunktiven Verbindung von B mit einer der bekannten minimal hinreichenden Bedingungen, mit dem Nachweis, daß B einer bisher unbekannten Alternativursache angehört, oder mit der Unmöglichkeit einer kausalen Verortung von B. (Baumgartner und Graßhoff 2004, S. 231)

> Da die Anzahl der möglichen Versuchsergebnisse mit der Formel […] $2^{2^{(n+1)}}$ anwächst, ist eine vollständige Übersicht über die Schlüsse nicht praktikabel, zumal es keine prinzipielle obere Grenze für *n* gibt. Eine vollständige Übersicht ist aber auch nicht erforderlich, da wir ein Auswertungsverfahren angeben können, das auf beliebig viele Zeilen anwendbar ist. Die Idee ist, den erweiterten Test als eine Art *n*-fachen Vierertest auszuwerten. Zunächst wird die Zeile 1 mit der Zeile 2 verglichen, dann Zeile 1 mit Zeile 3, dann mit Zeile 4 und so weiter. Jeder dieser so entstehenden 4-Felder-Tafeln kann ähnlich dem besprochenen Vierertest ausgewertet werden. Der Unterschied besteht darin, dass die übrigen Zeilen als Kontrolle herangezogen werden können, um Hypothesen auszuschließen, die aufgrund der 4-Felder-Tafel alleine nicht ausgeschlossen werden können. (May 1999, S. 219)

5.4.2.6 Anomalien, Störfaktoren, nicht homogene Prüfsituationen

Eine Anomalie einer kausalen Hypothese liegt vor, wenn eine Wirkung *W* nicht eintritt, obwohl alle bekannten Faktoren einer minimal hinreichenden Bedingung für *W* vorhanden sind. Eine Anomalie ist ein Indiz dafür, dass nicht alle relevanten Faktoren bekannt sind, und stellt die Aufforderung dar, nach solchen weiteren Faktoren zu forschen.

Unter Störfaktor versteht man einen kausal relevanten Faktor, der durch wechselnde, nicht kontrollierbare, zum Beispiel zufällige An- und Abwesenheit dazu führt, dass die Homogenitätsbedingung für Testsituationen verletzt wird. Störfaktoren erzeugen häufig Probleme bei kausalanalytischen Untersuchungen. Eine Möglichkeit, diese Probleme einzudämmen, ist die häufige Wiederholung der einschlägigen Tests, um zufällige Faktoren auszuschließen, wobei statistische Verfahren die Anzahl der nötigen Wiederholungen angeben können. Wenn diese Testwiederholungen erfolgreich sind, kann ein Störfaktor mit hoher Sicherheit ausgeschlossen werden, und außerdem wird aus einem solchen Testausgang geschlossen, dass die Unabhängigkeitsannahme gerechtfertigt sei.

> Alles in allem können wir festhalten, dass gescheiterte Reproduktionsversuche eines Kausaltests […] zwar nicht unter allen Umständen, so doch in vielen Fällen die Existenz unbekannter Störfaktoren belegen. dass man einmal, dass mit Störfaktoren zu rechnen ist, verlieren die Homogenitätsannahme und damit auch die aus entsprechenden Kausaltests gezogenen Schlüsse erheblich an Plausibilität. (Baumgartner und Graßhoff 2004, S. 244 f.)

Manchmal kann in solchen Fällen eine umfangreichere Datenbasis kausale Schlüsse ermöglichen; manchmal aber ist dies nicht möglich, und eine Kausalanalyse muss bestimmte Fragen offenlassen.

5.4.2.7 Komplexe Kausalstrukturen

Verfahren des kausalen Schließens identifizieren die kausale Relevanz von Faktoren für eine bestimmte Wirkung, und sie lokalisieren kausal relevante Faktoren in einer Kausalstruktur. Sie setzen allerdings voraus, dass Prüffaktoren und bereits ermittelte Kausalfaktoren voneinander kausal unabhängig sind; dies stellt eine Einschränkung des Schlussverfahrens dar. Für die Untersuchung komplexerer Strukturen, vor allem von Ketten, muss man diese Unabhängigkeitsannahme aufgeben.

Ursache-Wirkungsketten waren bisher nur selten Thema kausaltheoretischer Untersuchungen. Suppes (1970) plädierte für vereinfachendes Vorgehen; ähnlich

Lewis (1973), der kausale Abhängigkeit für genau zwei Ereignisse definierte und komplexere Strukturen nicht berücksichtigte. Die Erwartung war offenbar, dass komplexere Kausalzusammenhänge sich als unproblematische Zusammensetzung einfacher Kausalzusammenhänge analysieren lassen. Doch dies ist bei den wichtigsten kausaltheoretischen Ansätzen durchaus nicht unproblematisch: Selbst Lewis räumte später ein, dass die kontrafaktische Auffassung der Kausalrelation nicht ohne weiteres eine Unterscheidung zwischen verschiedenen komplexeren (dreielementigen) Kausalstrukturen ermöglicht (vgl. Lewis 1979).

Die Strukturen kausaler Ketten können nach den genannten Verfahren des kausalen Schließens nicht problemlos aufgeklärt werden. Dazu ist nochmals eine Ergänzung der vorgestellten Verfahren zu einem *Kausalkettentest* erforderlich. In diesen gehen zwei zusätzliche Annahmen ein: Alle relevanten Faktoren sollen erstens beobachtbar und zweitens manipulierbar sein. Ein Kausalkettentest beruht dann darauf, dass, falls eine Kausalkette vorliegt, mindestens ein Zwischenglied manipuliert und ausgeschaltet werden kann. Ist dies nicht möglich, so liegt auch keine mehrgliedrige Kausalkette vor. Problematisch dabei ist allerdings die Annahme, man kenne alle relevanten Faktoren. In der Forschungsrealität ist dies sehr häufig nicht der Fall; ein negativer Ausgang eines Kausalkettentests bedeutet dann nicht mit Sicherheit, dass keine Kausalkette vorliegt, sondern nur, dass nach dem jeweiligen Forschungsstand keine weiteren Zwischenglieder bekannt sind. Das scheint allerdings ein allgemeineres Problem darzustellen: Auch im Forschungsfeld des „kausalen Modellierens" ist bekannt, dass die Algorithmen zur Aufdeckung verketteter Kausalstrukturen aufgrund probabilistischer Daten mit Schwierigkeiten behaftet sind (siehe Abschn. 5.4.3).

Die Untersuchung von Fehlfunktionen kann hier immerhin ergänzende Informationen liefern: Wie oben (Abschn. 4.4.7) diskutiert wurde, tragen Fehlfunktionen in vielen Fällen dazu bei, zunächst unbekannte Zwischenstadien zu entdecken und zu identifizieren.

5.4.2.8 Fazit

Die Verfahren des Kausalen Schließens auf der Grundlage „Minimaler Theorien" scheinen im Ergebnis eine attraktive Möglichkeit der Formalisierung vieler typischer Probleme bei der Erforschung von Kausalzusammenhängen und kausalen Mechanismen zu bieten. Vor allem wird als Vorzug betont,

> daß Minimale Theorien nicht nur eine Rückführung kausaler auf logische Abhängigkeiten ermöglichen, sondern dass sie darüber hinaus auch eine Grundlage darstellen für aussagekräftiges und spezifisches kausales Schlussfolgern. (Baumgartner und Graßhoff 2004, S. 144)

Darüber hinaus ist festzuhalten, dass die hier diskutierten Verfahren alle auf der elementaren Figur des Zweier- oder Differenztests aufbauen, der seinerseits den Kern der Millschen Unterschiedsmethode darstellt. Wegen der Übereinstimmungen zwischen der Millschen Methode, wie sie auch heute in vielen Forschungsfeldern eingesetzt wird, und typischen Verfahren des Einsatzes von Fehlfunktionen zum

Erkenntnisgewinn wird deutlich, dass die Verfahren des Kausalen Schließens zumindest für die an die Millschen Verfahren angelehnten Fehlfunktions-Methoden eine geeignete Formalisierung und sogar Regulierung darstellen.

5.4.3 Kausalanalytische Algorithmen des „kausalen Modellierens"

5.4.3.1 Grundlagen

Von Peter Spirtes, Clark Glymour und Richard Scheines (Scheines 1997; Glymour und Cooper 1999; Spirtes et al. 2000) sowie Judea Pearl (2009) stammen in jüngerer Zeit vielbeachtete Modelle zu statistischer oder probabilistischer Kausalität und kausalem Schließen, die auch als „kausales Modellieren" bezeichnet werden und die auf Ansätzen aus Pfadanalyse, Strukturgleichungsmodellen, Bayesschen Netzen und Künstlicher Intelligenz aufbauen. Die *Pfadanalyse* (*path analysis*) wurde von Sewall Wright 1921 in die Genetik eingeführt (vgl. s. Wright 1921a, b, 1931). Strukturgleichungsmodelle (*structural equation modelling*, SEM) wurden bisher vor allem in Ökonomie, Biologie, Ökologie und Epidemiologie angewendet (vgl. Shipley 2000). Pearl hat seine Variante von Strukturgleichungsmodellen als Bayessche Netze (*Bayesian networks*) bezeichnet; sie sind auch als *belief networks, knowledge maps, probabilistic causal networks* geläufig. Sie werden unter anderem in medizinischer Diagnose und bei der Modellierung von Sprachverständnis und Sehen angewendet (vgl. Charniak 1991). Die Ansätze von Glymour, Pearl, Scheines, Spirtes und anderen lassen sich in zwei Thesen zusammenfassen:

Die erste These besagt, dass von probabilistischer Unabhängigkeit zwischen zwei Faktoren – die im Kontext dieser Verfahren meist als „Variablen" bezeichnet werden – A und B auf das sichere Fehlen einer kausalen Verknüpfung zwischen A und B geschlossen werden könne. (Zwei Variablen sind in einer gegebenen Häufigkeitsverteilung probabilistisch unabhängig, wenn das Auftreten der einen Variablen die Wahrscheinlichkeit des Auftretens der anderen Variablen weder erhöht noch vermindert, das heißt, wenn gilt $p(A|B) = p(A)$.)

Ein Problem auch dieses Ansatzes besteht darin, dass viele Variablen vor allem im Zusammenhang mit Epiphänomenen nicht unabhängig sind, obwohl *keine* kausale Relation zwischen ihnen besteht. Daher greift man auf den Begriff der *Abschirmung* nach Reichenbach zurück und vereinbart, dass eine Variable in einer kausalen Struktur durch ihre direkten Ursachen von allen anderen Variablen der Struktur – außer von ihren Wirkungen – abgeschirmt wird. Formal wird dies durch die sogenannte (kausale) Markow-Bedingung ausgedrückt: In einer kausalen Struktur mit der Variablenmenge V gilt für eine Variable $A \in V$, ihre direkten Ursachen $X \in V$ und ihre Wirkungen $W \in V$: $p(A|(V \setminus (W \cup X))X) = p(A|X)$.

Die zweite These betrifft diese Abschirmung: Wenn es in einer kausalen Struktur mit der Variablenmenge V für zwei probabilistisch nicht unabhängige Variablen $A \in V$ und $B \in V$ eine Klasse von Variablen $T \subseteq V \setminus (A \cup B)$ gibt, wobei gilt, dass T die Variable A von B abschirmt – das heißt: $p(B|TA) = p(B|T)$ –, so besteht zwischen

A und *B* keine direkte kausale Abhängigkeit. In diesem Fall heißt es, *A* werde durch *T* von *B* d-separiert (*d-separated*) (Spirtes et al. 2000, S. 43 ff.).

> Given a causal graph *G*, if *X* and *Y* are two different vertices in *G* and *Q* is a set of vertices in *G* that does not contain *X* or *Y*, then *X* and *Y* are d-separated given *Q* in *G* if and only if there exists no undirected path *U* between *X* and *Y*, such that (i) every collider on *U* is either in *Q* or else has a descendant in *Q* and (ii) no other vertex on *U* is in *Q*. (Shipley 2000, S. 29)

Zwei d-separierte Variablen sind demnach entweder parallele Wirkungen einer oder mehrerer gemeinsamer Ursachen oder Glieder einer Kausalkette, ohne direkt benachbart zu sein. Die genaue Kausalstruktur ist unter Umständen auf diese Weise nicht zu bestimmen. Sicher ist jedoch, dass zwischen zwei d-separierten Variablen keine direkte kausale Verbindung besteht und keine der beiden Variablen direkte Ursache der anderen ist.

5.4.3.2 Algorithmen des kausalen Modellierens

Die zwei Thesen, dass zwischen zwei probabilistisch unabhängigen Variablen weder eine direkte noch indirekte und zwischen zwei d-separierten Variablen keine direkte Kausalbeziehung bestehe, sind Grundlage für eine Reihe von Algorithmen des kausalen Schließens (vgl. Spirtes et al. 2000). Ausgangspunkt dieser Algorithmen ist jeweils eine Häufigkeitsverteilung. Das Ergebnis ist – günstigstenfalls – *eine* kausale Struktur oder – in weniger günstigen Fällen – eine Klasse mit diesem Verfahren nicht unterscheidbarer kausaler Strukturen (die alle mit den Unabhängigkeiten und den d-Separationsverhältnissen der jeweiligen Häufigkeitsverteilung verträglich sind).

Der „PC-Algorithmus" (benannt nach den Vornamen von Spirtes und Glymour) wird gerne verwendet, weil er – im Gegensatz zu anderen – bei wachsender Komplexität von Kausalstrukturen keinen exponentiell wachsenden Rechenaufwand benötigt. Er macht jedoch die Voraussetzung, dass man die beteiligten Variablen vollständig kennt und in einer Häufigkeitsverteilung erfassen kann; diese Voraussetzung ist allerdings praktisch nicht immer erfüllbar. Der „IC*-Algorithmus" von Pearl und Verma dagegen benötigt derartige Voraussetzungen nicht (Pearl 2009, S. 50 ff.). Daneben sind Kombinationen der PC und IC*-Algorithmen möglich, von denen eine unter der Bezeichnung „PC/IC*-Algorithmus" im Folgenden beschrieben wird (vgl. Baumgartner und Graßhoff 2004, S. 134).

Angewendet wird ein solcher Algorithmus auf vollständige, ungerichtete Graphen. Ein vollständiger, ungerichteter Graph ist ein Graph, in dem jeder Knoten mit jedem anderen Knoten durch eine ungerichtete Kante verbunden ist. Das heißt, es wird unterstellt, alle relevanten Kausalfaktoren seien bekannt. Offensichtlich trifft dies jedoch keineswegs in allen Forschungssituationen auch zu. Da die hier entwickelte These ja lautet, dass Fehlfunktionen auch in explorativen Situationen, also bei wenig Vorkenntnissen, hilfreich sein können, ist die Anwendung des PC/IC*-Algorithmus vielleicht nicht typisch für die üblichen Fehlfunktions-Anwendungen. Es sollte trotzdem untersucht werden, inwieweit auch solche Verfahren an Fehlfunktionen anknüpfen können. Vor allem wäre darauf hinzuweisen, dass manche, in gewissen Situationen sogar viele, Knoten erst entdeckt werden müssen und Fehlfunktionen typischerweise besonders viel dazu beitragen. Vorläufig wird außerdem zwischen jedem Paar von Kausalfaktoren eine – ihrer Richtung nach zunächst nicht bestimmte – Kausalbeziehung eingetragen.

Bei gegebener Häufigkeitsverteilung P über der Variablenmenge V verläuft der PC/IC*-Algorithmus so: (a) Erstelle einen vollständigen, ungerichteten Graphen mit den in V enthaltenen Variablen als Knoten. (b) Teste für jedes benachbarte Paar von Variablen in V, ob es in P probabilistisch unabhängig ist oder nicht. Wenn ja, entferne die Kante zwischen dem Variablenpaar, wenn nein, lasse die Kante stehen. (c) Teste für jedes Paar von Variablen $X, Y \in V$, das auch nach Durchführung von Schritt 2 noch benachbart ist, ob es in $V \backslash (X \cup Y)$ eine Variablenklasse T gibt, deren Elemente mit X oder Y benachbart sind und zugleich X und Y d-separieren. Wenn ja, entferne die Kante zwischen X und Y, wenn nein, lasse die Kante stehen. (Resultat der Schritte 2 und 3 ist ein ungerichteter Graph mit einer im Vergleich zum Ausgangsgraph reduzierten Anzahl an Kanten.) (d) Teste für jedes Tripel von Variablen $(X, Y, Z) \in V$, für die gilt, dass X und Y sowie Y und Z, nicht aber X und Z benachbart sind, ob gilt: $p(Z|XY) = p(Z|Y)$ und $p(X|ZY) = p(X|Y)$. Gilt dies *nicht,* das heißt, sind X und Z *nicht* unabhängig bei gegebenem Y beziehungsweise werden X und Z nicht von Y d-separiert, richte die Kanten zwischen X, Y und Z so aus, dass sie beide in Y münden. (e) Teste für jedes Tripel von Variablen $(X, Y, Z) \in V$, für die gilt, dass X und Y sowie Y und Z, nicht aber X und Z benachbart sind, ob die Kante zwischen X und Y gerichtet ist, das heißt, ob gilt $X \rightarrow Y$ und ob die Kante zwischen Y und Z nicht gerichtet ist, das heißt $Y - Z$. Ist dies der Fall, richte die Kante zwischen Y und Z von Y nach Z aus und kennzeichne sie als $Y \overset{*}{\rightarrow} Z$ (weitere Details und Beispiele vgl. Baumgartner und Graßhoff 2004, S. 136–139).

Resultat der Anwendung eines solchen Algorithmus ist ein teilweise gerichteter Kausalgraph, also ein Kausalgraph, der sowohl gerichtete als auch ungerichtete Kanten enthält. Im Verlauf der Anwendung des Algorithmus werden von den anfänglich angenommenen Kausalbeziehungen einige ausgeschlossen – das heißt, die entsprechenden Kanten im Kausalgraphen werden entfernt –, und andere können bezüglich ihrer Merkmale näher eingegrenzt werden, wobei der Algorithmus meist nur die Zuordnung zu einer bestimmten Gruppe von Kausalbeziehungen, nicht zu einer konkreten einzelnen Beziehung, erlaubt. Ein durch den PC/IC*-Algorithmus ermittelter Kausalgraph kann vier Typen von Kanten enthalten, wobei jeder Typ mehrere mit Mitteln des Algorithmus nicht differenzierbare Möglichkeiten umfasst. Die vier Kantentypen und ihre gängigen Symbolisierungen sind in Tab. 5.2 zusammengestellt.

Die Ansätze von Spirtes, Glymour, Scheines und Pearl sind jedoch auch mit einigen Problemen behaftet. Unter anderem wurde darauf hingewiesen, dass die Algorithmen PC und IC* zwar mit dem Simpson-Paradox umgehen können, nicht aber mit dem (verwandten) Pearson-Paradox.

> Pearson-Paradoxe zeigen, daß probabilistische Unabhängigkeiten genauso wenig wie probabilistische Abhängigkeiten eine verläßliche Grundlage kausalen Schließens sind. [Der Ansatz von Spirtes, Glymour, Scheines und Pearl], obwohl nicht vom eigentlichen Simpson-Paradox betroffen, hat letztlich dennoch mit ähnlichen Schwierigkeiten zu kämpfen wie PK. Häufigkeitsverteilungen sind, ob man sich nun in erster Linie für probabilisti-

Tab. 5.2 Mögliche Kantentypen als Ergebnisse des PC/IC*-Algorithmus (nach Baumgartner und Graßhoff 2004, S. 134)

$A - B$	*A* und *B* sind entweder direkt kausal relevant füreinander, oder	$A \rightarrow B$ oder $B \rightarrow A$
	zwischen *A* und *B* gibt es eine oder mehrere gemeinsame Ursachen *X*, oder	$A \leftarrow X \rightarrow B$
	A und *B* sind Glieder einer Kausalkette mit Variablen *X* zwischen *A* und *B*.	$A \rightarrow X \rightarrow B$ oder $B \rightarrow X \rightarrow A$.
$A \rightarrow B$	*A* ist entweder direkte Ursache von B, oder	$A \rightarrow B$
	es gibt eine oder mehrere gemeinsame Ursachen *X*, oder	$A \leftarrow X \rightarrow B$
	A und *B* sind Glieder einer Kausalkette mit Variablen *X* zwischen *A* und *B*.	$A \rightarrow X \rightarrow B$.
$A \leftrightarrow B$	Es gibt eine oder mehrere gemeinsame Ursachen *X* von *A* und *B*	$A \leftarrow X \rightarrow B$.
$A \overset{*}{\rightarrow} B$	*A* ist entweder direkte oder indirekte Ursache von *B*.	$A \rightarrow B$ oder $A \rightarrow X \rightarrow B$.

> sche Abhängigkeiten oder Unabhängigkeiten interessiert, keine zuverlässigen Indikatoren kausaler Zusammenhänge. Probabilistische Unabhängigkeiten können sich ebenso wie Abhängigkeiten jederzeit in ihr Gegenteil verwandeln. Das heißt, die Schritte 2 und 3 des PC/IC*-Algorithmus, in denen aufgrund von probabilistischen Unabhängigkeiten Kantenverbindungen entfernt werden, sind mit großen Unsicherheiten behaftet. Es kann durchaus sein, dass kausal verknüpfte Faktoren in einer Häufigkeitsverteilung probabilistisch unabhängig sind. (Baumgartner und Graßhoff 2004, S. 141 f.)

Spirtes, Glymour, Scheines und Pearl erkennen an, dass Aussagen über Kausalzusammenhänge, die aufgrund von Häufigkeitsverteilungen getroffen werden, mit Unsicherheiten behaftet sind. Um derartige Unsicherheiten einzuschränken, wird häufig eine Zusatzannahme bezüglich der *Treue* der verwendeten Häufigkeitsverteilungen („*faithfulness*-Annahme") gemacht. In der statistischen Praxis wird in der Regel Widerspruchsfreiheit der Daten angenommen; jedoch zeigen die Simpson- und Pearson-Paradoxe, dass dies nicht in allen Fällen zutrifft. Die Treue einer Häufigkeitsverteilung darf also nicht als sicher gelten. Da Algorithmen wie der PC/IC*-Algorithmus jedoch ohne diese Annahme keine sicheren Ergebnisse liefern, wird im Kontext des „Kausalen Modellierens" die Treue-Annahme häufig dennoch als gültig unterstellt. Kritiker des Ansatzes sehen darin ein massives Problem (vgl. Baumgartner und Graßhoff 2004, S. 144).

Außerdem stoßen die Algorithmen aufgrund probabilistischer Daten schon bei der Aufklärung mäßig komplexer Strukturen auf zusätzliche Probleme bei der Unterscheidung von Kausalstrukturen. Schon zwischen geringen Zahlen von Variablen können überraschend viele vernetzte, verkettete oder epiphänomenale Beziehungen bestehen. Bei drei Variablen und zwei Kanten sind es beispielsweise 15 Strukturen: Drei Variablen können drei verschiedene Graphenskelette bilden ($A - B - C$, $B - A - C$ und $A - C - B$) (Pearl 2009, S. 12), und bei jedem Graphenskelett gibt es vier Möglichkeiten, gerichtete Kanten einzufügen: zwei Ketten, ein Epiphänomen und eine Fall alternativer Verursachung. ($A \rightarrow B \rightarrow C$; $C \rightarrow B \rightarrow A$; $C \leftarrow B \rightarrow A$; $C \rightarrow B \leftarrow A$.) Statt alternativer Verursachung kommt – als fünfte – auch eine komplexe Ursache (*A* und *C* gemeinsam kausal relevant für *B*) in Frage. Alle 15 Graphen stehen für unterschiedliche Kausalzusammenhänge, und selbst beim Vorliegen vollständiger Information können hier Epiphänomene und Ketten nicht in allen Fällen unterschieden werden.

Nachdem die Grundlagen des Kausalen Modellierens nach Spirtes, Glymour, Scheines sowie Pearl dargestellt wurden, sollen nun ebenfalls aus diesem Umfeld stammende Analysen der Methoden der Kognitiven Neuropsychologie diskutiert werden, die den Zusammenhang derartiger Kausalanalysen mit Fehlfunktions-Methoden näher beleuchten.

5.4.4 Kausalanalyse und Methoden der Kognitiven Neuropsychologie

Die Wissenschaftstheoretiker Clark Glymour und Jeffrey Bub versuchen ausdrücklich, methodische Grundlagenprobleme der Kognitiven Neuropsychologie zu klären (Bub 1994; Glymour 1994). Die Betrachtungen spielen sich dabei vollständig innerhalb der Kognitiven Neuropsychologie ab, so dass also keine vergleichende Untersuchung verschiedener Wissenschaften stattfindet. Beide Autoren sind sich im Ergebnis einig, dass der Schluss von gestörtem Verhalten auf normale Struktur und Funktion im Prinzip möglich ist; sie erörtern und formalisieren dies anhand graphentheoretischer Modelle. Sie formulieren ein „Entdeckungsproblem" der Kognitiven Neuropsychologie und zeigen, dass es Modelle gibt, in denen dieses Problem lösbar ist. Glymour hält die für einen „Entdeckungserfolg" erforderlichen Annahmen über kognitive Systeme allerdings für so eng, dass er eine reale Anwendung des Verfahrens eher skeptisch beurteilt, während Bub diese Skepsis in diesem Umfang nicht für angebracht hält. Der Ansatz Glymours soll zusammen mit den Ergänzungen Bubs dargestellt und dann kritisch betrachtet werden.

5.4.4.1 Fragestellung und Grundannahmen

Glymour stellt zunächst fest: „Contemporary cognitive neuropsychology attempts to infer unobserved features of normal human cognition, or „cognitive architecture", from experiments with normals and with brain-damaged subjects in whom certain normal cognitive capacities are altered, diminished, or absent" (Glymour 1994, S. 815). Diese Zielsetzung entspricht in der Tat genau derjenigen der in dieser Arbeit diskutierten Fehlfunktions-Methode.

Nach Glymour sind die grundlegenden methodologischen Fragen dabei, (a) wie man die Methoden charakterisieren kann, die derartige Ableitungen ermöglichen, (b) auf welchen Annahmen die Methoden beruhen und ob diese annehmbar sind und (c) welches die Grenzen der Methoden bei der Klärung von Zweifelsfällen sind. Auch das entspricht im Wesentlichen den in dieser Arbeit bezüglich Fehlfunktionen gestellten Fragen. In der Kognitiven Neuropsychologie gibt es nach Glymour verschiedene experimentelle Entwürfe, um die kognitive Architektur des menschlichen Gehirns aufzudecken. Die Frage nach den jeweiligen Fähigkeiten solcher Verfahren lassen sich nach Glymour „mit einiger Idealisierung" reduzieren auf „comparatively simple questions about the prior assumptions investigators are willing to make" (Glymour 1994, S. 815).

Die Kognitive Neuropsychologie untersuche „Profile von Fähigkeiten und Unfähigkeiten", also Funktionen und Fehlfunktionen. Sie registriere dabei Assoziationen, Dissoziationen und doppelte Dissoziationen. Die methodischen Grundfragen bezögen sich auf Methoden, aus Fehlfunktions-Daten die normale Struktur zu erschließen. Es gebe dabei bestimmte Grundannahmen und Grenzen. Die diesbezüglichen Debatten bezögen sich dabei auf die Fragen, ob (a) die statistische Verteilung von Abnormitäten in Gruppen etwas aussagt, (b) ob eine angemessene Beweisführung in der Kognitiven Neuropsychologie hypothetisch-deduktiv oder in „bootstrap"-Form erfolgt und (c) ob Assoziationen, Dissoziationen, oder doppelte Dissoziationen die „wichtigere" Form des Belegmaterials für Schlüsse auf normale Struktur sind. Die zentrale Frage aber sei: Kann man zeigen, dass die Methode des Schlusses von gestört auf normal funktioniert – dass sie zuverlässig zur Wahrheit führt – oder kann man sie widerlegen, etwa indem man beweist, dass es *kein* Verfahren gibt, das so etwas leistet (vgl. Glymour 1994, S. 818)?

Theorien oder Modelle werden oft als „funktionale Diagramme" oder „Graphen" dargestellt. Glymour stellt die Frage, vor der man oft bei solchen „Kästchen-und-Pfeil-Diagrammen" steht:

> What do the arrows in the diagrams mean, and what does it mean if one or more of them is missing because of injury? (Glymour 1994, S. 818)

Er weist auch darauf hin, dass oft in Diagrammen wie dem in Abb. 5.5 gezeigten implizit auf andere, nicht dargestellte Teile des kognitiven Apparats Bezug genommen wird – ein Mangel, der aber grundsätzlich behebbar scheint.

Für sein Modell nimmt Glymour nun die ersten „radikalen Idealisierungen" – obwohl diese noch nicht besonders kontrovers ausfallen (vgl. Glymour 1994, S. 820). Er nimmt an, dass es klar ist oder Einigkeit hergestellt werden kann, was als Eingabe und was als Ausgabe eines in Frage stehenden Moduls oder Subsystems angesehen werden kann und welches Verhalten als normal und welches als abnormal eingestuft werden muss. Dann kommt er zu seiner Kernfrage (die der zentralen Frage der vorliegenden Arbeit sehr nahe steht): „With these rather radical idealizations, *what can investigation of the patterns of capacities and incapacities in normal and abnormal subjects tell us about the normal architecture?*" (Glymour 1994, S. 820) Sein genaueres Ziel dabei wird wenig später genannt: „I want to explore limitations on any possible strategy for identifying cognitive structure from normal and abnormal profiles of capacities" (Glymour 1994, S. 822). Als Beispiel dient ein Diagramm zum Hören, Lesen und Sprechen (siehe Abb. 5.5).

Die Belege, die für ein solches Diagramm angeboten werden, bestehen aus Profilen von Fähigkeiten, die bei Personen mit Hirnverletzungen gefunden werden. Solche Profile sehen etwa so aus: Es gibt Personen, die gesprochene Wörter zwar wiederholen, aber nicht erkennen können; es gibt Personen, die gesprochene Wörter zwar erkennen, aber nicht verstehen können; es gibt Personen, die entsprechende Probleme mit geschriebenen Wörtern haben; es gibt Personen, die zwar gesprochene

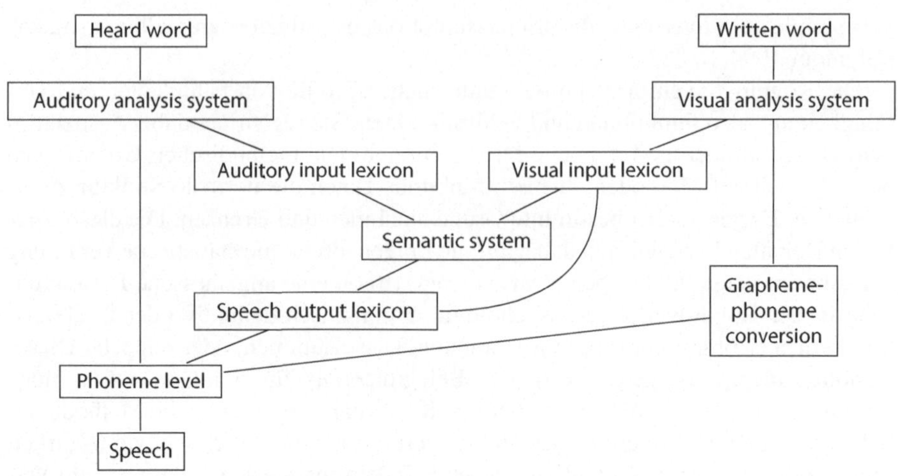

Abb. 5.5 Modell der Sprachproduktion (nach Ellis und Young 1988, S. 192, umgezeichnet)

Wörter wiederholen, erkennen oder verstehen können, nicht aber geschriebene und umgekehrt. Daran schließt sich die zweite Formulierung der Hauptfrage an: „*What is the logic of inferences from profiles of this kind to graphs or diagrams?*" (Glymour 1994, S. 821).

5.4.4.2 Graphentheoretische Modellierung

Glymour führt nun graphentheoretische Begriffe ein: Die beobachtbaren Leistungen („Ausgaben") und auch die Stimuli (oder „Eingaben") sollen *Knoten* (auch *Ecken*) in einem *Graphen* sein. (Zu den Grundbegriffen der Graphentheorie vgl. auch Abschn. 5.4.1.4.) Wo das „konventionelle" Diagramm *ein* Ausgabe-Element (einen „Knoten") notiert, möchte Glymour mehrere Elemente unterschieden wissen: Also zum Beispiel nicht bloß „Sprechen", sondern „Versuchsperson wiederholt", „wiederholt und erkennt das Wort", „wiederholt und versteht" und so weiter. „Überall, wo ein Psychologe eine normale Fähigkeit identifizieren würde", soll eine „aufeinander bezogene Menge von Eingabe- und Ausgabe-Knoten" notiert werden. Damit werde nur explizit gemacht, was im konventionellen Diagramm schon implizit enthalten sei (vgl. Glymour 1994, S. 821).

Weiter möchte er sich auf Wege beschränken, die *notwendig* sind für eine normale Leistung. Wege, die das fragliche Subsystem gar nicht berühren, sollen als irrelevant weggelassen werden können. Dieses beschreibe zwar nur ein vereinfachtes Verfahren; da es ihm aber darum gehe, die grundsätzlichen Beschränkungen des Verfahrens zu zeigen, mache das nichts aus: „Limitations that hold for easier problems will hold as well for more difficult problems" (Glymour 1994, S. 822).

Nun wird der Graph spezifiziert: „The system of hypothetical modules and their connections form a *directed graph*, that is, a set V of vertices or nodes and a set E of ordered pairs of vertices, each ordered pair representing a *directed edge* from the first member of the pair to the second" (Glymour 1994, S. 822). Bei Glymour ist ein solcher *Graph* identisch mit einer *Theorie*: „Such a directed graph may be a theory of the cognitive architecture of normals; the architecture of abnormals is obtained by supposing that one or more of the vertices or directed edges of the normal graph has been removed" (Glymour 1994, S. 822). In jedem Individuum ist genau *ein* solcher Graph verwirklicht, das heißt, jedem Individuum kann man eindeutig einen Graphen zuordnen. Dabei soll gelten: (a) Die möglichen Werte der Variablen werden stark vereinfacht: die Ausgabe-Knoten können die Werte 0 und 1 annehmen; 1 für normale Leistung, 0 für jede andere (Fehl-)Leistung. (b) Ein Modul kann – gemäß einer der Annahmen („*ideas*") der Kognitiven Neuropsychologie – an ganz verschiedenen Verarbeitungsprozessen beteiligt sein. Beispielsweise kann ein allgemeines semantisches System daran beteiligt sein, Wissen bei der Sprachverarbeitung einzusetzen; es kann dieses Wissen aber auch an anderer Stelle (Schreiben, nichtsprachliche Leistungen, ...) beisteuern. Einige der Eingabekanäle, die für eine *nichtsprachliche* Leistung relevant sind, die auf das semantische System zugreift, sind möglicherweise *nicht* Eingabekanäle für eine *sprachliche* Leistung, die auf das semantische System zugreift. Im Graphen gäbe es dann einen (gerichteten) Weg von nichtsprachlicher Eingabe zu sprachlicher Ausgabe. Dennoch sind diese nichtsprachlichen Eingaben *irrelevant* für die sprachliche Ausgabe. Formal ausgedrückt heißt das: Zusätzlich zum gerichteten Graphen gibt es noch eine „Relevanzstruktur", die jeder Ausgabevariablen eine „relevante" Menge an Eingabevariablen zuordnet, wobei gilt „The relevance structure is simply part of the theory the cognitive scientist provides"(Glymour 1994, S. 823).

Betrachtet man nun eine einzelne Ausgabe-Variable, so kann man ihr mehrere unterschiedliche Mengen relevanter Eingabe-Variablen zuordnen. Jede dieser Mengen steht für eine „*Fähigkeit*". Fähigkeit wird definiert als ein Paar $\langle E, A \rangle$, für das gilt: A ist eine Ausgabevariable, E ist eine Menge von Eingabevariablen und E ist bei Normalen für A relevant (vgl. Glymour 1994, S. 823). „Between input and output a vast number of alternative graphs of hypothetical cognitive architecture are possible a priori. The fundamental inductive task of cognitive psychology, including cognitive neuropsychology, is to describe correctly the intervening structure that is common to normal humans" (Glymour 1994, S. 823).

Nun trifft Glymour sieben vereinfachende Annahmen (die später allerdings teilweise modifiziert werden):

(A1) Der Graph ist azyklisch.
(A2) Die Ausgabevariablen können nur die Werte 1 (normale Funktion) oder 0 (Fehlfunktion) annehmen.
(A3) Alle Normalen haben denselben Graphen, das heißt dieselbe kognitive Architektur.
(A4) Bei Abnormalen kommen nur Verluste, Läsionen, also fehlende Knoten und Kanten vor; sie haben einen Subgraphen des normalen Graphen.
(A5) Alle Ausgabe-Ruhewerte sind 0.
(A6) Wenn auch nur einer der Wege von einer relevanten Eingabe zur Ausgabe beschädigt ist, dann ist die Ausgabe 0 (statt 1 bei Normalen).
(A7) Jeder Subgraph des normalen Graphen kommt irgendwann einmal unter den Abnormalen vor (vgl. Glymour 1994, S. 823).

Dabei wird zugestanden, die Annahmen seien in gewisser Hinsicht unrealistisch, denn reale Ein- und Ausgaben haben nicht nur die Werte 0 und 1, zweifellos kommt auch Rückkopplung zwischen Modulen vor und anderes. Problematisch ist auch, dass hier für eine normale Leistung *alle* normalerweise vorhandenen Wege zwischen Ein- und Ausgabe intakt sein müssen. Allerdings ist diese Annahme nicht zwingend; andere Autoren nehmen an, dass nur *ein* normalerweise vorhandener Weg erhalten sein muss (Glymour 1994, S. 824; vgl. auch Bub und Bub 1988; Bub 1994). Weiter nimmt Glymour an (laut A6), dass es keine Kanten gibt, die für *hemmende Verbindungen* stehen. Wenn es solche Verbindungen gäbe und sie ausfielen, könnte das neuartige Leistungen hervorrufen beziehungsweise aufdecken, die bei Normalen nicht vorkommen, weil sie dort unter Hemmung stehen. Glymour hält die Annahme, dass derartige Verbindungen nicht existieren, für „theoretische Praxis" [sic!]. Er merkt aber auch an: „from a formal point of view the possibility is interesting and should be investigated" (Glymour 1994, S. 824).

5.4.4.3 Entdeckungsproblem der Kognitiven Neuropsychologie

Nun wird mit einer weiteren Formulierung des Grundproblems die Frage nach dem Entdeckungsproblem gestellt sowie die Frage, was als Erfolg gelten soll: „We want to know when, subject to these assumptions, features of normal cognitive architecture can be identified from the profiles of the behavioural capacities and incapacities of normals and abnormals" (Glymour 1994, S. 824). Das Entdeckungsproblem lautet bei Glymour: Es gibt eine Reihe von möglichen Graphen, von denen a priori jeder die wahre normale kognitive Architektur repräsentieren könnte: Wie kann man den wahren Graphen herausfinden, gleich welcher es ist? Außer in Spezialfällen können wir nicht sicher sein, bei einem bestimmten Forschungsstand schon *alle* möglichen Kombinationen von Ausfällen gesehen zu haben, beziehungsweise ob alle separierbaren Leistungen auch tatsächlich schon einmal separiert wurden. Wenn wir *dies* unter Erfolg verstehen wollten, erschiene er oft unerreichbar! Stattdessen bestimmt Glymour Erfolg so: Irgendwann soll die Antwort erreicht sein, und davon soll man nicht mehr abgehen müssen, auch wenn man nicht weiß, wann dieser Zeitpunkt erreicht ist. Falls es keine Methode gibt, diese Art von Erfolg zu erzielen, gilt das Problem als *unlösbar*.

In einem einfachen Beispiel (siehe Abb. 5.6) werden eine Reihe von Graphen vorgestellt, die alle dasselbe Profil der Normalen „erlauben": $N = \langle E1, A1\rangle$, $\langle E1, A2\rangle$, $\langle E2, A1\rangle$, $\langle E2, A2\rangle$. Jeder der normalen Graphen (1) bis (6) schränkt jedoch die Profile, die bei *Abnormalen* vorkommen können, in bestimmter Weise ein. Bei (1) können *alle* Untermengen von N als Profile vorkommen; bei (2) sind die Möglichkeiten stark eingeschränkt: Wenn ein Abnormaler zwei intakte Fähigkeiten hat, bei denen zusammen beide Eingaben und beide Ausgaben mitwirken, dann muss er *alle* normalen Fähigkeiten haben. Bei (3) ist es möglich, dass bei einem Abnormalen $\langle E1, A1\rangle$ fehlt und alle anderen Fähigkeiten intakt sind; bei (4) gilt das Gleiche, wenn $\langle E2, A2\rangle$ fehlt.

Definiert man $M(i)$:= Menge der mit Graph i vereinbaren Profile, dann gilt: $M(3) \subset M(1)$, $M(4) \subset M(1)$, $M(3) \not\subset M(4)$, $M(4) \not\subset M(3)$, $M(2) \subset M(3)$, $M(2) \subset M(4)$ und so weiter. In Tab. 5.3 und 5.4 ist eine Liste der Profile angegeben, die die sechs

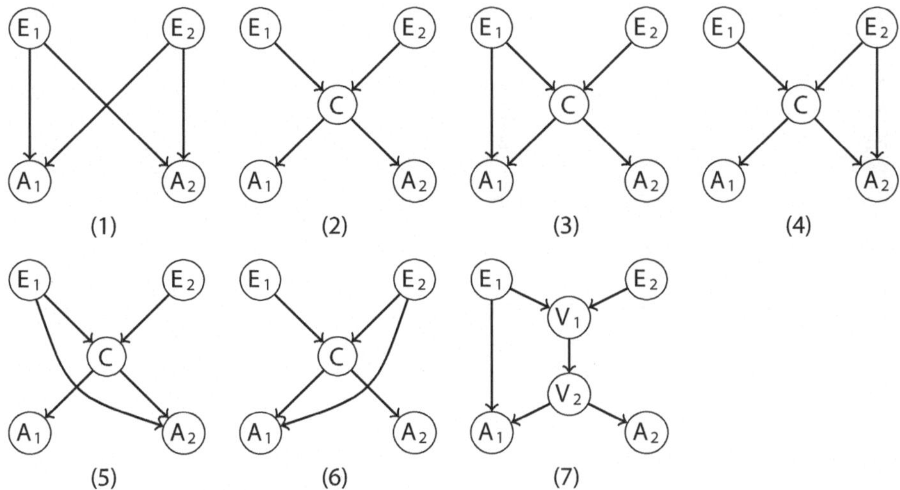

Abb. 5.6 Verschiedene einfache Graphenstrukturen (nach Glymour 1994, S. 826, 828, umgezeichnet)

Graphen erlauben. Glymour gibt dann ein Verfahren an, welches das Entdeckungsproblem (in seiner Fassung) *lösen* könne:

> *Conjecture any normal graph whose set of normal and abnormal profiles includes all of the profiles seen in the data and having no proper subset of profiles (associated with, one of the graphs) that also includes all of the profiles seen in the data.* (Glymour 1994, S. 827)

Dies wird an folgenden Beispielen demonstriert: Wenn wir bei *Normalen* ein Profil von vier Fähigkeiten sehen ($E1 - A1$, $E1 - A2$, $E2 - A1$, $E2 - A2$), dann kommen als Modell für deren kognitive Struktur die in Abb. 5.6 dargestellten Graphen (1) bis (6) in Frage. Insofern sind die Graphen zunächst gleichwertig. Die Graphen unterscheiden sich allerdings darin, mit welchen Profilen von *Abnormalen* (also beispielsweise bei Hirnverletzten) sie vereinbar sind. Dies illustriert, inwiefern die Untersuchung von Fehlfunktionen forschungsstrategisch *weit vorteilhafter* sein kann als die normaler Leistungen.

Bei Graph (1) kann jede Fähigkeit getrennt von den anderen ausfallen; jede Untermenge des normalen Profils ist als abnormes Profil möglich (und sollte beobachtbar sein) Bei Graph (2) gibt es Beschränkungen: Wenn bei einem Abnormalen zwei Fähigkeiten erhalten sind, die zusammen beide Eingaben und beide Ausgaben umfassen, dann müssen alle Fähigkeiten erhalten sein. (Aus der Beobachtung von $E1 - A1$ und $E2 - A2$ folgt das Vorhandensein von $E1 - A2$ und $E2 - A1$; und umgekehrt.) Mit anderen Worten: (1) hat nur „Direktverbindungen", jede kann getrennt von jeder anderen ausfallen. Bei (2) laufen alle Kanten über einen zentralen Knoten. Wenn der Knoten $E2$ wegfällt, fallen die Fähigkeiten $E1 - A1$ und $E1 - A2$ aus. Gleiches gilt für $E2$, $A1$ und $A2$: Wenn ein Knoten wegfällt, fallen immer gleich zwei Fähigkeiten aus. Die Graphen (3) bis (6) entsprechen (2) plus je *einer* „Direktverbindung". Bei (3) kann die „Direktverbindung" $E1 - A1$ ausfallen und alle anderen

Tab. 5.3 Aufstellung der mit verschiedenen Graphen verträglichen Profile (nach Glymour 1994, S. 827)

N	1,1	1,2	2,1	2,2
P1	1,1	1,2	2,1	
P2	1,1	1,2		2,2
P3	1,1		2,1	2,2
P4		1,2	2,1	2,2
P5	1,1	1,2		
P6	1,1		2,1	
P7		1,2	2,1	
P8	1,1			2,2
P9		1,2		2,2
P10			2,1	2,2
P11	1,1			
P12		1,2		
P13			2,1	
P14				2,2
P15				

Tab. 5.4 Aufstellung der mit verschiedenen Graphen verträglichen Profile (nach Glymour 1994, S. 827)

Graph 1	Abnormale mit jedem Profil kommen vor.
Graph 2	Abnormale mit P5, P6 und P9–P15 kommen vor.
Graph 3	Abnormale mit P4, P5, P6 und P9–P15 kommen vor.
Graph 4	Abnormale mit P1, P5, P6 und P9–P15 kommen vor.
Graph 5	Abnormale mit P3, P5, P6 und P9–P15 kommen vor.
Graph 6	Abnormale mit P2, P5, P6 und P9–P15 kommen vor.

erhalten sein. (Erinnerung: bei Glymour müssen *alle normalerweise* vorhandenen Verbindungen intakt sein, damit die Fähigkeit erhalten bleibt. $E1 - ZK - A1$ ist zwar noch vorhanden, reicht aber voraussetzungsgemäß nicht aus.)

Das beschriebene Verfahren stößt allerdings auf einige Schwierigkeiten: Es gibt ununterscheidbare, nicht auflösbare Strukturen, denn *jeder Knoten kann durch einen Sub-Graphen ersetzt werden* – obwohl die Profile gleich bleiben. Glymour bezeichnet dies als „Zusammenklemmen" („*pinching*"). Wenn man zum Beispiel zusätzlich zu den Graphen 1 bis 6 den Graphen 7 als mögliche Struktur berücksichtige, werde das Entdeckungsproblem bereits unlösbar – und es gebe sehr viele derartige Möglichkeiten. Die Zahl der Möglichkeiten, zusätzliche Knoten unmittelbar zwischen den Eingaben und einer Ausgabe einzuführen, wachse exponentiell mit der Anzahl der Eingaben. Und zusätzlich könne man noch Kanten zwischen Binnen-Knoten einführen. Man könne dies freilich auch so sehen, dass diese Unbestimmtheiten irgendwelchen Substrukturen entsprechen, für die die Kognitive Neuropsychologie nicht zuständig ist; die sie gar nicht aufzulösen braucht.

Die Auffassung, dass die gesamte Struktur des Graphen bestimmt werden könne, sofern es für jedes interne Modul (wenigstens) ein Eingabe-Ausgabe-Paar gibt, das spezifisch für dieses Modul ist, hält Glymour für richtig, wenn auch für außergewöhnlich optimistisch: „The conclusion seems to be that under the assumptions A1 through A7 a good many features of cognitive architecture can be distinguished from studies of individuals and the profiles of their capacities, although a graph cannot be distinguished from an alternative that has functionally redundant structure“ (Glymour 1994, S. 829).

Glymours Formalisierung steht in Übereinstimmung mit den Auffassungen von Alfonso Caramazza (vgl. Caramazza 1984, 1986), der sich vehement gegen Gruppenuntersuchungen ausgesprochen hat: Unter Annahmen 1 bis 7 seien *einige* von Caramazzas Behauptungen *im Wesentlichen* richtig: Die wesentliche Frage sei nicht, ob die Daten Assoziationen, Dissoziationen oder doppelte Dissoziationen zeigen, sondern *welche Profile in den Daten vorkommen*, und mit Daten über Einzelfälle könne man *einige* Entdeckungsprobleme lösen (Glymour 1994, S. 829).

Vor allem empfiehlt Glymour eine explizite Darstellung der *a priori* für möglich gehaltenen Alternativen und klare graphentheoretische Formulierung der Fragestellung; das würde eine Entscheidung erlauben, ob die Frage letztendlich überhaupt, und wenn ja mit welchen Mitteln, beantwortet werden kann. Leider seien unter abweichenden, ebenfalls plausiblen und in der Kognitiven Neuropsychologie akzeptierten Annahmen, etwa den von Shallice zugrunde gelegten, die Aussichten weniger günstig (vgl. Shallice 1988).

5.4.4.4 Ressourcenansprüche und Parallelverarbeitung

Ein „Semi-PDP-Modell“ für kognitive Strukturen ist ein Graph, wie er im Vorigen dargestellt wurde, dessen Knoten jedoch „PDP-Netze“ (auch „PDP-Module“) sind (Glymour 1994, S. 829). Hier besteht nun eine andere Verbindung zwischen Hirnverletzung und Fehlfunktionen als unter Zugrundelegung der Annahmen A1 bis A7. Bei einem PDP-Netz kann ein differentieller Abbau erfolgen, wenn einige seiner „Neuronen“ entfernt werden; das heißt, wenn es beispielsweise auf die Erkennung bestimmter Objekte trainiert war, wird manches noch erkannt, anderes nicht mehr. Das heißt, dass bei der Beschädigung eines Knotens (also dem Entfernen von „Neuronen“ aus dem „PDP-Modul“) aus der Menge der Leistungen, deren Weg durch diesen Knoten geht, nur bestimmte Leistungen ausfallen und andere erhalten bleiben (vgl. Glymour 1994, S. 830).

Shallice legt derartige Annahmen zugrunde und benutzt dies als Argument für die besondere Bedeutung doppelter Dissoziationen. Einige Leistungen seien schwieriger oder rechenintensiver als andere und daher leichter zu stören. Doppelte Dissoziationen, so Shallice, zeigen, dass von zwei Leistungen wenigstens eine irgendein Modul verwendet, das nicht bei der anderen Leistung mitwirkt (vgl. Shallice 1988).

Glymour baut diese Argumente aus: Wenn zwei Leistungen vorliegen, die zusammen zwei PDP-Module (oder Kanäle) verwenden, könnte eine Leistung das eine Modul stärker beanspruchen und die andere Leistung das andere. Wenn zwei Leistungen dieselben Kanäle und Module verwenden und zwei interne PDP-Module darunter sind, und wenn eine Leistung mehr Ressourcen des einen Moduls und die andere Leistung mehr Ressourcen des anderen Moduls braucht, kann sogar eine doppelte Dissoziation auftreten, die nicht die üblichen Schlüsse erlaubt: Die doppelte Dissoziationen erlaubt hier nur den Schluss, dass ein Modul $m(A)$ an Leistung A beteiligt ist und ein $m(B)$ an B, *aber nicht*, dass $m(A)$ unnötig für B oder $m(B)$ unnötig für A ist.

Verschärft stellt sich nunmehr die Frage: Kann man unter diesen Annahmen überhaupt etwas über kognitive Architektur herausfinden? Dazu wird bei Glymour die Annahme A6 (alles-oder-nichts) durch komplexere Annahmen ersetzt. Zusätzlich ist nun eine „Teilordnung" der Leistungen vorzunehmen, die mit einem Knoten oder einer Kante zu tun haben: Wenn Leistungen *„geordnet"* sind, dann ist der Ausfall zweier Leistungen gekoppelt (das heißt, jede Beschädigung, bei der *L*1 ausfällt, lässt auch *L*2 ausfallen, oder umgekehrt). Wenn das nicht so ist, sind die Leistungen (für dieses Element des Graphen) *„ungeordnet"*, das heißt, eine Beschädigung lässt *L*1 ausfallen, nicht aber *L*2; eine andere Beschädigung kann *L*2 zerstören, nicht aber *L*1. Im „degenerierten Fall" sind sogar alle einem Modul zugeordneten Leistungen ungeordnet. Ein Graph, bei dem für jeden Knoten oder jede Kante eine Teilordnung bekannt ist, soll teilweise geordneter Graph heißen.

Im Entdeckungsproblem taucht nun statt jeweils eines einzelnen gerichteten Graphen (s. o.) eine ganze Familie von Graphen auf, die sich dadurch unterscheiden, *wie* die verschiedenen Leistungen geordnet sind. Dem Auftreten der alternativen Graphen entspricht das Fehlen von Hintergrundwissen, welche Leistungen rechenintensiver als andere sind. Aus dem Graphen werden nun nicht Knoten und Kanten *entfernt*, sondern jedem Knoten oder jeder Kante wird die Liste der ausgefallenen Leistungen zugeordnet. Das Profil der Leistungen, das zu solch einem beschädigten, „markierten" Graphen gehört, schließt die markierten Leistungen aus. Wenn es eine Teilordnung der Leistungen gibt, schließt das bestimmte Markierungen aus. Das Entdeckungsproblem besteht nun darin, den wahren Graphen unter einer Palette von markierten Graphen zu finden.

Daraus zieht Glymour das pessimistische Fazit: „On these assumptions alone the enterprise of identifying modular structure from patterns of deficits is hopeless [...] Even the simplest graph structures become indistinguishable" (Glymour 1994, S. 833 f.). Zur Illustration kombiniere man nur die beiden von ihm genannten Beispiele, füge also etwa dem Modul in Graph 2 die PDP-Eigenschaften hinzu (siehe Abb. 5.7) – dann trete das genannte Problem auf: „Thus unless one has strong prior knowledge as to which capacities are the most computationally demanding (for every module), even simple discovery problems appear hopeless" (Glymour 1994, S. 834). Glymours Fazit lautet:

> The conclusion I draw is not that cognitive neuropsychology is in vain; quite the contrary. My conclusion is that even the smallest formal analysis makes clear some weak points in

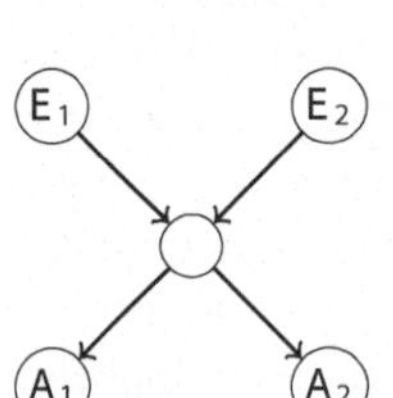

Falls (E_1,A_1) anspruchsvoller ist als alle anderen Fähigkeiten, wird Profil P_4 hinzugefügt.
Falls (E_1,A_2) anspruchsvoller ist als alle anderen Fähigkeiten, wird Profil P_3 hinzugefügt.
Falls (E_2,A_1) anspruchsvoller ist als alle anderen Fähigkeiten, wird Profil P_2 hinzugefügt.
Falls (E_2,A_2) anspruchsvoller ist als alle anderen Fähigkeiten, wird Profil P_1 hinzugefügt.

Abb. 5.7 Konsequenzen verschiedener (Rechenkapazitäts-)ansprüche (nach Glymour 1994, Abb. 9, S. 833, umgezeichnet)

> the project, and emphasizes where argument and inquiry ought to be focused. I regard computational neuropsychological models as interesting and even plausible in many respects, but it should be apparent that any attempts to identify modular functional structure on the assumptions such theories incorporate will depend almost entirely on making good cases about the comparative processing demands of different capacities. (Glymour 1994, S. 834)

5.4.4.5 Der Ansatz von Bub

Jeffrey Bub nimmt ebenfalls graphentheoretische Formalisierungen der Methoden der Kognitiven Neuropsychologie vor. Er diskutiert sowohl eine idealisierte Version des Entdeckungsproblems (die er als lösbar einschätzt) als auch das Entdeckungsproblem „under more realistic assumptions" (Bub 1994, S. 838).

Er charakterisiert die moderne Kognitive Neuropsychologie als Unternehmen, das sich auf die Untersuchung einzelner Patienten stütze, ausdrücklich eine Theorie der Informationsverarbeitung zugrunde lege und klar zwischen funktionalen und anatomischen Architekturen unterscheide. Ergebnisse könne man typischerweise als „‚box-and-arrow' functional architecture" kennzeichnen, sie lieferten Erklärungen auf der algorithmischen und repräsentationalen Ebene, nicht der der Implementation oder Hardware (Bub 1994, S. 841).

Ein Beispiel für ein solches Ergebnis ist das Zwei-Wege-Modell des Lesens (vgl. Patterson et al. 1985). Es unterscheidet funktional trennbare Mechanismen, die lexikalische und sublexikalische Einheiten in gesprochene Sprache verwandeln: Ein lexikalischer Weg führt vom visuellen Analysesystem über das visuelle Eingabelexikon zum phonologischen Ausgabelexikon, mit oder ohne Durchgang durch das semantische System. Parallel dazu verläuft ein nichtlexikalischer Weg, der direkt Grapheme in Phoneme verwandelt. Das Modell berücksichtigt Lesen mit oder ohne Verstehen, Lesen von Wörtern mit regelmäßiger und unregelmäßiger Orthographie, Lesen von Unsinnswörtern sowie verschiedene Formen der Dyslexie und so weiter. Bub berücksichtigt außerdem, dass die heutige Kognitive Neuropsychologie sowohl *modulare funktionale Architekturen* als auch *parallelverarbeitende Architekturen (PDP)* oder *gemischte Architekturen* kennt.

5.4.4.6 „Idealisierte Version" des Entdeckungsproblems

Bub setzt sich in folgenden Punkten von Glymour ab: Zwischen einem Eingangs- und einem Ausgangs-Knoten können auch mehrere Wege liegen. Dazu sind zwei Annahmen gängig: Entweder wird gefordert, *alle* Wege müssten für die normale Leistung intakt sein (so Glymour), oder *wenigstens ein* Weg müsse intakt sein. Das nennt Bub die „konjunktive" beziehungsweise die „disjunktive Mehrweg-Annahme". Die disjunktive Annahme bezeichnet Bub als Standard in der Kognitiven Neuropsychologie, und sie ist es, die *er* zugrunde legt. Zum Entdeckungsproblem und der Frage nach dessen Lösbarkeit bemerkt er:

> the discovery problem has a solution if there is a procedure that always selects the true normal graph (or correctly identifies some structural feature of the true normal graph) after some finite accumulation of profiles, for each possible graph in the set of alternatives, and for each possible ordering of the normal and abnormal profiles associated with that graph. Evidently, the discovery problem will be insoluble if it can be shown that the true normal graph, in a given set of alternative normal graphs, is underdetermined by the normal and abnormal profiles that can be generated from the set of alternative normal graphs, *i.e.* if

> different graphs are associated with the same normal and abnormal profiles and so cannot be distinguished on the basis of performance data. (Bub 1994, S. 843)

Nach Glymour wäre das der Fall. Das „ideale Entdeckungsproblem" (Einschränkungen: nur Alles-oder-Nichts-Läsionen, Ausschluss des „pure pinching") ist aber nach Bub *lösbar*. Bub unterscheidet nicht wie Glymour die Eingabe- und Ausgabe-Knoten von den internen Knoten. Weiter unterscheidet er ein *data profile = d-profile* von einem *theoretical or graph profile = g-profile* Ein *d-Profil* für einen Patienten ist die Gesamtmenge der kognitiven Leistungen und Fehlleistungen, die er aufweist. Wir erhalten die Daten nicht als (fertige) d-Profile, sondern wir beobachten bestimmte Dissoziationen: Leistung hier, Fehlleistung dort. Es wird angenommen, dass jedes mögliche d-Profil zu irgendeinem Zeitpunkt beobachtet werden kann. Zu jedem Graphen gibt es eine Menge der möglichen Wege durch den Graphen, die Menge aller Wegmengen. Ein *g-Profil* ist nun die topologisch mögliche Menge aller intakten und beschädigten Wege. Die g-Profile bilden eine Untermenge der Menge aller Wegmengen, also die Menge aller Wegmengen mit Lücken, dort wo topologisch unmögliche Wegmengen liegen (Bub 1994, S. 846). Weiter wird die Annahme zugrunde gelegt, dass es für jede Aufgabe oder Leistung und jeden Graphen einen Weg durch den Graphen gibt, der zu dieser Aufgabe gehört. Zwei Aufgaben können in manchen Graphen denselben Weg haben, in anderen verschiedene. Kurz, bei Bub entspricht (im Gegensatz zu Glymour) einer *Aufgabe* ein *Weg in einem Graphen.*

Bub vertritt, wie Glymour, die Auffassung, „reines Zusammenklemmen" (pure pinching) führe zu Unterbestimmtheit. Aber solange ein (interner) Knoten nur durch einen Subgraphen ersetzt wird, der genau dieselben Ein- und Ausgänge hat, ändert sich nichts an der Struktur des Graphen auf der zunächst betrachteten Ebene. Wenn man keinen Grund zur Annahme habt, dass das durch den Subgraphen beschriebene Subsystem irgendwelche Wirkungen (über die bereits berücksichtigten Ein- und Ausgaben hinaus) nach außen entfaltet, dann hat man auch keinerlei Grund, den Knoten irgend ein Eigenleben zuzuschreiben, ja, man ist aus Sparsamkeitsgründen sogar verpflichtet, das bleibenzulassen. Andererseits wird man aber auch nur mit guten Gründen behaupten, es gebe hier keine Binnenstruktur, und man sollte darauf achten, ob sich in den Daten Hinweise auf bisher unberücksichtigte Außenwirkungen zeigen. Dann wäre man gezwungen, den Subgraph einzuführen – aber dann wäre er ja auch nicht mehr unterbestimmt! Dass man so etwas nicht ausschließen soll, gilt sogar besonders für das Gebiet der Kognition, wo man ja genau weiß, dass den grob-funktionalen Schemata letztlich Neuronen, und zwar unzählige, die dazu noch komplex verschaltet sind, zugrunde liegen. Trotzdem kann eine anfängliche grobe Analyse – als erste Stufe einer progressiven Differenzierung – sehr sinnvoll sein.

Bub sieht das ebenso. Auch er schließt das „reine Zusammenklemmen" aus dem „idealen Entdeckungsproblem" aus. Zusammenklemmen ist nur dann „erlaubt", wenn eine zusätzliche „Verzweigung", also mindestens eine zusätzliche Kante, eine „Brücke", in den Graphen eingeführt wird, die einer unabhängig im System wirkenden Größe entspricht; Bub spricht von „representation … available to the system independently" (Bub 1994, S. 849).

> The ideal discovery problem for cognitive neuropsychology is defined by the set of graphs with all-or-nothing assumptions for lesions, and a branching assumption as above (excluding ‚pure pinching', i.e. pinching without bridging), for evidence defined as d-profiles (again, in the all-or-nothing sense). Now, this discovery problem has a solution: *Conjecture any normal graph whose set of path-sets contains all the g-profiles corresponding to d-profiles seen in the data, and which has no proper subset that constitutes the set of path-sets of a graph and also contains all the g-profiles corresponding to d-profiles seen in the data.* (Bub 1994, S. 849 f.)

Die Empfehlung lautet also, man solle einen Graphen annehmen, der die geringste Zahl an Wegen umfasst, die mit den Daten verträglich sind. Wenn verschiedene Graphen dieselbe Anzahl von Wegen haben, sind beide akzeptabel; weitere Daten werden im Lauf der Zeit alle außer einem „wahren normalen" Graphen ausschließen. Wir erhalten die Daten nun aber nicht als d-Profile, sondern als Dissoziationen: einfache Dissoziationen (Leistung x abnormal, Leistung y normal), mehrfache Dissoziationen (Leistungen x_1, x_2 *abnormal,* Leistungen y_1, y_2 normal), doppelte Dissoziationen (Leistung x normal, Leistung y *ab*normal bei dem Patienten oder der Patientengruppe P_1, Leistung x *ab*normal, Leistung y normal bei dem Patienten oder der Patientengruppe P_2. Dazu kommen Informationen über Art, Typ, Natur der Fehlfunktionen.

Dissoziationen (in einfacher und mehrfacher Form) sind demnach relevante Belege beim *idealen* Entdeckungsproblem; doppelte Dissoziationen und Daten über Art der Fehler sind relevant für das Entdeckungsproblem *bei partiellen Läsionen* (Bub 1994, S. 850). Wenn man nun Daten über einfache und mehrfache Dissoziationen ansammelt, bilden diese Daten ein partielles d-Profil für einen Patienten, das sich mehr und mehr dem vollständigen d-Profil für diesen Patienten annähert. Wenn das Entdeckungsproblem lösbar ist für Belege, die sich als d-Profile ansammeln, ist es auch lösbar für Belege, die sich als Dissoziationen ansammeln. Daher darf man die Entdeckungsregel wie folgt modifizieren:

> *Conjecture any normal graph whose set of path-sets contains all the g-profiles corresponding to* dissociations *seen in the data, and which has no proper subset that constitutes the set of path-sets of one of the graphs, that also contains all the g-profiles, corresponding to* dissociations *seen in the data.* (Bub 1994, S. 850)

5.4.4.7 Realistischeres Entdeckungsproblem für partielle Läsionen

Die Lösung des idealen Entdeckungsproblems könne nun erweitert werden auf das realistischere Entdeckungsproblem für *partielle Läsionen.* Bei partiellen Läsionen könnten Dissoziationen aufgrund von „*Ressourcen-Artefakten*" entstehen (das heißt, wenn eine Aufgabe mehr Rechenleistung von einer Komponente erfordert als eine andere). Daher kann eine Dissoziation zwischen zwei Leistungen auftreten, auch wenn beide zum selben Weg in einem Graphen gehören. „The (somewhat controversial) recommendation in the literature is to rule out resource artefacts by double dissociations" (Bub 1994, S. 851; mit Verweis auf Shallice 1988, S. 232 ff.).

Beispiele dafür sind: (a) Das Zwei-Routen-Modell des Lesens (Belege bestehen in Dyslexien, und zwar phonologische Dyslexien – Unsinnswörter werden schlecht, normale Wörter gut gelesen – und Oberflächen-Dyslexien – Unsinnswörter werden gut, orthographisch unregelmäßige Wörter schlecht gelesen), (b) Kurzzeit- und Langzeitgedächtnis, (c) prozedurales und deklaratives Gedächtnis und (d) Input- oder Output-Repräsentationen für geschriebene und gesprochene Sprache.

Wenn (funktionale) Läsionen partiell sein können, dann können Artefakte nur ausgeschlossen werden aufgrund von Annahmen über das Funktionieren, die über die Annahmen in (2) hinausgehen (Bub 1994, S. 851). Bei Glymour gilt: Wenn es keine Beschränkungen der möglichen Läsionen eines Knotens gibt, dann kann der Knoten auf so viele verschiedene Weisen beschädigt sein, dass jede beliebige Untermenge der Leistungen normal funktioniert und die Komplementärmenge ausfällt (Bub 1994, S. 851).

Eine gängige Annahme setzt voraus, dass die Module elementare kognitive Funktionen ausführen; das heißt, das Funktionieren beziehungsweise die Effizienz der Module kann durch eine einzige Variable, nämlich deren *Rechenleistung* angegeben werden (Bub 1994, S. 851; als „Elementaritätsannahme" in diesem Sinne eingeführt von Bub 1994, S. 852, Fußn. 7).

Damit wird zugleich angenommen, die Rechenleistung eines Knotens beeinflusse *alle* Leistungen, die auf Wegen durch diesen Knoten beruhen, und die Beschädigung eines Knotens vermindere die Rechenleistung für *alle* Leistungen, die die Aktivierung des Knotens benötigen. Dies schränkt die möglichen Veränderungen der Rechenleistung für die einzelnen Leistungen ein: Sie sind demnach gleichsinnig miteinander gekoppelt. Nimmt man außerdem an, die Leistung bei einer Aufgabe steige monoton mit den Rechenressourcen jedes beteiligten Knotens, dann spiegelt sich diese Beschränkung auch in der Performanz wider (Bub 1994, S. 852).

Diese Monotonieannahme schließe aus, was Glymour annahm, dass nämlich verschiedene partielle Läsionen eines Knotens möglich sind, die von zwei Leistungen einmal nur die eine, einmal nur die andere ausfallen lassen. Das heißt, ein Knoten, der x und y unterstützt, könne *nicht* in einer Weise lädiert werden, dass (fälschlich) auf eine doppelte Dissoziation zwischen x und y geschlossen wird. Allgemeiner: Keine Manipulation der experimentellen Variablen könne die Rechenleistung so verändern, dass sich eine negative Assoziation oder Korrelation zwischen zwei Leistungen ergibt. (Bub 1994, S. 852 f.) Daher *müsse* bei einer klassischen doppelten Dissoziation die Veränderung oder Läsion als Beeinflussung der Rechenleistung angesehen werden.

Methodisch heiße das, dass eine doppelte Dissoziation bei *teilweisen* Läsionen so fungiere (und so viel wert sei) wie eine einfache Dissoziation bei Alles-oder-nichts-Läsionen. Sie erlaube auch, „reines Abklemmen" vom „nichtabgeklemmten" Graph zu unterscheiden – also das Modell, das einen Knoten enthält, vom Modell, das diesen Knoten durch zwei mit einer Kante verbundene Knoten ersetzt. Beim Modell des Lesens könne man beispielsweise aufgrund von doppelten Dissoziationen verschiedene Stadien, wie orthographisches und phonologisches Stadium unterscheiden.

Wenn man dies akzeptiere, sei das Entdeckungsproblem für teilweise Läsionen lösbar: „[...] the discovery problem for partial lesions is soluble: simply replace

,dissociations' with ,double dissociations' in the discovery rule for the ideal discovery problem" (Bub 1994, S. 853).

Relevante Belege stammten darüber hinaus auch aus der *Art* der Fehlfunktionen: Wenn zwei Patienten sich in ihren Fehlleistungen *qualitativ* unterscheiden, dann können die Belege durchaus einen Graphen zugunsten eines anderen ausschließen – falls wir die Verarbeitungskomponenten, die durch die Knoten repräsentiert werden, als „elementar" ansehen. „Elementar" soll heißen, dass nicht nur das Funktionieren eines Knotens durch eine einzige Ressourcen-Variable (erschöpfend) gekennzeichnet ist, sondern dass verschiedene Läsionen (oder Stress) nur die Menge, nicht die Art der verfügbaren Rechenkapazität ändern, und dass daher auch das „kognitive Defizit" bei einer Leistung sich nur qualitativ, nicht quantitativ ändert. Bubs gemäßigt optimistisches Fazit lautet daher:

> There are methodological constraints (such as monotonicity) and assumptions concerning the existence of certain kinds of evidence (cognitive deficits of a certain sort, occurring in certain cases of brain damage or under certain experimental conditions) that permit models of cognition to be tested through the analysis of brain-damaged performance. For cognitive neuropsychology to claim validity as a science, it is not necessary that these assumptions and constraints are always applicable. It is sufficient that they can be justified for a non-trivial class of inductive problems concerning reading, writing, memory, object recognition, and speech production and comprehension, and this is at least arguably the case for much of current research in cognitive neuropsychology. (Bub 1994, S. 854)

5.4.4.8 Kritik und Fazit

Glymour und Bub diskutieren zentrale methodische Probleme der Kognitiven Neuropsychologie. Offensichtlich handelt es sich um eine bereichabhängige Variante der in dieser Arbeit gestellten Frage, und zwar eine Formalisierung und damit Präzisierung.

Die Formalisierung wird mit Mitteln der Graphentheorie vorgenommen, führt aber Erweiterungen ein, die den Knoten (und auch Kanten) bestimmte Qualitäten und Verhaltensweisen zuschreiben. Das geht über die Graphentheorie im engeren Sinne weit hinaus. Ob diese Formalisierung auch mit systemtheoretischen Mitteln vorgenommen werden könnte, kann hier nicht entschieden werden.

Das formale Schlussverfahren ist formal richtig, beweisbar, analytisch. Problematisch ist dagegen die Anwendung und die Klärung der Frage, ob und wo die Annahmen wenigstens näherungsweise erfüllt sind: Welche Annahmen sind tatsächlich nötig? Sind sie realistisch und plausibel? – Das könnte man auch für viele verschiedene Systeme außerhalb der Psychologie untersuchen.

Wenn wir nicht wissen, ob die Annahmen zutreffen, sollen wir das Verfahren trotzdem anwenden? Welches Risiko gehen wir ein? Selbst wenn wir einige der genannten Probleme lösen können beziehungsweise für einige Gebiete die genannten Annahmen zutreffen – können wir erkennen, wann wir von bestimmten der Annahmen abgehen müssen, also auch das Erkenntnisproblem nicht mehr im hier dargestellten Sinne lösen können, und welche Verfahren wir dann stattdessen einsetzen müssen?

5.5 Verfahren zur Aufklärung von Mechanismen

5.5.1 Einleitung

In den Biowissenschaften, aber auch in Chemie und Physik komplexer Systeme und bei der Aufgabe, unbekannte Artefakte zu verstehen, wird die Entdeckung oder Aufklärung von Mechanismen, vor allem kausaler Mechanismen, als eines der wichtigsten Ziele genannt (vgl. Bechtel und Richardson 1993, S. 17 ff.; Bunge 1997; Darden 2002). Daher sollen nun einige Verfahren diskutiert werden, von denen angenommen wird, dass sie dazu beitragen, Mechanismen aufzuklären.

Überlegungen zu *kausalen Mechanismen,* vor allem zu Verfahren der Aufklärung ihrer Strukturen, bilden einen anderen Forschungsstrang, der Verbindungen zu Verfahren der Kausalanalyse aufweist. Mario Bunge hat sich mehrfach mit Mechanismen und mechanistischen (beziehungsweise in seiner Terminologie: „mechanismischen") Erklärungen auseinandergesetzt (vgl. Bunge 1967, 1997, 2004). Ein weiterer Schwerpunkt findet sich bei Autoren um Lindley Darden (vgl. Machamer et al. 2000; Darden 2002; Glennan 2002; Woodward 2002).

5.5.2 Zum Verhältnis von Kausalität und Mechanismus

Es gibt zwei große Gruppen von Auffassungen zum Verhältnis von Kausalität und Mechanismus: Zum einen die in der Wissenschaftstheorie verbreitete kausal-mechanische Auffassung wissenschaftlicher Erklärung, die auf Railton und Salmon zurückgeht und den Begriff des Kausalnexus in den Mittelpunkt stellt (vgl. Railton 1978; Salmon 1984); zum zweiten die Auffassung von Mechanismen als komplexen Systemen.

Die erste Auffassung von Mechanismen wurde im Zusammenhang mit „kausal-mechanischer Erklärung" zuerst von Peter Railton mit seinem deduktiv-nomothetischen Modell probabilistischer Erklärung (DNP) in die Erklärungsdebatte eingeführt (vgl. Railton 1978). Das DNP-Modell sollte eine Alternative zu Hempels induktiv-statistischen Modell (IS) sein. Railton beschäftigte sich mit Hempels Forderung, dass das Explanans einer IS-Erklärung das Explanandum wahrscheinlich oder nomisch erwartbar machen sollte. Nach Railton beschreiben Erklärungen Ursachen, wobei manchmal die Kette von Ereignissen, die zum Explanans führen, unwahrscheinlich ist. Die Erklärung eines Ereignisses *kann* einen Verweis auf ein Gesetz enthalten, das das Ereignis nomisch erwartbar macht, *muss* aber durch „an account of the mechanism(s) at work" ergänzt werden. Railton lässt dabei offen, was genau ein Mechanismus ist, und sagt nur, ein „account of the mechanism(s)" sei „a more or less complete filling-in of the links in the causal chains" (Railton 1978, S. 748). Salmons Arbeiten zu kausal-mechanischer Erklärung bauen auf Railtons Ideen zu mechanischer Erklärung auf. Salmon gibt zwar keine explizite Definition von *Mechanismus,* aber er erläutert „Kausalnexus" als Netz interagierender Kausalprozesse. Kausal-mechanische Erklärungen sind Beschreibungen der Merkmale einer beobachterunabhängigen Realität, der kausalen Struktur der Welt.

Die zweite Auffassung von Mechanismen als komplexe Systeme führt auch zu einer anders gearteten Auffassung von kausal-mechanischer Erklärung. Ursprünge dafür finden sich bei Simon (1994) und Wimsatt (1980), weiterentwickelt wurde sie von Bechtel und Richardson (1993), Glennan (1996), Machamer et al. (2000) sowie Mario Bunge (1967, 1997, 2004; Mahner und Bunge 1997). Machamer, Darden und Craver haben in jüngster Zeit dafür plädiert, die wissenschaftliche Erklärung durch Mechanismen ernst zu nehmen; sie konstatieren aber auch: „there is no adequate analysis of what mechanisms are and how they work in science" (Machamer et al. 2000, S. 2).

Die im Zusammenhang mit komplexen Systemen gegebenen Definitionen für „Mechanismus" sind ähnlich, aber nicht identisch:

> A mechanism for a behavior is a complex system that produces that behavior by the interaction of a number of parts, where the interactions between parts can be characterized by direct, invariant, change-relating generalizations. (Glennan 2002, S. 344)

> Mechanisms are entities and activities organized such that they are productive of regular changes from start or set-up to finish or termination conditions. (Machamer et al. 2000, S. 3)

Mechanismen sind dabei immer Mechanismen *für bestimmte Verhaltensweisen.* Ein komplexes System kann verschiedene Verhaltensweisen zeigen; eine Analyse des Systems hängt davon ab, welches Verhalten man betrachtet. Mechanismen bestehen außerdem aus Teilen. Diese Teile müssen so etwas wie Objekte oder Gegenstände sein und in Abwesenheit von Eingriffen einen vergleichsweise hohen Grad an Robustheit oder Stabilität haben. Die Abläufe in einem Mechanismus kommen durch Wechselwirkung seiner Teile zustande. Wechselwirkung wird dabei zumeist als kausal aufgefasst. Mechanismen im Sinne komplexer Systeme können Uhren, Zellen, Lebewesen und anderes sein. Solche Mechanismen sind Systeme, die aus einer stabilen Anordnung von Teilen bestehen. Aufgrund dieser Anordnung haben die Systeme als Ganze stabile Dispositionen für ihr Verhalten. Diese Dispositionen können sich an mehr als einem Ort oder Zeitpunkt äußern. In diesem Sinne ist das Verhalten eines Mechanismus als komplexes System *allgemein.* Mechanismen im Sinne komplexer Systeme sind auch allgemein in einem zweiten Sinne: Zu einem Typ (*type*) eines Mechanismus gibt es meistens viele Einzelexemplare (*tokens*), so dass man allgemeine Darstellungen zum Beispiel einer Nervenzelle oder eines Schwingkreises geben kann.

Bei mechanistischen Erklärungen allgemeiner Regelmäßigkeiten sind Verallgemeinerungen über das Verhalten Explanandum, die Beschreibung der inneren Arbeitsweise ist Explanans: „[…] the mechanical description associated with the mechanical model illustrates why the behavioral description is true" (Glennan 2002, S. 347). Für eine mechanische Erklärung muss man, vielleicht nur grob, ein mechanisches Modell erstellen.

> A mechanical model is a description of a mechanism, including (i) a description of the mechanism's behavior; and (ii) a description of the mechanism which accounts for that behavior. […] The behavioral description is a description of the external behavior of a me-

> chanism. The mechanical description is a description of the internal structure – the guts of the mechanism. The distinction between behavioral and mechanical descriptions is roughly the distinction between what a system is doing and how it is doing it. (Glennan 2002, S. 347)

Die Erklärung besteht dann in der Angabe der kausalen Beziehungen zwischen den Teilen des Mechanismus, die das Verhalten hervorbringen (vgl. Glennan 2002, S. 348). Die meisten Verallgemeinerungen, die in der Wissenschaft als Gesetze bezeichnet werden, sind tatsächlich Beschreibungen des Verhaltens von Mechanismen (vgl. Schweitzer 2000), und Gesetze dieser Art kann man als „mechanisch erklärbare Gesetze“ (Glennan 2002, S. 348) bezeichnen. Daneben gibt es aber auch Gesetze, die nicht mechanisch erklärbar sind – zum Beispiel die Maxwellschen Gesetze. Solche Gesetze lassen sich als „fundamentale Gesetze“ (Glennan 2002, S. 348) bezeichnen.

5.5.3 Verfahren mechanistischer Erklärung

Verfahren zur Aufklärung von Mechanismen im Sinne von komplexen Systemen wurden unter anderem von Bechtel und Richardson, von Bunge, von Darden et al. und von Thagard ausgearbeitet und präzisiert.

Die von Bechtel und Richardson (vgl. Bechtel und Richardson 1993) formulierten Strategien und Heuristiken zur Entdeckung von Mechanismen in einfachen und komplexen biologischen Systemen – vor allem die Strategien der *Zerlegung* und der *Lokalisation* – wurden bereits in Abschn. 5.2.1 ausführlich vorgestellt und diskutiert. Anhand der Analyse historischer Entdeckungen (vor allem aus dem Bereich der Biochemie von Gärungsvorgängen) wurde dort eine Reihe expliziter Forschungsanweisungen abgeleitet, die sich auch in Form von Flussdiagrammen darstellen lassen, also ausdrücklich als Prozeduren oder Schritt-für-Schritt-Anleitungen. Ein Beispiel stellt die folgende Reihe von Anweisungen dar: 1. Löse ein System aus seiner Umgebung heraus. – 2. Ist das System der Lokus der Kontrolle? – 3. Sind Zerlegung und Lokalisierung angemessen? – 4. Zerlege das System in Bestandteile. – 5. Können verschiedene Systemaktivitäten in verschiedenen Bestandteilen lokalisiert werden? – 6. Kann man die Phänomene auf eine niedrigere Ebene verschieben?

Ein weiterer Versuch zur Klärung der Begriffe Erklärung und Mechanismus und zur Entwicklung von Verfahren der Aufklärung von Mechanismen, vor allem im sozialen Bereich, findet sich bei Mario Bunge. Mechanismus wird dabei salopp definiert als das, „was ein konkretes System ticken läßt“ (Bunge 1997, S. 410). Eine echte Erklärung bestehe darin, einen gesetzmäßigen Mechanismus aufzuzeigen. Auch Bunge ist der Meinung, das *covering law model* erläutere nur die logischen Aspekte von Erklärungen, indem es lediglich Einzelfälle unter Verallgemeinerungen subsumiere. Eine vollständige oder „mechanismische“ Erklärung beinhalte nicht nur rein deskriptive Gesetzesaussagen – wie Funktionen oder Gleichungen –, sondern mechanismische Gesetzesaussagen. Eine mechanismische Erklärung unterscheide sich sowohl von bloßer Subsumtion als auch von „Verstehen" wie auch von funktionaler oder teleologischer Erklärung. Bunge stellt weiter fest: „most mechanisms are concealed, so that they have got to be conjectured" (Bunge 2004, S. 186). Um angemessene mechanismische Erklärungen geben zu können, werden sieben „allgemeine methodologische Regeln" vorgestellt:

> M1 Place every social fact into its wider context (or system).
> M2 Break down every system into its composition, environment, and structure.
> M3 Distinguish the various system levels and exhibit their relations.
> M4 Look for the mechanism(s) that keep(s) the system running or lead(s) to its decay or growth.
> M5 Make reasonably sure that the proposed mechanism is compatible with the known relevant laws and norms and, if possible, check the mechanismic hypothesis or theory by wiggling experimentally the variables concerned.
> M6 Ceteris paribus, prefer mechanismic (dynamical) to phenomenological (kinematical) hypotheses, theories, and explanations and in turn prefer such kinematical accounts to both equilibrium models and data summaries.
> M7 In case of system malfunction, examine all four possible sources – composition, environment, structure, and mechanism – and attempt to repair the system by altering some or all of them. (Bunge 1997, S. 457 f.)

Diese Regeln erscheinen deutlich allgemeiner als die zuvor genannten; ihr Wert besteht aber vor allem im Versuch, eine möglichst *vollständige* Darstellung des Ablaufs der Forschung zu geben. Wie Methoden, die etwa in M4 zur Aufklärung eines Mechanismus führen, genau aussehen, müsste allerdings aus anderen Quellen ergänzt werden. Die Erwähnung von „malfunction" in M7 hat offenbar nichts mit der in dieser Arbeit diskutierten Rolle von Fehlfunktionen zu tun; ihre Berücksichtigung dient einzig der Fehlervermeidung oder -reparatur.

Speziellere Strategien zur Entdeckung von Mechanismen wurden von Lindley Darden und Kollegen (Machamer et al. 2000; Darden 2002) herausgearbeitet: Bei der Suche nach verschiedenen Stadien eines Mechanismus (der „produktive Kontinuität" aufweist) könne man, ausgehend vom Anfangszustand und Informationen oder Vermutungen über mögliche Entwicklungen die *Strategie der „Vorwärts-Verkettung"* (*forward chaining*) anwenden. In ähnlicher Weise könne man, ausgehend vom Endzustand oder von den Produkten eines Mechanismus, die *Strategie der „Rückwärts-Verfolgung"* (*backward tracking*) einsetzen, um frühere Stadien zu identifizieren. Ein Beispiel dafür bietet die Aufklärung der Proteinbiosynthese, bei der Biochemiker „rückwärts" vom fertigen Protein und Molekularbiologen „vorwärts" von Eigenschaften der Nukleinsäuren aus Überlegungen anstellten. Zudem sei die *Strategie der Verwirklichung* oder *Ausfüllung eines Schemas* (*schema instantiation*) hilfreich, bei der ein zunächst allgemeines Schema oder Modell durch spezifische Daten des Untersuchungsgegenstandes angereichert, konkretisiert oder präzisiert wird.

Schließlich betrachtet Paul Thagard den Spezialfall biochemischer Stoffwechselwege (*biochemical pathways*), also geordnete Abfolgen chemischer Reaktionen in Lebewesen, die sich bei näherer Betrachtung als Mechanismen, herausstellen

(Thagard 2003). Die Stoffwechselwege spezifizieren nach dieser Sicht Mechanismen, die beispielsweise auf der Ebene der Zellen erklären, wie deren Funktionen oder Leistungen durch Moleküle und deren Reaktionen als geordneter Wandel erbracht werden. Vor allem weist er darauf hin, dass viele Krankheiten durch Defekte in Stoffwechselwegen erklärt werden können und dass der Kern von Therapien oft darin besteht, Mittel zu finden, die solche Defekte beheben. Er meint, dass das Denken in Stoffwechselwegen, einschließlich Versuchen der Erklärung gesunder und kranker Zustände und der Behandlung von Krankheiten wesentlich zu Entdeckungen in biomedizinischen Bereich beiträgt. Allerdings werden erstaunlicherweise die Defekte selbst in keiner Weise als Mittel zum Erkenntnisgewinn gesehen.

5.5.4 Fazit

Anhand der in diesem Abschnitt diskutierten Versuche der *Explikation* des Begriffs Mechanismus sowie der Entwicklung von *Verfahren zur Aufklärung* von Mechanismen zeigt sich, dass große Teile der Fragestellungen und Methoden der naturwissenschaftlichen, aber auch der sozialwissenschaftlichen Forschung sich adäquat als Fragen nach kausalen Mechanismen und Versuchen der Identifizierung ihrer Struktur und ihres Zusammenwirkens deuten lassen. Diese These, die für die Forschung insgesamt Gültigkeit beansprucht, entspricht dem bereits für den Ausschnitt der mit Fehlfunktionen befassten Forschung erschlossenen Befund, dass die – zumeist schrittweise – Bestimmung der Struktur kausaler Mechanismen auch dort im Mittelpunkt steht.

Die zur Aufklärung von Mechanismen vorgeschlagenen Verfahren reichen von sehr allgemeinen Zusammenstellungen (Bunge 1997), die jedoch wenig konkrete und detaillierte Anweisungen enthalten, über Darstellungen, die immerhin einen ganzen Sektor der Forschung, zum Beispiel Biomedizin, abdecken und dabei spezifischere Verfahren angeben (Bechtel und Richardson 1993; weniger umfassend auch Machamer et al. 2000; Darden 2002, vergleiche auch das hier in Abschn. 4.3 entwickelte schrittweise Verfahren) bis hin zur sehr spezifischen Betrachtung von Analyseverfahren für biochemische Stoffwechselwege (Thagard 2003).

Dabei wird zugleich deutlich, dass bezüglich der Verfahren zur Aufklärung von Mechanismen noch immer erhebliche Unklarheiten bestehen, deren Bearbeitung teilweise erst in jüngster Zeit in Angriff genommen wurde, so dass hier derzeit noch erhebliche Forschungsdesiderate bestehen. Die Einbeziehung der hier untersuchten Verfahren aufgrund von Fehlfunktionen – die bisher in keinem der diskutierten Ansätze eine Rolle spielt – wäre dabei ausgesprochen wünschenswert.

5.6 Diskussion

Dem Ziel, Elemente sich auf Fehlfunktionen stützender Methoden in etablierten Methodenlehren wiederzufinden und die entsprechenden Parallelen herauszuarbeiten, diente die Übersicht und Diskussion einer Reihe einschlägiger wissenschaftlicher Methodiken in diesem Kapitel.

Die Betrachtung der Methoden von *John Stuart Mill* und *Claude Bernard* macht deutlich, dass sie auch heute noch als Grundlage der Verfahren weiter Bereiche der Forschung, vor allem in der Biomedizin, gelten können. Von der vermutlich wichtigsten Methode von Mill, die auch bei Bernard hohen Stellenwert hat, der Unterschiedsmethode, kann weiterhin gezeigt werden, dass sie die Grundlage für den Zweier- oder Differenztest und damit für weite Teile der Kausalanalyse und der Aufklärung kausaler Strukturen darstellt und dass die Sicherheit ihrer Ergebnisse dabei in entscheidendem Maße vom Vorliegen der Homogenitätsbedingung abhängt (vgl. Abschn. 5.1).

Unter den zeitgenössischen forschungsnahen, aber in geringem Maße formalisierten Methodiken wurden die des *„Zerlegens und Lokalisierens"* und des *„Vergleichenden Experimentierens"* näher betrachtet (vgl. Abschn. 5.2). Beide orientieren sich eng an tatsächlich betriebener wissenschaftlicher Forschung, präzisieren deren Ziele und Vorgehensweisen und betrachten sogar gelegentlich die Rolle von Fehlfunktionen, die allerdings nicht zentral behandelt wird. Vor allem aber helfen sie, fehlleistungsorientierte Methoden in umfassendere wissenschaftliche Strategien einzuordnen. Bei der Strategie des „Zerlegens und Lokalisierens" lassen sich vor allem bei den als Werkzeug eingesetzten inhibitorischen oder exzitatorischen Studien enge Parallelen zu Fehlfunktions-Methoden erkennen. Die Strategie des „Vergleichenden Experimentierens" dagegen präzisiert und aktualisiert Millsche und Bernardsche Ansätze und weist dabei auf deren vorrangige Bedeutung in der zeitgenössischen biomedizinischen Forschung hin. Ablations-, Ausfalls- und Störungsexperimente sind hier entscheidende Hilfsmittel, die enge Bezüge zu Fehlfunktionen aufweisen. Vor allem die „reiterierte Methode des vergleichenden Experimentierens" ist darüber hinaus zur Identifizierung redundanter Strukturen geeignet.

Unter den stärker formalisierten Methoden wurde zunächst die naturwissenschaftliche *Systemtheorie* und ihr Untergebiet *Systemanalyse* betrachtet. Dabei konnte demonstriert werden, dass bereits unter den grundlegendsten Verfahren der Systemanalyse, die als Manipulation und Aufschneidung bezeichnet werden, die Aufschneidung – also der Ausfall oder die experimentelle Störung eines Wirkungszusammenhangs in einer Systemstruktur an geeigneter Stelle – in vielen typischen Fällen durch Analyse vorgefundener oder experimentell erzeugter Fehlfunktionen herbeigeführt werden kann. Darüber hinaus kann gezeigt werden, dass die homöostatischen Systeme – Kreis, Netz und Masche – sogar nur durch Aufschneidung oder entsprechende Fehlfunktionen entdeckt beziehungsweise als solche erkannt werden können. Daneben liefert die Systemtheorie auch Hinweise, welches die einfachsten Systeme sind, die Fehlfunktionen zeigen können: Dies sind die genannten homöostatischen Systeme Kreis, Netz und Masche. Schließlich wird in der Systemtheorie auch betont, dass es für die Qualität eines Modells neben seinen Leistungen auch entscheidend ist, ob oder inwieweit es die gleichen Fehlfunktionen aufweist wie der reale Untersuchungsgegenstand.

Die wichtigsten Ergebnisse, die sich aus einer Betrachtung von Verfahren der *Kausalanalyse* und hier vor allem des *Kausalen Schließens* ergeben, sind folgende: Die Millsche Differenzmethode stellt sich als Herzstück der Kausalanalyse in Form des kausalen Schließens heraus. Kausaltheoretisch fundierte Erweiterungen der

Millschen Unterschiedsmethode scheinen erstaunlicherweise *deduktive Schlüsse* von experimentellen Daten auf die Beschaffenheit kausaler Strukturen zu erlauben – wenn auch um den Preis gewisser restriktiver Annahmen und der – in der Forschungsrealität häufig nicht erfüllbaren – Erfordernis, sämtliche Permutationen der An- und Abwesenheit als möglich angesehener Faktoren zu untersuchen.

Fehlfunktionen stellen in einer ihrer einfachsten Formen eine Art fertig vorgefundener Prüfsituation gemäß der Differenzmethode dar: Vor dem Hintergrund einer normalerweise (in normalen Situationen T_n) auftretenden Leistung oder Wirkung L tritt nun eine zweite Situation T_f auf, in der die sonst auftretende Leistung nun fehlt ($\bar{L}$). Das regt dazu an, nach dem entsprechenden Unterschied in den Ursachen zu suchen, nach dem Faktor oder den Faktoren, die in T_f – im Gegensatz zu T_n – fehlen oder verändert sind. Je kleiner dabei das Ausmaß der Fehlfunktion ist, desto eher sind auch die einschlägigen Homogenitätsbedingungen erfüllt. So stellen sich die Homogenitätsforderung auch als rationaler Kern der – vor allem in der Neuropsychologie vorausgesetzten – Subtraktivitätsannahme heraus (vgl. Abschn. 4.1.3).

Der Rekonstruktion von Fehlfunktions-Methoden mit Hilfe von kausalanalytischen Verfahren sind jedoch auch Grenzen gesetzt: Die Kausalanalyse arbeitet vollständig mit binären Variablen, also 0 und 1 beziehungsweise alles oder nichts. Das erscheint bei vielen Fehlfunktionen, die in der Forschungsrealität auftreten, als kaum angemessen oder jedenfalls nur für die ersten, gröbsten Analysen brauchbar.

Bei der Betrachtung wird im Übrigen deutlich, dass das Verhältnis von Systemanalyse und Kausalanalyse dringend einer näheren Klärung bedürfte: Die Ziele der Kausalanalyse und der Systemanalyse sind offenbar sehr ähnlich. Sie bestehen in der Aufklärung der grundlegenden kausalen Zusammenhänge, der Strukturen oder – in systemanalytischer Ausdrucksweise – der Topologie des Systems. Sie bedienen sich dabei jedoch unterschiedlicher Begrifflichkeiten und Verfahren, und sie sehen, zumindest *prima facie,* unterschiedliche Strukturen als basal an, wie sie Abb. 5.8 zusammengestellt sind. Manche Strukturen werden von Kausal- *und* Systemanalyse anerkannt; andere finden sich nur in einer der Disziplinen. Möglicherweise sind daher sowohl Kausal- wie Systemanalyse in dieser Hinsicht ergänzungsbedürftig. Es fällt auf, dass in der Kausalanalyse die in verschiedener Weise rückgekoppelten Strukturen zunächst nicht berücksichtigt werden. Allerdings erscheint es durchaus denkbar, die einschlägigen kausalanalytischen Verfahren in entsprechender Weise zu erweitern. Umgekehrt scheinen die von der Kausalanalyse, nicht aber der Systemanalyse, behandelten Strukturen in die Systemtheorie sogar noch einfacher zu integrieren zu sein.

Die genannten Strukturen sind also sämtlich solche, deren Aufklärung durch Fehlfunktionen auf systemanalytische oder kausalanalytische Weise einer Formalisierung zugänglich sind.

Ein weiteres Problem mit gängigen Kausalitätstheorien besteht darin, dass basale Entitäten Ereignisse sein sollen. Diese Vorstellung verträgt sich jedoch nicht ohne weiteres mit der basalen Ontologie üblicher naturwissenschaftlicher Ansätze, die vor allem von Gegenständen und materiellen Objekten ausgeht. Die Systemtheorie stößt in dieser Hinsicht nicht auf Probleme. Schließlich sind die verschiedenen Formen der Kausalanalyse und allgemein die verschiedenen Kausalitätstheorien auch deswegen

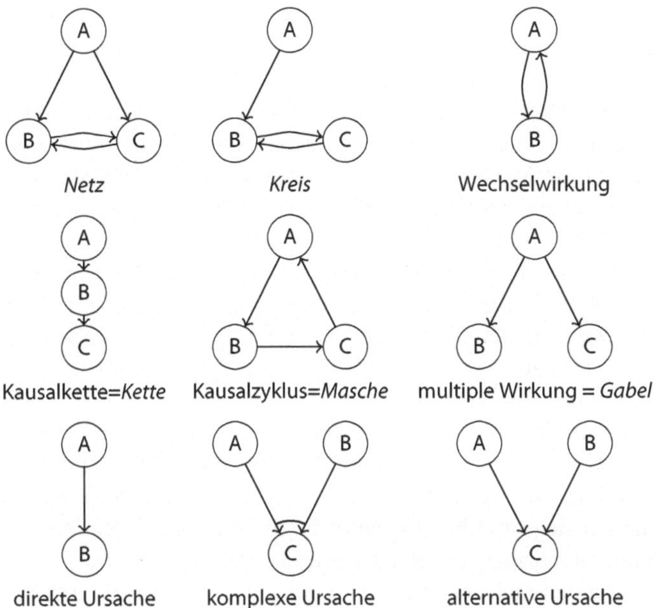

Abb. 5.8 Basale Strukturen der Systemanalyse (kursive Beschriftung) und der Kausalanalyse (aufrechte Beschriftung) in Graphendarstellung (Systemanalyse nach Bischof 2016, S. 96; Kausalanalyse nach Baumgartner und Graßhoff 2004, S. 70, umgezeichnet)

zu kritisieren, weil bei ihnen in aller Regel Ereignisse nur anwesend oder abwesend sein können, und es herrschen Alles-oder-nichts-Vorstellungen vor, wodurch graduelle Merkmalsausprägungen und quantitative Betrachtungen sehr im Hintergrund stehen. Die Systemanalyse bringt die Möglichkeiten, quantitative Unterschiede zu berücksichtigen, von Hause aus mit, jedoch scheinen auch für die verschiedenen Formen der Kausalanalyse derartige Erweiterungen prinzipiell möglich zu sein.

Die Methoden und Algorithmen des *kausalen Modellierens* stützen sich in der Grundform auf probabilistische Daten und lassen keinen unmittelbaren Bezug zu Fehlfunktions-Methoden erkennen. Hier wäre es interessant zu untersuchen, inwieweit dennoch Daten aufgrund von Fehlfunktionen – zum Beispiel aus Häufigkeitsverteilungen von Variablen, die nicht an normalen Systemen, sondern an Systemen, die Fehlfunktionen zeigen, geschädigten Systemen, Systemen mit Teilausfällen erhoben werden – die Sicherheit der üblichen Methoden des kausalen Modellierens verbessern könnten, indem sie die möglichen, mit den Daten vereinbaren Kausalstrukturen weiter einschränken helfen.

Die Anwendung von Verfahren des *kausalen Modellierens* auf zentrale methodische Probleme der *Kognitiven Neuropsychologie* (vgl. Abschn. 5.4.4) verwendet als Daten ganz überwiegend an hirnverletzten Patienten beobachtete oder in Testsituationen hervorgerufene Fehlleistungen. Die Formalisierung mit Mitteln der Graphentheorie führt Erweiterungen ein, die Knoten und Kanten bestimmte quantitative Merkmale zuschreiben. Die Chance der grundlegenden Strategie, durch

Beobachtung von Fehlfunktionen kognitive Strukturen zu bestimmen, wird dabei in Abhängigkeit vom Zutreffen bestimmter Vorausannahmen als eher pessimistisch bis gemäßigt optimistisch eingeschätzt.

Die Aufklärung kausaler Mechanismen schließlich zeigt noch einmal die herausragende Bedeutung, die der Begriff des Mechanismus, insbesondere des kausal interpretierten, und die Verfahren zu seiner Aufklärung im Bereich von komplexen Systemen heute angenommen hat. Fast alle hier diskutierten Ansätze, insbesondere „Zerlegen und Lokalisieren“, System- und Kausalanalyse, weisen enge Verbindungen hierzu auf, ob sie den Begriff des Mechanismus nun in den Mittelpunkt stellen oder nicht. Über die übrigen Verfahren hinaus zeigen die für die Aufklärung von Mechanismen verwendeten Verfahren, wie wichtig die Verfolgung nicht nur von Funktionen, sondern auch von Fehlfunktionen, durch einen Mechanismus oder ein System hindurch für sein Verständnis ist.

Als Ergebnis des Vergleichs von Fehlfunktions-Methoden und anderen, etablierten Methoden, Verfahren und Strategien der empirischen Forschungen lassen sich folgende Einsichten zusammenfassen: Einige Kernbereiche des Umgangs mit Fehlfunktionen lassen sich offenbar zwanglos an die formalen oder formalisierten Verfahren der Systemtheorie einerseits, der Kausalanalyse andererseits, ankoppeln. Auf diese Weise scheinen sich weite Bereiche der in den in dieser Arbeit diskutierten Fallbeispielen verwendeten Methoden rekonstruieren zu lassen.

6 Konsequenzen für eine normative Methodologie

Inwiefern kommt Verfahren, die sich auf Fehlfunktionen stützen, ein normativer Charakter zu? Im Lichte der in den vorigen Kapiteln diskutierten Fallbeispiele, ihrer Systematisierung und dem Vergleich mit verwandten Theorie- und Forschungsansätzen wird nun versucht, aus den vielfältigen Verfahren des Erkenntnisgewinns aus Fehlfunktionen ein Gerüst normativ gefasster Regeln abzuleiten und zusammenzustellen, zugleich aber auch das Ausmaß und die Berechtigung des jeweiligen normativen Anspruchs der so formulierten Regeln näher einzugrenzen. Der Entwurf von Elementen einer normativen Methodologie setzt die Klärung der Frage voraus, durch welche Merkmale sich normative oder rationale Methodologien auszeichnen; diese Diskussion ist in Abschn. 2.1 vorgenommen worden (zur Frage einer rationalen Heuristik vgl. auch Schweitzer 2003).

6.1 Vorliegende normative Methodologien

In diesem Abschnitt soll zunächst auf die normativen Aspekte vorliegender traditioneller und zeitgenössischer Methodologien hingewiesen werden, die im vorigen Abschnitt vorgestellt wurden, also Methodologien, die ähnliche Schwerpunkte setzen wie diejenigen, die für die Fehlfunktions-Methoden als bedeutsam herausgearbeitet wurden und die zugleich normative Elemente enthalten beziehungsweise ins Normative ausgreifen.

6.1.1 Fehlfunktions-Methoden und die Methoden von Mill und Bernard

Der Methodenkanon von John Stuart Mill stellt immer noch eine wichtige, wenn auch oft nur unbewusst genutzte Grundlage zum Entwurf für Forschungsdesigns und die Anlage von Experimenten dar – auch wenn andere Teile von Mills

B. Schweitzer, *Der Erkenntniswert von Fehlfunktionen*,
https://doi.org/10.1007/978-3-476-04951-3_6

Wissenschaftstheorie, besonders seine induktive Methode, als überholt gelten. Vor allem in Biologie, Medizin und Psychologie werden die Millschen Methoden – nicht als sichere Wege zur Erkenntnis, wohl aber als heuristische Verfahren – nach wie vor eingesetzt.

Das bedeutet, dass die Methoden von John Stuart Mill in vielen Bereichen noch durchaus als aktuell gelten können. So heißt es zum „methodischen Vorgehen in der empirischen Forschung": „Grundlage der Experimente ist gewöhnlich eine der fünf Methoden J. St. Mill[s], wobei die Differenzmethode meist bevorzugt wird. (Sie ist dadurch gekennzeichnet, dass sich Experiment und Kontrollexperiment nur in der zu untersuchenden Einflußgröße unterscheiden.)" (Röpke 1983, S. 92).

Mills Methoden stellen wesentliche Bausteine von Methodiken mittlerer Reichweite dar, die weder so allgemein sind wie etwa die Popperschen Empfehlungen der Falsifikation oder kritischen Prüfung noch so speziell wie konkrete Anleitungen, etwa zur Identifikation von Substanzen oder zur Messung physikalischer Größen. Die Millschen Methoden können sowohl zur Generierung als auch zur Prüfung von Hypothesen wesentliches beitragen, weil zum Beispiel die Millsche Unterschiedsmethode dazu anleitet, Faktoren voneinander zu trennen, Vorstellungen über den Aufbau unbekannter Gegenstände zu entwickeln, aber auch dazu anleitet, wie aus den so gewonnenen Hypothesen abgeleitete Vorhersagen an der Erfahrung geprüft werden können. Allerdings werden sie in der Forschungspraxis weitgehend unbewusst eingesetzt und nur selten explizit diskutiert (eine Ausnahme stellt Schaffner 1993 dar).

Die Millschen Methoden erscheinen auch direkt relevant für experimentelle Designs, die mit Fehlfunktionen zu tun haben: Einige typische Formen des Einsatzes von Fehlfunktionen zum Erkenntnisgewinn drehen sich schließlich darum, Zusammenhänge zwischen der An- beziehungsweise Abwesenheit von Merkmalen und der An- beziehungsweise Abwesenheit von Verhaltensäußerungen herzustellen. Und gerade die Abwesenheit eines normalerweise vorhandenen Verhaltens erscheint häufig als Ausfall oder Fehlfunktion und kann in eine Auswertung anhand der Millschen Unterschiedsmethode eingehen oder eine solche überhaupt erst anregen.

Mill selbst hat sogar schon an einer Stelle auf den Zusammenhang von Fehlfunktionen – er spricht von „pathologischen Tatsachen" – und Erkenntnisgewinn hingewiesen; er nennt die beiden typischen Formen des Einsatzes von Fehlfunktionen in der Forschung, nämlich Beobachten beziehungsweise gezieltes Ausschauhalten nach Fehlfunktionen und die gezielte Beschädigung mit dem Ziel der Erzeugung von Fehlfunktionen:

> Man hat treffend bemerkt, dass pathologische Thatsachen, oder einfacher gesprochen Krankheiten, in ihren verschiedenen Formen und Abstufungen der physiologischen Forschung den werthvollsten Ersatz für den eigentlichen Versuch gewähren; denn sie bieten uns oft eine bestimmte Störung in irgend einem Organ oder der Function eines Organs dar, während die übrigen Organe und Functionen zunächst wenigstens unverändert bleiben. [...]
>
> Abgesehen von natürlichen pathologischen Tatsachen können wir auch künstlich solche hervorrufen, wir können Versuche auch im gewöhnlichen Sinne der Wortes anstellen, indem wir das lebende Wesen einem äußeren Einfluß [...] unterwerfen, oder einen Nerv durchschneiden, um die Functionen der verschiedenen Theile des Nervensystems zu ermitteln. (Mill 1869–1880, Bd. 2, S. 163 f.)

Auch wenn diese Einsicht nicht systematisch ausgearbeitet wird, so ist Mill deswegen doch ein wichtiger Zeuge für die Bedeutung der Fehlfunktions-Methodik. In gleicher Weise wichtig ist Mill für diese Arbeit aber auch, weil er eine weithin anerkannte allgemeine und auch normative Methodologie entwirft, die sich – meist unbewusst, nur gelegentlich bewusst – der Analyse von Fehlfunktionen bedient. Mill – und auch Bernard – liefern daher einen Rahmen, der es ermöglicht, wesentliche Teile der Fehlfunktions-Methodik als Spezialfälle der Millschen Methoden, speziell der Unterschiedsmethode, einzuordnen.

Claude Bernard hat seine Methode des vergleichenden Experimentierens als die „wahre Grundlage der experimentellen Medizin" aufgefasst (Bernard 1961, S. 185) – man wird sie insofern als die geeignetste, die empfehlenswerteste Methode bezeichnen dürfen und Bernards Methodologie daher als normative Methodologie ansprechen können.

6.1.2 Fehlfunktions-Methoden und ihr Verhältnis zu modernen Methodologien

Die hier diskutierten modernen Methodologien aus den verschiedenen Formen der Analyse von Mechanismen, der Systemanalyse und der Kausalanalyse bestätigen ebenfalls in vielfältigen, wenn auch verstreuten Äußerungen den Wert der Berücksichtigung von Fehlfunktionen in der Forschung. Für diese Arbeit sind die genannten Methodologien vor allem deshalb von Interesse, weil sie aus moderner Sichtweise Methodenlehren entwerfen, die wiederum als Rahmen für die Verortung der hier analysierten Fehlfunktions-Methodik dienen können.

Einige Teile der Fehlfunktions-Methodik lassen sich als konkrete Ausprägung und praktische Umsetzung der von Bischof als notwendig (und daher *a fortiori* empfehlenswert) herausgearbeiteten grundlegenden Verfahren der Systemanalyse, nämlich der „Manipulation" und der „Aufschneidung", auffassen. Die Methoden der Systemtheorie tragen nach Bischof durchaus normativen Charakter. Dies wird etwa deutlich, wenn betont wird: „Generell kann man sagen, daß Zeitvergleiche bei der Systemanalyse nur in besonders gelagerten Fällen das Mittel der Wahl sind. Meist wird man stattdessen, realiter oder wenigstens im Gedankenexperiment, auf die […] Verfahren der Manipulation und der Aufschneidung zurückzugreifen haben" (Bischof 2016, S. 99).

Vor allem die „Aufschneidung" als gezielte Unterbrechung des Signalflusses an einer bestimmten Stelle in einem System ist eng mit der Erzeugung und Auswertung von Fehlfunktionen verbunden: Wenn eine gezielte „Aufschneidung" möglich ist, wird man die erfolgreiche Durchführung typischerweise anhand einer auftretenden Fehlfunktion erkennen. Und wenn keine gezielte „Aufschneidung" erreicht werden kann, sei es aus moralischen, kognitiven oder experimentellen Gründen, hilft oft nur die Beobachtung und Analyse von Fehlfunktionen dabei, Indizien für eine spontan stattgefundene „Aufschneidung" aufzufinden. Weil Bischof die Verfahren der „Manipulation" und „Aufschneidung" als unerlässlich für die strukturelle Systemanalyse auf allen Ebenen ansieht – und damit als normativ geboten –, und weil Fehlfunktionen dabei eine so große Rolle spielen, lässt sich der weitergehende Schluss ziehen, dass für jede strukturelle Systemanalyse im Sinne Bischofs die Untersuchung von Fehlfunktionen dringend zu empfehlen ist.

Ähnlich wie in der Systemanalyse werden auch im Zusammenhang mit kausalanalytischen Theorien normative Ansprüche erhoben. So heißt es dort:

> Das Ziehen kausaler Schlüsse soll nicht intuitionsgeleitet bleiben, sondern normiert und auf ein solides Fundament von Regeln gestellt werden, die bei geeigneter Ausgangsinformation einen verläßlichen Schluß auf Ursachen und Wirkungen zulassen. (Baumgartner und Graßhoff 2004, S. 175 f.)

Andere Teile der Fehlfunktions-Methodik überlappen mit den inhibitorischen (teilweise auch mit den exzitatorischen) „Techniken", die Bechtel und Richardson als wichtige Bestandteile der sogenannten „analytischen Strategie" im Rahmen der Heuristiken der „Zerlegung und Lokalisation" identifizieren (vgl. Bechtel und Richardson 1993). Auch hier wird nur einer der Aspekte der hier diskutierten Fehlfunktions-Methodik gesehen, nämlich die Rolle der gezielten Störung oder Hemmung bestimmter Teilsysteme oder Vorgänge in einem System – beziehungsweise der gezielten (zusätzlichen) Erregung von Teilsystemen oder Vorgängen. Auch hier besteht der enge Zusammenhang mit Fehlfunktionen darin, dass erstens sehr viele der beschriebenen Hemmungs- wie auch der Erregungsexperimente beobachtbare Fehlfunktionen des Systems zur Folge haben, und dass zweitens gezielte Eingriffe der geschilderten Art nicht bei jedem System und jeder Fragestellung möglich sind. In diesen Fällen erscheint ein indirektes Vorgehen, das von der beobachteten Fehlfunktion auf eine vorliegende Störung oder Erregung zurückschließt, als einzig gangbarer Weg. Die klare und deutliche Empfehlung des Einsatzes inhibitorischer und exzitatorischer Techniken durch Bechtel und Richardson lässt sich daher unter Beiziehung der Fehlfunktions-Methodik als nachdrückliche normative Empfehlung der Berücksichtigung von Fehlfunktionen interpretieren.

Die normativen Empfehlungen lassen sich dabei wie folgt zusammenfassen: Bei unbekannten komplexen Systemen, beispielsweise aus Biologie und Psychologie, sollte man sowohl analytische als auch synthetische Strategien verfolgen. Man sollte versuchen, herauszufinden, welche Teile das System enthält, was sie tun und welche Wechselwirkungen zwischen ihnen bestehen. Man sollte auch reale oder gedankliche Modelle des Systems entwerfen und verfeinern. Darüber hinaus sollte man versuchen, Daten und Modelle aufeinander zu beziehen. Bei der analytischen Strategie, besonders aber bei unbekannten Systemen, empfiehlt es sich stets, zunächst die Heuristiken der Zerlegung und Lokalisation anzuwenden. Dabei kann es sich oftmals lohnen, inhibitorische oder exzitatorische Studien durchzuführen. Dieser letzte Ratschlag lässt sich übersetzen in die Empfehlung: *Versuche mehr oder weniger gezielt, durch Beschädigung, Hemmung oder Abtrennung einerseits, Stimulierung oder Überversorgung andererseits, interessante Effekte – von denen typischerweise viele Fehlfunktionen sein werden – aufzufinden.*

Schließlich finden sich Teile der Fehlfunktions-Methodik auch wieder in den modernen, weiterentwickelten Formen der Methodologien von Mill und Bernard, die bei Schaffner diskutiert und zusammengestellt werden (vgl. Schaffner 1993).

Schaffner hatte in einer Reihe zeitgenössischer biomedizinischer Untersuchungen die zugrundeliegende Logik analysiert und dabei die Millsche Unterschiedsmethode beziehungsweise Bernards Methode des vergleichenden Experimentierens als Basis identifiziert. Als Fälle der Unterschiedsmethode werden die verwendeten Verfahren dabei von den Einzelwissenschaftlern in der Regel nicht bezeichnet, sondern als Verwendung von Positiv- und Negativkontrollen oder ähnlich, doch kann Schaffner eine klare Übereinstimmung mit der Millschen Unterschiedsmethode zeigen. Dabei wird den Methoden des Vergleichenden Experimentierens als Verfahren der Entdeckung und der Erklärung in Biologie und Medizin normative Kraft zugeschrieben. Kenneth Schaffner sieht dieses Unternehmen nicht nur als deskriptiv, sondern auch als normativ an; seine Absicht ist „to formulate the outlines of a normative theory of scientific discovery" (Schaffner 1993, S. 21, 170). Als Ergebnis wird dabei der folgende *normative* Ratschlag herausgearbeitet: Die Millsche Unterschiedsmethode, ergänzt durch statistische Interpretation (was zusammen etwa Mills Methode der begleitenden Veränderungen entspricht) sei oft *die geeignetste Methode* der experimentellen Forschung, um auf empirische und direkte Weise wissenschaftliche Behauptungen aufzustellen (Schaffner 1993, S. 145). Zugleich wird diese Methode als eines der grundlegenden Verfahren empfohlen, um eine „rationale" Bestimmung von Ursachen oder Funktionen in Biologie und Medizin sicherzustellen.

Über Schaffner hinausgehend kann man auch hier, zwar nicht explizit, aber doch aufgrund der genannten Beispiele den bedeutenden Beitrag von Fehlfunktionen zu den diskutierten biomedizinischen Untersuchungen deutlich erkennen. Auch hier finden Fehlfunktionen also mittelbar Eingang in eine normative Methodologie. Da Schaffner deutlich macht, dass die Unterschiedsmethode für viele Probleme der biomedizinischen Forschung empfehlenswert ist, und da hier versucht wurde, plausibel zu machen, dass Fehlfunktionen einen wichtigen, bisweilen unersetzbaren Anteil an der praktischen Durchführung von Untersuchungen nach der Unterschiedsmethode haben, ergibt sich daraus die Empfehlung, Fehlfunktionen in diesem Kontext unbedingt zu berücksichtigen.

6.2 Grundzüge einer *normativen* Fehlfunktions-Methode

6.2.1 Darstellung

Angelehnt an die in dieser Arbeit zu einer deskriptiven Methodik zusammengestellten elf typischen Schritte bei der Analyse komplexer Systeme – und die Beiträge von Fehlfunktionen dazu – und unter Berücksichtigung der normativen Anteile der übrigen hier diskutierten wissenschaftlichen Strategien werden im Folgenden elf Gruppen von Empfehlungen (im Einzelfall auch Vorschriften und Forderungen) für den Einsatz von Fehlfunktionen in der wissenschaftlichen Forschung vorgestellt. Fehlfunktionen haben allerdings für die verschiedenen Schritte auch verschiedenes Gewicht: Wie hier herausgearbeitet wurde, können Fehlfunktionen besonders beim Auffinden von Problemen (1), beim Bestimmen der Funktion (4), der relevanten

Ein- und Ausgänge (5) und der Eingabe-Ausgabe-Beziehungen (6), beim Charakterisieren innerer Zustände (7), bei Funktionalanalysen (8) und bei der Lokalisierung von Funktionen (9) wichtige Beiträge leisten. An diesen Stellen werden die Empfehlungen demnach auch am klarsten und am nachdrücklichsten ausfallen.

6.2.1.1 Auffinden von Problemen

Es wurde festgestellt, dass Fehlfunktionen bei vielen verschiedenen Wissenschaften zum Auffinden interessanter Systeme oder Probleme beigetragen oder deren Entdeckung überhaupt erst ermöglicht haben. Daher lässt sich ganz allgemein empfehlen:

Achte nicht nur auf die Funktionen und Leistungen, sondern auch – oder sogar vor allem – auf die Fehlleistungen und Fehlfunktionen der untersuchten Gegenstände.

Diese Empfehlung ist ein typischer heuristischer Ratschlag, denn sie garantiert keine interessanten Funde; aber sie schadet auch im Allgemeinen nichts (es sei denn, man verwendete zu viel Zeit und Energie auf die Suche nach Fehlfunktionen und vernachlässigte damit andere, aussichtsreichere Ansätze). Nach den hier gemachten Feststellungen dürfte es im Allgemeinen eher schaden, wenn man Fehlfunktionen überhaupt *nicht* berücksichtigt, denn damit wird das Auffinden bestimmter Arten von Systemen – zum Beispiel sogenannter „transparenter" Systeme – deutlich erschwert, wenn nicht gar unmöglich gemacht. Ergänzende Ratschläge lauten:

Sammle die Beobachtungen über Fehlfunktionen, vergleiche sie, tausche sie mit Fachkolleginnen und -kollegen aus – kurz: erstelle *Profile* von Leistungen und Fehlfunktionen.

Ein verwandter Ratschlag, den man aber nicht mit dem vorigen verwechseln sollte, lautet:

Achte auf Anomalien, Unregelmäßigkeiten, Probleme, Misserfolge, Versagen von Theorien *über die untersuchten Gegenstände.*

Dieser Ratschlag ist viel allgemeiner, denn er kann beanspruchen, für *alle* Forschungsgegenstände zu gelten, auch für Systeme, die keine Funktionen aufweisen, also beispielsweise physikalische oder chemische Systeme. Der Ratschlag klingt zwar fast trivial, wird aber dennoch in der Praxis nicht immer genügend beherzigt – vergleiche schon die Klagen von Claude Bernard (siehe Abschn. 5.1.2) sowie später von Konrad Lorenz und Karl Popper.

Da die Definition von Fehlfunktionen nicht immer zweifelsfrei möglich ist und da darüber hinaus die Einordnung und Interpretation einer Erscheinung als Funktion oder Fehlfunktion von eigenständigem wissenschaftlichem Interesse sein kann, muss zudem empfohlen werden:

Betrachte kritisch, ob die zunächst, vorläufig, probeweise vorgenommene Einordnung einer Erscheinung als Fehlfunktion tatsächlich gerechtfertigt werden kann. Prüfe vor allem, aus Sicht welcher Ebene oder bezogen auf welche Entität etwas als Fehlfunktion gelten kann oder nicht.

6.2.1.2 Abgrenzung

Die Abgrenzung des Untersuchungsgegenstandes von seiner Umwelt war als typischer Schritt bei der Untersuchung komplexer Systeme gekennzeichnet worden. Fehlfunktionen tragen nach den hier erhobenen Befunden neben dem Auffinden auch zum Abgrenzen von interessanten und untersuchenswerten Systemen bei, indem sie beispielsweise durch selektiven Ausfall die relative Unabhängigkeit eines Systems von seiner Umgebung anzeigen. Dem Auffinden und Abgrenzen eines Systems von seiner Umgebung entspricht in vielem – wenn auch auf einer tieferen Ebene – das Auffinden und Abgrenzen von *Sub*systemen eines untersuchten Systems. Die normativen Folgerungen, die sich aus diesem Befund ziehen lassen, werden daher bei Schritt 7 besprochen.

6.2.1.3 Materielle Struktur

Der Versuch, die physische Zusammensetzung und die materielle Struktur eines Systems aufzuklären, ist ein weiterer typischer Schritt bei der Analyse komplexer realer Systeme. Dazu existiert eine Vielzahl von Methoden, die zunächst nicht auf Fehlfunktionen angewiesen sind, und die derart üblich sind, dass man deren Einsatz kaum noch gesondert empfehlen muss. Aber auch Fehlfunktionen können, wie zu sehen war, Entscheidendes zur Aufklärung des strukturellen Aufbaus von Systemen beitragen: Beispielsweise kann man bei vielen Systemen, die unter normalen Bedingungen von der Struktur her einheitlich erscheinen, oft erst bei Be- oder Überlastung die Fugen und Schwachstellen erkennen und damit die Zusammensetzung erschließen:

> Eine Brücke verhält sich unter üblichen Einsatzbedingungen einfach wie eine relativ ebene glatte Fläche, auf der Fahrzeuge bewegt werden können. Erst wenn sie überladen wird, erfahren wir etwas über die physikalischen Eigenschaften der Materialien, aus denen sie zusammengesetzt ist. (Simon 1994, S. 12)

Daraus lassen sich folgende Ratschläge gewinnen:

Achte bei der Strukturuntersuchung auf Fehlfunktionen, die etwas *über die Struktur des Systems* verraten!

Versuche, solche aufschlussreichen Fehlfunktionen gezielt hervorzurufen, etwa durch *Überlastung* des Systems! Ist dies nicht möglich oder nicht erlaubt, dann versuche, *spontan* auftretende Fehlfunktionen für Beobachtungen und Experimente zu nutzen.

6.2.1.4 Funktion

Bei komplexen undurchschauten Systemen ist es nützlich, nach der Funktion oder Leistung des Systems zu forschen. Einerseits möchte man noch unbekannte

Funktionen kennenlernen, andererseits lässt die genauere Kenntnis der Funktion häufig Rückschlüsse auf die Beschaffenheit eines Systems zu. Auch hier war zu sehen, dass gerade die Beobachtung von Fehlfunktionen entscheidende Anregungen für die Bestimmung von Funktionen geben konnte. Daher dürfte die Anregung berechtigt sein:

Achte besonders auf Fehlfunktionen, die darauf hindeuten, welche *Funktion* oder *Rolle* ein System im Rahmen eines umfassenderen Systems spielt – denn dies erfährst du am sichersten, wenn du Fälle des Versagens untersuchst oder selbst gezielt herbeiführst.

Dieser vierte Schritt hat engen Bezug zu Schritt 8, bei dem es um Funktionszuschreibungen für *Subsysteme* eines untersuchten Systems gehen wird.

6.2.1.5 Beziehungen zur Umwelt

Ein nächster Schritt besteht darin, die Beziehungen eines Systems zu seiner Umgebung zu charakterisieren, genauer, die Einflüsse, die von außen auf das System wirken, und umgekehrt die Einflüsse, die das System auf die Umgebung ausübt, – kurz: die relevanten Ein- und Ausgänge des Systems – aufzufinden. Man wird also versuchen festzustellen, auf welche Einflüsse das System überhaupt reagiert und auf welche nicht, und welche Reaktionen des Systems auf die Umgebung auftreten.

Es ist bereits gezeigt worden, dass Fehlfunktionen auch zu diesem Schritt wertvolle Beiträge liefern können, denn häufig erkennt man einen Einfluss der Umgebung erst dadurch, dass sich das System dabei abweichend verhält oder gar versagt – natürlich kann es gelegentlich auch *besser* funktionieren. Und auch zur Erkennung nicht ohne weiteres offensichtlicher Einflüsse des Systems auf die Umgebung tragen Fehlfunktionen viel bei (besonders bei homöostatischen Systemen; Beispiel: defekter Thermostat).

Häufig ist es auch leichter, Fehlfunktionen zu registrieren und daraufhin die entscheidenden Einflüsse zu suchen, als auf Verdacht sehr viele verschiedene mögliche Einflüsse auf ihre Wirkungen hin durchzutesten. In besonderen Fällen ist es möglich, durch Fehler in der Eingabe Fehler in der Ausgabe hervorzurufen; dann hat man die Möglichkeit, den Weg des Fehlers durch das System hindurch zu verfolgen.

Schwierigkeiten bei diesem Schritt ergeben sich bei Systemen, die auf eine quantitative Änderung bestimmter Einflüsse in weiten Bereichen überhaupt nicht reagieren, sondern sich erst bei extremen Eingabewerten oder auch erst nach der Beschädigung von Teilen des Systems anders verhalten. Hier könnte man zunächst schließen, das System werde bezüglich bestimmter Parameter gar nicht von der Umwelt beeinflusst. Zu solchen stabilen oder robusten Systemen zählen mit Regelkreisen versehene, homöostatische, redundant aufgebaute, besonders aber ultrastabile (also mit mehreren hintereinandergeschalteten Regelungsmechanismen versehene) Systeme. Die Empfehlung lautet deshalb:

Achte auf Fehlfunktionen, die Hinweise darauf geben, welche Einflüsse auf das System wirken und wie das System seinerseits auf die Umgebung wirkt.

Unterscheide zwischen Fehlfunktionen, die spontan auftreten, von solchen, die durch quantitativ veränderte Eingabewerte, durch qualitativ untypische Eingaben (auch ein Schlag auf das Auge kann eine optische Empfindung, nämlich das bekannte „Sternchen-Sehen“, hervorrufen) oder durch Veränderung oder Beschädigung der Systemstruktur entstehen. Untersuche, unter welchen Umweltbedingungen das System normal reagiert und unter welchen nicht. Untersuche, wie sich Fehler durch das System hindurch fortpflanzen. Versuche auch, aus neuartigem Verhalten nach Veränderung der Systemstruktur Schlüsse auf diese Struktur zu ziehen.

6.2.1.6 Eingabe-Ausgabe-Relationen

Ein weiterer, zugleich der abschließende Schritt einer reinen Verhaltensanalyse, bestimmt qualitativ und quantitativ, wie das Systemverhalten von den wirkenden Einflüssen abhängt, ermittelt also Eingabe-Ausgabe-Relationen, die auch als Reiz-Reaktions-Zusammenhänge oder als Übertragungsverhalten bezeichnet werden. Das Ergebnis einer bis hierher verfolgten Systemanalyse besteht in einem sogenannten phänomenologischen oder *black-box*-Modell, durch welches das *Verhalten* eines Systems möglichst vollständig beschrieben wird. Eine *Erklärung* des Verhaltens, beispielsweise durch Angabe von Mechanismen, ist dagegen noch nicht erfolgt. Sie wird auch nicht von allen Disziplinen beabsichtigt, von manchen wird sie gar ausdrücklich abgelehnt.

Nach den hier erzielten Ergebnissen ist die Analyse von Fehlfunktionen bei diesem Schritt in vielen Fällen nützlich: Vor allem sind hier solche Fehlfunktionen zu nennen, die regelmäßig bei intakten Systemen auftreten, etwa bei extremen Eingabewerten oder ungewöhnlichen Reizkombinationen, aber auch solche, die auf die Grenzen der Funktionsfähigkeit eines Systems hinweisen. Daher lassen sich folgende Empfehlungen daraus ableiten:

Achte auf alle überraschenden Reaktionen des Systems! Erweitere so deinen Katalog möglicher Verhaltensweisen des Systems. Versuche auch, solche Reaktionen experimentell durch Reize und Reizkombinationen hervorzurufen oder zu reproduzieren.

Achte bei der Untersuchung von Eingabe-Ausgabe-Relationen besonders auf Eingaben (Reize, Reizkombinationen), die – verglichen mit der Funktion oder Leistung des Systems – fehlerhafte Reaktionen darstellen. Achte besonders auf begrenzte und spezifische, weniger dagegen auf globale Fehler.

Untersuche auch die Eingabe-Ausgabe-Relationen an veränderten, insbesondere beschädigten Systemen oder auch an Systemen unter Stress!

- Prüfe bei spontan aufgetretenen Fehlfunktionen, besonders bei solchen, die bei ansonsten „normalen“ Eingabewerten auftreten, ob physische Veränderung oder Beschädigung des Systems oder Stress vorliegt.
- Versuche durch ungezielte Beschädigung oder Stress, Fehlfunktionen zu erzeugen.

- Versuche durch gezielte Beschädigung oder Stress, Fehlfunktionen zu erzeugen (bei c gehen eventuell schon genauere Vorstellungen über das System, etwa durch Ergebnisse aus Schritt 3 oder auch den Schritten 7, 8 und 9 mit ein!).

Als wesentliches Werkzeug zum Auffinden der Ein- und Ausgänge eines Systems und zum Bestimmen der Eingabe-Ausgabe-Relationen wurde das Verfahren der „Manipulation" genannt (vgl. Bischof 2016). Bei genauer Betrachtung stellt man fest, dass viele der dort als Beispiele genannten Manipulationen auf die Erzeugung oder Auswertung von Fehlfunktionen gerichtet sind – ohne dass diese Tatsache zum Thema gemacht würde.

Bei der Verhaltensanalyse (hier Schritte 6 und 7) gilt wie auch sonst: Wie eine zu beobachtende Funktion zustande kommt, dafür gibt es viele Möglichkeiten – aber nicht alle lassen sich mit den am selben Gegenstand auftretenden *Fehlfunktionen* vereinbaren. Gerade darin liegt der besondere Erkenntniswert von Fehlfunktionen.

6.2.1.7 Innere Zustände

Über die reine Verhaltensanalyse hinaus geht ein weiterer Schritt, in dem begonnen wird, Vorstellungen über innere Zustände und Komponenten des Systems zu gewinnen. Typische Resultate dieses Schritts sind sogenannte „konzeptionelle" oder *grey-box*-Modelle. Das Auffinden und Abgrenzen von Subsystemen steht im Vordergrund, während eine genauere Charakterisierung der Subsysteme und ihrer Beziehungen untereinander noch dem nächsten Schritt überlassen bleibt. Das Auffinden und Abgrenzen von *Subsystemen* eines Systems zeigt deutliche Parallelen zum anfänglichen Auffinden und Abgrenzen eines zu untersuchenden *Systems* nach Schritt 1 und 2.

Dieser Schritt (einschließlich des nächsten) ist im Übrigen auch Ziel der Heuristik oder Strategie der „Zerlegung" eines Systems in Teilsysteme, der bei Bechtel und Richardson gründlich diskutiert wird (vgl. Bechtel und Richardson 1993 – die zweite dort behandelte Heuristik, die der „Lokalisierung", hat ihre Entsprechung in Schritt 9).

Anhaltspunkte für das Aufstellen solcher *grey-box*-Modelle können aus der Auswertung von Eingabe-Ausgabe-Relationen, aus der Funktionsbestimmung, aus Analogien mit bereits bekannten Systemarchitekturen, aus Strukturdaten, aber auch aus Daten über Fehlfunktionen stammen.

Fehlfunktionen spielen in diesem Schritt eine besonders wichtige Rolle: Sie geben Hinweise auf Modularität und Fraktionierung eines Systems (durch selektive Ausfälle, aber auch selektive Verschonungen, und durch gezielte oder ungezielte Kompensation von Ausfällen) (vgl. Schritt 2), sie helfen beim Auffinden „transparenter" Subsysteme (vgl. Schritt 1), beim Auffinden von (flüchtigen) Zwischenstadien, beim Auffinden im Systemzusammenhang gehemmter Komponenten, beim Auffinden von redundanten, ultrastabilen und ähnlichen Subsystemen, und sie tragen dazu bei, die Komplexität eines Systems nach oben und unten einzugrenzen.

Die Berücksichtigung von Fehlfunktionen kann man daher bei diesem Schritt besonders nachdrücklich empfehlen. Die Ratschläge lauten im Einzelnen:

Suche nach Hinweisen auf Modularität des Systems und Fraktionierung in einzelne Subsysteme (aber auch nach Anzeichen für eingeschränkte oder fehlende Modularität). Besonders gute Hinweise für einen modularen Aufbau sind selektive Fehlfunktionen und Ausfälle, bei denen nur eine oder wenige Verhaltensweisen oder Fähigkeiten beeinträchtigt sind, während die anderen weitgehend normal erhalten bleiben.

Suche gezielt nach Dissoziationen – also Situationen, in denen eine Verhaltensäußerung A ausfallen kann, ohne dass dabei jemals eine zweite Verhaltensäußerung B beeinträchtigt ist. Suche insbesondere nach doppelten Dissoziationen – Situationen, in denen A unabhängig von B ausfallen kann, aber auch B unabhängig von A – und registriere sie. Nimm solche Dissoziationen, besonders doppelte Dissoziationen, als Hinweis, wenn auch nicht als Garantie, für die Existenz unterschiedlicher Subsysteme, die dann vermutlich getrennt für die Verhaltensäußerung A beziehungsweise B zuständig sind. Beachte auch Assoziationen oder Korrelationen zwischen Verhaltensäußerungen, die etwa darin bestehen können, dass A und B stets gemeinsam ausfallen. Aber berücksichtige auch, dass Assoziationen als nur eingeschränkt aussagekräftig angesehen werden, weil es sich gezeigt hat, dass sie auch auf bloß nebensächlichen Gemeinsamkeiten der beiden Systeme beruhen können.

Suche nach Anzeichen für „transparente" Subsysteme – vor allem bei spontan und unabsichtlich oder planmäßig im Experiment beschädigten Systemen. Typische Hinweise auf „transparente" Systeme bestehen darin, dass normalerweise konstante Parameter auf einmal variieren; oder wenn eine normalerweise unverzerrte Übertragung auf einmal Verzerrungen aufweist.

Suche nach Anzeichen für flüchtige Zwischenstadien – die im Output auftauchen oder sich im System auf irgendeine Weise anreichern.

Suche nach Anzeichen für gehemmte Komponenten – typisch wäre etwa, wenn sich nach oder trotz Beschädigung ein Aspekt des Verhaltens quantitativ steigert oder neuartige Verhaltensäußerungen hinzukommen (ein Beispiel aus der Zellzyklus-Genetik: wenn das Gen wee1 aus der Hefeart *Schizosaccharomyces pombe* beschädigt wird, läuft der Zellzyklus schneller ab; daraus schließt man, dass *wee1* normalerweise den Zyklus inhibiert) oder wenn ein Vorgang weiterhin funktioniert, wenn auch auf etwas andere Weise, obwohl die (vermutlich) dafür verantwortliche Komponente entfernt oder zerstört wurde (beispielsweise hat das Herz mehrere Zentren, die seine Aktivität steuern, und wenn eine ausfällt, kann eine andere, wenn auch mit anderer Frequenz, dafür einspringen).

Suche nach Anzeichen für redundante, homöostatische, stabile und ultrastabile Subsysteme. Solche Anzeichen gewinnt man oft nur über mehrfache, gezielte Beschädigung, und dies ist oft sehr schwierig, solange man die Systemstruktur noch nicht oder nicht genau genug kennt. Ein Beispiel aus der Zellzyklus-Genetik stellen die sogenannten Cycline dar. Man hielt diese Proteine zunächst für unwesentlich für den Ablauf des Zellzyklus, weil das Fehlen jedes einzelnen Cyclins keine Auswirkungen hat. Erst als man vermutete, dass es eine Cyclin-Familie gibt, deren Mitglieder sich gegenseitig vertreten können, versuchte man alle Cycline zugleich zu beseitigen, und konnte so beginnen, ihre Rolle zu bestimmen.

Suche nach Anzeichen, die die Komplexität eines Systems nach oben und unten eingrenzen.

6.2.1.8 Erstellung funktionaler Modelle

Der achte Schritt in dieser Skizze wissenschaftlichen Vorgehens gilt der *Erstellung funktionaler Modelle*. Dieser Schritt wird in den verschiedenen Disziplinen durch unterschiedliche Begriffe bezeichnet, die aber weitgehend gleichbedeutend sind: Systemanalyse (im engeren Sinne), Funktionalanalyse, Kausalanalyse, Aufklärung des Wirkungsgefüges oder der funktionalen Architektur, Erstellung von funktionalen Schemata, von „Kästchen-und-Pfeil-Modellen", von Software- oder algorithmischen Modellen. Die Systemtheorie unterscheidet noch mehrere Stufen der Systemanalyse, nämlich qualitative (strukturelle, topologische) und quantitative Stufen (mindestens stationäre und dynamische; vgl. Bischof 2016). In einem weiteren Sinne umfasst die Systemanalyse sogar alle zuvor genannten Schritte.

Über die Mittel einer solche Systemanalyse finden sich verschiedene Auffassungen: Bei einigen Autoren heißt es dazu lediglich, man müsse eine komplexe Leistung in Teilleistungen zerlegen und angeben, in welcher Reihenfolge die Teilleistungen ausgeführt werden müssen, um die Gesamtleistung zu erhalten – ein strikt modularer und serieller Ansatz (Cummins 1975). Die Systemtheorie bemüht sich dagegen auch um Methoden zur Aufklärung komplizierterer Zusammenhänge und denkt weitgehend modular, aber nicht nur seriell (vgl. Bischof 2016). Und neuere Ansätze berücksichtigen auch die Möglichkeit nichtmodularer, also netzwerkartiger Systemstrukturen (vgl. Rumelhart und McClelland 1986; Shallice 1988).

Fehlfunktionen spielen bei der funktionalen Analyse eine besonders wichtige Rolle: Sie können helfen, Abhängigkeiten und Reihenfolgen von Schritten eines Prozesse aufzuklären, und tragen auch zur Analyse komplexerer Systemstrukturen bei (vgl. die Methode der „Aufschneidung" bei Bischof 2016; siehe Abschn. 5.3.2). Die Empfehlungen für die Erstellung funktionaler Modelle lauten daher:

Versuche, direkte und indirekte *Zusammenhänge* durch Fehlfunktionen zu unterscheiden.

Versuche, *Reihenfolgen* zu bestimmen.

Versuche, durch Manipulation und Aufschneidung (beziehungsweise durch das Auffinden spontaner Fehlfunktionen, die Entsprechendes bewirken) *einzelne elementare Systemstrukturen* zu charakterisieren (vgl. Bischof 2016).

6.2.1.9 Lokalisieren von Funktionen

Ein weiteres Ziel, das viele Disziplinen verfolgen, schließt sich einerseits an eine erfolgreiche Systemanalyse, andererseits an die Aufklärung der physischen Struktur eines Systems an: Ziel ist das physische Lokalisieren von – zuvor erschlossenen – Funktionen innerhalb eines Systems.

Die Verfahren hierfür gehen von der (physischen) Strukturanalyse (Schritt 3) und der Funktionsanalyse (bis Schritt 8) aus. Daraufhin besteht in manchen Fällen die

Möglichkeit, Teile oder Subsysteme zu isolieren und deren Funktion in Isolation zu prüfen. Bei vielen Systemen ist dies aber nicht möglich, weil ihre Teile getrennt vom Ganzen nicht mehr oder doch sehr verschieden vom ursprünglichen Zustand funktionieren. In diesen Fällen stellen Fehlfunktionen oft den einzig möglichen Zugang dar: und zwar über die Korrelation von Fehlfunktionen mit physischen Defekten. Daneben ist auch die Korrelation von Mehrleistungen mit der Überaktivität von Teilen oder, ganz allgemein, der Veränderung von Leistungen mit Veränderung der Beschaffenheit von Teilen denkbar. Allerdings sind Mehrleistungen vergleichsweise selten, und die Korrelation bloßer Veränderungen entspricht der Millschen „Methode der begleitenden Veränderungen" – mit allen dort genannten Problemen. Fehlfunktions-Daten sind daher meist die noch am einfachsten und unproblematischsten auszuwertenden Belege.

Die Rolle von Fehlfunktionen besteht also darin, dass sie eine deutliche Korrelation ihres Auftretens mit Defekten, Störungen oder dem Fehlen von materiellen beziehungsweise physischen Systembestandteilen ermöglichen.

6.2.1.10 Aufklärung der Mechanismen

Der letzte Schritt dieser Rekonstruktion wissenschaftlichen Vorgehens oder einer Systemanalyse im weiteren Sinne setzt sich das Ziel der Aufklärung der Mechanismen oder der Implementation des Systems. Nach Auffassung einiger Autoren ist die Struktur, auch die physische Struktur eines Systems damit vollständig aufgeklärt (vgl. Mahner und Bunge 1997; Bechtel und Richardson 1993). Die Modelle, über die man nach erfolgreichem Abschluss dieses Schrittes verfügt, werden als mechanistische, als dynamische, als *translucid-box*-Modelle oder auch als Modelle auf der Ebene der Hardware bezeichnet. Die Empfehlungen für das Vorgehen bei diesem Schritt lauten:

Versuche, eine *mechanistische Erklärung* zu geben, ein *mechanistisches Modell* des Systems zu erstellen.

Versuche, deine mechanische Erklärung zu prüfen oder zu verfeinern, indem du versuchst, die bekannten Defekte oder Fehlfunktionen gezielt (möglicherweise auch zunächst ungezielt) zu kompensieren. Je besser dasjenige bekannt ist, was zur Kompensation dienen kann, desto eher entspricht dieser Schritt schon einem Teil-Nachbau – vgl. Schritt 11.

Selbst wenn der Versuch, eine mechanistische Erklärung oder ein mechanistisches Modell vorzulegen, scheitern sollte, kann man doch in vielen Fällen entscheidende Informationen daraus entnehmen (vgl. Abschn. 3.8). Insgesamt erscheinen die Empfehlungen aus diesem Schritt für viele Forschungsbereiche als sehr sinnvoll, wenngleich sie nicht als spezifisch für den Umgang mit Fehlfunktionen gelten können.

6.2.1.11 Nachbau

Schließlich kann ein Nachbau des Systems (etwa mit technischen Mitteln) seine Analyse abschließen, sie stützen oder auf noch verbliebene Probleme hinweisen.

Wenn man etwas tatsächlich nachbauen kann, also über ein reales Modell verfügt, darf man oft noch sicherer sein, die Funktionsprinzipien des Originals verstanden zu haben, als wenn man nur ein Modell in Gedanken oder als Computersimulation hat. Daher kann abschließend folgende Empfehlung gegeben werden:

Versuche, das Vorbild *nachzubauen* – und achte (auch hier) darauf, ob das nachgebaute Modell unter vergleichbaren Umständen nicht nur dieselben Leistungen vollbringt, sondern auch dieselben Fehler begeht wie das Original.

6.2.2 Mögliche Einwände

Ein erster möglicher Einwand, der auch in verschiedenen Einzelwissenschaften diskutiert wird, gibt zu bedenken, dass die Fehlfunktions-Methodik zu großen Teilen auf Annahmen beruht, die nicht immer zutreffen. Eine besonders häufig gebrauchte Annahme ist die der Modularität, Fraktionierbarkeit oder Zerlegbarkeit der untersuchten Systeme. Der Einwand lautet in diesem Falle, nicht alle Systeme seien modular oder zerlegbar, man könne dies vorab auch nicht entscheiden, und eine Untersuchung, die fälschlicherweise auf derartigen Annahmen aufbaut, laufe mehr oder weniger zwangsläufig in die Irre. Dieser Einwand ist ernst zu nehmen, ihm ist aber zweierlei entgegenzuhalten: Erstens gibt es gute Argumente, dass die überwiegende Zahl der in der Welt vorhandenen Systeme tatsächlich mehr oder weniger modular aufgebaut ist, und zweitens ist überzeugend dargelegt worden, dass die kognitiven Beschränkungen des Menschen das Zugrundelegen vereinfachender Annahmen wie die der Modularität als äußerst vorteilhaft erscheinen lassen (vgl. Bechtel und Richardson 1993). Zudem sei es durchaus möglich, am Versagen von im Verlauf einer Untersuchung aufgestellten Hypothesen zu erkennen, dass die zugrunde gelegten Annahmen unzutreffend gewesen seien, und diese daraufhin zu modifizieren. Eine ergänzende Entgegnung verweist darauf, dass es sich bei der Fehlfunktions-Methodik ohnehin „nur" um eine Heuristik handele, von der man gar nicht erwarten dürfe, dass sie auf alle Systeme zutrifft oder bei allen Systemen gleich hilfreich ist.

Ein radikalerer Einwand bezeichnet den Drang nach mechanistischer Erklärung, der ja der dargestellten Fehlfunktions-Methodik weitgehend zugrunde liegt, als einseitig und überholt. Hier ist zu entgegnen, dass das verbreitete Unbehagen an mechanistischen Erklärungen schwierig angemessen diskutiert werden kann, so lange keine ernstzunehmenden Alternativen vorgelegt werden, die eine vergleichbare Erklärungsleistung aufweisen. Auch angebliche „Paradigmenwechsel" wie der hin zu konnektionistischen Modellen bleiben letztlich mechanistisch. Und selbst wenn ein System nicht so einfach ist, wie man vielleicht anfänglich dachte, erfährt man aus dem Scheitern dieser Fehlfunktions-Heuristik (allgemeiner, der hier angedeuteten Analyseschritte) in jedem Fall sehr viel über das System.

Ein wissenschaftstheoretisch motivierter Einwand lautet, Heuristiken wie die vorgestellte könne man – wegen der vielen Ausnahmen, die zugelassen sind – gar nicht prüfen. Deshalb seien sie nicht wissenschaftlich. Darauf lässt sich entgegnen, dass es völlig ausreicht, dass die fraglichen Heuristiken *kritisierbar* sind – und das sind sie durchaus. Darüber hinaus kann man Heuristiken eine stellvertretende Prüfbarkeit zuschreiben, die deren Erfolg an den Testerfolg der mit ihrer Hilfe entwickelten Hypothesen knüpft – ähnlich wie beispielsweise kosmologischen Entwürfen eine stellvertretende Prüfbarkeit anhand der aus ihnen heraus entwickelten prüfbaren physikalischen Theorien zugesprochen wird (vgl. Kanitscheider 1984, S. 78).

Insgesamt müssen solche Einwände ernstgenommen werden, indem die Fehlfunktions-Methodik auf Anwendungsgebiete, Annahmen und Prüfbarkeit hin abgegrenzt wird. Aber es wurde ja nicht eine allgemeine, sondern eine spezielle normative Methodologie mittlerer Reichweite entworfen!

6.3 Fazit

Im zweiten Kapitel dieser Arbeit war bereits das Verhältnis deskriptiver und normativer Methodologien, wie es sich heute darstellt, näher bestimmt und auf die Schwierigkeiten des Entwurfs und der Rechtfertigung normativer Methodologien sowie auf die Notwendigkeit kritischer Untersuchungen eingegangen worden.

Auf dieser Grundlage ist in diesem Kapitel ein Kanon von Fehlfunktions-Methoden zusammengestellt worden, die mit einiger Berechtigung normative Ansprüche erheben oder als rational ausgezeichnet werden können. Dieser Kanon reicht von ganz einfachen Ratschlägen („Achte auf Fehlfunktionen!") bis zu komplizierten Anweisungen („Suche gezielt nach doppelten Dissoziationen!" oder „Stelle homogene Prüfsituationen her oder suche solche auf!"), die für unterschiedliche Problembereiche in verschiedenem Maße geeignet sind.

Diese Fehlfunktions-Methodik weist einerseits als Methode, die sich nur auf bestimmte Erscheinungen, nämlich Fehlfunktionen, und damit eng zusammenhängende Forschungstechniken stützt, einen spezialisierten Charakter auf. Andererseits ist sie auch allgemein, weil sie für eine Vielzahl von Disziplinen und Gegenstandsbereichen relevant ist und damit als Querschnitts-Methodik gelten kann. Auf mögliche Einwände gegen die Methode wurde eingegangen, es konnte aber festgestellt werden, dass diese zwar in einigen Bereiche erhöhte Vorsicht beim Aufstellen von Behauptungen allein aufgrund von Fehlfunktionen nahelegen, die Berechtigung des Kerns der Methode aber nicht ernsthaft in Zweifel ziehen können.

Zudem wurde die Fehlfunktions-Methodik mit den zuvor diskutierten Methodologien von John Stuart Mill und Claude Bernard sowie den zeitgenössischen Methoden des „Zerlegens und Lokalisierens", des „Vergleichenden Experimentierens", der Systemanalyse, der Kausalanalyse und der Aufklärung von Mechanismen in Beziehung gesetzt. Es wurde dargestellt, inwieweit deren Methoden sich mit Fehlfunktions-Methoden berühren, sie als Bestandteile enthalten oder gar auf sie angewiesen sind. Im Lichte derartiger Reinterpretationen wurde gezeigt, welche der – zunächst nicht oder nur nebenbei auf Fehlfunktionen bezogenen – normativen Empfehlungen dieser Autoren auf die Fehlfunktions-Methodik übertragbar sind oder auf sie ausgeweitet werden können. Die so nahegelegten Empfehlungen decken sich zu großen Teilen mit den hier vorgelegten Empfehlungen zur Fehlfunktions-Methodik und stützen diese daher zusätzlich.

Die Fehlfunktions-Methodik gibt im Allgemeinen Empfehlungen ab, die in ähnlichem Maße normativ auftreten und ebenso viel Verbindlichkeit aufweisen wie vergleichbare moderne (und auch manche ältere) Methodologien. Sie arbeitet nicht – wie vor allem ältere Methodologien – mit strengen Geboten und Verboten. Der normative Gehalt der Fehlfunktions-Methodik könnte daher als eher schwach erscheinen. Im Kontext der modernen Methodologienlandschaft wird aber deutlich, dass und auch weshalb es keine sicheren, unfehlbaren, garantiert erfolgreichen oder streng einzuhaltenden Methoden gibt. Empfehlungen, Ratschläge, Forschungsstrategien, Heuristiken sind heute die – zwar mit gebremster normativer Kraft ausgestatteten – aber doch einzig annehmbaren Alternativen zu traditionellen normativen Methodologien. Die Fehlfunktions-Methodik ist *eine* solche moderne normative Methodologie. Sie erscheint leistungsfähig und auf vielen Gebieten erfolgreich, ist dies aber nur solange, wie sie kritisch vorgeht, ihren Anwendungsbereich und auch ihre Grenzen reflektiert und erkennt und dabei im Kontakt und Austausch mit anderen Ansätzen und Forschungsstrategien bleibt.

Schlussbetrachtung 7

7.1 Rückblick

Die vorliegende Untersuchung ging von der Idee aus, dass man aus den Fehlfunktionen, den Defiziten oder dem Versagen eines Gegenstandes einiges – unter Umständen sogar besonders viel – über diesen Gegenstand erfahren kann – oder kürzer, dass man häufig gerade dann erfährt, *wie* etwas funktioniert, wenn es einmal *nicht* funktioniert.

Um diese Vermutung zu prüfen, wurden die tatsächlich verwendeten Methoden einer exemplarischen Auswahl empirischer Wissenschaften untersucht. Dabei erhärtete sich die These, dass viele Wissenschaften die an ihren Gegenständen auftretenden Fehlfunktionen nutzen – bewusst oder unbewusst, erfolgreich oder weniger erfolgreich.

Die minimale Voraussetzung dafür, dass eine Disziplin Fehlfunktionen nutzen kann, ist natürlich, dass man ihren Gegenständen in irgendeiner sinnvollen Weise Fehlfunktionen zuschreiben kann. Möglich ist dies in erster Näherung bei Lebewesen und von Menschen hergestellten Artefakten; schwierig oder unmöglich dagegen bei anderen unbelebten Objekten. In dieser Untersuchung standen daher die Lebewesen untersuchenden Disziplinen wie Genetik, Verhaltensbiologie, Evolutionsbiologie, Wahrnehmungsforschung, Sprachwissenschaft, Psychologie, Neurologie und Kognitionswissenschaften im Vordergrund. Daneben wurde untersucht, ob auch in den philosophischen Disziplinen Wissenschaftstheorie und Erkenntnistheorie Fehlfunktionen der untersuchten Gegenstände zum Erkenntnisgewinn beitragen.

Weiter wurden die aufgrund der untersuchten Fallbeispiele gewonnenen Einsichten genutzt, um allgemeine Muster eines Erkenntnisgewinns aus Fehlfunktionen herauszuarbeiten, vor allem die den verschiedenen Disziplinen gemeinsamen Annahmen und Vorgehensweisen. Darauf aufbauend wurde eine Typisierung der Vorgehensweise der empirischen Forschung in elf Schritten entwickelt, mit deren Hilfe eine nähere Einordnung charakteristischer Beiträge von Fehlfunktionen ermöglicht wird.

B. Schweitzer, *Der Erkenntniswert von Fehlfunktionen*,
https://doi.org/10.1007/978-3-476-04951-3_7

Im Vergleich der charakteristischen Arten des Einsatzes von Fehlfunktionen zum Erkenntnisgewinn mit einer Reihe etablierter Forschungsmethoden lässt sich zeigen, dass Fehlfunktionen *implizit* bei vielen dieser Methoden eine bedeutende Rolle spielen. Schließlich wurde untersucht, inwieweit den hier herausgearbeiteten Fehlfunktions-Methoden normativer Charakter zukommt, und in welchem Umfang und mit welcher Berechtigung der empirischen Forschung ihre Verwendung empfohlen werden kann.

7.2 Ergebnisse

Da hier von der Vermutung ausgegangen wird, man könne die Untersuchung von Fehlfunktionen als wissenschaftliche Methode auffassen, wurde zunächst erarbeitet, wie die Rolle, die Möglichkeiten und Begrenzungen einer zeitgemäßen wissenschaftlichen Methodologie aussehen. Da sich darüber hinaus herausstellte, dass Fehlfunktionen in besonderem Maße zur Entdeckung von Problemen und als erster Ansatzpunkt für die Aufklärung der Eigenschaften eines Untersuchungsgegenstandes beitragen, wurde vor allem angestrebt, die Rolle einer modernen „rationalen" Heuristik näher zu bestimmen (siehe Abschn. 2.1).

Parallel zur Suche nach in den Wissenschaften zum Erkenntnisgewinn genutzten Fehlfunktionen wurde der Begriff *Fehlfunktion* angemessen charakterisiert. Dazu wurde unter anderem der Weg über den Gegenbegriff der *Funktion* oder *Leistung* gewählt. Es stellte sich dabei heraus, dass sich einige für die empirische Forschung relevanten Fehlfunktionen in einem engeren und präziseren Sinne über den ätiologischen Funktionsbegriff explizieren lassen. Allerdings werden durch diese Definition eine Vielzahl bei empirischen Untersuchungen tatsächlich genutzte Fehlfunktionen ausgeschlossen, so dass sich eine weiter gefasste Definition unter Verwendung der Explikation von Funktion als kausaler Rolle im Sinne von Cummins im Kontext dieser Untersuchung als am sinnvollsten darstellt (siehe Abschn. 2.2). Als *Funktion* kann demnach jeder Beitrag eines Systemteils zu den Merkmalen und Aktivitäten eines übergeordneten Systems aufgefasst werden (gleich, ob dieser Beitrag nahezu immer oder nur selten erbracht wird, und gleich, ob der Beitrag zentral oder nur sehr peripher erscheint). Entsprechend kann ein breites Spektrum von Ausfällen und Störungen einer derartigen Funktion als *Fehlfunktion* bezeichnet werden.

Im deskriptiven Teil dieser Untersuchung wurden Fallbeispiele aus verschiedenen empirischen Disziplinen untersucht und miteinander verglichen (siehe Kap. 3). Dabei konnte demonstriert werden, dass Fehlfunktionen wie Mutationen in der Genetik, Fehlverhalten in der Verhaltensbiologie, Atavismen, Rudimente und unzweckmäßige Merkmale in der Evolutionsbiologie, optische und andere Sinnestäuschungen in der Wahrnehmungsforschung, Versprecher, Aphasien und andere sprachliche Fehlleistungen in der Sprachwissenschaft, kognitive Täuschungen in Psychologie und Kognitionswissenschaften, verschiedene Fehlleistungen nach Gehirnverletzungen in der Neurologie für die jeweiligen Disziplinen wertvolle, teilweise sogar einzigartige Zugänge zur Aufklärung der untersuchten Gegenstände oder Erscheinungen darstellen. Schließlich wurde gezeigt, dass auch in der Philosophie Fehlfunktionen eine

Rolle spielen: Beispielsweise wird in der Wissenschaftstheorie das Phänomen des Versagens von Theorien untersucht, und in der Erkenntnistheorie werden die vielfältigen Formen von Irrtümern, Fehlern und Versagen thematisiert, die für Charakter, Gültigkeit, Grenzen von Erkenntnis und für die Mechanismen von Erkenntnisprozessen relevant sind.

Um die in den verschiedenen Fallbeispielen vorgestellten Fehlfunktionen und deren Rolle beim Erkenntnisgewinn vergleichend zu analysieren und, soweit möglich, allgemeine Züge der „Fehlfunktions-Methode“ herauszuarbeiten, wurden zunächst die der Verwendung der Fehlfunktions-Methode implizit oder explizit zugrundeliegenden Annahmen identifiziert (siehe Abschn. 4.1) und in einem zweiten Schritt die übereinstimmenden Vorgehensweisen diskutiert (siehe Abschn. 4.2). Darauf aufbauend wurde versucht, anhand einer Skizze typischer schrittweiser wissenschaftlicher Vorgehensweisen die Möglichkeiten und die Bedeutung des Einsatzes von Fehlfunktionen zum Erkenntnisgewinn zu systematisieren (siehe Abschn. 4.3). Dies resultierte in einer Differenzierung in elf typische bei der Analyse komplexer Systeme zu durchlaufende Schritte. Diese schematische Abfolge ermöglichte es, die Beiträge von Fehlfunktionen zu derartigen Analysen angemessen zu systematisieren.

Das hier skizzierte allgemeine Verfahren zur Analyse komplexer Systeme umfasst die Schritte: (1) Auffinden eines interessanten Gegenstandes (oder Problems); (2) Abgrenzen des Gegenstandes; (3) Untersuchung der materiellen Struktur des Gegenstandes; (4) Bestimmung der Funktion oder Leistung des Gegenstandes; (5) Charakterisierung der Beziehungen zur Umgebung und der relevanten Ein- und Ausgänge des Gegenstandes; (6) Qualitative und quantitative Bestimmung der Eingabe-Ausgabe-Relationen oder der Reiz-Reaktions-Zusammenhänge und damit Erstellung eines phänomenologischen Modells; (7) Bestimmung interner Zustände und Komponenten des Systems; (8) Systemanalyse, Funktionalanalyse, Kausalanalyse, „Aufklärung des Wirkungsgefüges“; (9) physisches Lokalisieren von Funktionen innerhalb des Gegenstandes; (10) Angabe der Mechanismen des Gegenstandes sowie (11) Nachbau des Systems (vgl. Abschn. 4.3).

Wie hier dargelegt wurde, können Fehlfunktionen insbesondere beim Auffinden von Problemen (1), beim Bestimmen der Funktion (4), der relevanten Ein- und Ausgänge (5) und der Eingabe-Ausgabe-Beziehungen (6), beim Charakterisieren innerer Zustände (7), bei Funktionalanalysen (8) und bei der Lokalisierung von Funktionen (9) wichtige Beiträge leisten.

Um die Eigenarten der auf diese Weise charakterisierten Familie von Fehlfunktions-Methoden näher zu bestimmen, wurden im nächsten Schritt andere etablierte, traditionelle und moderne Verfahren vorgestellt, diskutiert und verglichen, die in verschiedener Hinsicht Ähnlichkeiten oder Berührungspunkte mit den hier herausgearbeiteten, auf Fehlfunktionen basierenden Verfahren aufweisen: Dazu zählen klassische Methodenlehren, etwa von John Stuart Mill oder Claude Bernard ebenso wie moderne Methodologien aus den Bereichen Biologie, Psychologie und Medizin sowie Verfahren der Systemanalyse, der Kausalanalyse und der Analyse von Mechanismen (siehe Kap. 5).

Die Untersuchung der von John Stuart Mill und Claude Bernard angegebenen Methoden zeigte, dass sie auch heute noch Grundlage für große Teile der Forschung, vor allem in der Biomedizin, darstellen (siehe Abschn. 5.1). Die Millsche Unterschiedsmethode ist darüber hinaus Grundlage für den Zweier- oder Differenztest und damit für weite Teile der Kausalanalyse und der Aufklärung kausaler Strukturen, wobei ihre Zuverlässigkeit entscheidend vom Zutreffen der Homogenitätsbedingung abhängt. Viele auf Fehlfunktionen aufbauende Methoden lassen sich auf die Unterschiedsmethode zurückführen, wobei in einer in allen übrigen Merkmalen gegenüber dem Normalfall unveränderten Situation eine Fehlfunktion eine ausbleibende oder veränderte Wirkung darstellt und der Prüffaktor entweder bekannt ist oder noch bestimmt werden muss. Dabei korrespondiert die faktisch in großen Teilen der Fehlfunktionsforschung zugrunde gelegte Subtraktivitätsannahme mit der Annahme des Zutreffens der Homogenitätsbedingung.

Als forschungsnahe, wenngleich wenig formalisierte Methodiken wurden die des „Zerlegens und Lokalisierens" und des „Vergleichenden Experimentierens" näher betrachtet (siehe Abschn. 5.2). Beide orientieren sich eng an tatsächlich betriebener wissenschaftlicher Forschung, präzisieren deren Ziele und Vorgehensweisen und betrachten sogar gelegentlich die Rolle von Fehlfunktionen, die allerdings nicht zentral behandelt wird. Vor allem aber helfen sie, fehlleistungsorientierte Methoden in umfassendere wissenschaftliche Strategien einzuordnen. Bei der Strategie des „Zerlegens und Lokalisierens" lassen sich vor allem bei den als Werkzeug eingesetzten inhibitorischen oder exzitatorischen Studien enge Parallelen zu Fehlfunktions-Methoden erkennen. Die Strategie des „Vergleichenden Experimentierens" dagegen präzisiert und aktualisiert Millsche und Bernardsche Ansätze und weist dabei auf deren vorrangige Bedeutung in der zeitgenössischen biomedizinischen Forschung hin. Ablations-, Ausfalls- und Störungsexperimente sind hier entscheidende Hilfsmittel, die enge Bezüge zu Fehlfunktionen aufweisen. Vor allem die „reiterierte Methode des vergleichenden Experimentierens" ist darüber hinaus zur Identifizierung redundanter Strukturen geeignet.

Unter den stärker formalisierten Methoden wurde zunächst die naturwissenschaftliche Systemtheorie und ihr Untergebiet Systemanalyse betrachtet. Dabei fiel auf, dass bereits unter den grundlegendsten Verfahren der Systemanalyse, die als Manipulation und Aufschneidung bezeichnet werden, die Aufschneidung – also der Ausfall eines Wirkungszusammenhangs an geeigneter Stelle in einer Systemstruktur – in vielen typischen Fällen durch Analyse vorgefundener oder experimentell herbeigeführter Fehlfunktionen bewerkstelligt werden kann. Darüber hinaus gilt, dass die homöostatischen Systeme Kreis, Netz und Masche sogar nur durch Aufschneidung oder entsprechende Fehlfunktionen entdeckt beziehungsweise als solche erkannt werden können. Daneben liefert die Systemtheorie auch Hinweise, welches die einfachsten Systeme sind, die Fehlfunktionen zeigen können: Dies sind die genannten homöostatischen Systeme Kreis, Netz und Masche. Schließlich wird in der Systemtheorie auch betont, dass es für die Qualität eines Modells neben seinen Leistungen auch entscheidend ist, ob oder inwieweit es die gleichen Fehlfunktionen aufweist wie der reale Untersuchungsgegenstand.

Unter den Verfahren der Kausalanalyse stellt sich bei der Methode des „Kausalen Schließens" die Millsche Differenzmethode als deren Kernstück heraus, wobei die engen Bezüge der Differenzmethode zu Fehlfunktions-Methoden bereits dargestellt wurden. Kausaltheoretisch fundierte Erweiterungen der Millschen Unterschiedsmethode erlauben deduktive Schlüsse von experimentellen Daten auf die Beschaffenheit kausaler Strukturen, – wenn auch um den Preis gewisser restriktiver Annahmen und der – in der Forschungsrealität häufig nicht erfüllbaren – Erfordernis, sämtliche Permutationen der An- und Abwesenheit als möglich angesehener Faktoren zu untersuchen.

Auch zentrale methodische Probleme der Kognitiven Neuropsychologie lassen sich mit kausalanalytischen Verfahren modellieren (siehe Abschn. 5.4.4). Die verwendeten Daten stammen aus den Fehlleistungen von Patienten mit Hirnverletzungen. Die Chance der grundlegenden Strategie, durch Beobachtung von Fehlfunktionen kognitive Strukturen zu bestimmen, wird dabei in Abhängigkeit vom Zutreffen bestimmter Vorausannahmen als eher schwierig oder aber als gemäßigt optimistisch eingeschätzt.

Die Aufklärung kausaler Mechanismen (siehe Abschn. 5.5) schließlich zeigt noch einmal die herausragende Bedeutung, die der Begriff des Mechanismus, insbesondere des kausal interpretierten, und die Verfahren zu seiner Aufklärung im Bereich von komplexen Systemen heute angenommen hat. Fast alle hier diskutierten Ansätze, insbesondere „Zerlegen und Lokalisieren“, System- und Kausalanalyse, weisen enge Verbindungen zu mechanistischen Ansätzen auf, ob sie den Begriff des Mechanismus nun in den Mittelpunkt stellen oder nicht. Mehr als bei anderen Methoden wird bei den für die Aufklärung von Mechanismen verwendeten Verfahren deutlich, wie wichtig die Verfolgung nicht nur von Funktionen, sondern auch von Fehlfunktionen durch einen Mechanismus oder ein System hindurch für dessen Verständnis ist.

Die Forschungsergebnisse der vorliegenden Studie zeigen damit durch den Vergleich von Fehlfunktions-Methoden und anderen, etablierten Methoden, Verfahren und Strategien der empirischen Forschung, dass viele Kernbereiche der verschiedenartigen Weisen des Versuchs des Erkenntnisgewinns aus Fehlfunktionen in den verschiedenen Disziplinen deutliche Übereinstimmungen mit den formalen oder formalisierten Verfahren der Systemtheorie einerseits, der Kausalanalyse andererseits aufweisen. Über die Gleichartigkeit bestimmter Merkmals hinaus lassen sich sogar weite Bereiche der in den diskutierten Fallbeispielen verwendeten fehlfunktionsorientierten Methoden als Anwendungsfälle systemtheoretischer oder kausalanalytischer Verfahren rekonstruieren.

Im sechsten Kapitel wurde schließlich eine normative Beurteilung der auf Fehlfunktionen aufbauenden Verfahren herausgearbeitet, und zwar im Vergleich von Fehlfunktions-Methoden mit anderen, etablierten Verfahren empirischer Forschung. Im Anschluss an die hier auf der deskriptiven Ebene skizzierten typischen elf Forschungsschritte und unter Berücksichtigung der normativen Anteile der übrigen hier diskutierten wissenschaftlichen Strategien wurden elf Gruppen von Empfehlungen (im Einzelfall auch Vorschriften und Forderungen) für den Einsatz von Fehlfunktionen als Erkenntnismethode in der wissenschaftlichen Forschung vorgestellt. Es zeigte sich, dass Fehlfunktionen bei den verschiedenen Schritten auch unterschiedliches normatives Gewicht haben. Am klarsten und am nachdrücklichsten fielen die Empfehlungen demnach bezüglich der Schritte Auffinden von Problemen (1),

Bestimmung von Funktionen (4), Bestimmung der relevanten Ein- und Ausgänge (5) und der Eingabe-Ausgabe-Beziehungen (6), Charakterisieren innerer Zustände (7), Funktionalanalysen (8) und Lokalisierung von Funktionen (9) aus.

Als allgemeines Ergebnis dieser Untersuchung lässt sich festhalten: *Fehlfunktionen können offenbar tatsächlich wertvolle Beiträge zur wissenschaftlichen Forschung liefern.* Fehlfunktions-Methoden umfassen dabei ein Bündel von Methoden mit gemeinsamem Grundmotiv. Dabei machen Fehlfunktionen sowohl auf Probleme als auch auf Lösungsansätze aufmerksam; und gelegentlich führt die vollständige Kenntnis der Fehlfunktionen eines Systems bereits zur vollständigen Kenntnis des Systems.

Als besonders aufschlussreich stellen sich dabei *selektive Fehlfunktionen* dar, also Fälle, bei denen nur ein spezifischer, eng umgrenzter Teil der Gesamtheit der Funktionen und Merkmale eines Systems ausfällt oder gestört ist. In gleicher Weise gilt dies auch für den gespiegelten Fall *selektiver Verschonungen*, bei denen in einer Situation, in der ein System von ausgedehnten Fehlfunktionen betroffen ist, einzelne spezifische Funktionen intakt geblieben sind.

Auch in bestimmten anderen Fällen verhelfen Fehlfunktionen zu gut abgesichertem Wissen – zum Beispiel in einfachen Modellfällen oder bei der Entscheidung zwischen wenigen konkurrierenden Theorien. In vielen anderen Fällen darf man zwar wertvolle Anregungen und Hinweise erwarten, nicht aber sichere Ergebnisse. Fehlfunktions-Methoden garantieren hier keinen Erfolg, aber doch mehr oder weniger gut begründete Vermutungen. Das ist aber per se kein Manko, denn sicheres Wissen wird ohnehin von der modernen Wissenschaftstheorie mit guten Gründen für unerreichbar gehalten. Solange die einschlägigen Annahmen zutreffen, werden Schlüsse aus Fehlfunktionen wesentlich erleichtert, aber es gibt oft kein Mittel, im Voraus unabhängig festzustellen, ob alle getroffenen Annahmen berechtigt sind.

Den erwähnten Schwächen der Fehlfunktions-Methodik beim Prüfen von Theorien stehen aber auch Stärken gegenüber, insbesondere beim Entdecken: Die Auswertung von Fehlfunktionen regt, wie wir gesehen hatten, vor allem zur Forschung an, liefert Ideen und Theorienbausteine, deren Prüfung dann aber nicht mehr allein anhand von Fehlfunktions-Daten erfolgen muss und auch nicht erfolgen sollte. Auch das Zugrundelegen von Annahmen, die zwar in vielen Fällen, aber nicht immer zutreffen, ist nicht nur Schwäche, sondern auch Stärke, denn die anfängliche Vereinfachung, die das Voraussetzen solcher Annahmen mit sich bringt, hilft bei der kognitiven Bewältigung komplexer und noch wenig erforschter Situationen. Und selbst das Scheitern eines solchen Ansatzes kann immer noch wertvolle Hinweise auf die tatsächlichen Strukturen der untersuchten Systeme geben.

Wie bei der modernen Wissenschaftstheorie insgesamt stehen auch bei der Untersuchung von Fehlfunktions-Methoden deskriptive und normative Anteile nebeneinander. Eine Analyse der Fehlfunktions-Methoden beschreibt demnach, wie mit ihrer Hilfe erfolgreiche wissenschaftliche Forschung durchgeführt wird, betrachtet die verwendeten Verfahren und Denkwege kritisch und gibt auf dieser Grundlage zwar keine verbindlichen Handlungsanweisungen, wohl aber mehr oder weniger gut begründete Empfehlungen für künftige Forschungen ab.

Insgesamt stellt sich die Fehlfunktions-Methodik damit als eine typische Heuristik dar: Sie zeigt keinen sicheren Weg zur Erkenntnis und garantiert keinen Erfolg, gibt aber begründete und kritisch geprüfte Empfehlungen, Vorschläge, Ratschläge ab. Gelegentlich stellt sie auch Warnschilder auf, und zwar zumeist vor naheliegenden, aber voreiligen und nicht allgemein zu rechtfertigenden Schlüssen.

In der Diskussion über Heuristik wird in der Regel argumentiert und kritisiert, Nützlichkeit und Erfolgsaussichten werden besprochen, aber in aller Regel wird nicht ausdrücklich nach normativer Kraft oder Rationalität gefragt. Wie steht es nun um die normative Kraft oder die Rationalität der hier vorgestellten Heuristiken?

Die minimale Forderung nach *Kritisierbarkeit* dürften die hier diskutierten Fehlfunktions-Methoden und -Heuristiken sämtlich erfüllen, insofern kann man sie auch durchweg in einem schwachen Sinne als rational bezeichnen. Sie sind ausformuliert oder jedenfalls formulierbar und damit prinzipiell rationaler Argumentation und Kritik zugänglich. Nützlich scheint dabei die Aufforderung, Prinzipien – wo immer möglich – in Verfahren umzuformulieren, denn je konkreter eine Heuristik formuliert ist, desto eher wird sie auch kritisierbar sein.

Der zu erwartende *Erfolg* dürfte für die meisten der angeführten Fehlfunktions-Heuristiken als bedeutendstes Kriterium angesehen werden und nimmt auch tatsächlich in der Diskussion den breitesten Raum ein. Freilich stützen sich die Erfolgserwartungen und die Auszeichnung von Heuristiken als geeignete oder gar im Rahmen des Möglichen optimale Mittel derzeit meist mehr auf Plausibilitätsüberlegungen als auf eine dokumentierte Erfolgs- oder Misserfolgsgeschichte. Dennoch wird man, zumindest vorläufig, diejenigen Heuristiken, von denen man sich nach sorgfältiger Argumentation und Kritik den besten Erfolg verspricht, als rational in einem mittelstarken Sinne bezeichnen dürfen.

Die Maximalforderung der *Begründbarkeit* dürfte vorläufig für nur wenige Fehlfunktions-Methoden erfüllbar sein. Am ehesten wird man derzeit gewisse formale Verfahren, etwa der Systemanalyse oder der Kausalanalyse, als begründet ansehen, weil man die Zuverlässigkeit solcher Verfahren erklären, im Idealfall sogar beweisen kann. Ob ähnlich starke Begründungen für weniger weit formalisierte Fehlfunktions-Verfahren ebenfalls möglich sein werden und ob man sie in diesem starken Sinne wird als rational auszeichnen können, bleibt eine bedeutende Frage.

Wenn man die Fehlfunktions-Methodik oder -Heuristik in einen weiteren Zusammenhang stellen möchte, so kann man sie als wichtigen Teil einer größeren Familie wissenschaftlicher Strategien und Heuristiken auffassen, die kausale und mechanistische Erklärungen anstreben.

7.3 Ausblick

Diese Studie hat erstmals belegt, dass die Auswertung von Fehlfunktionen für eine große Anzahl wissenschaftlicher Disziplinen höchst relevante empirische Daten bereitstellen kann. Sie hat darüber hinaus im Vergleich einschlägiger Fallbeispiele gezeigt, dass diesen Zugangsweisen vielfach gemeinsame Muster zugrunde liegen, die als eine Familie empirischer Methoden rekonstruiert werden konnte, die hier zusammenfassend als „Fehlfunktions-Methoden“ bezeichnet wurden.

Die Aufgabe, weitere Beispiele für einen Erkenntnisgewinn durch Fehlfunktionen zu sammeln, ist mit dieser Arbeit nicht abgeschlossen, denn hier konnte nur eine exemplarische Auswahl von Disziplinen und Problemen untersucht werden. Es erscheint also auch weiterhin lohnend, Fehlfunktionen und die Arten und Weisen ihrer Verwendung zum Erkenntnisgewinn zu suchen, zu formulieren, auszubauen, miteinander zu vergleichen und zu verknüpfen.

Um den bisherigen und den erwarteten zukünftigen Erfolg solcher Methoden abschätzen zu können, sollte man sich darüber hinaus verstärkt bemühen, Erfolg und Misserfolg von Fehlfunktions-Methoden – ebenso natürlich auch anderer wissenschaftlicher Methoden – zu dokumentieren und damit deren Erfolgsbilanz offenzulegen. Damit könnte man die Frage präziser beantworten, welche Methode zum Erfolg geführt hat, welche nicht, und unter welchen Umständen dies gilt.

Historische Studien, die Befragung praktizierende Forscherinnen und Forscher, vielleicht sogar der Einsatz von Heuristiken und Methoden in den Einzelwissenschaften „unter Beobachtung“ durch Wissenschaftstheoretikerinnen und Wissenschaftstheoretiker mit gemeinsamer Auswertung und Dokumentation könnten hier zusammenwirken.

Schließlich scheint es empfehlenswert, erfolgversprechende wissenschaftliche Verfahren wie die Fehlfunktions-Methodik auch an praktizierende Forscherinnen und Forscher heranzutragen, mit ihnen zu diskutieren sowie in der akademischen Lehre weiterzugeben. Dabei sollte klar sein, dass es nicht darum geht, starre Regelwerke zu befolgen, sondern darum, ein Angebot kennenzulernen, das in die Lage versetzt, eine begründete Auswahl zu treffen. *Ein* solches Angebot stellen die in dieser Arbeit diskutierten Verfahren eines Erkenntnisgewinns aus Fehlfunktionen dar.

Literatur

Albert, Hans. 1982. *Die Wissenschaft und die Fehlbarkeit der Vernunft*. Tübingen: Mohr.

Amundson, Ron, und George V. Lauder. 1994. Function without purpose: the uses of causal role function in evolutionary biology. *Biology & Philosophy* 9: 443–469. https://doi.org/10/bnxzdd.

Ariew, André, Robert Cummins, und Mark Perlman, Hrsg. 2002. *Functions: New essays in the philosophy of psychology and biology*. Oxford: Oxford Univ. Press.

Armstrong, David M. 1997. *A world of states of affairs*. Cambridge: Cambridge Univ. Press.

Arntzenius, Frank. 1999. Reichenbach's common cause principle. Herausgegeben von Edward N. Zalta. *Stanford encyclopedia of philosophy*. Stanford, CA: Metaphysics Research Lab, CSLI, Stanford Univ.

Aronson, Jerrold. 1971. On the grammar of „cause“. *Synthese* 22: 414–430. https://doi.org/10/bjk8wf.

Ashby, William Ross. 2016. *Einführung in die Kybernetik*. Übersetzt von Jörg Adrian Huber. 3. Aufl. Frankfurt am Main: Suhrkamp.

Ayala, Francisco J. 1970. Teleological explanations in evolutionary biology. *Philosophy of Science* 37: 1–15. https://doi.org/10/c2qbvh.

Ayala, Francisco J. 1987. The biological roots of morality. *Biology & Philosophy* 2: 235–252. https://doi.org/10/d6gg53.

Bang-Jensen, Jørgen, und Gregory Gutin. 2001. *Digraphs: theory, algorithms and applications*. London: Springer.

Baumgartner, Michael, und Gerd Graßhoff. 2004. *Kausalität und kausales Schließen*. Bern: Universität Bern.

Beadle, George W., und Edward L. Tatum. 1941. Genetic control of biochemical reactions in Neurospora. *Proc. Natl. Acad. Sci. USA* 27: 499–506. https://doi.org/10/fqh467.

Bechtel, William, und Robert C. Richardson. 1993. *Discovering complexity: decomposition and localization as strategies in scientific research*. Princeton, NJ: Princeton Univ. Press.

Bechtel, William, und Robert C. Richardson. 2010. *Discovering complexity: decomposition and localization as strategies in scientific research*. 2. Aufl. Cambridge, MA: MIT Press.

Bennett, Jonathan. 1988. *Events and their names*. Oxford: Clarendon Press.

Berg, Thomas. 1985. Is voice a suprasegmental? *Linguistics* 23: 883–915. https://doi.org/10/brj4xf.

Berg, Thomas. 1988. *Die Abbildung des Sprachproduktionsprozesses in einem Aktivationsflußmodell: Untersuchungen an deutschen und englischen Versprechern*. Tübingen: Niemeyer.

Bernard, Claude. 1961. *Einführung in das Studium der experimentellen Medizin*. Leipzig: Barth.

Bernier, Réjane, und Paul Pirlot. 1977. *Organe et fonction: Essai de biophilosophie*. Paris: Maloine.

Bierwisch, Manfred. 1970. Fehler-Linguistik. *Linguistic Inquiry* 1: 397–414.

B. Schweitzer, *Der Erkenntniswert von Fehlfunktionen*,
https://doi.org/10.1007/978-3-476-04951-3

Bigelow, John, und Robert Pargetter. 1987. Functions. *Journal of Philosophy* 84: 181–196. https://doi.org/10/cz798f.

Bischof, Norbert. 1995. *Struktur und Bedeutung: Eine Einführung in die Systemtheorie*. Bern: Huber.

Bischof, Norbert. 2016. *Struktur und Bedeutung: Eine Einführung in die Systemtheorie*. 3. Aufl. Bern: Hogrefe.

Blalock, Hubert M. 1961. *Causal inferences in nonexperimental research*. Chapel Hill, NC: Univ. of North Carolina Press.

Blanken, Gerhard. 1988. Anmerkungen zur Methodologie der Kognitiven Neurolinguistik. *Neurolinguistik* 2: 127–147.

Blanken, Gerhard, Hrsg. 1991. *Einführung in die linguistische Aphasiologie*. Freiburg im Breisgau: Hochschulverlag.

Bock, Walter J., und Gerd von Wahlert. 1965. Adaptation and the form-function complex. *Evolution* 19: 269–299. https://doi.org/10/fb9rv2.

Bohr, Niels. 1948. On the notions of causality and complementarity. *Dialectica* 2: 312–319. https://doi.org/10/cbjmrp.

Boorse, Christopher. 1976. Wright on functions. *Philosophical Review* 85: 70–86. https://doi.org/10/fmhtnx.

Borges, Jorge Luis. 1966. *Das Eine und die Vielen: Essays zur Literatur*. Übersetzt von Karl August Horst. München: Hanser.

Bradshaw, York, und Michael Wallace. 1991. Informing generality and explaining uniqueness: The place of case studies in comparative research. In *Issues and alternatives in comparative social research*, Hrsg. Charles C. Ragin, 154–171. Leiden: Brill.

Brandon, Robert N. 1981. Biological teleology: Questions and explanations. *Studies in History and Philosophy of Science Part A* 12: 91–105. https://doi.org/10/d7jr93.

Brandon, Robert N. 1990. *Adaptation and environment*. Princeton, NJ: Princeton Univ. Press.

Braun, Edmund, und Hans Radermacher, Hrsg. 1978. *Wissenschaftstheoretisches Lexikon*. Graz: Styria.

Brenner, Sydney, William Dove, Ira Herskowitz, und René Thom. 1990. Genes and development: Molecular and logical themes. *Genetics* 126: 479–486.

Bresch, Carsten, und Rudolf Hausmann. 1972. *Klassische und moderne Genetik*. 3. Aufl. Berlin: Springer.

Broackes, Justin. 1995. Oar in water. In *Oxford companion to philosophy*, Hrsg. Ted Honderich, 631. Oxford: Oxford Univ. Press.

Broad, Charles Dunbar. 1930a. The principles of demonstrative induction (I.). *Mind* 39: 302–317. https://doi.org/10/frtppn.

Broad, Charles Dunbar. 1930b. The principles of demonstrative induction (II.). *Mind* 39: 426–439. https://doi.org/10/cgqn7f.

Broad, Charles Dunbar. 1944. Hr. von Wright on the logic of induction I–III. *Mind* 53: 1–24, 97–119, 193–214. https://doi.org/10/bjxcjq.

Bub, Jeffrey. 1994. Testing models of cognition through the analysis of brain-damaged performance. *British Journal for the Philosophy of Science* 45: 837–855. https://doi.org/10/dsg5sd.

Bub, Jeffrey, und Daniel Bub. 1988. On the methodology of single-case studies in cognitive neuropsychology. *Cognitive Neuropsychology* 5: 565–582. https://doi.org/10/c66t5q.

Bunge, Mario. 1964. Phenomenological theories. In *The critical approach to science and philosophy: In honor of Karl R. Popper*, Hrsg. Mario Bunge, 234–254. London: Free Press of Glencoe; Collier-Macmillan.

Bunge, Mario. 1967. *Scientific research*. 2 Bde. Berlin: Springer.

Bunge, Mario. 1979. *Causality and modern science*. 3. Aufl. New York: Dover.

Bunge, Mario. 1989. *Ethics: The good and the right*. Dordrecht: Reidel.

Bunge, Mario. 1997. Mechanism and explanation. *Philosophy of the Social Sciences* 27: 410–465. https://doi.org/10/fgqqv2.

Bunge, Mario. 2004. How does it work? The search for explanatory mechanisms. *Philosophy of the Social Sciences* 34: 182–210. https://doi.org/10/bbpn3r.

Butterworth, Brian L., Hrsg. 1980. *Speech and talk*. Bd. 1. London: Academic Press.

Campbell, Donald T. 1959. Methodological suggestions from a comparative psychology of knowledge processes. *Inquiry* 2: 152–182. https://doi.org/10/dczv4r.

Canfield, John. 1964. Teleological explanation in biology. *British Journal for the Philosophy of Science* 14: 285–295. https://doi.org/10/bj65m6.

Capecchi, Mario R. 1994. Gezielter Austausch von Genen. *Spektrum der Wissenschaft*, Mai.

Caramazza, Alfonso. 1984. The logic of neuropsychological research and the problem of patient classification in aphasia. *Brain and Language* 21: 9–20. https://doi.org/10/bfp68j.

Caramazza, Alfonso. 1986. On drawing inferences about the structure of normal cognitive systems from the analysis of patterns of impaired performance: The case for single-patient studies. *Brain and Cognition* 5: 41–66. https://doi.org/10/d5c9fm.

Caramazza, Alfonso, Hrsg. 1988. *Methodological problems in cognitive neuropsychology*. London: Erlbaum.

Cartwright, Nancy. 1983. *How the laws of physics lie*. Oxford: Clarendon Press.

Cartwright, Nancy. 1989. *Nature's capacities and their measurement*. Oxford: Oxford Univ. Press.

Chalmers, Alan F. 2006. *Wege der Wissenschaft: Einführung in die Wissenschaftstheorie*. Herausgegeben von Niels Bergemann und Christine Altstotter-Gleich. Übersetzt von Niels Bergemann und Christine Altstotter-Gleich. 6. Aufl. Berlin: Springer. https://doi.org/10/bbgvp9.

Changeux, Jean-Pierre. 1984. *Der neuronale Mensch*. Reinbek bei Hamburg: Rowohlt.

Charniak, Eugene. 1991. Bayesian networks without tears. *AI Magazine* 51: 50–63.

Cheng, Patricia W., und Keith J. Holyoak. 1985. Pragmatic reasoning schemas. *Cognitive Psychology* 17: 391–416. https://doi.org/10/cjzwwx.

Cherubim, Dieter, Hrsg. 1980. *Fehlerlinguistik: Beiträge zum Problem der sprachlichen Abweichung*. Tübingen: Niemeyer.

Cohen, L. Jonathan. 1982. Are people programmed to commit fallacies? Further thoughts about the interpretation of experimental data on probability judgment. *Journal for the Theory of Social Behaviour* 12: 251–274. https://doi.org/10/bj5mr8.

Cosmides, Leda. 1989. The logic of social exchange: Has natural selection shaped how humans reason? Studies with the Wason selection task. *Cognition* 31: 187–276. https://doi.org/10/bw33mh.

Craver, Carl F. 2002. Interlevel experiments and multilevel mechanisms in the neuroscience of memory. *Philosophy of Science* 69: S83–S97. https://doi.org/10/ffjt8g.

Crystal, David. 1993. *Die Cambridge Enzyklopädie der Sprache*. Frankfurt am Main: Campus.

Cummins, Robert. 1975. Functional analysis. *Journal of Philosophy* 72: 741–765. https://doi.org/10/dg3fzb.

Cummins, Robert. 1983. *The nature of psychological explanation*. Cambridge, MA: Bradford Books.

Curtiss, Susan. 1988. Abnormal language acquisition and grammar: Evidence for the modularity of language. In *Language, speech and mind: Studies in honor of Victoria Fromkin*, Hrsg. Larry M. Hyman und Charles N. Li, 81–102. London; New York: Routledge.

Cutler, Anne. 1982. *Speech errors: A classified bibliography*. Bloomington: Indiana Univ. Linguistics Club.

Cutler, Anne. 1988. The perfect speech error. In *Language, speech and mind: Studies in honor of Victoria Fromkin*, Hrsg. Larry M. Hyman und Charles N. Li, 209–223. London; New York: Routledge.

Czihak, Gerhard, Helmut Langer, und Hubert Ziegler, Hrsg. 1981. *Biologie*. 3. Aufl. Berlin: Springer.

Darden, Lindley. 2002. Strategies for discovering mechanisms: Schema instantiation, modular subassembly, forward/backward chaining. *Philosophy of Science* 69: S354–S365. https://doi.org/10/cpcjd8.

Darwin, Charles. 1868. *Das Variiren der Tiere und Pflanzen im Zustande der Domestication*. Übersetzt von J. Victor Carus. Stuttgart: Schweizerbarth.

Darwin, Charles. 1963. *Die Entstehung der Arten durch natürliche Zuchtwahl*. Übersetzt von Carl Wilhelm Neumann. Stuttgart: Reclam.

Davidson, Donald. 1967. Causal relations. *Journal of Philosophy* 64: 691–703. https://doi.org/10/b6x86v.

Davidson, Donald. 1990. *Handlung und Ereignis*. Übersetzt von Joachim Schulte. Frankfurt am Main: Suhrkamp.

Davies, Paul Sheldon. 2000. Malfunctions. *Biology & Philosophy* 15: 19–38. https://doi.org/10/dbdbw5.

Dell, Gary S. 1985. Positive feedback in hierarchical connectionist models: Applications to language production. *Cognitive Science* 9: 3–23. https://doi.org/10/dcn428.

Dell, Gary S. 1986. A spreading activation theory of retrieval in sentence production. *Psychological Review* 93: 283–321. https://doi.org/10/fgp5vj.

Dell, Gary S., und Peter A. Reich. 1980. Toward a unified model of slips of the tongue. In *Errors in linguistic performance: Slips of the tongue, ear, pen, and hand*, Hrsg. Victoria A. Fromkin, 273–286. New York: Academic Press.

Dell, Gary S., und Peter A. Reich. 1981. Stages in sentence production: An analysis of speech error data. *Journal of Verbal Learning and Verbal Behavior* 20: 611–629. https://doi.org/10/dwxc2z.

Dittmann, Jürgen. 1988. Versprecher und Sprachproduktion. In *Sprachproduktionsmodelle*, Hrsg. Gerhard Blanken, Jürgen Dittmann, und Claus-W. Wallesch, 35–82. Freiburg im Breisgau: Hochschulverlag.

Dittmann, Jürgen, Gerhard Blanken, und Claus-W. Wallesch. 1988. Einleitung: Über die Erforschung der menschlichen Sprachproduktion. In *Sprachproduktionsmodelle*, Hrsg. Gerhard Blanken, Jürgen Dittmann, und Claus-W. Wallesch, 1–17. Freiburg im Breisgau: Hochschulverlag.

Dogan, Mattei, und Dominique Pelassy. 1990. *How to compare nations: Strategies in comparative politics*. Chatham, NJ: Chatham House.

Dörner, Dietrich. 1989. *Die Logik des Mißlingens*. Reinbek bei Hamburg: Rowohlt.

Dowe, Phil. 2000. *Physical causation*. Cambridge: Cambridge Univ. Press.

Dowe, Phil. 2007. Causal processes. Herausgegeben von Edward N. Zalta. *Stanford encyclopedia of philosophy*. Stanford, CA: Metaphysics Research Lab, CSLI, Stanford Univ.

Eells, Ellery. 1991. *Probabilistic causality*. Cambridge: Cambridge Univ. Press.

Ehring, Douglas. 1986. The transference theory of causation. *Synthese* 67: 249–258. https://doi.org/10/fcfwr3.

Ehring, Douglas. 1997. *Causation and persistence: A theory of causation*. Oxford: Oxford Univ. Press.

Eibl-Eibesfeldt, Irenäus. 1973. *Der vorprogrammierte Mensch: Das Ererbte als bestimmender Faktor im menschlichen Verhalten*. Wien: Molden.

Eibl-Eibesfeldt, Irenäus. 1984. *Die Biologie des menschlichen Verhaltens: Grundriß der Humanethologie*. 2. Aufl. München: Piper.

Eibl-Eibesfeldt, Irenäus. 1987. *Grundriß der vergleichenden Verhaltensforschung: Ethologie*. 7. Aufl. München: Piper.

Ellis, Andrew W., und Andrew W. Young. 1988. *Human cognitive neuropsychology*. Hove: Erlbaum.

Ellis, Andrew W., und Andrew W. Young. 1996. *Human cognitive neuropsychology: A textbook with readings*. 2. Aufl. Hove: Psychology Press.

Essler, Wilhelm K., Joachim Labude, und Stefanie Ucsnay. 2000. *Theorie und Erfahrung: Eine Einführung in die Wissenschaftstheorie*. Freiburg im Breisgau: Alber.

Evans, Jonathan S.B.T. 1982. *The psychology of deductive reasoning*. London: Routledge and Kegan Paul.

Fair, David. 1979. Causation and the flow of energy. *Erkenntnis* 14: 219–250. https://doi.org/10/dgrx6x.

Feyerabend, Paul. 1976. *Wider den Methodenzwang: Skizze einer anarchistischen Erkenntnistheorie*. Herausgegeben von Hermann Vetter. Frankfurt am Main: Suhrkamp.

Fiedler, Klaus. 1993. Kognitive Täuschungen: Faszination eines modernen Forschungsprogramms. In *Kognitive Täuschungen: Fehl-Leistungen und Mechanismen des Urteilens, Denkens und Er-*

innerns, Hrsg. Wolfgang Hell, Klaus Fiedler, und Gerd Gigerenzer, 7–12. Heidelberg: Spektrum Akademischer Verlag.

Flood, Robert L., und Ewart R. Carson. 1988. *Dealing with complexity: An introduction to the theory and application of systems science*. New York; London: Plenum Press.

Fodor, Jerry A. 1983. *The modularity of mind: An essay on faculty psychology*. Cambridge, MA: MIT Press.

Fodor, Jerry A. 1985. Précis of *The modularity of mind*. *Behavioral and Brain Sciences* 8: 1–5. https://doi.org/10/fnf782.

Fodor, Jerry A., Thomas G. Bever, und Merrill F. Garrett. 1974. *The psychology of language: An introduction to psycholinguistics and generative grammar*. New York: McGraw-Hill.

Frank, Helmar, Hrsg. 1966. *Kybernetik: Brücke zwischen den Wissenschaften*. 6. Aufl. Frankfurt am Main: Umschau.

Freud, Sigmund. 1904. *Zur Psychopathologie des Alltagslebens: Über Vergessen, Versprechen, Vergreifen, Aberglaube und Irrtum*. Berlin: Karger.

Friederici, Angela D. 1984. *Neuropsychologie der Sprache*. Stuttgart: Kohlhammer.

Frisby, John P. 1983. *Sehen: optische Täuschungen, Gehirnfunktionen, Bildgedächtnis*. München: Moos.

Fromkin, Victoria A. 1971. The non-anomalous nature of anomalous utterances. *Language* 47: 27–52. https://doi.org/10/dwqwf7.

Fromkin, Victoria A., Hrsg. 1973. *Speech errors as linguistic evidence*. The Hague; Paris: Mouton.

Fromkin, Victoria A., Hrsg. 1980. *Errors in linguistic performance: Slips of the tongue, ear, pen, and hand*. New York: Academic Press.

Gabriel, Gottfried. 1980. Illusion. In *Enzyklopädie Philosophie und Wissenschaftstheorie*, Hrsg. Jürgen Mittelstraß, Bd. 2, 200–201. Mannheim: Bibliographisches Institut.

Gadenne, Volker. 1993. Deduktives Denken und Rationalität. In *Kognitive Täuschungen: Fehl-Leistungen und Mechanismen des Urteilens, Denkens und Erinnerns*, Hrsg. Wolfgang Hell, Klaus Fiedler, und Gerd Gigerenzer, 161–188. Heidelberg: Spektrum Akademischer Verlag.

Garman, Michael. 1990. *Psycholinguistics*. Cambridge: Cambridge Univ. Press.

Garrett, Merrill F. 1975. The analysis of sentence production. In *The psychology of learning and motivation: Advances in theory and research*, Hrsg. Gordon H. Bower, Bd. 9, 133–177. New York: Academic Press.

Garrett, Merrill F. 1984. The organization of processing structure for language production. In *Biological perspectives on language*, Hrsg. David Caplan, André Roch Lecours, und Alan Smith, 172–193. Cambridge, MA: MIT Press.

Garrod, Archibald E. 1909. *Inborn errors of metabolism*. London: Frowde & Hodder.

Gehring, Walter. 1984. Genetische Architektur: Ein Lebewesen nimmt Gestalt an. *Bild der Wissenschaft* 21: 78–89.

Geldsetzer, Lutz. 1971. *Allgemeine Bücher- und Institutionenkunde für das Philosophiestudium*. Freiburg im Breisgau: Alber.

Geschwind, Norman. 1986. Aufgabenteilung in der Großhirnrinde. In *Wahrnehmung und visuelles System*, Hrsg. Manfred Ritter, 26–35. Heidelberg: Spektrum.

Gigerenzer, Gerd. 1993. Die Repräsentation von Information und ihre Auswirkung auf statistisches Denken. In *Kognitive Täuschungen: Fehl-Leistungen und Mechanismen des Urteilens, Denkens und Erinnerns*, Hrsg. Wolfgang Hell, Klaus Fiedler, und Gerd Gigerenzer, 99–127. Heidelberg: Spektrum Akademischer Verlag.

Gigerenzer, Gerd, Peter M. Todd, und ABC Research Group. 1999. *Simple heuristics that make us smart*. Oxford: Oxford Univ. Press.

Girotto, Vittorio, und Guy Politzer. 1990. Conversational and world knowledge constraints on deductive reasoning. In *Cognitive biases*, Hrsg. Jean-Paul Caverni, Jean-Marc Fabre, und Michel Gonzalez, 87–107. Amsterdam: North-Holland.

Glennan, Stuart. 1996. Mechanisms and the nature of causation. *Erkenntnis* 44: 49–71. https://doi.org/10/bd77g7.

Glennan, Stuart. 2002. Rethinking mechanistic explanation. *Philosophy of Science* 69: S342–S353. https://doi.org/10/cv3rvs.

Glennan, Stuart. 2005. Modeling mechanisms. *Studies in History and Philosophy of Science Part C: Studies in History and Philosophy of Biological and Biomedical Sciences* 36: 443–464. https://doi.org/10/dkf7pv.

Glück, Helmut, Hrsg. 1993. *Metzler Lexikon Sprache*. Stuttgart; Weimar: Metzler.

Glymour, Clark. 1994. On the methods of cognitive neuropsychology. *British Journal for the Philosophy of Science* 45: 815–835. https://doi.org/10/cx398t.

Glymour, Clark. 1997. A review of recent work on the foundations of causal inference. In *Causality in crisis? Statistical methods and the search for causal knowledge in the social sciences*, Hrsg. Vaughn R. McKim und Stephen P. Turner, 201–248. Notre Dame, IN: Univ. of Notre Dame Press.

Glymour, Clark, und Gregory F. Cooper, Hrsg. 1999. *Computation, causation, and discovery*. Cambridge, MA: MIT Press.

Good, Irving J. 1961. A causal calculus: Parts I and II. *British Journal for the Philosophy of Science* 11, 12: 305–318, 43–51. https://doi.org/10/c6htb5.

Goodenough, Ward H. 1970. *Description and comparison in cultural anthropology*. Cambridge: Cambridge Univ. Press.

Gould, Stephen Jay. 1989. *Der Daumen des Panda: Betrachtungen zur Naturgeschichte*. Übersetzt von Klaus Laermann. Frankfurt am Main: Suhrkamp.

Gould, Stephen Jay. 1991. *Wie das Zebra zu seinen Streifen kommt: Essays zur Naturgeschichte*. Übersetzt von Stephen Cappellari. Frankfurt am Main: Suhrkamp.

Gould, Stephen Jay. 1992. *Bully for Brontosaurus*. London: Penguin Books.

Gould, Stephen Jay, und Richard C. Lewontin. 1979. The spandrels of San Marco and the Panglossian paradigm: A critique of the adaptationist programme. *Proceedings of the Royal Society of London. Series B, Biological Sciences* 205: 581–598. https://doi.org/10/fgb62p.

Gould, Stephen Jay, und Elisabeth S. Vrba. 1982. Exaptation: A missing term in the science of form. *Paleobiology* 8: 4–15. https://doi.org/10/gcjqmc.

Graßhoff, Gerd, und Michael May. 2001. Causal regularities. In *Current Issues in Causation*, Hrsg. Wolfgang Spohn, Marion Ledwig, und Michael Esfeld, 85–114. Paderborn: Mentis.

Green, Sara. 2014. A philosophical evaluation of adaptationism as a heuristic strategy. *Acta Biotheoretica* 62: 479–498. https://doi.org/10/f6ms64.

Gregory, Richard L. 1961a. The brain as an engineering problem. In *Current problems in animal behaviour*, Hrsg. William H. Thorpe und Oliver L. Zangwill, 307–330. Cambridge: Cambridge Univ. Press.

Gregory, Richard L. 1961b. The brain as an engineering problem. In *Current problems in animal behaviour*, Hrsg. William H. Thorpe und Oliver L. Zangwill, 307–330. Cambridge: Cambridge Univ. Press.

Gregory, Richard L. 1980. Perceptions as hypotheses. *Philosophical Transactions of the Royal Society B: Biological Sciences* 290: 181–197. https://doi.org/10/cgdwx9.

Gregory, Richard L. 1981. *Mind in science: A history of explanations in psychology and physics*. London: Weidenfeld & Nicolson.

Griffiths, Anthony J. F., Jeffrey H. Miller, David T. Suzuki, Richard C. Lewontin, und William M. Gelbart. 1993. *An introduction to genetic analysis*. 5. Aufl. New York: Freeman.

Griffiths, Paul E. 1996. The historical turn in the study of adaptation. *British Journal for the Philosophy of Science* 47: 511–532. https://doi.org/10/bsxt62.

Griggs, Richard A., und James R. Cox. 1982. The elusive thematic-materials effect in Wason's selection task. *British Journal of Psychology* 73: 407–420. https://doi.org/10/brwfrz.

Gutfleisch, Ingeborg, Bert-Olaf Rieck, und Norbert Dittmar. 1979. Interimsprachen- und Fehleranalyse: Teilkommentierte Bibliographie zur Zweitspracherwerbforschung 1967–1978. *Linguistische Berichte* 64/65: 105–142, 51–81.

Halbach, Udo. 1974. Modelle in der Biologie. *Naturwissenschaftliche Rundschau* 27: 293–305.

Hasher, Lynn, David Goldstein, und Thomas Toppino. 1977. Frequency and the conference of referential validity. *Journal of Verbal Learning and Verbal Behavior* 16: 107–112. https://doi.org/10/bz4x4m.

Hassenstein, Bernhard. 1968. Modellrechnung zur Datenverarbeitung beim Farbensehen des Menschen. *Kybernetik* 4: 209–223. https://doi.org/10/djk32n.

Hassenstein, Bernhard, und Werner Reichardt. 1953. Der Schluß von Reiz-Reaktions-Funktionen auf System-Strukturen. *Zeitschrift für Naturforschung B* 8: 518–524. https://doi.org/10/f3rcmn.

Head, Henry. 1926. *Aphasia and kindred disorders of speech*. Cambridge: Cambridge Univ. Press.

Hell, Wolfgang. 1993. Gedächtnistäuschungen. In *Kognitive Täuschungen: Fehl-Leistungen und Mechanismen des Urteilens, Denkens und Erinnerns*, Hrsg. Wolfgang Hell, Klaus Fiedler, und Gerd Gigerenzer, 13–38. Heidelberg: Spektrum Akademischer Verlag.

Hell, Wolfgang, Klaus Fiedler, und Gerd Gigerenzer, Hrsg. 1993. *Kognitive Täuschungen: Fehl-Leistungen und Mechanismen des Urteilens, Denkens und Erinnerns*. Heidelberg: Spektrum Akademischer Verlag.

Helmholtz, Hermann von. 1903. Optisches über Malerei: Umarbeitung von Vorträgen [...] 1871 bis 1873. In *Vorträge und Reden*, Hermann von Helmholtz, 5. Aufl., Bd. 2, 93–135. Braunschweig: Vieweg.

Hempel, Carl G. 1965. The logic of functional analysis. In *Aspects of scientific explanation and other essays in the philosophy of science*, 297–330. New York: Free Press.

Hempel, Carl G. 1977. *Aspekte wissenschaftlicher Erklärung*. Übersetzt von Wolfgang Lenzen. Berlin: de Gruyter.

Hennig, Wolfgang. 1995. *Genetik*. Berlin: Springer.

Hertwig, Ralph. 1993. Frequency-Validity-Effekt und Hindsight-Bias: Unterschiedliche Phänomene – gleiche Prozesse? In *Kognitive Täuschungen: Fehl-Leistungen und Mechanismen des Urteilens, Denkens und Erinnerns*, Hrsg. Wolfgang Hell, Klaus Fiedler, und Gerd Gigerenzer, 39–72. Heidelberg: Spektrum Akademischer Verlag.

Hitchcock, Christopher. 1993. A generalized probabilistic theory of causal relevance. *Synthese* 97: 335–364. https://doi.org/10/b7h33d.

Hitchcock, Christopher. 2002. Probabilistic causation. Herausgegeben von Edward N. Zalta. *Stanford encyclopedia of philosophy*. Stanford, CA: Metaphysics Research Lab, CSLI, Stanford Univ.

Holenstein, Elmar. 1983a. Zur Semantik der Funktionalanalyse. *Zeitschrift für allgemeine Wissenschaftstheorie* 14: 292–319. https://doi.org/10/d37wbw.

Holenstein, Elmar. 1983b. Zur Semantik der Funktionalanalyse. *Zeitschrift für allgemeine Wissenschaftstheorie* 14: 292–319. https://doi.org/10/d37wbw.

Holton, Gerald. 1973. *Thematic origins of scientific thought: Kepler to Einstein*. Cambridge, MA: Harvard Univ. Press.

Hull, David L. 1974. *Philosophy of biological science*. Englewood Cliffs, NJ: Prentice Hall.

Hull, David L., und Michael Ruse, Hrsg. 1998. *The philosophy of biology*. Oxford: Oxford Univ. Press.

Hume, David. 1975. Enquiry concerning human understanding. In *Enquiries concerning human understanding and concerning the principles of morals*, Hrsg. Lewis Amherst Selby-Bigge und Peter Harold Nidditch, 3. Aufl. Oxford: Clarendon Press.

Hume, David. 1982. *Eine Untersuchung über den menschlichen Verstand*. Herausgegeben von Herbert Herring. Übersetzt von Herbert Herring. Stuttgart: Reclam.

Hume, David. 1993. *Eine Untersuchung über den menschlichen Verstand*. Herausgegeben von Jens Kulenkampff. Übersetzt von Raoul Richter. 12. Aufl. Hamburg: Meiner.

Immelmann, Klaus. 1983. *Einführung in die Verhaltensforschung*. 3. Aufl. Berlin: Parey.

Jacob, François. 1977. Evolution and tinkering. *Science* 196: 1161–1166. https://doi.org/10/cgwdtn.

Jacob, François. 1983. Molecular tinkering in evolution. In *Evolution from molecules to men*, Hrsg. Derek S. Bendall, 131–141. Cambridge: Cambridge Univ. Press.

Jacob, François. 2001. Complexity and tinkering. *Annals of the New York Academy of Sciences* 929: 71–73. https://doi.org/10/ckfm92.

Johnson, William E. 1964. *Logic in three parts*. New York: Dover.

Johnson-Laird, P. N., Paolo Legrenzi, und Maria Sonino Legrenzi. 1972. Reasoning and a sense of reality. *British Journal of Psychology* 63: 395–400. https://doi.org/10/cndczx.

Jones, Gregory V. 1983. On double dissociation of function. *Neuropsychologia* 21: 397–400. https://doi.org/10/dxrd4c.

Kainz, Friedrich. 1956. *Spezielle Sprachpsychologie*. Bd. 4. Stuttgart: Enke.

Kamlah, Andreas. 1980. Wie arbeitet die analytische Wissenschaftstheorie? *Zeitschrift für allgemeine Wissenschaftstheorie* 11: 23–44. https://doi.org/10/dgpn8j.

Kanitscheider, Bernulf. 1981. *Wissenschaftstheorie der Naturwissenschaft*. Berlin: de Gruyter. https://doi.org/10/gc8zhh.

Kanitscheider, Bernulf, Hrsg. 1984. *Moderne Naturphilosophie*. Würzburg: Königshausen & Neumann.

Kant, Immanuel. 1956. Kritik der reinen Vernunft. In *Werkausgabe*, Hrsg. Wilhelm Weischedel. Bd. II. Wiesbaden; Frankfurt am Main: Insel; Wissenschaftliche Buchgesellschaft.

Kean, Marie-Louise. 1984. Linguistic analysis of aphasic syndromes: The doing and undoing of aphasia research. In *Biological perspectives on language*, Hrsg. David Caplan, André Roch Lecours, und Alan Smith, 130–140. Cambridge, MA: MIT Press.

Kebeck, Günther. 1989. Gestalttheoretische Gedächtnisforschung: Der produktive Charakter des Fehlers. In *Bericht über den 36. Kongreß der Deutschen Gesellschaft für Psychologie in Berlin 1988*, Hrsg. Wolfgang Schönpflug, Bd. 2, 244–260. Göttingen: Hogrefe.

Kebeck, Günther. 1991. *Fehleranalyse als Methode der Gedächtnisforschung*. Wiesbaden: Deutscher Universitäts-Verlag.

Kelter, Stephanie. 1990. *Aphasien*. Stuttgart: Kohlhammer.

Kielhöfer, Bernd. 1980. *Fehlerlinguistik des Fremdsprachenerwerbs: Linguistische, lernpsychologische und didaktische Analyse von Französischfehlern*. 2. Aufl. Königstein im Taunus: Scriptor.

Kim, Jaegwon. 1973. Causation, nomic subsumption, and the concept of event. *Journal of Philosophy* 70: 217–236. https://doi.org/10/d2j49v.

Kim, Jaegwon. 1993. *Supervenience and mind: Selected philosophical essays*. Cambridge: Cambridge Univ. Press.

Klaus, Georg, und Manfred Buhr, Hrsg. 1969. *Philosophisches Wörterbuch*. Leipzig: Bibliographisches Institut.

Klein, Barbara Von Eckardt. 1978. Inferring functional localization from neurological evidence. In *Explorations in the biology of language*, Hrsg. Edward Walker, 27–66. Montgomery, VT: Bradford Books.

Klein, Peter. 1997. Ockham's Rasiermesser, oder: Die Widerborstigkeit der Realität. In *Das Elementare im Komplexen*, Hrsg. Gerhard Schaefer, 193–218. Frankfurt am Main: Lang.

Klir, George J. 1991. *Facets of systems science*. New York; London: Plenum Press.

Koertge, Noretta. 1988. Is reductionism the best way to unify science? In *Centripetal forces in the sciences*, Hrsg. Gerard Radnitzky, Bd. 2, 20–46. New York: Paragon House.

Krebs, John R., und Nicholas B. Davies. 1993. *An introduction to behavioural ecology*. 3. Aufl. Oxford: Blackwell.

Kromka, Franz. 1984. *Sozialwissenschaftliche Methodologie: Eine kritisch-rationale Einführung*. Paderborn: Schöningh.

Kuhn, Thomas S. 1967. *Die Struktur wissenschaftlicher Revolutionen*. Frankfurt am Main: Suhrkamp.

Kvart, Igal. 2001. The counterfactual analysis of cause. *Synthese* 127: 389–427. https://doi.org/10/fhg3fh.

La Brecque, Mort. 1980. Denkfehler und Denkfallen. *Psychologie heute*.

Lakatos, Imre. 1982. *Die Methodologie der wissenschaftlichen Forschungsprogramme*. Herausgegeben von John Worrall. Braunschweig: Vieweg.

Lambert, Karel, und Gordon G. Brittan. 1991. *Eine Einführung in die Wissenschaftsphilosophie*. Berlin: de Gruyter. https://doi.org/10/gc8zhm.

Laplace, Pierre-Simon de. 1932. *Philosophischer Versuch über die Wahrscheinlichkeit*. Herausgegeben von Richard von Mises. Übersetzt von Heinrich Löwy. Leipzig: Akad. Verl.-Ges.

Lashley, Karl S. 1951. The problem of serial order in behavior. In *Cerebral mechanisms in behavior: The Hixon symposium*, Hrsg. Lloyd A. Jeffress, 112–136. New York: Wiley.

Laudan, Larry. 1990. *Science and relativism: Some key controversies in the philosophy of science*. Chicago: Univ. of Chicago Press.

Lenin, Vladimir Il'ič. 1977. *Materialismus und Empiriokritizismus*. 8. Aufl. Berlin: Dietz.

Leuninger, Helen. 1986. Mentales Lexikon, Basiskonzepte, Wahrnehmungsalternativen: Neuro- und psycholinguistische Überlegungen. *Linguistische Berichte* 103: 224–251.

Leuninger, Helen. 1987. Das ist wirklich ein dickes Stück: Überlegungen zu einem Sprachproduktionsmodell. *Linguistische Berichte* 104: 24–40.

Leuninger, Helen. 1988. Methodologische und empirische Probleme der Neurolinguistik. In *Sprache und Sprachstörungen. Neurologie, Sprachheilpädagogik, Linguistik: Neurologie, Sprachheilpädagogik, Linguistik*, Hrsg. Werner Radigk, 123–137. Dortmund: Verlag Modernes Lernen.

Leuninger, Helen. 1992. Ich kann nicht zwei Fliegen auf einmal dienen oder was tun wir, wenn wir uns versprechen. *Forschung Frankfurt* 10: 30–37.

Levelt, Willem J. M. 1989. Hochleistung in Millisekunden: Sprechen und Sprache verstehen. *Universitas* 44: 56–68.

Levins, Richard. 1966. The strategy of model building in population biology. *American Scientist* 54: 421–431.

Levins, Richard. 1968. *Evolution in changing environments*. Princeton, NJ: Princeton Univ. Press.

Lewin, Benjamin. 1990. *Genes IV*. Oxford: Oxford Univ. Press.

Lewis, David. 1973. Causation. *Journal of Philosophy* 70: 556–567. https://doi.org/10/fvr3dp.

Lewis, David. 1979. Counterfactual dependence and time's arrow. *Noûs* 13: 455–476. https://doi.org/10/btr859.

Lewis, David. 1986. *Philosophical papers*. Bd. 2. Oxford: Oxford Univ. Press. https://doi.org/10/d2pnxs.

Leyhausen, Paul. 1956. Das Verhalten der Katzen (*Felidae*). In *Handbuch der Zoologie*, Hrsg. Willy Kükenthal, Bd. 8.10, 1–34. Berlin: de Gruyter.

Lichtheim, Ludwig. 1885a. Über Aphasie. *Deutsches Archiv für klinische Medicin* 36: 204–268.

Lichtheim, Ludwig. 1885b. On aphasia. *Brain* 7: 433–484. https://doi.org/10/gdj2nm.

Lijphart, Arend. 1971. Comparative politics and the comparative method. *American Political Science Review* 65: 682–693. https://doi.org/10/dzptk9.

Lijphart, Arend. 1975. The comparable-cases strategy in comparative research. *Comparative Political Studies* 8: 158–177. https://doi.org/10/gcjqkw.

Linder, Hermann, Hrsg. 1977. *Biologie*. 18. Aufl. Stuttgart: Metzler.

Lorenz, Konrad. 1943. Die angeborenen Formen möglicher Erfahrung. *Zeitschrift für Tierpsychologie* 5: 235–409. https://doi.org/10/cwpxx8.

Lorenz, Konrad. 1950. Ganzheit und Teil in der tierischen und menschlichen Gemeinschaft. *Studium Generale* 3: 455–499. https://doi.org/10/gdkxsp.

Lorenz, Konrad. 1954. Moral-analoges Verhalten geselliger Tiere. *Forschung und Wirtschaft* 4: 1–23.

Lorenz, Konrad. 1965. *Über tierisches und menschliches Verhalten: aus dem Werdegang der Verhaltenslehre; gesammelte Abhandlungen*. 2 Bde. München: Piper.

Lorenz, Konrad. 1973. *Die Rückseite des Spiegels: Versuch einer Naturgeschichte menschlichen Erkennens*. München: Piper.

Lorenz, Konrad. 1977. *Die Rückseite des Spiegels: Versuch einer Naturgeschichte menschlichen Erkennens*. München: dtv.

Lorenz, Konrad. 1978. *Vergleichende Verhaltensforschung: Grundlagen der Ethologie*. Wien: Springer.

Lorenz, Kuno. 1984. Heuristik. In *Enzyklopädie Philosophie und Wissenschaftstheorie*, Hrsg. Jürgen Mittelstraß, Bd. 2, 99. Mannheim: Bibliographisches Institut.

Losee, John. 2001. *A historical introduction to the philosophy of science*. 4. Aufl. Oxford: Oxford Univ. Press.

Lucretius Carus, Titus. 1973. *De rerum natura: lateinisch und deutsch*. Übersetzt von Karl Büchner. Stuttgart: Reclam.

Luhmann, Niklas. 1999. Kultur als historischer Begriff. In *Gesellschaftsstruktur und Semantik: Studien zur Wissenssoziologie der modernen Gesellschaft*, Bd. 4, 31–54. Frankfurt am Main: Suhrkamp.

Lyons, John. 1971. *Noam Chomsky*. München: dtv.

Mach, Ernst. 1868. Ueber die Abhängigkeit der Netzhautstellen von einander. *Vierteljahresschrift für Psychiatrie* 2: 38–51.

Machamer, Peter, Lindley Darden, und Carl F. Craver. 2000. Thinking about mechanisms. *Philosophy of Science* 67: 1–25. https://doi.org/10/fprxc8.

MacKay, Donald G. 1973. Spoonerisms: The structure of error in the serial order of speech. In *Speech errors as linguistic evidence*, Hrsg. Victoria A. Fromkin, 132–143. The Hague; Paris: Mouton.

Mackie, John Leslie. 1974. *The cement of the universe: A study of causation*. Oxford: Clarendon Press.

Mahner, Martin. 1986. *Kreationismus: Inhalt und Struktur antievolutionistischer Argumentation*. Berlin: Pädagogisches Zentrum.

Mahner, Martin, und Mario Bunge. 1997. *Foundations of biophilosophy*. Berlin: Springer.

Manktelow, Ken I., und Jonathan S.B.T. Evans. 1979. Facilitation of reasoning by realism: Effect or non-effect? *British Journal of Psychology* 70: 477–488. https://doi.org/10/bkmthk.

Marr, David. 1976. Early processing of visual information. *Philosophical Transactions of the Royal Society B: Biological Sciences* 275: 483–524. https://doi.org/10/chnzmk.

Marr, David. 1982. *Vision: A computational investigation into the human representation and processing of visual information*. New York; San Francisco, CA: Freeman.

Marx, Edeltrud. 2001. Gewißt wu – gewußt wie! Was die Versprecherforschung über Sprachproduktion weiß. *Psychologische Rundschau* 52: 195–204. https://doi.org/10/bjdscw.

May, Michael. 1999. *Kausales Schließen: Eine Untersuchung über kausale Erklärungen und Theorienbildung*. Berichte des Graduiertenkollegs Kognitionswissenschaft 64. Universität Hamburg.

Maynard Smith, John. 1978. Optimization theory in evolution. *Annual Review of Ecology and Systematics* 9: 31–56. https://doi.org/10/fbtpzx.

Maynard Smith, John, Richard Burian, Stuart Kauffman, Pere Alberch, Joseph Campbell, Brian Goodwin, Russell Lande, David Raup, und Louis Wolpert. 1985. Developmental constraints and evolution. *Quarterly Review of Biology* 60: 265–287. https://doi.org/10/fkrfpj.

Mayr, Ernst. 1974. Teleological and teleonomic: A new analysis. In *Methodological and historical essays in the natural and social sciences*, Hrsg. Robert S. Cohen und Marx W. Wartofsky, 91–117. Dordrecht: Reidel.

Mayr, Ernst. 1983. How to carry out the adaptationist program? *American Naturalist* 121: 324–334. https://doi.org/10/b7tvhc.

Mayr, Ernst. 1984. *Die Entwicklung der biologischen Gedankenwelt: Vielfalt, Evolution und Vererbung*. Übersetzt von Karin de Sousa Ferreira. Berlin: Springer.

McClelland, James L., und David E. Rumelhart. 1981. An interactive activation model of context effects in letter perception: I. An account of basic findings. *Psychological Review* 88: 375–407. https://doi.org/10/dtvdgr.

McCloskey, Michael. 1983. Intuitive physics. *Scientific American* 248: 122–130. https://doi.org/10/dpwsc9.

McCloskey, Michael. 1984. Bewegungsgesetze: Irrtum kommt vor dem Fall. *Psychologie heute* 11: 40–42, 51–52.

McCloskey, Michael, Allyson Washburn, und Linda Felch. 1983. Intuitive physics: The straight-down belief and its origin. *Journal of Experimental Psychology: Learning, Memory and Cognition* 9: 636–649. https://doi.org/10/dsngh9.

McKim, Vaughn R., und Stephen P. Turner, Hrsg. 1997. *Causality in crisis? Statistical methods and the search for causal knowledge in the social sciences*. Notre Dame, IN: Univ. of Notre Dame Press.

Mellor, David H. 1995. *The facts of causation*. London: Routledge.

Mendel, Gregor. 1866. Versuche über Pflanzenhybriden. *Verhandlungen des naturforschenden Vereines in Brünn für das Jahr 1865* 4: 3–47.

Menzies, Peter. 2001. Counterfactual theories of causation. Herausgegeben von Edward N. Zalta. *Stanford encyclopedia of philosophy*. Stanford, CA: Metaphysics Research Lab, CSLI, Stanford Univ.

Meringer, Rudolf, und Karl Mayer. 1895. *Versprechen und Verlesen: Eine psychologisch-linguistische Studie*. Stuttgart: Göschen.

Meyer, David E., und Peter C. Gordon. 1985. Speech production: Motor programming of phonetic features. *Journal of Memory and Language* 24: 3–26. https://doi.org/10/d4q4wg.

Mill, John Stuart. 1869–1880. *Gesammelte Werke*. Übersetzt von Theodor Gomperz. Leipzig: Fues/Reisland.

Millikan, Ruth Garrett. 1984. *Language, thought, and other biological categories: New foundations for realism*. Cambridge, MA: Bradford Books.

Millikan, Ruth Garrett. 1989a. Biosemantics. *Journal of Philosophy* 86: 281–297. https://doi.org/10/fksb8g.

Millikan, Ruth Garrett. 1989b. In defense of proper functions. *Philosophy of Science* 56: 288–302. https://doi.org/10/chdhn4.

Mittelstaedt, Horst. 1961. Die Regelungstheorie als methodisches Werkzeug der Verhaltensanalyse. *Naturwissenschaften* 48: 246–254. https://doi.org/10/d9sdv7.

Mittelstraß, Jürgen, Hrsg. 1980–1996. *Enzyklopädie Philosophie und Wissenschaftstheorie*. Mannheim: Bibliographisches Institut.

Mittelstraß, Jürgen. 2005–. *Enzyklopädie Philosophie und Wissenschaftstheorie*. 2. Aufl. ca. 8 Bde. Stuttgart: Metzler.

Mohr, Hans. 1970. *Wissenschaft und menschliche Existenz: Vorlesungen über Struktur und Bedeutung der Wissenschaft*. 2. Aufl. Freiburg im Breisgau: Rombach.

Moutier, François. 1908. *L'aphasie de Broca*. Paris: Steinheil.

Nagel, Ernest. 1965. Types of causal explanation in science. In *Cause and effect*, Hrsg. Daniel Lerner, 11–32. New York: Free Press.

Nagel, Ernest. 1977a. Functional explanations in biology. *Journal of Philosophy* 74: 280–301. https://doi.org/10/d6tnf6.

Nagel, Ernest. 1977b. Goal-directed processes in biology. *Journal of Philosophy* 74: 261–279. https://doi.org/10/dg3d6h.

Nayef, Heba, und Mohamed El-Nashar. 2014. „With this slip I prove thee real": the psychological reality of some linguistic units; evidence from colloquial Cairene Arabic speech errors. *International Journal of Linguistics* 6: 64. https://doi.org/10/gdmwt2.

Neander, Karen. 1991a. Functions as selected effects: the conceptual analyst's defense. *Philosophy of Science* 58: 168–184. https://doi.org/10/fmzksr.

Neander, Karen. 1991b. The teleological notion of „function". *Australasian Journal of Philosophy* 69: 454–468. https://doi.org/10/ccjn79.

Neander, Karen. 1995a. Explaining complex adaptations: A reply to Sober's „Reply to Neander". *British Journal for the Philosophy of Science* 46: 583–588. https://doi.org/10/b9pdv7.

Neander, Karen. 1995b. Misrepresenting & malfunctioning. *Philosophical Studies* 79: 109–141. https://doi.org/10/bhw6vz.

Nickles, Thomas. 1998. Discovery, logic of. Herausgegeben von Edward Craig. *Routledge encyclopedia of philosophy*. London: Routledge.

Norman, Donald A. 1973. *Aufmerksamkeit und Gedächtnis*. Weinheim; Basel: Beltz.

Norman, Donald A., und David E. Rumelhart. 1978. *Strukturen des Wissens: Wege der Kognitionsforschung*. Stuttgart: Klett-Cotta.

Ohrmann, Raymund, und Theo Wehner. 1989. *Sinnprägnante Aussagen zur Fehlerforschung: Eine formal klassifikatorische und inhaltlich historische Darstellung aus Quellen verschiedener Einzeldisziplinen für den Zeitraum von 1820 bis 1988*. Bremen: Universität Bremen, Studiengang Psychologie.

Oldroyd, David. 1986. *The arch of knowledge: An introductory study of the history of the philosophy and methodology of science*. Kensington: New South Wales Univ. Press.

Patterson, Karalyn E., Max Coltheart, und John C. Marshall, Hrsg. 1985. *Surface dyslexia*. London: Erlbaum.

Pearl, Judea. 2009. *Causality: models, reasoning, and inference*. 2. Aufl. Cambridge: Cambridge Univ. Press.

Pennings, Paul, Hans Keman, und Jan Kleinnijenhuis. 2009. Global comparative methods. In *The SAGE handbook of comparative politics*, Hrsg. Todd Landman und Neil Robinson, 35–49. Los Angeles: Sage.

Piaget, Jean. 1967. *Biologie und Erkenntnis: Über die Beziehungen zwischen organischen Regulationen und kognitiven Prozessen*. Herausgegeben von Angelika Geyer. Frankfurt am Main: S. Fischer.

Piaget, Jean. 1973. *Das moralische Urteil beim Kinde*. Frankfurt am Main: Suhrkamp.

Piattelli-Palmarini, Massimo. 1989. Evolution, selection and cognition: From „learning" to parameter setting in biology and in the study of language. *Cognition* 31: 1–44. https://doi.org/10/b2h3mx.

Pirie, Madsen. 1985. *The book of the fallacy: A training manual for intellectual subversives*. London: Routledge and Kegan Paul.

Pirlot, Paul, und Réjane Bernier. 1973. Preliminary remarks on the organ-function relation. In *The methodological unity of science*, Hrsg. Mario Bunge, 71–83. Dordrecht: Reidel.

Pittendrigh, Colin S. 1958. Adaptation, natural selection and behavior. In *Behavior and evolution*, Hrsg. Anne Roe und George Gaylord Simpson, 390–416. New Haven, CT: Yale Univ. Press.

Planck, Max. 1934. *Wege zur physikalischen Erkenntnis*. Leipzig: Hirzel.

Polanyi, Michael. 1985. *Implizites Wissen*. Frankfurt am Main: Suhrkamp.

Popper, Karl R. 1974. Scientific reduction and the essential incompleteness of all science. In *Studies in the philosophy of biology: Reduction and related problems*, Hrsg. Francisco J. Ayala und Theodosius Dobzhansky, 259–284. London: Macmillan.

Popper, Karl R. 1993. *Objektive Erkenntnis: Ein evolutionärer Entwurf*. Hamburg: Hoffmann und Campe.

Popper, Karl R. 1994. *Logik der Forschung*. 10. Aufl. Tübingen: Mohr Siebeck.

Popper, Karl R., und John C. Eccles. 1982. *Das Ich und sein Gehirn*. Übersetzt von Angela Hartung. München: Piper.

Popper, Karl R., und Konrad Lorenz. 1985. *Die Zukunft ist offen*. München: Piper.

Prior, Elisabeth W. 1985. What is wrong with etiological accounts of biological function? *Pacific Philosophical Quarterly* 66: 310–328. https://doi.org/10/gdkxvb.

Radnitzky, Gerard. 1974. Vom möglichen Nutzen der Forschungstheorie. *Neue Hefte für Philosophie* 6/7: 129–168.

Radnitzky, Gerard. 1989. Wissenschaftstheorie, Methodologie. In *Handlexikon zur Wissenschaftstheorie*, Hrsg. Helmut Seiffert und Gerard Radnitzky, 463–472. München: Ehrenwirth.

Ragin, Charles C. 1987. *The comparative method: Moving beyond qualitative and quantitative strategies*. Berkeley: Univ. of California Press.

Ragin, Charles C., Hrsg. 1991. *Issues and alternatives in comparative social research*. Leiden: Brill.

Railton, Peter. 1978. A deductive-nomological model of probabilistic explanation. *Philosophy of Science* 45: 206–226. https://doi.org/10/d53m8h.

Ramachandran, Murali. 1997. A counterfactual analysis of causation. *Mind* 106: 263–277. https://doi.org/10/dhjhvg.

Rapoport, Anatol. 1988. *Allgemeine Systemtheorie: wesentliche Begriffe und Anwendungen*. Übersetzt von Werner Krabs. Darmstadt: Verl. Darmstädter Blätter.

Rattunde, Eckhard, und Franz-Rudolf Weller. 1977. Auswahlbibliographie zur Fehlerkunde (Veröffentlichungen 1967–76). *Die Neueren Sprachen* 76: 102–113.

Reichenbach, Hans. 1951. *Der Aufstieg der wissenschaftlichen Philosophie*. Braunschweig: Vieweg.

Reichenbach, Hans. 1956. *The direction of time*. Berkeley: Univ. of California Press.

Resnik, David. 1995. Functional language and biological discovery. *Journal for General Philosophy of Science* 26: 119–134. https://doi.org/10/d28ph6.

Riedl, Rupert. 1984. *Die Strategie der Genesis: Naturgeschichte der realen Welt*. 3. Aufl. München: Piper.

Riedl, Rupert. 1987. *Kultur – Spätzündung der Evolution? Antworten auf Fragen an die Evolutions- und Erkenntnistheorie*. München: Piper.

Riedl, Rupert. 1994. *Mit dem Kopf durch die Wand: Die biologischen Grenzen des Denkens*. Stuttgart: Klett-Cotta.

Röpke, Horst. 1983. Zum methodischen Vorgehen in der empirischen Forschung. In *Logisches Philosophieren: Festschrift für Albert Menne zum 60. Geburtstag*, Hrsg. Ursula Neemann und Ellen Walther-Klaus, 91–102. Hildesheim: Olms.

Rudwick, Martin J. S. 1964. The inference of function from structure in fossils. *British Journal for the Philosophy of Science* 15: 27–40. https://doi.org/10/dcmdfs.

Rumelhart, David E., und James L. McClelland. 1986. PDP models and general issues in cognitive science. In *Parallel distributed processing: Explorations in the microstructure of cognition*, Hrsg. David E. Rumelhart, James L. McClelland, und PDP Research Group, Bd. 1, 110–146. Cambridge, MA: MIT Press.

Ruse, Michael. 1973. *The philosophy of biology*. London: Hutchinson.

Saffran, Eleanor M., Myrna F. Schwartz, und Oscar S. M. Marin. 1980. Evidence from aphasia: Isolating the components of a production model. In *Language production*, Hrsg. Brian L. Butterworth, Bd. 1, 221–241. London: Academic Press.

Salmon, Wesley C. 1984. *Scientific explanation and the causal structure of the world*. Princeton, NJ: Princeton Univ. Press.

Schaffer, Jonathan. 2003. The metaphysics of causation. Herausgegeben von Edward N. Zalta. *Stanford encyclopedia of philosophy*. Stanford, CA: Metaphysics Research Lab, CSLI, Stanford Univ.

Schaffner, Kenneth F. 1993. *Discovery and explanation in biology and medicine*. Chicago: Univ. of Chicago Press.

Scheines, Richard. 1997. An introduction to causal inference. In *Causality in crisis? Statistical methods and the search for causal knowledge in the social sciences*, Hrsg. Vaughn R. McKim und Stephen P. Turner, 185–199. Notre Dame, IN: Univ. of Notre Dame Press.

Schepers, Heinrich. 1974. Heuristik. In *Historisches Wörterbuch der Philosophie*, Hrsg. Joachim Ritter, Karlfried Gründer, und Gottfried Gabriel, Bd. 3, 1115–1120. Basel: Schwabe.

Schwarz, Monika. 1992. *Einführung in die Kognitive Linguistik*. Tübingen: Francke.

Schweitzer, Bertold. 2000. Naturgesetze in der Biologie? *Philosophia naturalis* 37: 367–374. https://doi.org/10/f3r7qd.

Schweitzer, Bertold. 2003. Heuristik von einem rationalen Standpunkt. In *Kaltblütig: Philosophie von einem rationalen Standpunkt*, Hrsg. Wolfgang Buschlinger und Christoph Lütge, 107–126. Stuttgart: Hirzel.

Sedlmeier, Peter. 1993. Training zum Denken unter Unsicherheit. In *Kognitive Täuschungen: Fehl-Leistungen und Mechanismen des Urteilens, Denkens und Erinnerns*, Hrsg. Wolfgang Hell, Klaus Fiedler, und Gerd Gigerenzer, 129–160. Heidelberg: Spektrum Akademischer Verlag.

Seiffert, Helmut, und Gerard Radnitzky, Hrsg. 1989. *Handlexikon zur Wissenschaftstheorie*. München: Ehrenwirth.

Sengbusch, Peter von. 1974. *Einführung in die allgemeine Biologie*. Berlin: Springer.

Shallice, Tim. 1981. Neurological impairment of cognitive processes. *British Medical Bulletin* 37: 187–192. https://doi.org/10/gdkxt7.

Shallice, Tim. 1988. *From neuropsychology to mental structure*. Cambridge: Cambridge Univ. Press.

Shallice, Tim, und Rosaleen McCarthy. 1985. Phonological reading: From patterns of impairment to possible procedures. In *Surface dyslexia*, Hrsg. Karalyn E. Patterson, Max Coltheart, und John C. Marshall, 361–397. London: Erlbaum.

Shipley, Bill. 2000. *Cause and correlation in biology: A user's guide to path analysis, structural equations and causal inference*. Cambridge: Cambridge Univ. Press.

Siewing, Rolf, Hrsg. 1980. *Allgemeine Zoologie*. 3. Aufl. Bd. 1. Stuttgart: G. Fischer.

Simon, Herbert A. 1957. *Models of man: Social and rational*. New York: Wiley.
Simon, Herbert A. 1994. *Die Wissenschaften vom Künstlichen*. 2. Aufl. Wien: Springer.
Simpson, Edward H. 1951. The interpretation of interaction in contingency tables. *Journal of the Royal Statistical Society* 13. Series B (Methodological): 238–241.
Simpson, George G. 1953. *The major features of evolution*. New York: Columbia Univ. Press.
Simpson, George G. 1963. Biology and the nature of science. *Science* 139: 81–88. https://doi.org/10/cw25k6.
Sinding, Mikkel-Holger S., und M. Thomas P. Gilbert. 2016. The draft genome of extinct European aurochs and its implications for de-extinction. *Open Quaternary* 2: 1–9. https://doi.org/10/gdk35r.
Slovic, Paul, Baruch Fischhoff, und Sarah Lichtenstein. 1982. Facts versus fears: Understanding perceived risk. In *Judgment under uncertainty: Heuristics and biases*, Hrsg. Daniel Kahneman, Paul Slovic, und Amos Tversky, 463–489. Cambridge: Cambridge Univ. Press.
Sober, Elliott. 1984. *The nature of selection: Evolutionary theory in philosophical focus*. Cambridge, MA: MIT Press.
Sober, Elliott. 1993. *Philosophy of biology*. Oxford: Oxford Univ. Press.
Sober, Elliott. 2000. *Philosophy of biology*. 2. Aufl. Boulder, CO: Westview Press.
Speck, Josef, Hrsg. 1980. *Handbuch wissenschaftstheoretischer Begriffe*. Göttingen: Vandenhoeck & Ruprecht.
Spillner, Bernd. 1991. *Error analysis: A comprehensive bibliography*. Amsterdam: Benjamins.
Spirtes, Peter, Clark Glymour, und Richard Scheines. 2000. *Causation, prediction, and search*. 2. Aufl. Cambridge, MA: MIT Press.
Stanier, Roger Y., John L. Ingraham, Mark L. Wheelis, und Page R. Painter. 1987. *General microbiology*. 5. Aufl. London: Macmillan.
Stegmüller, Wolfgang. 1969–1973. *Probleme und Resultate der Wissenschaftstheorie und analytischen Philosophie*. Berlin: Springer.
Stemberger, Joseph P. 1985. An interactive activation model of language production. In *Progress in the psychology of language*, Hrsg. Andrew W. Ellis, Bd. 1, 143–186. London; Hillsdale, NJ: Erlbaum.
Storch, Volker, und Ulrich Welsch. 1989. *Evolution: Tatsachen und Probleme der Abstammungslehre*. 6. Aufl. München: dtv.
Strack, Fritz, und Marti H. Gonzales. 1993. Wissen und Fühlen: Noetische und experientielle Grundlagen heuristischer Urteilsbildung. In *Kognitive Täuschungen: Fehl-Leistungen und Mechanismen des Urteilens, Denkens und Erinnerns*, Hrsg. Wolfgang Hell, Klaus Fiedler, und Gerd Gigerenzer, 291–315. Heidelberg: Spektrum Akademischer Verlag.
Strickberger, Monroe W. 1976. *Genetics*. 2. Aufl. New York: Macmillan.
Suppes, Patrick. 1970. *A probabilistic theory of causality*. Amsterdam: North-Holland.
Tatum, Edward L., und George W. Beadle. 1942. Genetic control of biochemical reactions in Neurospora: An „aminobenzoicless" mutant. *Proc. Natl. Acad. Sci. USA* 28: 234–243. https://doi.org/10/bbk5q5.
Thagard, Paul. 2003. Pathways to biomedical discovery. *Philosophy of Science* 70: 235–254. https://doi.org/10/cs58t5.
Tversky, Amos, und Daniel Kahneman. 1974. Judgment under uncertainty: Heuristics and biases. *Science* 185: 1124–1131. https://doi.org/10/gwh.
Tversky, Amos, und Daniel Kahneman. 1983. Extensional versus intuitive reasoning: The conjunction fallacy in probability judgment. *Psychological Review* 90: 293–315. https://doi.org/10/dnd7hh.
Van Orden, Guy C., Bruce F. Pennington, und Gregory O. Stone. 2001. What do double dissociations prove? *Cognitive Science* 25: 111–172. https://doi.org/10/cmb87h.
VDI/VDE. 2000. Sicherheitstechnische Begriffe für Automatisierungssysteme: Qualitative Begriffe. In *VDI/VDE-Richtlinien*, Hrsg. VDI/VDE, Verein Deutscher Ingenieure/Verband der Elektrotechnik, Elektronik Informationstechnik. 3542, Blatt 1.
Vogel, Günter, und Hartmut Angermann. 1967. *dtv-Atlas zur Biologie*. München: dtv.

Vollmer, Gerhard. 2017. Why do theories fail? The best argument for realism. In *Varieties of scientific realism: objectivity and truth in science*, Hrsg. Evandro Agazzi, 165–175. Cham: Springer.

Wason, Peter C. 1966. Reasoning. In *New horizons in psychology*, Hrsg. Brian M. Foss, 135–151. Harmondsworth: Penguin Books.

Wason, Peter C., und Philip N. Johnson-Laird. 1972. *Psychology of reasoning: Structure and content*. London: Batsford.

Weber, Marcel, und Bernhard Schmid. 1995. Reductionism, holism, and integrated approaches in biodiversity research. *Interdisciplinary Science Reviews* 20: 49–60. https://doi.org/10/gdjb86.

Weizsäcker, Carl Friedrich von. 1977. *Der Garten des Menschlichen: Beiträge zur geschichtlichen Anthropologie*. München: Hanser.

Wells, Rulon. 1973. Predicting slips of the tongue. In *Speech errors as linguistic evidence*, Hrsg. Victoria A. Fromkin, 82–87. The Hague; Paris: Mouton.

Wiedenmann, Nora. 1992. *Versprecher und die Versuche zu ihrer Erklärung: Ein Literaturüberblick*. Trier: WVT.

Wiener, Norbert. 1992. *Kybernetik: Regelung und Nachrichtenübertragung im Lebewesen und in der Maschine*. Übersetzt von E. H. Serr. Düsseldorf: Econ.

Wiese, Richard. 1987. Versprecher als Fenster zur Sprachstruktur. *Studium Linguistik* 21: 45–55.

Wilkening, Friedrich, und Sabine Lamsfuß. 1993. (Miß-)Konzepte der naiven Physik im Entwicklungsverlauf. In *Kognitive Täuschungen: Fehl-Leistungen und Mechanismen des Urteilens, Denkens und Erinnerns*, Hrsg. Wolfgang Hell, Klaus Fiedler, und Gerd Gigerenzer, 271–290. Heidelberg: Spektrum Akademischer Verlag.

Williams, George C. 1992. *Natural selection: Domains, levels and challenges*. Princeton, NJ: Princeton Univ. Press.

Williams, George C. 1996. *Adaptation and natural selection: a critique of some current evolutionary thought*. 2. Aufl. Princeton Science Library. Princeton, NJ: Princeton Univ. Press.

Wimsatt, William C. 1980. Reductionistic research strategies and their biases in the units of selection controversy. In *Scientific discovery: Case studies*, Hrsg. Thomas Nickles, 213–259. Dordrecht: Reidel.

Wimsatt, William C. 1981. Robustness, reliability, and overdetermination. In *Scientific inquiry and the social sciences*, Hrsg. Marilynn B. Brewer und Barry E. Collins, 124–163. San Francisco: Jossey-Bass.

Wimsatt, William C. 1987. False models as means to truer theories. In *Neutral models in biology*, Hrsg. Matthew H. Nitecki und Antoni Hoffman, 21–55. Oxford: Oxford Univ. Press.

Wimsatt, William C. 2002. Using false models to elaborate constraints on processes: blending inheritance in organic and cultural evolution. *Philosophy of Science* 69: S12–S24. https://doi.org/10/c97m2p.

Wolpert, Lewis. 1993. *Regisseure des Lebens: Das Drehbuch der Embryonalentwicklung*. Übersetzt von Sebastian Vogel. Heidelberg: Spektrum Akademischer Verlag.

Wolters, Gereon. 1986. Topik der Forschung: Zur wissenschaftstheoretischen Funktion der Heuristik bei Ernst Mach. In *Technische Rationalität und rationale Heuristik*, Hrsg. Clemens Burrichter, Rüdiger Inhetveen, und Rudolf Kötter, 123–154. Paderborn: Schöningh.

Woodfield, Andrew. 1976. *Teleology*. Cambridge: Cambridge Univ. Press.

Woodger, Joseph Henry. 1929. *Biological principles: A critical study*. London: Routledge and Kegan Paul.

Woodward, Jim. 2001. Law and explanation in biology: invariance is the kind of stability that matters. *Philosophy of Science* 68: 1–20. https://doi.org/10/dcngcq.

Woodward, Jim. 2002. What is a mechanism? A counterfactual account. *Philosophy of Science* 69: S366–S377. https://doi.org/10/c69n63.

Woolfolk, Robert L. 1999. Malfunction and mental illness. *Monist* 82: 658–670. https://doi.org/10/fz8qgs.

Wouters, Arno. 1995. Viability explanation. *Biology & Philosophy* 10: 435–457. https://doi.org/10/cf2qgc.

Wright, Larry. 1973. Functions. *Philosophical Review* 82: 139–168. https://doi.org/10/cjrvj2.

Wright, Larry. 1976. *Teleological explanations*. Berkeley: Univ. of California Press.

Wright, Sewall. 1921a. Correlation and causation. *Journal of Agricultural Research* 20: 557–585.

Wright, Sewall. 1921b. Systems of mating. *Genetics* 6: 111–178.

Wright, Sewall. 1931. Evolution in Mendelian populations. *Genetics* 16: 97–159.

Zanker, Johannes M. 1994. Illusionen als Schlüssel zur Wirklichkeit. *Naturwissenschaftliche Rundschau* 47: 295–304.

Zimmer, Dieter E. 1986. *So kommt der Mensch zur Sprache: Über Spracherwerb, Sprachentstehung und Sprache & Denken*. Zürich: Haffmans.

Zippelius, Hanna-Maria. 1992. *Die vermessene Theorie: Eine kritische Auseinandersetzung mit der Instinkttheorie von Konrad Lorenz und verhaltenskundlicher Forschungspraxis*. Braunschweig; Wiesbaden: Vieweg.